·四川大学精品立项教材·

水轮机调节系统

SHUILUNJI TIAOJIE XITONG

主编　张昌兵

四川大学出版社

责任编辑:唐　飞
责任校对:蒋　玙
封面设计:墨创文化
责任印制:王　炜

图书在版编目(CIP)数据

水轮机调节系统 / 张昌兵主编. —成都：四川大学出版社，2015.3
ISBN 978－7－5614－8423－4

Ⅰ.①水…　Ⅱ.①张…　Ⅲ.①水轮机－调节系统－高等学校－教材　Ⅳ.①TK730.7

中国版本图书馆 CIP 数据核字（2015）第 053526 号

书名　**水轮机调节系统**

主　　编	张昌兵
出　　版	四川大学出版社
地　　址	成都市一环路南一段 24 号 (610065)
发　　行	四川大学出版社
书　　号	ISBN 978－7－5614－8423－4
印　　刷	郫县犀浦印刷厂
成品尺寸	185 mm×260 mm
印　　张	16
字　　数	408 千字
版　　次	2015 年 4 月第 1 版
印　　次	2019 年 12 月第 2 次印刷
定　　价	48.00 元

◆读者邮购本书,请与本社发行科联系。
电话:(028)85408408/(028)85401670/
(028)85408023　邮政编码:610065
◆本社图书如有印装质量问题,请
寄回出版社调换。
◆网址:http://press.scu.edu.cn

前　言

全书共分 6 章。第 1 章介绍了水轮机调节系统的任务与特点、工作原理、特性以及调速器分类；第 2 章介绍了机械液压型调速器的结构与组成、工作原理以及数学模型；第 3 章介绍了微机调速器的硬件组成、控制算法以及软件原理；第 4 章介绍了水轮机调节系统的数学模型、动态特性、稳定性、参数整定以及计算机仿真分析；第 5 章介绍了调节保证计算的压力上升、转速上升、调节设备选型以及改善大波动过渡过程的措施；第 6 章介绍了调速器的调整试验。

本书既适合于初次接触水轮机调节系统的本科学生，也可作为从事水轮机调节系统设计、制造、安装调试和运行等技术人员的参考用书。根据调速技术的发展，结合初学者的特点，本书保留并简要地介绍了机械液压型调速器的结构、工作原理，删除了模拟电气液压型调速器的内容，详细介绍了微机调速器的结构与工作原理。

在编写本书过程中，作者参考并引用了大量文献资料与研究成果，在此谨向相关专家、学者表示衷心的感谢。由于编者水平有限，书中难免出现错误和不当之处，诚请读者批评指正。

编　者

2014 年 10 月

目 录

第1章　水轮机调节系统的基本概念

第1节　水轮机调节系统的任务与特点

§1.1.1　水轮机调节系统的任务

水轮发电机组能够把水能变成电能，供给用户使用。用户除了要求供电安全可靠外，还要求电能的频率及电压能够保持在额定值附近的某一范围内，如果频率偏离额定值过大，就会影响用户的产品质量。我国电力系统规定：频率应保持在50 Hz，其偏差不得超过±0.5 Hz，对大容量系统不得超过±0.2 Hz。

电力系统的频率稳定主要取决于系统内有功功率的平衡。然而，电力系统的负荷是不断变化的，存在着变化周期为几秒至几十分的负荷波动，其幅值可达系统总容量的2%～3%（在小系统或孤立系统负荷变化可能更大），而且是不可预见的。此外，一天之内系统负荷有上午、下午两个高峰和中午、深夜两个低谷，这种负荷变化是可以预见的，但其变化速度不可预见。电力系统负荷的不断变化必然导致系统频率的变化。

根据《电机学》可知：发电机发出的交流电压的频率与发电机组转速之间的关系可用下式表示：

$$f=\frac{pn}{60} \tag{1-1}$$

式中：f 为发电机输出交流电压的频率，Hz；p 为发电机的磁极对数；n 为发电机的转速，r/min。

由（1-1）式可知，发电机的磁极对数 p 是不变的，频率 f 与发电机转速 n 成正比。也就是说，水轮发电机在运转中输出电压的频率实际只是随水轮发电机组转速的增减而增减。因此，根据电网负荷的变化不断调节水轮发电机组的有功功率输出，并维持机组频率（转速）在规定的范围内，这就是水轮机调节系统的基本任务。

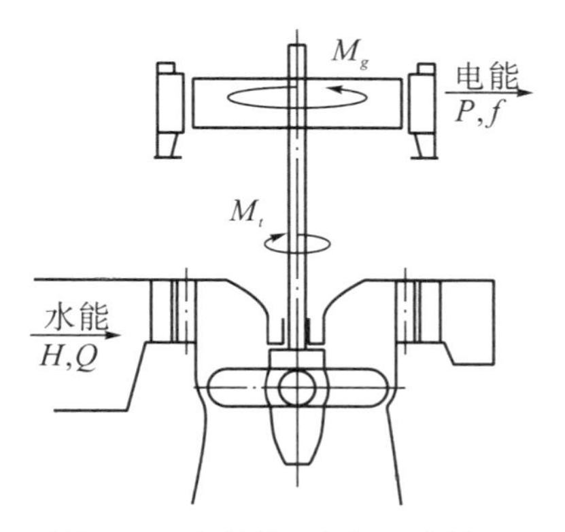

图1-1　水轮发电机组示意图

如图1-1所示，水轮发电机组的运动方程可按刚体绕固定轴转动的微分方程表示为：

$$J\frac{\mathrm{d}\omega}{\mathrm{d}t}=M_t-M_g \tag{1-2}$$

式中：J 为机组转动部分的转动惯量，kg·m^2；ω 为机组角速度，rad/s；M_t 为水轮机主动力矩，N·m；M_g 为发电机阻力矩，N·m。

水轮机主动力矩是水轮机工作水头 H、导叶开度 a（流量 Q）以及机组转速 n 等的函数。图 1－2 是水轮机单位力矩特性曲线，它可由综合特性曲线换算或试验数据求得：

$$M_1' = \frac{KQ_1'\eta_m}{n_1'} \tag{1-3}$$

式中：M_1' 为单位力矩，N·m；n_1' 为单位转速，r/min；Q_1' 为单位流量，m^3/s；η_m 为模型效率；K 为系数，约等于 93735。

于是，原型水轮机主动力矩可由下式计算：

$$M_t = \frac{M_1' D_1^3 H \eta_p}{\eta_m} \tag{1-4}$$

式中：D_1 为水轮机标称直径，m；H 为水头，m；η_p 为原型水轮机效率。

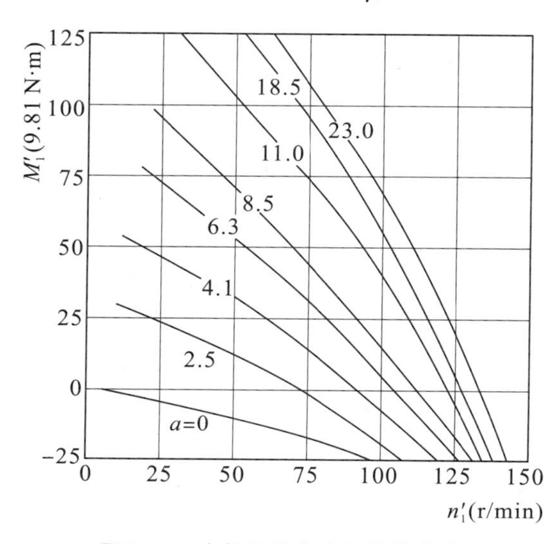

图 1－2　水轮机单位力矩特性曲线

由图 1－2 可见，当导叶开度一定时，单位力矩随转速增加而减小，即 $\frac{dM_1'}{dn_1'}<0$；当转速一定时，单位力矩随导叶开度增加而增加，水轮机的这一特性称为水轮机的自调节特性。原型水轮机的力矩特性与模型单位力矩特性相似。

M_g 是发电机定子对转子的作用力矩，它的方向与转向相反，是阻力矩。由发电机原理可知，M_g 代表发电机有功功率输出，即与用户耗电功率的大小有关，与用户的性质有关。如图 1－3 所示，综合用户后的 M_g 一般是随转速增加而增加的，即 $\frac{dM_g}{dn}>0$，当用电设备为某一组合时，$M_g=f(n)$ 可用一条曲线表示。

图 1－4 为水轮机调节原理图。由图可知，当系统负荷变化后，导叶开度不变，机组转速仍可稳定在某一数值上，水轮机及负荷的这种能力称为自平衡能力。但仅仅依靠它来保持转速是不行的，因为此时的转速将远远偏离额定值，不能满足系统频率偏差的要求。如需满足系统频率的要求，需要相应改变导叶开度。当系统负荷减少，阻力矩由 $f_2(n)$ 变到 $f_3(n)$ 时，只需把导叶开度减小到 a_3，机组转速将维持在 n_0；当系统负荷增加时，相应开启导叶开度至 a_c，也能维持转速不变。

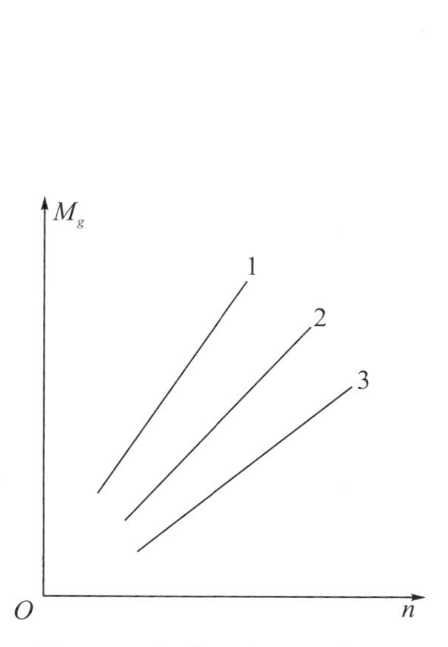

图 1－3　负荷阻力矩特性曲线

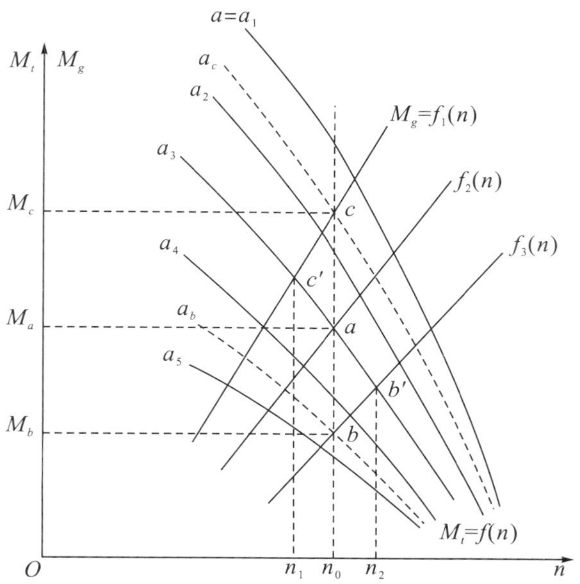

图 1－4　水轮机调节原理图

系统负荷的改变可相应改变导水机构（或喷嘴桨叶）的开度，以使水轮发电机组的转速维持在某一预定值，或按某一预定的规律变化，这一过程就是水轮发电机组的转速调节，也称为水轮机的一次调频。而这一过程是靠具有自动调节功能的调速器来实现的。调速器通常由测量、综合、放大、执行和反馈等元件组成，机组是被调节的对象。调速器与机组构成了水轮机调节系统。它们的互相关系可以用图 1－5 表示。机组的转速信号送至测量元件，测量元件把转速信号转化成位移或电压信号，然后送至综合放大环节与给定信号相比较，确定转速偏差的大小和方向，并根据偏差情况生成调节信号，调节信号被放大后，送到执行元件推动导水机构，反馈元件又把导叶开度变化的信息反馈回综合放大环节，使转速偏差较小时不至于频繁进行调节。

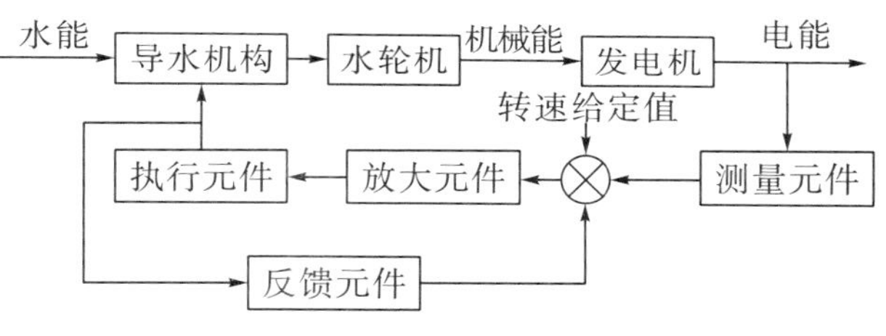

图 1－5　自动调节方块图

水轮机调节系统除了承担上述的基本任务外，还担负了如下任务：

（1）进行机组的正常操作。机组的开、停机，增、减负荷，以及发电、调相等各种工况的相互切换。

（2）保证机组的安全运行。在各种事故情况下，机组甩掉全部负荷后，调速系统应能保证机组迅速稳定在空载或者根据指令信号可靠地紧急停机。

（3）实现机组的经济运行。按要求自动分配机组间的负荷。

（4）调速器与其他装置配合，完成自动发电控制（AGC）、机组成组控制、按水头调节等。

§1.1.2 水轮机调节系统的特点

水轮机调节系统与其他原动机调节系统相比有如下特点：

（1）水轮发电机组是把水能变成电能的机械，而水能受自然条件的限制，单位水体所具有的能量较小，与其他原动机相比，要发出相同的电功率，就需要通过较大的流量。因此，水轮机及其导水机构尺寸也相应较大。这就要求调速系统设置多级液压放大元件，而液压放大元件的非线性与时间滞后问题有可能使水轮机调节系统的调节品质恶化。

（2）受自然条件的限制，水电站往往有较长的压力引水管道，管道长，水流惯性大。水流惯性可以用水流惯性时间常数 T_w 来描述：

$$T_w = \frac{LQ_0}{gAH_0} \tag{1-5}$$

式中：L 为压力引水管路的长度，m；Q_0 为稳定运行时的流量，m^3/s；g 为重力加速度，m/s^2；A 为管路过水断面面积，m^2；H_0 为稳定运行时的水头，m。

当导水机构动作时会在压力管道内引起水击作用。而水击作用通常是与导水机构的调节作用相反。例如，导水机构关闭使机组输入能量与输出功率减小，但此时产生的水击会在一段时间内使机组功率增加，并抵消部分导水机构的调节作用，这种反调节作用将严重地影响水轮机调节系统的调节品质。另外，为了限制压力引水管道中水压最大变化值，必须限制导水机构的运动速度，这对调节系统动态特性也将产生不利影响。

（3）有些水轮机具有双重调节机构，如转桨式和斜流式水轮机有导水机构和桨叶，水斗式水轮机有喷嘴和折向器，某些混流式水轮机装有控制水击作用的调压阀。于是调速器中需要增加一套调节和执行机构，从而增加了调速器的复杂性。另外，转桨式水轮机桨叶调节比导叶慢，这又增加了水轮机出力的滞后，对水轮机调节不利。

（4）随着电力系统的容量增加和自动化程度的提高，要求水轮机调速器具有越来越多的自动操作和自动控制功能，如快速自动准同期、功率反馈等。这就使得水轮机调速器成为水电站中一个十分重要的综合自动装置。

（5）水轮机调节系统是一个复杂的非线性系统，同时涉及水力、机械和电气方面的内容，几者之间互相作用、互相影响。

总之，水轮机调节系统相对来说不易稳定，结构复杂，要求具有较强的功能。

第2节　调速器型号、结构及分类

§1.2.1 调速器型号

我国调速器产品型号由三部分代号组成，各部分代号用“－”分开。第一部分为调速器的基本特征和类型；第二部分为调速器容量；第三部分为调速器使用额定油压。其排列形式为[1][2][3][4]－[5][6]－[7]。各方框中字母和数字含义如下：

1——大型（无代号），通流式（T），中小型带（或配用）油压装置（Y）。

2——机械液压型（无代号），电气液压型（D），微机液压型（W）。

3——单调节（无代号），双调节（S）。

4——调速器基本代号（T）。

5——调速器容量，大型的数字表示主配压阀直径，单位为 mm；中小型的数字表示接力器容量，单位为 9.8 N·m。

6——改型标记（A，B，C，D）。

7——额定油压在 2.5 MPa 及以下者无数字，在 2.5 MPa 以上者为油压数值。

例如，YT−600 表示小型带油压装置的机械液压型单调节调速器，接力器容量为 600×9.8 N·m，额定油压在 2.5 MPa 及以下。

§1.2.2　调速器系统结构

水轮机调速器有多种类型，但一般调速器总是由测量元件、放大元件、校正元件等环节组成。各环节之间的信号传递、变换与综合的方式不同，构成了不同形式的调速器。

1. 机械液压调速器

如图 1−6 所示，发电机的转速信号经测量元件测量并与给定转速值比较，其偏差信号与外加的各种指令信号以及永态和暂态反馈信号综合，然后该信号经放大并通过主配压阀控制主接力器，从而推动导水机构，调节水轮机出力。

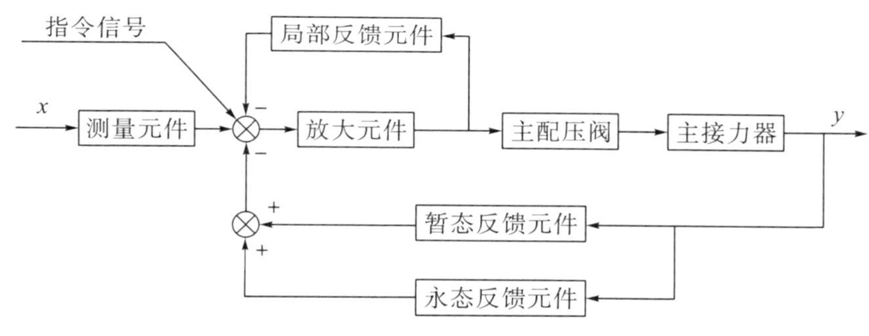

图 1−6　机械液压调速器

最早的水轮机调速器都是机械液压调速器，它是随着水电建设发展而在 20 世纪初发展起来的。它能满足带独立负荷和中小型电网中运行的水轮发电机组调节的需要，有较好的静态特性和动态品质，可靠性较高。但是，面对大机组、大电网提出的高灵敏度、高性能和便于实现水电站自动化等要求，机械液压调速器采用机械液压方法进行测量、信号综合和稳定调节的功能就显得力不从心。新建的大型水轮发电机组几乎不采用机械液压调速器。目前，只有中小型机组，特别是小型机组，仍有一部分采用机械液压调速器。

2. 电气液压调速器

电气液压调速器由电液调节器与机械液压随动系统组成，如图 1−7 所示。这类调速器的特点是由暂态、永态反馈元件，包括放大元件及中间接力器构成电液调节器形成调节规律，由主配压阀与主接力器组成的机械液压随动系统进行功率放大并驱动导水机构。其优点是调节规律的形成与导叶驱动分开，调整方便，死区较小，但机械液压随动系统中存在着机械反馈，当反馈机构距离较长时，安装调整困难，且对转速死区与动态特性有影响。

20 世纪 50 年代以后，电气液压调速器获得了广泛的应用。从采用的元件来看，它又经历了电子管、电磁放大器、晶体管、集成电路等几个发展阶段。20 世纪 80 年代末期，出现了水轮机微机调速器并被广泛采用，但现在很少有生产电气液压调速器的厂家了。

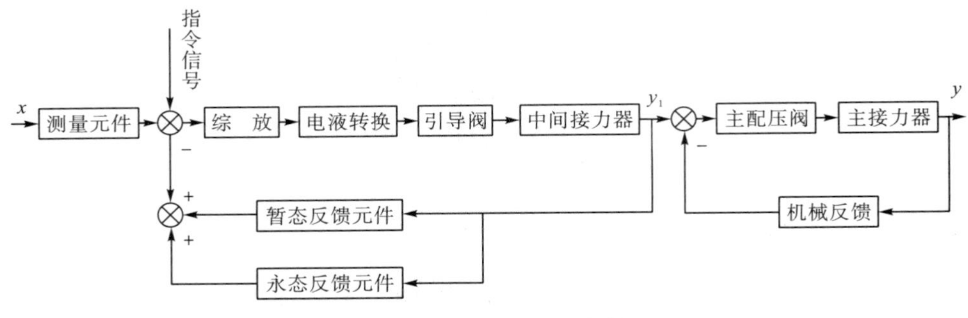

图 1—7 电气液压调速器

3. 电子调节器型调速器

电子调节器型调速器见图 1—8，转速测量和比较后先经由比例环节、积分环节、微分环节以及水态反馈环节构成的调节器形成调节规律，再由电液随动系统放大后驱动导水机构。其特点是调节规律准确，机构简单，死区小。

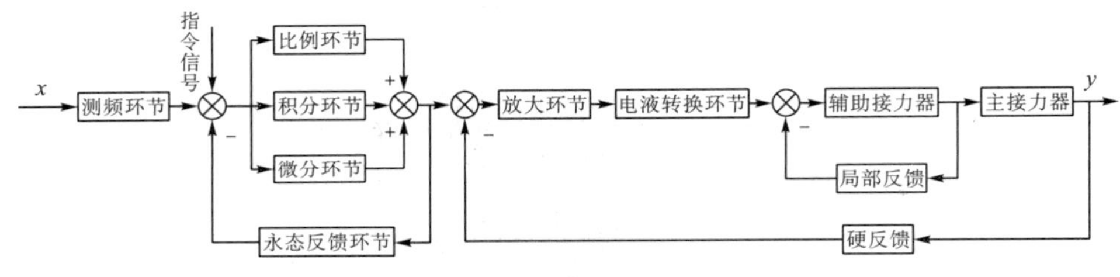

图 1—8 电子调节器型调速器

从 20 世纪 70 年代初，Intel 公司推出第一个微处理器开始，到 20 世纪 70 年代末，国内外调速器专家就及时将微机控制技术引入水轮机调节领域。20 世纪 80 年代是水轮机调速器迅速发展的时期，世界上发达国家的著名水轮机调速器公司都先后研制了微机调速器。例如，日立公司研制的微机调速器样机于 20 世纪 80 年代初应用于抽水蓄能机组；ABB 公司也起步较早，其产品在我国和其他一些国家的电站得到应用。此外，还有法国的奈尔皮克（NEYRPIC）公司，德国的西门子（SIEMENS）、福伊特（VOITH）公司，美国的伍德华德（WOODWARD）公司等都先后推出了自己的产品。我国从事微机调速器的研制开发的步伐与国外大体相同。华中理工大学于 1979—1981 年开始了微机调速器的理论研究，并与天津水电控制设备厂协作，于 1984 年 11 月成功研制出我国第一台微机调速器，在湖南欧阳海水电站投入运行。此后，微机调速器的研制工作在许多地方和单位蓬勃开展起来，例如，南京自动化研究所、长江控制设备研究所、中国水利水电科学研究院自动化研究所、天津电气传动设计研究所、武汉水电控制设备公司、河海大学、武汉水利电力大学、东方电机厂和哈尔滨电机厂等都先后开展了这方面的工作，并做出了自己的成绩。

与微机调节器的迅速发展和应用同步，水轮机微机调速器的电机转换装置也由原来单一的电液转换器和电液伺服阀发展成为由步进电机/伺服电机构成的电液转换装置。同时还研制成功了三态/多态阀式的机械液压系统。

4．双重调节调速器

双重调节调速器一般由两部分组成，如图1－9所示。主调节部分，即导叶操作部分，其框图与单调节调理器基本相同。协联调节部分，即桨叶调节部分，主要由协联函数发生器和电液随动系统组成。例如，转桨式水轮机的双重调节调速器的协联调节部分负责桨叶的叶片角度调整。

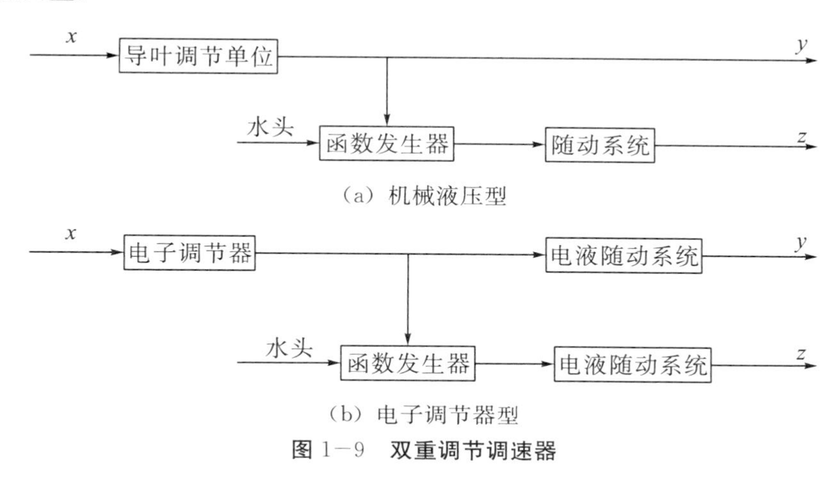

（a）机械液压型

（b）电子调节器型

图1－9　双重调节调速器

双重调节调速器协联装置经历了模拟协联至数字协联的发展，图1－10（a）、（b）、（c）分别为在我国水电厂应用较多的机械协联、机电协联和电气协联三种类型。

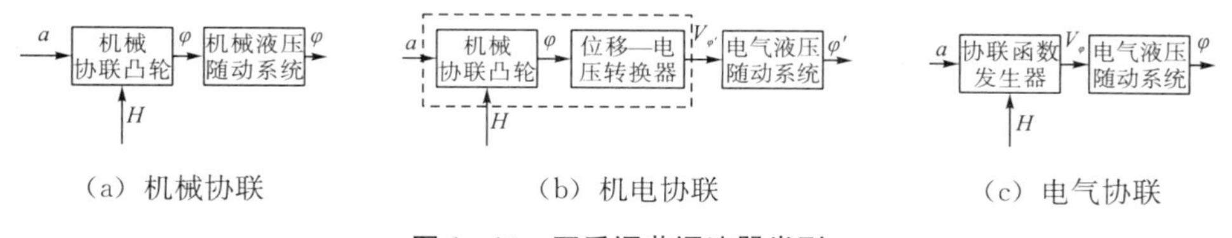

（a）机械协联　　（b）机电协联　　（c）电气协联

图1－10　双重调节调速器类型

§1.2.3　调速器的分类

水轮机调速器的分类方法较多，从不同的角度进行如下分类。

1．按照元件结构分类

（1）机械液压型调速器的元件是由机械元件和液压放大元件构成，其中，机械元件如离心摆、调差机构、局部反馈等，液压放大元件如配压阀、缓冲器、接力器等。

（2）电气液压型调速器的一部分元件是电气回路，如测频回路、缓冲回路、硬反馈回路、放大回路等；还有一部分是液压放大元件，如配压阀、接力器等。此外，还增加了电信号转换为机械液压信号的电液转换器和将位移信号转换为电信号的位移传感器。

（3）微机调速器的元件为微机模块和液压放大元件，其中，微机模块如测频测相模块、A/D和D/A转换模块、主机模块、键盘及显示模块等，液压放大元件如配压阀、接力器等。此外，与电气液压型调速器一样，也包括了将电信号转换为机械液压信号的电液转换器和将位移信号转换为电信号的位移传感器。

2. 按照调速器调节规律分类

(1) PI 型(比例—积分规律)调速器。

(2) PID 型(比例—积分—微分规律)调速器。

3. 按照反馈的位置分类

(1) 辅助接力器型调速器。反馈信号取自于主接力器,习惯称为辅助接力器型调速器。

(2) 中间接力器型调速器。反馈信号取自于中间接力器。

(3) 电子调节器型调速器。如并联 PID 型调速器。

4. 按照调速器执行机构的数量分类

(1) 单调节调速器。只有一个执行机构,主要用于混流式、轴流定桨式水轮机。

(2) 双调节调速器。有两个执行机构,主要用于轴流转桨式、冲击式水轮机。

5. 按照调速器容量的大小分类

(1) 中小型调速器。其容量用接力器的工作容量(操作功)表示。所谓工作容量,是指设计油压与活塞有效面积、接力器全行程的乘积,单位是牛·米(N·m)。操作功在 100000~30000 N·m 之间的称为中型调速器;操作功在 10000 N·m 及以下的称为小型调速器。

(2) 大型调速器。其容量用主配压阀的直径表示:国家颁布的等级标准有 80 mm,100 mm,150 mm,200 mm 四级。

6. 按照调速器所用油压装置和主接力器是否单独设置分类

(1) 整体式。整体式一般为中小型调速器,它将机械液压柜、油压装置、主接力器作为一个整体。

(2) 分离式。分离式用于大型调速器,其机械液压柜、油压装置、主接力器均独立设置。

第 3 节 水轮机调节系统的工作原理

§1.3.1 单调节的水轮机调节系统原理

水轮机调节系统由调速器和被控制对象两大部分组成,构成一个闭环系统。下面以机械液压型调速器为例,分析单调节系统的工作原理,图 1-11 为调速器原理简图。调速器由离心摆、引导阀、辅助接力器 35、主配压阀 37、主接力器 39、缓冲器 18、调差机构、手轮 21 及其杠杆系统组成。

离心摆测量机组转速,并把转速变化信号转换为位移信号。由于离心摆的负载能力很小,要推动笨重的导水机构,必须采用放大装置,为此,引导阀和辅助接力器构成第一级液压放大装置,主配压阀和主接力器则构成了第二级液压放大装置。从辅助接力器输出一信号反馈至引导阀针塞杆,作为第一级液压放大装置的局部反馈;从主接力器输出一信号经缓冲器和调差机构反馈到引导阀针塞杆,作为主反馈信号。

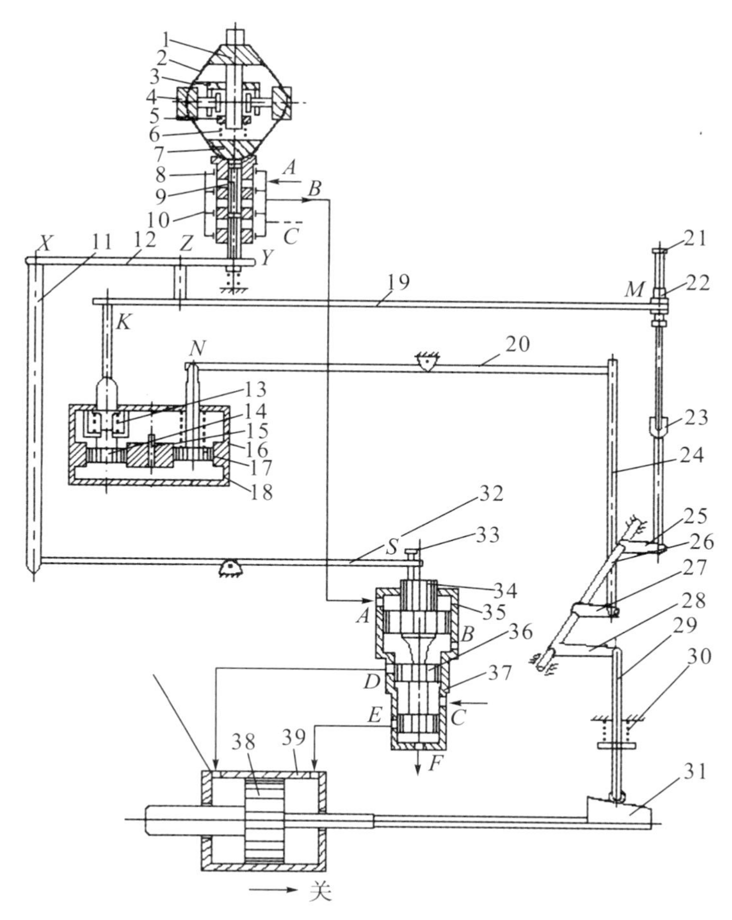

图 1—11　调速器原理简图

1—离心摆转轴；2—钢带；3—限位架；4—重块；5—调节螺母；6，13，16—压缩弹簧；7—下支持块；8—引导阀转动套；9—引导阀针阀；10—引导阀壳体；11，24，29—拉杆；12，19，20，32—杠杆；14—缓冲器从动活塞；15—节流针塞；17—缓冲器主动活塞；18—缓冲器；21—手轮；22—螺母；23—丝杆；25，27，28—拐臂；26—回复轴；30—弹簧；31—楔块；33—调节螺钉；34—辅助接力器活塞；35—辅助接力器；36—主配压阀阀体；37—主配压阀；38—主接力器活塞；39—主接力器

1. 离心摆的工作原理

离心摆有两个重块 4，它们通过钢带 2，与转轴 1 相连，下与下支持块 7 连接。下支持块与转轴之间有压缩弹簧 6、调节螺母 5、限位架 3。装在离心摆上面的电动机通过转轴拖动离心摆转动，转动时重块产生离心力使钢带张开，并使下支持块上移压缩弹簧。在某一位置时，作用在离心摆上的各种力正好平衡，使离心摆处于某一种平衡状态运行。若此时转速增加，重块的离心力也增加，于是克服弹簧阻力带动下支持块上移；若转速降低，则离心力减小，弹簧力使下支持块下移。下支持块的位移即为离心摆的输出信号，在忽略惯性力和液压摩擦阻力时，输出量与输入量成正比关系，故离心摆是一个比例环节。带动离心摆转动的交流感应电动机的电源有以下两种：

（1）来自与主机同轴的永磁发电机。

（2）来自发电机机端电压互感器。

电动机电源的频率反映了主机的转速，所以离心摆的转速变化也反映了机组的转速变化。在大中型水轮发电机组上，一般都采用永磁发电机作为离心摆的电源，这是因为在主机励磁切除情况下，永磁发电机仍可保证离心摆及调速器的正常工作。采用永磁发电机还可保证离心摆电源的可靠性，减少外部干扰。但采用永磁发电机会增加主机结构的投资，故在小型机组上一般只采用机端电压互感供电的方式。

2. 液压放大装置的工作原理

引导阀由壳体 10、转动套 8 和针阀 9 等组成。在机械液压型调速器中，转动套是与下支持块连在一起并随离心摆一起旋转的，故其位置的高低能反映机组转速的快慢。在转动套上有三排孔，上排孔与压力油相通，下排孔与排油接通。针阀有上、下两个阀盘，在相对中间位置时正好盖住转动套上、下两排孔口，此时，中间 B 腔保持在某一油压下。当转动套处于较高位置时，上排孔封闭，下排孔打开，中间 B 腔与排油接通，压力降低；反之，当转动套处于较低位置时，上排孔打开，下排孔封闭，中间 B 腔与压力油相通，压力上升。引导阀的作用是把转动套的位移（下支持块的位移）转化为油压的变化，此油压输送到辅助接力器去控制其活塞的运动。

辅助接力器活塞 34 是差动的，活塞的下面接排油，压力为零，而上面的环形面积上作用着从引导阀来的某一油压 P_i，因此有一个向下的力，其值可用下式计算：

$$F_A = P_i A \tag{1-6}$$

式中：P_i 为引导阀输送来的油压；A 为辅助接力器活塞上面的环形面积；F_A 为油压作用在辅助接力器活塞上的压力。

主配压阀阀体 36 的上、下两只阀盘直径不相等，上面大，下面小。两阀盘之间通有压力油，它对上、下两阀盘均有推力，方向相反。因上阀盘面积大，所以综合起来是一个向上的作用力，它的计算公式为

$$F_M = P(A_1 - A_2) \tag{1-7}$$

式中：F_M 为油作用在主配压阀阀盘上的合力；P 为压力油的压强；A_1，A_2 分别为上、下阀盘受油的面积。

辅助接力器活塞 34 与主配压阀阀体 36 连成整体，其状态取决于 F_M 与 F_A 两力之差（不计活塞与阀体质量）。当 $F_M = F_A$ 时，辅助接力器活塞与主配压阀阀体不动；当 $F_M > F_A$ 时，辅助接力器活塞与主配压阀阀体向上移；当 $F_M < F_A$ 时，辅助接力器活塞与主配压阀阀体向下移。辅助接力器活塞的运动又通过调节螺钉 33、杠杆 32、拉杆 11、杠杆 12 传到引导阀的针阀上，此杠杆系统就组成了第一级液压放大装置的内部反馈校正。因为它是通过杠杆系统来传递信号，故是一个比例环节。

当转速升高至某一值，引导阀转动套上移至某一位置，引导阀的输出油压降低，辅助接力器活塞跟着上移，经过杠杆系统使针阀也上移。当针阀上移到与转动套回复相对中间位置时，引导阀的输出油压也恢复到原来的数值，于是辅助接力器活塞上的作用力与主配压阀阀体上的作用力恢复平衡，活塞停止移动。活塞位移 m_A 与引导阀转动套或针阀位移量 s 是成比例的，两者位移的方向相同，其比例系数为杠杆系统的传动比 k，则有

$$m_A = ks \tag{1-8}$$

k 值可在 2～10 之间调整，这样就把离心摆下支持块的位移放大了，同时由于辅助接力器活塞面积大，因此，油压作用在辅助接力器活塞上的力也大了，可克服几十牛顿至几

百牛顿的干摩擦力而不致造成过大的不灵敏度。

但这个力还是不足以推动笨重的导水机构，因此需要第二级液压放大装置进一步放大。由主配压阀与主接力器组成了第二级液压放大装置，主配压阀阀体 36 与辅助接力器活塞 34 是连成整体的，所以主配压阀阀体随着辅助接力器活塞移动。主配压阀 37 控制主接力器 39，主接力器是双向作用的，即在活塞两侧均通有可控油压，此油压受主配压阀控制，主配衬套的中间油孔 C 与压力油相通，衬套的顶端及底端两侧与排油相通。衬套的上、下油孔与主接力器活塞 38 两侧的油缸相通，主配压阀阀体在中间位置时，上、下两阀盘正好遮住 D、E 两孔。此时主接力器活塞两侧油压基本相等，活塞不动。若主配压阀阀体上移，则 D 孔与压力油接通，E 孔与排油接通，主接力器在油压作用下向右移动，关闭导水机构。若主配压阀阀体下移则正好相反，D 孔与排油接通，E 孔与压力油接通，接力器活塞在油压作用下向左移动，开启导水机构。

3. 缓冲器的工作原理

缓冲器是一个反馈校正装置，其性能直接影响调节系统的稳定。缓冲器就是一只连通器，里面充满油。主动活塞 17 通过杠杆 20、拉杆 24、拐臂 27、回复轴 26、拐臂 28、拉杆 29、楔块 31 与主接力器活塞 38 相连。从动活塞 14 则通过杠杆 19、杠杆 12 与引导阀针阀 9 相连。从动活塞由压缩弹簧 13 与支架定位，正常工作时处于中间位置，当主动活塞因接力器移动而被迫下移时，因油是不可压缩流体，来不及从节流孔流到上部去，故油压会升高，此油压力作用在从动活塞上，使从动活塞上升，从而将信号输送到引导阀上去。从动活塞上升使弹簧压缩，随后活塞底部的油慢慢地通过节流孔流到活塞上部去。在弹簧压力作用下，从动活塞也就慢慢地回复到中间位置。当主动活塞上移时，活塞下部产生负压，把从动活塞吸下来，从而将信号送到引导阀上，此时也压缩弹簧。随后，由于油慢慢地从上部流到下部，在弹簧压力作用下，从动活塞又回复到中间位置。缓冲器的工作由节流针塞 15 来调节，如把节流针塞全部打开，此时活塞上、下两腔接通，油可以迅速流动，从动活塞就一直处于中间位置，即信号输出为零，这相当于切除了缓冲器，此时水轮机调节系统就不稳定了，这是因为水轮机调节系统含有压力引水系统，在调节过程中，由于水的惯性产生水击，并引起反调节功率，从而使调节系统产生过调节，没有校正装置，调节系统是不稳定的，这一点已在生产实践中得到了证实。当机组单独运行时（如机组在与系统并列之前），如果切除缓冲器，即可观察到调节系统的振荡。因此，机组在单独运行时，是不允许切除缓冲器的。如把节流针塞全部关闭，使上、下腔完全隔绝，那么从动活塞在随着主动活塞偏离中间位置后，就不会自动回复到中间位置，而是保持输出信号不变。也就是说，反馈信号不仅在调节过程中存在，而且在调节过程结束后仍然存在。此时缓冲器成为比例反馈，即硬反馈，调节后会有 40％～60％的静态误差，这显然是太大了。在工程实践中，要求调节系统的反馈信号只在调节过程中存在，而在调节过程结束后为零，也就是缓冲器要起软反馈的作用。为此，当把节流针塞放在中间某一位置时，就会出现上面已经描述的工作过程，即缓冲器主动活塞移动后，从动活塞先跟着偏离中间位置，再输出一个信号，然后逐步回复到中间位置，输出信号就等于零。

4. 调节系统的工作原理

当机组单独带负荷运行时，如果负荷突然减少，此时水轮机主动力矩大于发电机阻力矩，机组开始加速，转速升高，通过永磁发电机和感应电动机使离心摆转轴 1 的转速增加，下支持块 7 上移，引导阀转动套 8 跟着上移，转动套上排孔封闭，下排孔打开，引导阀输出油压降低。辅助接力器活塞 34 上部油压降低，主配压阀阀体 36 上作用的油压就使辅助接力器活塞与主配压阀阀体 36 一起上移。通过第一级内部反馈杠杆，使引导阀针阀 9 上移，恢复与转动套的相对中间位置。于是引导阀输出油压恢复至原来的数值，辅助接力器活塞与主配阀阀体停止上移。主配压阀阀体上移就使油口 D 与压力油接通，油口 E 与排油接通。主接力器活塞 38 的左侧接通压力油，右侧接通排油，于是主接力器活塞向右移动，导水机构向关闭方向运动。水轮机的过流量减少，主动力矩减少，机组逐渐减速，最终恢复到额定转速。主接力器活塞向右移动，使楔块 31 也向右移运动，回复轴 26 反时针转动，带动拐臂 27、拉杆 24、杠杆 20，使缓冲器主动活塞 17 下移。活塞下部油压增加，推动缓冲器从动活塞 14 上移，通过杠杆 19、杠杆 12，使引导阀又上移。此时，转动套相对针阀处于较低位置，上排孔打开，下排孔封闭，引导阀输出油压增加，使得辅助接力器活塞与主配压阀阀体下移，逐步回复到中间位置，主接力器活塞停止向右移动。

例如，某电站，当机组带 50%（部分）负荷，突然与系统解列时，各参数变化过程如图 1－12 所示，它说明了上述调节系统的过渡过程。

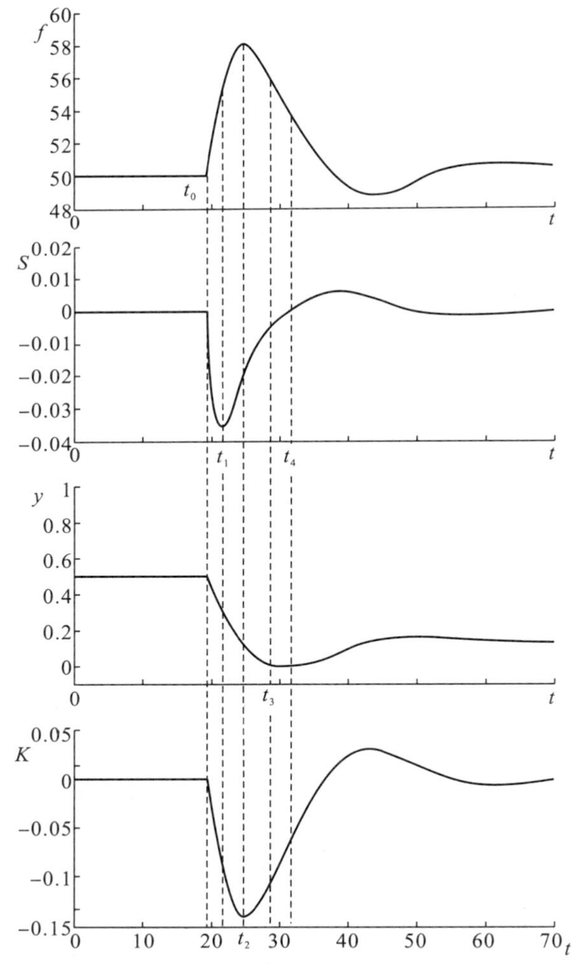

图 1－12　用 50%负荷后调节系统的过渡过程

当 $t<t_0$ 时，机组处于稳定运行状态，此时，机组频率 $f_0=50$ Hz，接力器行程为 $y_0=50\%$，主配压阀 S 和缓冲器从动活塞 K 处于中间位置。

当 $t=t_0$ 时，油开关突然断开，机组与系统解列，甩掉所带负荷。

当 $t>t_0$ 时，机组转速迅速升高，主配压阀跟着迅速上移并达到最大开度位置，接力器活塞以较快的速度关闭导叶，通过反馈系统使缓冲器从动活塞上移（在图1-11上为 K 点）。K 点上移，有使主配压阀下移的趋势，但由于此时转速升高较快，所以主配压阀仍然顶在极限位置。

当 $t>t_1$ 时，因为 K 点继续上升，使引导阀针阀的位置超过了转动套的位置，从而使主配压阀开始向中间位置回复。

当 $t=t_2$ 时，导叶已关到 y_1（空载开度），主动力矩等于阻力矩，机组转速达到最大值。

当 $t>t_2$ 时，导叶继续关闭，机组转速开始下降，使主配压阀回复到中间位置的速度加快。

当 $t=t_3$ 时，缓冲器活塞一方面被反馈过来的信号不断顶起，同时在压缩弹簧13的作用下逐渐向中间位置回复。最初，由于接力器运动速度快而活塞回复运动慢，K 点不断上升。至 t_3 时，两者的速度相等，K 点就达到最高点。

当 $t>t_3$ 时，缓冲器活塞的回复速度已超过了接力器活塞的关闭速度，因此 K 点就开始下降。

当 $t=t_4$ 时，缓冲器主配压阀回复到中间位置，所以主接力器停止关闭导水机构。

当 $t>t_4$ 时，机组转速继续下降，K 点也下移，但因机组转速下降快，使得主配压阀越过中间位置到了下面，从而使主接力器开启导水机构。

此后，导水叶开度逐步接近空载开度，机组接近额定转速，主配压阀与缓冲器回复到中间位置，达到新的平衡工况。从图上看，这个转速变化过程有一定的过调节现象。

图1-13为机组甩全负荷后调节系统的过渡过程示意图。甩全负荷后机组转速迅速上升，主配压阀迅速达到极限位置，接力器关闭导叶。经 $t_0\sim t_1$ 段时，关闭导叶到 Y_1，机组转速达到极值，但导叶仍继续关闭直至全关。在导叶全关后，缓冲器从动活塞 K 的运动就只是从动活塞在弹簧作用下的回复过程，因此，出现了不同于甩部分时 t_2 以前的曲线形状。同时由于甩全负荷后转速升高值大，即便 K 点已达到最高点，仍不能使主配压阀脱离最高位置。只有到 t_3 时，机组转速降低较多后，主配压阀才开始向中间位置回复。到 t_4 时，主配压阀回复到中间位置，并越过中间位置向开启侧移动，接力器才逐步打开导叶至空载开度。此后，逐步达到新的平衡工况。

调节系统在调节过程结束后，缓冲器总是回到中间位置，因此杠杆19的 K 点、杠杆12的 Z 点在平衡工况时总能保持在中间位置。代表主配压阀位置的 S 点，在平衡工况时也总是在中间位置，故这样的调节系统在各种平衡工况时总要保持某一机组转速值（如额定值）。它们的静态特性是无差的，如图1-14所示。由上述可见，当调节系统具有软反馈时，不仅系统可以稳定，而且能保持机组转速在规定的数值范围内。

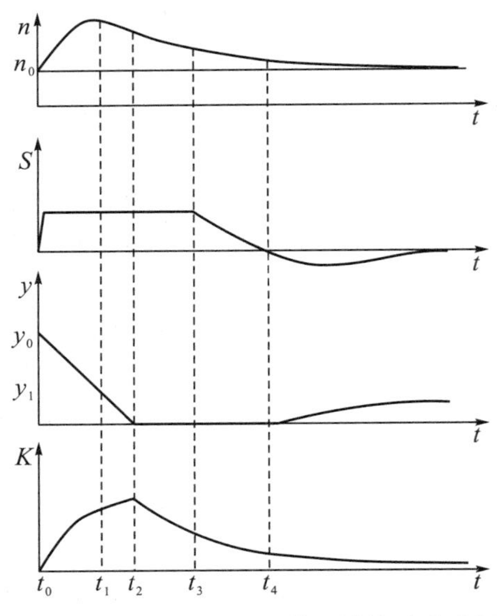

图 1—13　甩全负荷后调节系统的过渡过程

图 1—14　调节系统静态特性

§1.3.2　双调节的水轮机调节系统原理

有些水轮机具有双重调节机构。例如，轴流转桨式水轮机除了具有导叶调节机构外，还有桨叶调节机构；水斗式水轮机除了具有喷嘴针塞调节机构外，还有折向器（偏流板）调节机构；有些装有调压阀的混流式水轮机，除了具有导叶调节机构外，还有调压阀调节机构。因此，需要一个双调节系统。下面以应用较多的轴流转桨式水轮机的双重调节系统为例阐明其工作原理。

轴流转桨式水轮机设置两个调节机构的目的是为了增加水轮机的高效率区的宽度，以适应负荷的变化。当桨叶角度一定时，水轮机效率曲线的高效率区比较窄，如图 1—15（a）所示。$\varphi_1 \sim \varphi_5$为 5 根定桨时的效率曲线，而轴流转桨式水轮机的效率曲线是这组曲线的外包线，高效率区就变宽了。该外包线与每根定桨曲线的切点所对应的导叶开度即为最优开度。据此可以找出 $\varphi = f(a)$的关系曲线，称此曲线为协联关系曲线。协联关系还与水头有关，在不同水头下，将会有不同的协联关系，如图 1—15（b）所示。

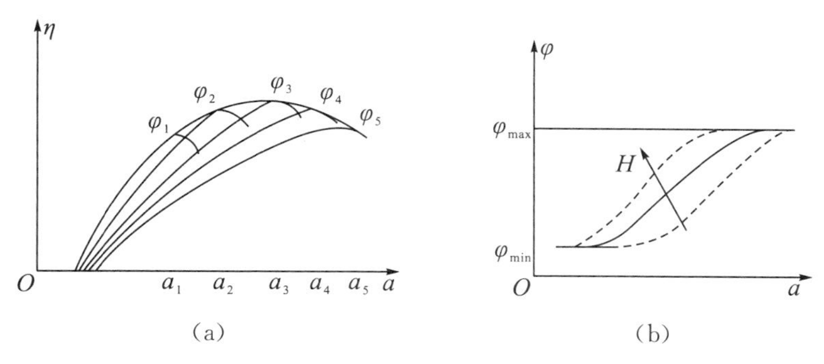

图 1－15　轴流转桨式水轮机协联关系

轴流转桨式水轮机在运行中不仅要保持转速为某一数值，而且要使桨叶角度与导叶开度符合协联关系。前者靠导叶调节机构来实现，称为主调节部分，它与单调节调速器基本相同；后者称为协联调节部分，它是由协联装置和液压放大放置组成的，实际上是一个功率放大的液压随动系统。图 1－16 为各元件之间相互关系的方框图。

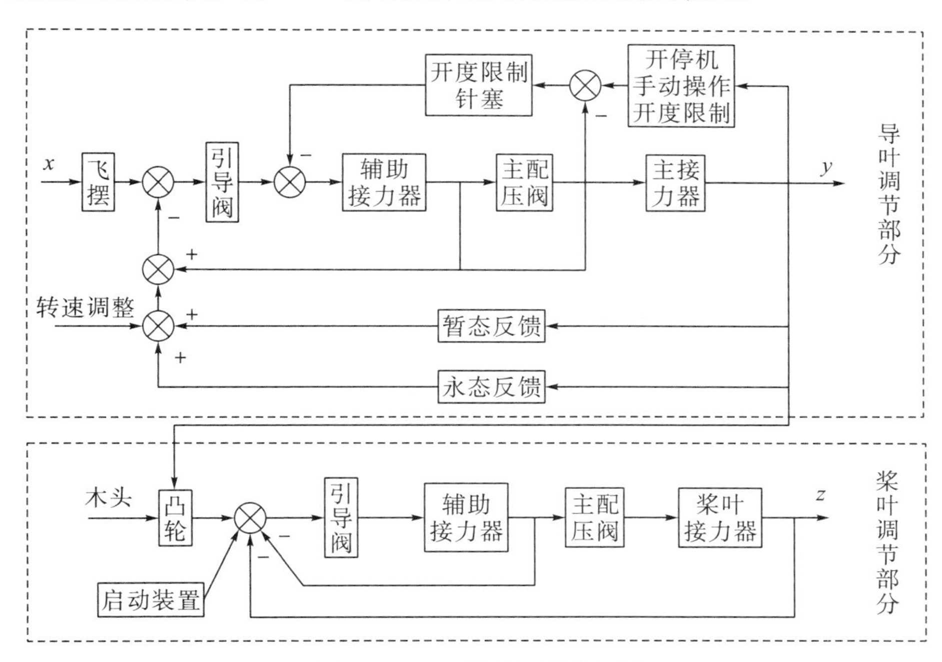

图 1－16　双重调节系统方框图

图 1－17 为机械液压型双重调节调速器的原理简图（图中仅画出了协联调节部分，省去了导叶调节部分）。该系统由协联块 2、控制针阀 17、辅助接力器 24、主配压阀 26、反馈钢丝绳 21、重块 23、联锁阀 34、水头调整装置、桨叶接力器及有关杠杆组成。其中的关键部件是协联块，如图 1－18 所示，其是一个空间曲面与回复轴相连，它的转角代表导叶的开度，曲面至圆心的半径为桨叶的转角 φ，沿轴线方向是不同水头的协联关系。

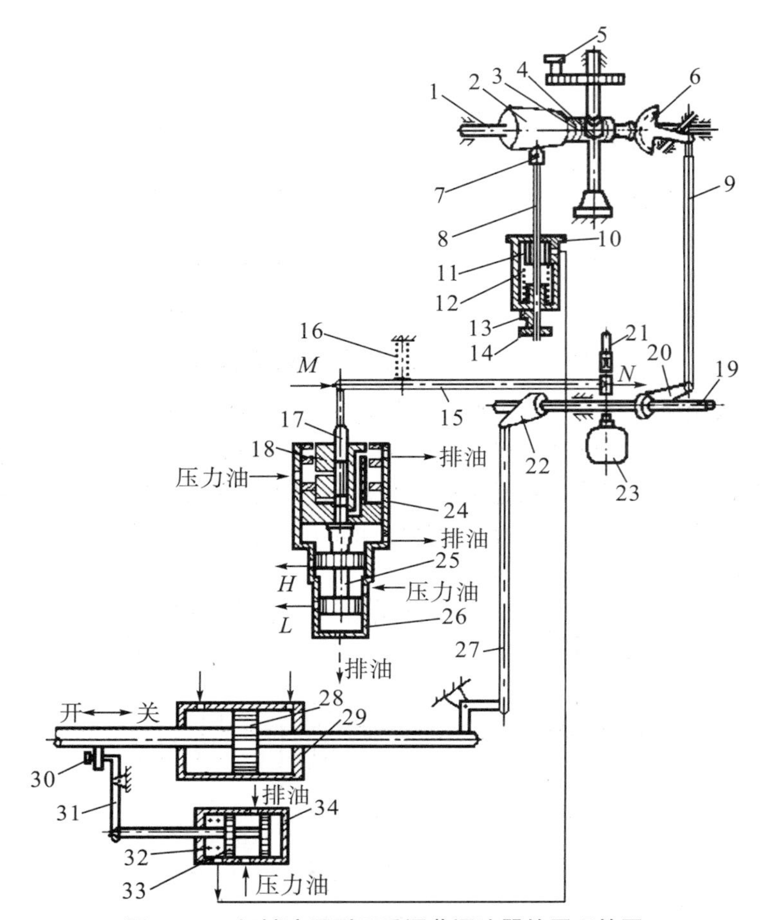

图 1—17　机械液压型双重调节调速器的原理简图

1—轴；2—协联块；3—齿条；4—齿轮；5—手轮；6—扇形齿轮；7—滚轮；8，9—拉杆；10—转轮叶片启动阀；11—活塞；12，16，32—弹簧；13—螺帽；14—调节螺帽；15，27，31—杠杆；17—控制针阀；18—辅助接力器活塞；19—回复轴；20，22—拐臂；21—钢丝绳；23—重块；24—辅助接力器；25—主配压阀活塞；26—主配压阀；28—导叶接力器活塞；29—导叶接力器；30—螺钉；33—联锁阀活塞；34—联锁阀

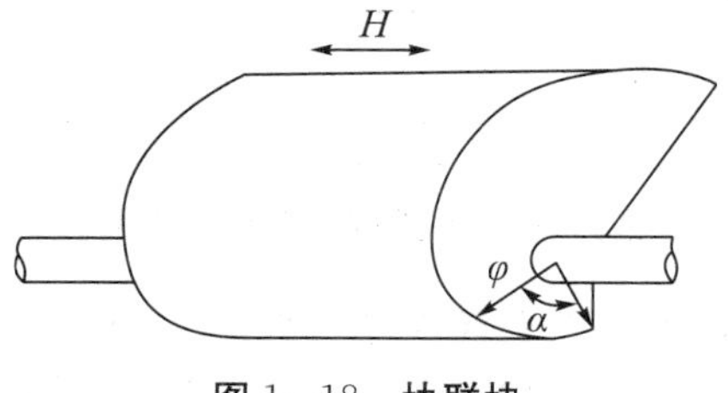

图 1—18　协联块

在调节过程中，当导叶的开度变化时，通过回复轴 19、拐臂 20、拉杆 9、扇形齿轮 6 带动轴 1 转动，其转动角度即代表导叶开度。滚轮 7 压在协联块 2 上面，若导叶开度 a 增大，则协联块压迫滚轮 7 下移，通过拉杆 8、杠杆 15 使针阀 17 下移，压力油通过孔 F、G 进入辅助接力器活塞的上腔，克服主配压阀的向上油压力（其主配压阀和辅助接力器的结构与导叶调节部分的主配压阀和辅助接力器的结构相同），使辅助接力器活塞与主配压阀活塞一起下移，主配油口 L 与压力油接通，油口 H 与排油接通。浆叶接力器活塞开

启侧接通压力油，关闭侧接通排油，从而使桨叶打开（转角增大）。在桨叶打开的同时，通过反馈钢丝绳 21 使杠杆 15 上的 N 点下降，于是杠杆 15 上的 M 点上升，使控制针阀 17 回复到中间位置，此时辅助接力器活塞上腔油压恢复原来数值，辅助接力器、主配压阀活塞向上运动回复到中间位置。由此可见，在协联块之后是具有硬反馈的二级液压放大系统，它的输出信号与输入信号成正比，但有一定的时间常数。

为了使不同水头仍能保持正确的协联关系，设有水头调整装置，由手轮 5、齿轮 4、齿条 3、转动手轮组成，可使协联块 2 沿轴 1 作轴线方向的左右移动，从而使滚轮 7 反映不同水头的协联关系。

为了减小轴流转桨式水轮机启动时导叶启动开度，增加启动力矩和减小轴向压力，必须使桨叶调节脱离正常的协联关系，为此设有专门的转轮叶片启动阀 10。

由此可见，操作桨叶的液压放大器装置也是有时间常数的。为了使调节过程稳定，一般采用使桨叶移动速度比导叶移动速度慢的办法，在波动时主要由导叶调节，然后桨叶慢慢跟上，恢复协联关系。

第 4 节　水轮机调节系统的特性

§1.4.1　水轮机调节系统的静特性

1．调节系统的静特性

在水轮机调节系统中，各参数不随时间而变化的工作状态称为平衡状态，各平衡状态下参数间的关系称为静特性。

机组稳定状态时，转速与机组出力之间的对应关系线，称为水轮机调节系统静特性。对水轮机调节系统来说，衡量其静态品质的指标主要有转速死区、静态特性的非线性度，对于双调节系统还有随动系统的不准确度等。

调节系统的静特性有两种情况：以横坐标表示机组出力 P，纵坐标表示机组转速 n，在不考虑其他因素的前提下，机组稳定转速随机出力呈线性变化。图 1－19（a）为无差静特性，即机组出力不论为何值，调节系统均能保持机组转速 n_0，也就是说，出力变化前后其稳定转速不变，静态误差为零。图 1－19（b）为有差静特性，机组空载时，$P=0$，机组具有最大稳定转速 n_{max}，机组带额定负荷时，$P=P_{max}$，机组具有最小稳定转速 n_{min}，当机组出力大时，调节系统将保持较低的机组转速，也就是说，出力变化前后其稳定转速有差异，即静态误差不为零。具有有差静特性的调节系统，当电网负荷变化，整个调节过程终了时，机组出力与电网负荷相吻合，调速器接力器行程或导水机构开度与之相适应，在新的位置稳定下来，离心摆转速即机组转速也在新的位置稳定下来。这就是说，机组稳定转速与其出力呈一一对应的关系。机组出力最大时，稳定转速最低；机组出力最小（空载）时，稳定转速最高。这种静特性的变化程度，用调节系统静特性曲线的斜率（转差率）进行表征。

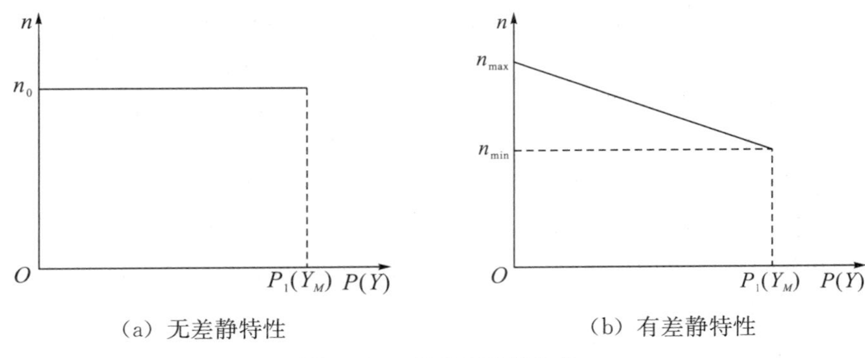

(a) 无差静特性　　(b) 有差静特性

图 1－19　调节系统静特性

2. 调节系统的转差率

调节系统的静特性以转差率 e_p 表征。e_p 定义为静特性斜率的负数，其计算公式为

$$e_p = -\frac{\mathrm{d}\frac{n}{n_r}}{\mathrm{d}\frac{P}{P_r}} \tag{1-9}$$

若静特性线为直线时，也可以用最大功率转差率进行表征：

$$e_s = \frac{n_{\max} - n_{\min}}{n_r} \times 100\% \tag{1-10}$$

式中：n 为转速；P 为功率；$n_{\max}$ 为 $P=0$ 时的转速；$n_{\min}$ 为 $P=P_r$ 时的转速；n_r 为额定转速；P_r 为额定功率。

3. 调速器的静特性

以横坐标表示接力器活塞的位置或行程，以纵坐标表示离心摆的稳定转速（即离心摆套筒的位置）n，在不考虑其他因素时，离心摆的稳定转速随主接力器活塞行程呈线性变化，如图 1－19（b）所示。当主接力器活塞位于全关位置即 $Y=0$ 时，对应着最大的离心摆转速 $n_{\max}$；当主接力器活塞位于全开位置即 $Y=Y_M$ 时，对应着最小的离心摆转速 $n_{\min}$。

4. 调速器的永态转差率

离心摆稳定转速随主接力器活塞行程变化而变化的相对程度，称为调速器的永态转差率。此调整机构叫作调速器的永态转差机构。

调速器的永态转差率描述了调速器静特性曲线的倾斜程度，由图 1－19 可得到永态转差率 b_p 的表达式如下：

$$b_p = \frac{\mathrm{d}\frac{n}{n_r}}{\mathrm{d}\frac{Y}{Y_{\max}}} \tag{1-11}$$

若静特性线为直线时，也可用以最大行程永态转差率进行表征：

$$b_s = \frac{n_{\max} - n_{\min}}{n_r} \times 100\% \tag{1-12}$$

式中：$n_{\max}$ 为 $Y=0$ 时的转速；$n_{\min}$ 为 $Y=Y_{\max}$ 时的转速；$Y_{\max}$ 为接力器的最大行程。

在静特性近似为直线时，$b_p \approx b_s$，$e_p \approx e_s$。

总之，具有永态转差机构的调速器，其稳定性显著提高了，但同时又出现机组出力与机组转速呈一一对应的有差静特性。即电网负荷减小后，机组的稳定转速就比较高，电网负荷增加后，机组的稳定转速就比较低。这样就造成机组调节稳定后的转速与调节前的转速之间存在着一定的偏差，其调节质量可能不能令人满意，需要进一步改进，以满足现代电力网对电能质量的要求。

必须注意的是，机组出力为零并不对应接力器行程为零，机组出力为额定值也不一定对应接力器行程为最大值，故 e_p 不等于 b_p。在调速柜面板上显示的是 b_p 值。

5. 调节系统的转速死区

以上讨论过程中均假定只要转速偏离给定值调速器便开始调节。实际上，由于系统存在惯性、液压摩擦力等因素的影响，静特性线并非一条线，而是一条带状区域，调速器存在一个调节死区，如图1－20所示，当机组转速低于 n_2 时，调速器才开启导叶，而当机组转速略高于 n_2 时，调速器并不动作；只有当机组转速超过 n_1 时，调速器开始关闭导叶。因此，当转速在 n_1 与 n_2 之间时，调速器不动作，这就是转速死区。通常以 i_x 表示转速死区，其计算公式为

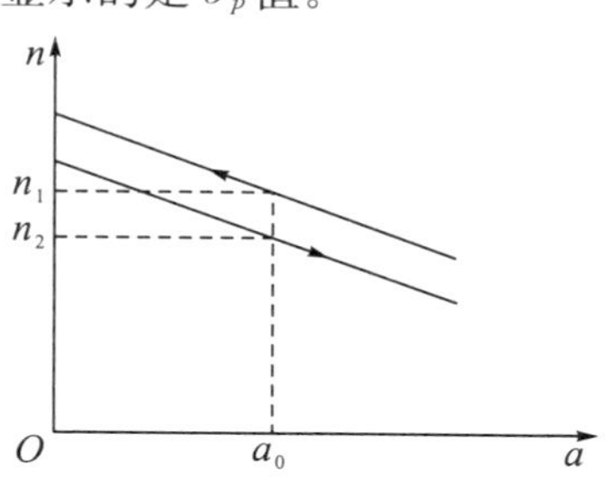

图1－20　调节系统转速死区

$$i_x = \frac{n_1 - n_2}{n_r} \times 100\% \qquad (1-13)$$

转速死区使调节系统频率调节的质量降低，使机组负荷分配误差增大，对调节系统稳定性也不利。因此，调速器技术条件中规定转速死区不得超过表1－1的规定值。

表1－1　调速器转速死区

调速器类型	大型		中型		小型	特小型
	电调	机调	电调	机调		
转速死区	0.05	0.15	0.10	0.20	0.20	0.25

对于转桨式水轮机调节系统，转轮接力器随动系统的不准确度不得超过1.5%。

总之，评价一个水轮机调节系统的性能好坏，主要看其能否稳定运行，在稳定工况时能否维持一定的静态准确度，在各种扰动信号作用下能否达到快速收敛，满足过渡过程动态品质的各项指标。

§1.4.2　水轮机调节系统动态特性

水轮机调节系统从扰动作用开始至达到新的平衡状态，整个调节系统的转速、功率、流量等参数的变化过程称为过渡过程，属于动态特性。动态特性主要包括以下两个方面。

1. 稳定性

对于水轮机调节系统来说，最基本的要求是稳定性，在水轮机调节系统设计、制造、安装、调试和运行中都必须注意保证调节系统的稳定性。

从水轮机调节系统受扰动作用开始，至机组转速的变化能进入规定范围内，称之为稳定。

如图1－21（a）所示，机组经调节后的转速仍然能在原给定转速 n_0 附近波动，且波动幅度小于规定值；如图1－21（b）所示，机组经调节后的转速偏离了原稳定转速 n_0 而

在 n'_0 的附近波动，且波动幅度小于规定值，这两种情况均为稳定的调节系统。

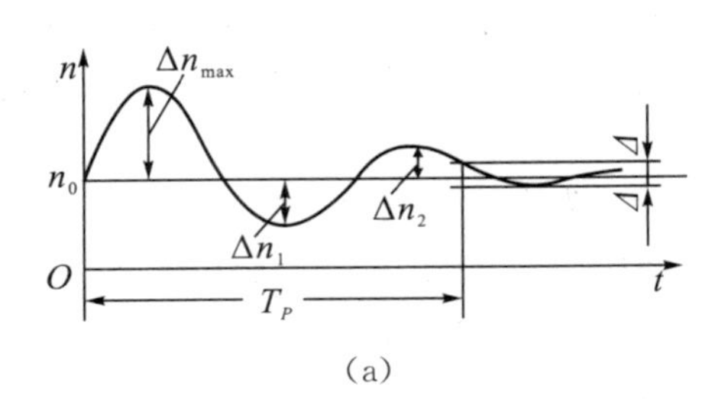

(a)

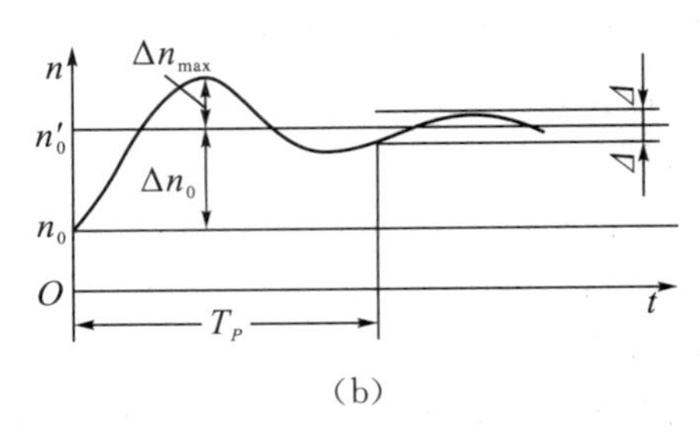

(b)

图 1－21　机组转速波动曲线

2. 过渡过程动态品质指标

水轮机调节系统在稳定的基础上，对过渡过程的动态品质也有相应的要求，过渡过程动态品质可以用一些具体指标来衡量。对图 1－21（a）所示的过渡过程具有如下指标：

（1）调节时间 T_P：T_P 是指从阶跃扰动发生时刻开始到调节系统进入新的平衡状态为止所经历的时间。从理论上讲，T_P 为无穷大。实际工程中，常以转速 n 在新的平衡状态时，转速 n_0 的偏差值进入规定偏差值Δ 所需时间，即转速 n 进入 $n_0 \pm \Delta$ 值范围内。

（2）最大偏差 Δn_{max}：Δn_{max} 是第一峰值，常用相对值 $\Delta n_{max}/n_0$ 表示。

（3）超调量 δ：以第一个负波峰值占最大偏差的百分比来表示，即

$$\delta = \frac{\Delta n_1}{\Delta n_{max}} \times 100\% \qquad (1-14)$$

（4）振荡次数 X：以调节时间内出现的振荡波峰和波谷数的一半表示。如图 1－21（a）所示，在 T_P 时间内出现两个波峰和一个波谷，故振荡次数为 1.5 次。

（5）衰减度 Ψ：以第二个波峰与第一个波峰幅值之差的相对值来表示，即

$$\Psi = \frac{\Delta n_{max} - \Delta n_2}{\Delta n_{max}} \qquad (1-15)$$

在以上指标中，常用的有调节时间 T_P、最大偏差 Δn_{max} 和振荡次数 X。

我国从 20 世纪 80 年代开始实行的《水轮机调速器与油压装置技术条件》（GB 9652—88）中，对动态特性有以下规定：

（1）调速器应保证机组在各种工况和运行方式下的稳定性。在空载工况自动运行时，大型、中型、小型和特小型调速器应分别保证水轮发电机组转速摆动相对值不超过±0.15%、±0.25%和±0.3%。

（2）机组甩负荷后，动态品质应满足：

①甩 100%额定负荷后，超过额定转速 3%以上的波峰和波谷数不得超过 2 次。

②甩 100%额定负荷后，从接力器第一次向开启方向移动起，到机组转速偏差相对值不超过±0.5%为止所经历的时间，应不大于 40 s。

③甩 25%额定负荷后，接力器不动时间对电调不超过 0.2 s，机调不超过 0.3 s。

第 5 节　机组并列工作的静态分析

§1.5.1　调差机构及转速调整机构的工作原理

在现代调速器中，除了上述各主要元件外，还设有转速调整机构和调差机构。它们的工作原理（见图 1—11）：丝杆 23、螺母 22、手轮 21 组成转速调整机构，转动手轮带动丝杆转动，可使螺母上下移动。若机组单独运行，带有一定负荷并处于某平衡工况时，转动手轮使螺母上移，通过杠杆 19 和杠杆 12 使引导阀针阀 9 也上移，此时辅助接力器活塞 34 和主配压阀 37 下移，开启导水机构，水轮机动力矩增大，机组转速随之升高，经过一定时间的调节后，调节系统进入新的平衡工况。此时，因 Y 点比原来位置高，故新的平衡转速也比原来的大，但负荷和接力器活塞位置没变（假设水轮机主动力矩与发电机阻力矩均与转速无关）。反之，若使螺母向下移动，则机组到达新的平衡状态时，转速将会比原来的小。

调整转速调整机构螺母 22 的位置，能使调节系统静特性平行移动。图 1—22 中 2 线是螺母处于额定位置，此时机组保持额定转速。把螺母调高，调节系统静特性上移，则得 1 线；把螺母调低，则得 3 线。因此单机时，改变螺母位置可以达到改变机组转速的目的。调差机构由图 1—11 中拐臂 25、丝杆 23 组成。它把螺母的位置与接力器活塞联系起来。导叶开度越小，螺母的位置越高；导叶开度越大，螺母的位置越低。因此，调差机构是负反馈系统，它可使调节系统静特性成为有差的，并且能调节有差静特性的斜率（见图 1—23），但反馈量很小。根据实际运行需要，永态转差率一般为 0～8%。调整拐臂 25 的长度，就可以改变永态转差率的大小。

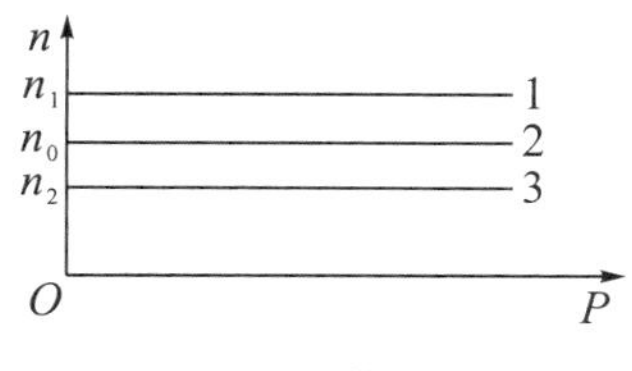

图 1—22　无差静特性的调节

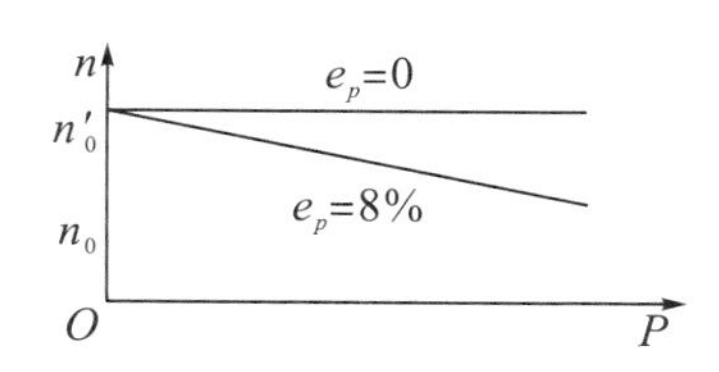

图 1—23　有差静特性的调节

让调节系统具有有差静特性，能保证在并列运行的机组间分配负荷。若并列运行的机组都是无差静特性，则它们之间的负荷分配不明确，因为各台机组不管带多少负荷，它们都保持同样的转速（并列机组的频率总是一样），因此每台机组可以多带也可以少带。不仅如此，还会使得负荷在各台机组之间摆动。如图 1—24 所示，由于调节系统不可能把各台机组的静特性调到完全一致，若 1 号机转速整定高于 n_0，而 3 号机低于 n_0，此时 1 号机离心摆总感到机组转速（系统转速）低于它自身的整定值，因而要求打开导叶直到 1 号机带到满载为止。而 3 号机情况正好相反，它的离心摆总感到机组转速高于它自身的整定值，因而要求关闭导叶。当运行人员发现之后，为了减小 1 号机负载，就把转速调整机构的螺母向下调，但不能调得正好，可能会略低一点，而 3 号机又可能调高了，这时负荷就会立即从 1 号机转移到 3 号机。此外，由于调节系统总有一定的转速死区，这就更增加了分配负荷的不稳定性。为解决这个问题，引进了调差机构，使在系统中运行的机组具有有差静特性，以利于机组间负荷分配。

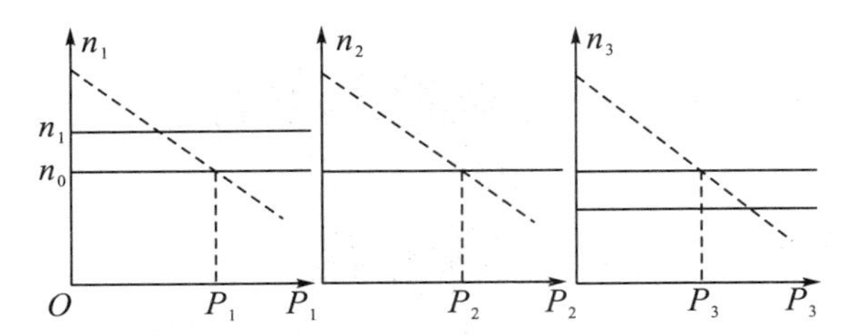

图 1－24　具有无差静特性的机组并列运行

§1.5.2　变动负荷在并列工作机组间的分配

设系统中有 N 台机组并列运行，系统的转速（频率）为 n_0，各台机组承担的负荷分别为 P_1，P_2，…，P_n。如果外界负荷增加了 ΔP_Σ，此时各机组转速将降低，调速器开始调节，经过一定时间调节后，达到新的平衡工况。由于机组具有有差特性，设新的平衡工况时的转速为 n_0'，此时各台机组的负荷分别为 P_1'，P_2'，…，P_n'（见图 1－25）。每台机组的静特性与 n_0水平线的交点即为原来带的负荷，与 n_0'水平线的交点为新带的负荷。

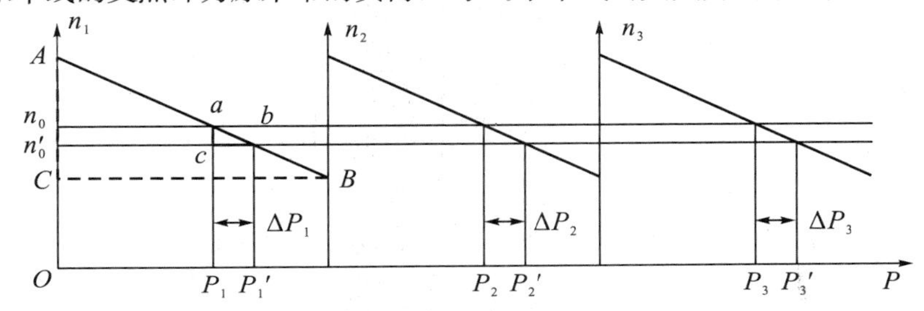

图 1－25　具有有差静特性的机组并列运行

由图 1－25 中的 1 号机静特性可知，$\triangle abc$ 与$\triangle ABC$ 相似，故有：

$$\frac{ac}{bc}=\frac{n_0-n_0'}{P_1'-P_1}=\frac{AC}{BC}=\frac{n_{\max}-n_{\min}}{P_{1r}}=\frac{e_{p1}n_{r1}}{P_{1r}} \tag{1－16}$$

$$n_0-n_0'=\frac{e_{p1}n_{r1}}{P_{1r}}\Delta P_1 \tag{1－17}$$

式中：e_{p1}为调节系统的转差率，横坐标为机组出力；P_{1r}为机组额定出力；n_{r1}为额定转速；$n_{\max}$为机组出力为零时的转速；$n_{\min}$为机组出力为额定值时的转速。

同理可得：

$$n_0-n_0'=\frac{e_{p2}n_{r2}}{P_{2r}}\Delta P_2=\cdots=\frac{e_{pn}n_{rn}}{p_{nr}}\Delta P_n \tag{1－18}$$

各机组额定转速 n_r相等（这里指各机组按发电机极对数进行折算后的转数），则

$$\frac{\Delta P_1}{\frac{P_{1r}}{e_{p1}}}=\frac{\Delta P_2}{\frac{P_{2r}}{e_{p2}}}=\cdots=\frac{\Delta P_n}{\frac{P_{nr}}{e_{pn}}}=\frac{\sum_1^n\Delta P_i}{\sum_1^n\frac{P_{ir}}{e_{pi}}}=\frac{n_0-n_0'}{n_r} \tag{1－19}$$

于是

$$\Delta P_i=\frac{\Delta P_\Sigma}{\sum_1^n\frac{P_{ir}}{e_{pi}}}\times\frac{P_{ir}}{e_{pi}} \tag{1－20}$$

$$\Delta n = \frac{\Delta P_{\Sigma}}{\sum_{1}^{n} \frac{P_{ir}}{e_{pi}}} \times n_r \tag{1-21}$$

由（1－20）式和（1－21）式可知：

（1）当系统机组台数、容量及转差率一定时，各台机组调节结束后承担的变动负荷与其转定出力成正比，与其转差率成反比。为使机组承担较大的变动负荷，应使转差率较小，一般为 3％～6％；为使机组少承担变动负荷，则应使转差率较大，一般为 6％或更大一些。

调速器永态转差率指示表的刻度是按接力器全行程中转速的相对变化划分的（大型调速器按回复轴的全转角确定），而公式中用的转差率是机组空载到最大出力范围内转速的相对变化，前者与水头无关，而后者与水头有关。上述的 3％～6％是调速器指示表上的刻度值。

此外，这里所说的变动负荷是指静态分配，即系统调节结束后的负荷分配。至于负荷变动时调节过程中哪台机组承担多少负荷，则还与其他因素有关，如调速器的灵敏度与动作速度。例如切除缓冲器，调运器动作速度加快，可提高机组所承担的变动负荷。

（2）若某一台机组的转差率为零，则它将在自身出力允许范围内承担尽可能多的变动负荷。

（3）系统转速的变化与各机组的额定功率之和成反比。各机组 e_p 值越大，系统转速变化也越大；e_p 值越小，系统转速变化也越小。为使系统转速在负荷变动时不会有较大的变化，需要有一部分机组的转差率整定得小一些。

§1.5.3　转速调整机构的作用

在机组并列运行时，用转速调整机构可以调整机组所承担的负荷和系统的转速（频率）。若系统中有 N 台机组并列运行，系统的转速（频率）为 n_0，各台机组承担的负荷分别为 P_1，P_2，…，P_n，系统总的负荷不变（如图 1－26 所示）。若把第一台机组的转速调整机构螺母往上移动，其静特性向上平移一个距离 Δn_1，这时各机组的负荷和系统转速（频率）将发生变化。

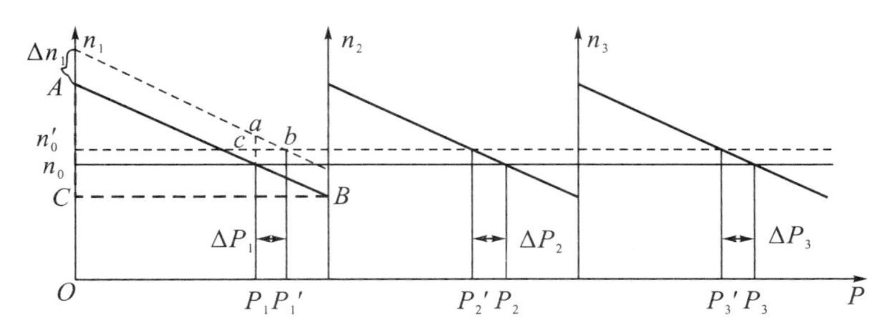

图 1－26　具有有差静特性的机组并列运行

$$\frac{ac}{bc} = \frac{\Delta n_1 - \Delta n_0}{P_1' - P_1} = \frac{AC}{BC} = \frac{n_{\max} - n_{\min}}{P_{1r}} = \frac{e_{p1} n_{r1}}{P_{1r}} \tag{1-22}$$

于是

$$\Delta P_1 = (\Delta n_1 - \Delta n_0) \frac{P_{1r}}{e_{p1} n_{r1}} \tag{1-23}$$

同理可得：

$$\Delta P_2 = \Delta n_0 \frac{P_{2r}}{e_{p2} n_{r2}} \tag{1-24}$$

由于总负荷不变，1 号机组增加的负荷等于其他机组减少的负荷，即

$$\Delta P_1 = \sum_2^n \Delta P_i \tag{1-25}$$

因此

$$(\Delta n_1 - \Delta n_0)\frac{P_{1r}}{e_{p1} n_{r1}} = \sum_2^n \Delta n_0 \frac{P_{ir}}{e_{pi} n_{ri}} \tag{1-26}$$

$$\Delta n_0 = \frac{\Delta n_1}{\sum_1^n \frac{P_{ir}}{e_{pi} n_{ri}}} \times \frac{P_{1r}}{e_{p1} n_{r1}} \tag{1-27}$$

由于各机组额定转速相等，于是

$$\Delta n_0 = \frac{\Delta n_1}{\sum_1^n \frac{P_{i_r}}{e_{pi}}} \times \frac{P_{1r}}{e_{p1}} \tag{1-28}$$

$$\Delta P_1 = \frac{\Delta n_1 P_{1r}}{e_{p1} n_{r1}} \left(1 - \frac{P_{1r}}{e_{p1} \sum \frac{P_{ir}}{e_{pi}}} \right) \tag{1-29}$$

$$\Delta P_i = \frac{\Delta n_1}{\sum_1^n \frac{P_{ir}}{e_{pi}}} \times \frac{P_{1r}}{e_{p1}} \times \frac{P_{ir}}{e_{p1} n_{ri}} \tag{1-30}$$

可见，机组额定出力越大，而转差率越小，则该机组对系统转速的调节作用就越大。

当电力系统很大时，满足：

$$\sum_{i=1}^n \frac{P_{ir}}{e_{pi}} \gg \frac{P_{1r}}{e_{p1}} \tag{1-31}$$

$$\Delta n_0 \approx 0 \tag{1-32}$$

因此

$$\Delta P_1 = \frac{\Delta n_1 P_{1r}}{e_{p1} n_{r1}} \tag{1-33}$$

在电站运行中，运行人员可以通过操作转速调整机构来改变机组所带的负荷。在有调频任务的电站中，运行人员也是通过操作转速调整机构来不断校正系统的频率的。可见，转速调整机构的作用是十分重要的。

§1.5.4 调速器在系统调频中的作用

为使并列运行机组间的负荷合理分配，各机组以有差静特性参加工作。但能否采用很小的转差率，以使系统的频率变化控制在规定范围内而不采取其他措施呢？实践证明，这是很难做到的。因为调节系统具有一定的转速死区，即静特性不是一根直线，而是一根带子，如图 1—27 所示。故在某一系统转速时，机组负荷可在 P' 至 P'' 的范围内。

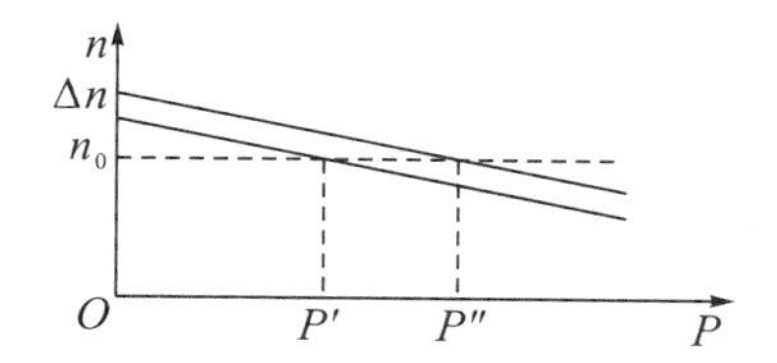

图 1－27　转速死区对负荷分配的影响

根据三角形相似的原理可求出 ΔP 的值：

$$\Delta P = \frac{\Delta n}{e_p n_r} P_r \tag{1-34}$$

因此

$$\frac{\Delta P}{P_r} = \frac{\frac{\Delta n}{n_r}}{e_p} = \frac{i_x}{e_p} \tag{1-35}$$

式中：i_x 为转速死区，其值在 0.05%～0.1%。e_p 越小，负荷分配的误差就越大，如 $b_p =$ 1%～1.5%（指调速器）时，负荷分配误差可达 5%～10%，这是十分不利的。因此，工程中永态转差率的整定值一般在 3%～6%。但此时就不能满足频率的要求，于是采用二次调频的方法，即在发现系统频率超过规定的偏差时，有调频任务的电站通过自动控制转速调整机构，使频率恢复到额定值。此外，也可采用另一种方法，即部分机组以无差静特性工作，让误差负荷全部由这部分机组承担，调节结束后，频率维持不变。

总之，系统中各机组一般以有差特性工作。当负荷发生变化以后，各机组的调速器就进行调节。在调节过程中，系统变动负荷的分配与各机组调速器的灵敏度和速动性有关。调节过程结束达到新的平衡状态时，各台机组承担变动负荷的多少与各台机组的最大出力成正比，与转差率成反比。此时，系统的频率已偏离额定值。若偏离值较大，通过操作转速调整机构，使系统频率恢复到额定值。若要改变机组所带的负荷，也是操作相应的转速调整机构。

复习思考题

1. 电能是一种特殊的商品，其特殊性表现在什么方面？衡量其质量有哪些指标？
2. 电力系统频率稳定取决于什么？负荷波动对机组频率有何影响？
3. 电力系统频率波动对用户有何影响？我国电力系统规定的频率波动的允许值是多少？
4. 发电机的频率和转速之间有什么关系？
5. 水轮机调节的任务是什么？
6. 水轮机调节的途径和方法是什么？
7. 水轮机调节系统的特点有哪些？
8. 什么是水轮机调节系统？用方框图表示水轮机调节系统的组成。
9. 调速器由哪些典型环节组成？
10. 试说明 YT－1000、DST－80A－4.0 调速器型号的含义。
11. 从不同角度对调速器进行分类。
12. 根据图 1－11 叙述在单机运行时，用转速调整机构调整转速的工作原理。

13. 根据图 1－11 叙述在并网运行时，用转速调整机构调整负荷的工作原理。

14. 根据图 1－11 叙述在并网运行时，因机组负荷变化而引起转速调节工作原理。

15. 什么是双重调节？设置双重调节的目的是什么？

16. 根据图 1－17 叙述双重调节的工作原理。

17. 什么是调节系统的静特性？什么是无差静特性？什么是有差静特性？

18. 为什么并列运行机组不能采用无差静特性，设置调差机构的目的是什么？

19. 什么是转差率 e_p？什么是永态转差率 b_p？二者有何关系？

20. 永态转差率 b_p 的物理意义是什么？其取值范围是多少？

21. 什么是转速死区？其产生的原因是什么？机械液压型调速器、微机调速器的转速死区值各是多少？

22. 什么是调节系统过渡过程？其动态品质指标有哪些？

23. 负荷在并列运行机组间是如何分配的？

24. 用转速调整机构平移调节系统静特性，其作用是什么？

25. 调速器在系统频率调节中的作用是什么？

第2章　机械液压型调速器

机械液压型调速器是按照“检测偏差，纠正偏差”原理实现自动控制的。测量环节的输入信号是机组转速，输出信号是转速偏差转换成机械位移信号，离心飞摆测量机组每一瞬间的转速，并与额定值进行比较，得到转速偏差的大小和方向，发出调节信号，测量环节通常采用离心飞摆，经电气部分联系与机组大轴相连，离心飞摆转速与机组转速同步或者成比例。引导阀起信号加法器作用，将测量环节的输出信号（机械位移信号）和其他不同控制作用信号进行总加，得到综合控制信号。由于离心飞摆输出功率很小，不足以驱动笨重的水轮机导水机构，一般需要经过液压放大。放大环节先将经过综合的控制信号进行放大，再送给执行环节，驱动导水机构，以使导叶开度开大或关小。按测量环节的指令动作，对水轮机导水机构开度进行控制，改变机组流量，实现频率和有功功率等参数的自动调节过程。为操作笨重的导水机构，机械液压调速器一般采用两级液压放大，第一级综合放大环节一般由引导阀、辅助接力器和局部反馈杠杆构成，第二级放大环节由配压阀和主接力器组成。永态反馈环节是用来使调节系统具有调差特性和校正放大环节特性，永态反馈量一般很小，机械液压调速器永态反馈环节由调差机构来实现。暂态反馈环节主要为使调节系统稳定，改善调节系统的动态性能而设置，暂态反馈量一般较大，机械液压调速器的暂态反馈环节主要由缓冲器等来实现。

在机械液压型调速器中，常见的有YT型、T型和ST型调速器，其中YT型调速器结构简单，本章主要以YT型调速器为例，介绍机械液压型调速器的各组成部分的结构组成、运行特点、工作原理、运动方程、传递函数和主要性能参数。其他调速器的主要部分与YT型调速器相似。

第1节　测速环节

离心飞摆是机械液压型调速器的测速元件。它测量水轮发电机组每一瞬间的转速，并转换为机械位移信号，输出信号送至综合放大元件之一的引导阀上，经比较、放大后调节水轮机导叶的开度。机组转速一般是通过永磁发电机—电动机传至离心飞摆，小型机组上有采用发电机机端电压互感器—电动机传动的，在农村小水电，也有用皮带传动的。

§2.1.1　离心飞摆的工作原理

离心飞摆的结构形式种类较多，常见结构为菱形钢带式，如图2－1所示。当离心飞摆旋转时，重块3产生离心力，使钢带5向外张开。因钢带上端被固定，带动下支持块1上移，驱动下支持块上移的力称为折算离心力Q。

由旋转运动可知，重块3所受离心力Q'可用下式表示：

$$Q' = m_2\omega^2 r \quad (2-1)$$

式中：m_2为重块的质量，kg；ω为角速度，rad/s；r为重块质心至转动轴线的距离，m；Q'为离心力，N。

把作用在重块3上的离心力Q'折算到作用在下支持块1上的离心力Q：

$$Q\Delta z = Q'\Delta r \quad (2-2)$$

故

$$Q = \frac{\Delta r}{\Delta z}Q' = \lambda m_2\omega^2 r \quad (2-3)$$

式中：Δz为下支持块的位移，m；Δr为重块的位移，m。

在下支持块1上还作用有驱使其下移的离心飞摆的回复力E。它由两部分组成：一是弹簧的弹力$F=k(z_r+z)$，其中k为弹簧刚度系数，z_r为弹簧预压长度，z为下支持块的位移；二是重力P。因此，离心飞摆的回复力可如下表示：

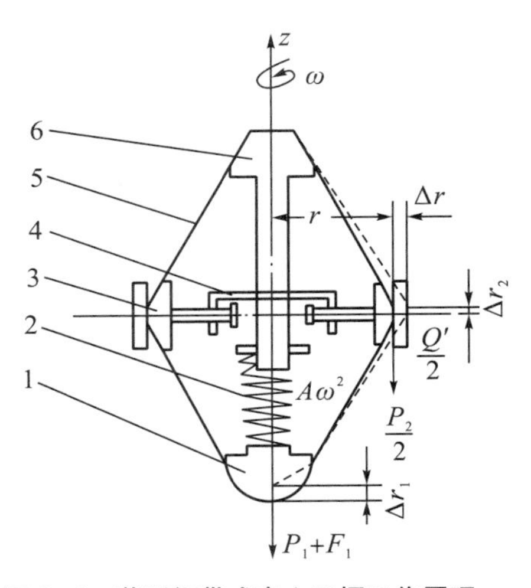

图2—1　菱形钢带式离心飞摆工作原理

1—下支持块；2—弹簧；3—重块；4—限位架；5—钢带；6—上支持块

$$E = F + P \quad (2-4)$$

离心飞摆的工作状态是由离心力与回复力的大小所决定的。当负荷不变时，机组以额定转速运行，离心力与事先调整好的弹簧力和重力相平衡，下支持块1处于中间位置，离心飞摆不发出开大或关小导水机构开度的指令信号。当负荷增加时，机组转速下降，离心力减小，下支持块下移，这时离心飞摆发出开大导水机构开度的指令信号。当负荷减少时，机组转速上升，离心力增加，下支持块上移，这时离心飞摆发出关小导水机构开度的指令信号。

§2.1.2　离心飞摆的静特性

菱形钢带式离心飞摆的几何关系如图2—2所示。可以近似地把重块质心至转动轴线的距离r看作是x和a之和，其中a是常数，x是菱形对角线的一半，它随钢带张开的角度而变化，即

$$\begin{aligned} r &= x + a \\ x &= l\sin\beta \end{aligned} \quad (2-5)$$

式中：l为菱形的边长，由结构决定；β为菱形边与垂直轴线的夹角，它是变化的。由图2—2的几何关系可知：

$$x = \sqrt{l^2 - \left(\frac{h}{2}\right)^2} \quad (2-6)$$

式中：h为两支持块之间的距离，也是菱形在垂直方向的对角线。

(2—6)式对h求导数有：

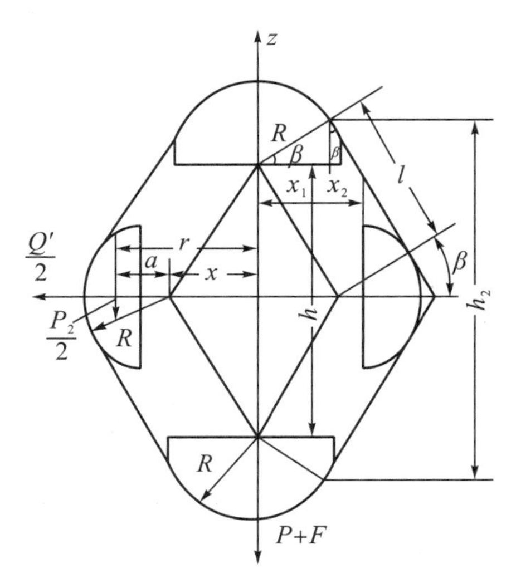

图2—2　菱形钢带式离心飞摆的几何关系

$$\frac{dx}{dh}=-\frac{1}{2}\frac{\frac{h}{2}}{\sqrt{l^2-\left(\frac{h}{2}\right)^2}}=-\frac{1}{2}\times\frac{\frac{h}{2}}{x} \qquad (2-7)$$

即

$$\frac{dx}{dh}=-\frac{1}{2}\cot\beta \qquad (2-8)$$

又因为 $dz=-dh$，所以

$$\lambda=\frac{\Delta r}{\Delta z}\approx\frac{dr}{dz}=-\frac{dx}{dh}=\frac{1}{2}\cot\beta$$

故折算离心力为

$$Q=\lambda m_2\omega^2 r=m_2\omega^2(x+a)\frac{\cot\beta}{2}=A\omega^2 \qquad (2-9)$$

式中：$A=m_2(x+a)\frac{\cot\beta}{2}$，$A$ 是 z 的函数。

YT 型调速器离心飞摆的 $A=f(z)$的曲线如图 2－3 所示。当下支持块上移时，A 减少；当下支持块下移时，A 增加。对于折算离心力 $Q=A\omega^2$，不同的 ω 可得到不同的 $Q(z)$曲线，如图 2－4 所示。图上有 $\omega=\omega_0$，ω_1 和 ω_2 三条曲线。

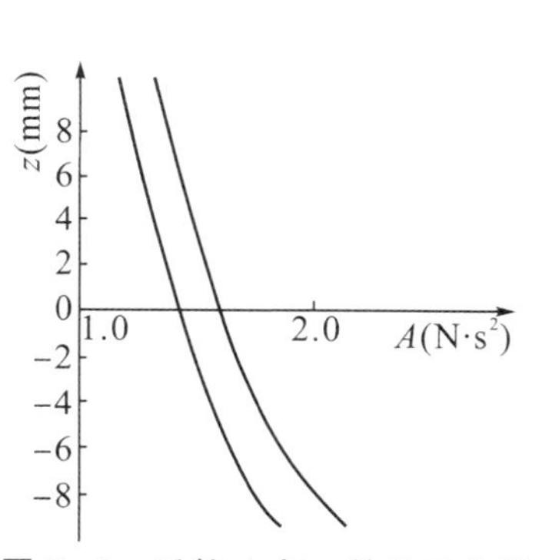

图 2－3　系数 A 与 z 的关系曲线

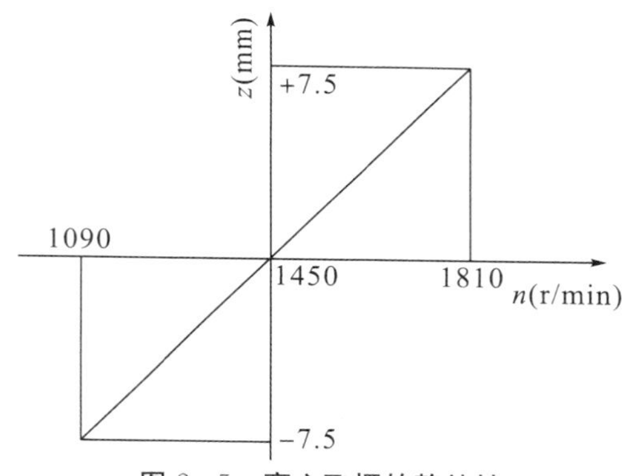

图 2－5　离心飞摆的静特性

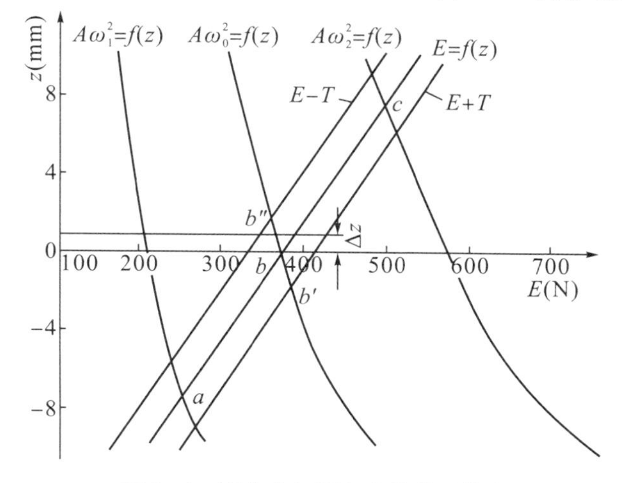

图 2－4　离心力与回复力的关系曲线

回复力 E 中零件重力不随 z 变化，弹簧力 F 是 z 的线性函数。图中折算离心力与回复力相等点满足 $Q=E$，相应离心飞摆处于平衡状态。对 YT 型调速器，当 $\omega=\omega_0$ 时，下支持块处于中间位置，$z=0$；当 $\omega=\omega_2>\omega_0$ 时，下支持块上移到 c 点，相应最高位置 $z=7.5$ mm；当 $\omega=\omega_1<\omega_0$ 时，下支持块移至 a 点，相应最低位置 $z=-7.5$ mm。

如图 2—5 所示为离心飞摆转速 n 与下支持块的位移 z 的关系，即离心飞摆的静特性，静特性可以通过计算或实测求得。实践表明，菱形钢带式离心飞摆的静特性在一定范围内线性度较好。

当离心飞摆处于平衡状态时，折算离心力等于回复力，$Q=E$，即

$$m_2\omega^2(x+a)\frac{\cot\beta}{2}=k(z_r+z)+P \tag{2-10}$$

式中：m_2，a，k，P 为常数；如果下支持块处于中间位置，即 $z=0$ 时，x，β 也是常量。于是机组的转速，也即离心飞摆转速就可以由 z_r 进行整定。如果增大弹簧预压长度 z_r，机组及离心飞摆的转速就会增加。正是利用这一点，可在下支持块处于中间位置的同时，把机组及离心飞摆转速调至额定转速。

§2.1.3 离心飞摆的运动方程与动态特性

当机组转速发生变化，下支撑块上、下移动时，离心飞摆的运动方程可表示为：

$$m\frac{\mathrm{d}^2z}{\mathrm{d}t^2}+K_v\frac{\mathrm{d}z}{\mathrm{d}t}+(E-Q)=0 \tag{2-11}$$

式中：m 为随下支持块一起移动的全部零件转化到下支持块质心的质量，kg；K_v 为液压摩擦系数，kg/s。

在小位移条件下，设下支持块偏离平衡位置 Δz，转速偏离平衡转速 $\Delta\omega$，则

$$\begin{aligned}E&=E_0+k\Delta z\\ Q&=Q_0+\left(\frac{\mathrm{d}A}{\mathrm{d}z}\right)_0\omega_0^2\Delta z+2A_0\omega_0\Delta\omega\end{aligned} \tag{2-12}$$

（2—12）式是按台劳级数展开，并忽略高阶增量项。将（2—12）式代入（2—11）式，又因 $z=z_0+\Delta z$，$Q_0=E_0$，则

$$m\frac{\mathrm{d}^2(\Delta z)}{\mathrm{d}t^2}+K_v\frac{\mathrm{d}(\Delta z)}{\mathrm{d}t}+\left[k-\left(\frac{\mathrm{d}A}{\mathrm{d}z}\right)_0\omega_0^2\right]\Delta z=2A_0\omega_0^2\frac{\Delta\omega}{\omega_0} \tag{2-13}$$

取下支持块最大位移 $z_{\max}$ 为参考量，并考虑到 $E_0=Q_0=A_0\omega_0^2$，则

$$\frac{mz_{\max}}{2E_0}\frac{\mathrm{d}^2\left(\frac{\Delta z}{z_{\max}}\right)}{\mathrm{d}t^2}+\frac{K_vz_{\max}}{2E_0}\frac{\mathrm{d}\left(\frac{\Delta z}{z_{\max}}\right)}{\mathrm{d}t}+\frac{\left[k-\left(\frac{\mathrm{d}A}{\mathrm{d}z}\right)_0\omega_0^2\right]z_{\max}}{2E_0}\times\frac{\Delta z}{z_{\max}}=\frac{\Delta\omega}{\omega_0} \tag{2-14}$$

令 $T_1^2=\dfrac{mz_{\max}}{2E_0}$，$T_2=\dfrac{K_vz_{\max}}{2E_0}$，$\eta=\dfrac{\Delta z}{z_{\max}}$，$x=\dfrac{\Delta\omega}{\omega_0}$，$\delta_f=\dfrac{\left[k-\left(\frac{\mathrm{d}A}{\mathrm{d}z}\right)_0\omega_0^2\right]z_{\max}}{2E_0}$，则

$$T_1^2\frac{\mathrm{d}^2\eta}{\mathrm{d}t^2}+T_2\frac{\mathrm{d}\eta}{\mathrm{d}t}+\delta_f\eta=x \tag{2-15}$$

以上各式中下标“0”代表平衡的参数。（2—15）式就是离心飞摆的运动方程，是一个二阶环节。

要求离心飞摆受阶跃扰动后，其过渡过程应是非周期衰减的，即当转速发生变化时，

下支持块位置从一稳定点移向另一稳定点的过程中，不允许来回窜动，只允许单向、平滑地从一个稳定点移动至另一个稳定点。具有非周期衰减过渡过程品质的离心飞摆才能很好地完成调节任务。

根据（2－15）式，离心飞摆自由运动的特征方程为

$$m\theta^2 + K_v\theta + K_E = 0 \tag{2-16}$$

其中，$K_E = k - \left(\frac{\mathrm{d}A}{\mathrm{d}z}\right)_0 \omega_0^2$，其特征根为

$$\theta_{1,2} = \frac{-K_v \pm \sqrt{K_v^2 - 4mK_E}}{2m} \tag{2-17}$$

因$\left(\frac{\mathrm{d}A}{\mathrm{d}z}\right)_0 < 0$，而 k 和 ω_0^2 是正数，故 $K_E > 0$，因此

$$\sqrt{K_v^2 - 4mK_E} < K_v \tag{2-18}$$

式中：K_v 为正数，所以 $\theta_{1,2}$ 总是具有负实部，表明菱形钢带式离心飞摆总是稳定的。要使过渡过程为非周期性的，就需要

$$K_v^2 > 4mK_E \tag{2-19}$$

即要求离心飞摆有一定的液压摩擦。实践表明，由于引导阀中始终存在压力油，其液压摩擦能够满足离心飞摆的液压摩擦，因此不需要为离心飞摆设置专门的液压阻尼。

根据离心飞摆的参数计算，时间常数 T_1，T_2 均很小，如 $T_1 = 0.0045$ s，与其他时间常数比较，可以略去不计。故离心飞摆的运动方程可简化为

$$\delta_f \eta = x \tag{2-20}$$

可见，离心飞摆近似为一个比例环节，对（2－20）式进行拉普拉斯变换，得到离心飞摆的传递函数为

$$G_f = \frac{1}{\delta_f} \tag{2-21}$$

§2.1.4　离心飞摆的工作参数

离心飞摆能否准确地按照转速偏差的大小和方向发出正确的指令信号将会影响到整个调速器完成任务情况的好坏。因此，对离心飞摆的性能应有一定的技术要求。

离心飞摆的静态特性可以用以下工作参数表示：离心飞摆的不均衡度 δ_f、放大系数 K、单位不均衡度 δ_u、离心飞摆的转速死区 i_{xp}。

1. 离心飞摆的不均衡度 δ_f

由（2－20）式可知，若 $\eta = 1$，则 $x = \delta_f$，其物理意义为：如果下支持块位移 $\Delta z = z_{\max}$，则转速的相对偏差为 δ_f，称为不均衡度。从 δ_f 的表达式

$$\delta_f = \frac{\left[k - \left(\frac{\mathrm{d}A}{\mathrm{d}z}\right)_0 \omega_0^2\right] z_{\max}}{2E_0} \tag{2-22}$$

可见，δ_f 是随静态平衡工况点变动的一个参数。但由于离心飞摆的线性度较好，因此，可以根据静特性计算出一个平均的不均衡度 δ_f，即

$$\delta_f = \frac{n_{\max} - n_{\min}}{n_r} \tag{2-23}$$

式中：n_{max}为相应下支持块处于最高位置时的稳定转速；n_{min}为相应下支持块处于最低位置时的稳定转速；n_r 为下支持块处于中间位置时的额定转速。

离心飞摆不均衡度表征离心飞摆的测速范围。YT 型与 T 型调速器离心飞摆的不均衡度为0.5。此外，也有用百分数表示δ_f 的，即上述调速器离心飞摆的δ_f 为50%。如当转速为n_r 时，下支持块正好在中间位置，那么上述 YT 型与 T 型调速器离心飞摆的测速范围是$n_r \pm 0.25n_r$。

从δ_f 的表达式可见，δ_f 值与所取基值有关。上面计算时，取下支持块实际结构允许的最大行程z_{max}为基值。如取相应转速相对偏差为 l 的下支持块行程（物理上不可能）z'_{max}作为计算δ_f 和η 的基值，那么δ_f 就等于1，故有

$$\eta = x \tag{2-24}$$

则离心飞摆的传递函数为

$$G_f = 1 \tag{2-25}$$

于是，离心飞摆可近似看成放大系数为1的比例环节，这样取基值在对水轮机调节系统作动态分析时是方便的。

2. 离心飞摆的放大系数 K 和单位不均衡度δ_u

离心飞摆的放大系数 K 定义为转速偏差为 1%时，下支持块的位置偏差。其计算公式为

$$K = \frac{z_{max}}{\delta_f \times 100}(\text{mm}/\%) \tag{2-26}$$

单位不均衡度δ_u 定义为放大系数的倒数，在数值上等于下支持块每位移 1 mm 时，相应的转速变化的相对值（用百分数表示）。其表达式为

$$\delta_u = \frac{\delta_f \times 100}{z_{max}}(\%/\text{mm}) \tag{2-27}$$

由于放大系数和单位不均衡度是调速器的重要参数，因此，每种产品对其偏差值都有规定。如对 YT 型调速器而言：

$$K = 0.3 \pm 0.015 \approx (0.285 \sim 0.315)\text{mm}/\%$$

$$\delta_u = 3.33 \pm 0.17\% \approx (3.16 \sim 3.50)\%/\text{mm}$$

常见调速器离心飞摆的放大系数 K 和单位不均衡度δ_u 见表2—1。

表2—1　几种常见的机械液压型调速器的 K 及δ_u 的设计值

调速器型号	K（mm/%）	δ_u（%/mm）
TT—75	0.77	1.30
TT—150,300	0.50	2.00
YT，CT—40，T—100A，ST—100A	0.30	3.33
T—100，ST—100	0.40	0.25

放大系数对转速死区有直接影响，假定下支持块直接带动的引导阀死区为Δ，则由此造成的转速死区为

$$i_{xp} = \frac{\Delta}{K}(\%) \tag{2-28}$$

3. 离心飞摆的转速死区 i_{xp}

离心飞摆的转速死区是指在某一规定的转速范围内，离心飞摆无法检测出来的最大转速范围与额定转速之比的百分数。尽管在离心飞摆的设计、加工和装配过程中，对如何提高其灵敏度、减小死区做了多方面的努力，但转速死区是无法全部消除的。这是因为：一是零部件之间的摩擦力总是存在的；二是为了减少引导阀处的漏油量，孔口处必须有一定的正搭接量。摩擦力的作用方向总是与物体运动方向相反，在考虑摩擦力的情况下，在下支持块上移时，力的平衡力为 $Q=E+T$；当下支持块下移时，$Q=E-T$。

对某一平衡位置 z 来说，当转速刚开始上升时，下支持块并不移动，只有当 $Q>E+T$ 时，下支持块才上移。相反，在转速刚开始下降时，下支持块也不动作，只有在 $Q<E-T$ 时，下支持块才开始下移。这样就形成了如图 2－6 所示的离心飞摆的静特性是一个带。在带宽范围内，转速变化，而离心飞摆并不动作，这就是离心飞摆的转速死区，通常用相对值表示为

$$i_{xp}=\frac{n'-n''}{n_r}\times 100\% \tag{2-29}$$

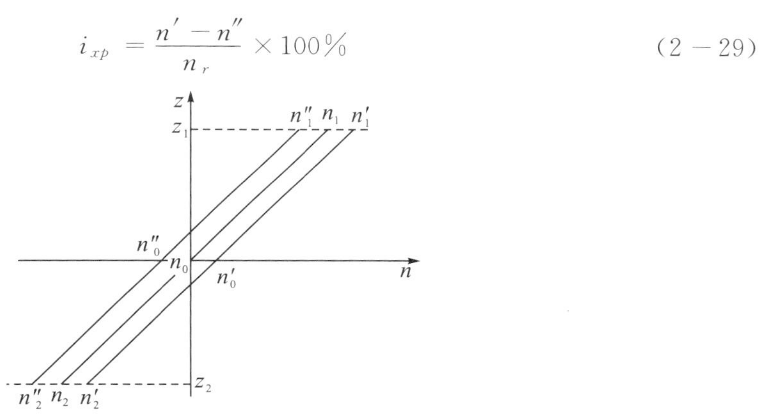

图 2－6　离心摆转速死区

离心飞摆转速死区对调节系统是不利的，它使得离心飞摆不能及时反映转速变化，使调节系统动态特性变坏，降低转速调节的精度。因此，转速死区不得超过其设计值。

4. 摩擦力与转速死区的关系

设额定转速为 $\omega_r=\omega_0=\dfrac{\omega'+\omega''}{2}$，则转速死区为

$$i_{xp}=\frac{n_0'-n_0''}{n_r}=\frac{\omega_0'-\omega_0''}{\omega_0}=\frac{(\omega_0'-\omega_0'')(\omega_0'+\omega_0'')}{\omega_0\times\dfrac{2(\omega_0'+\omega_0'')}{2}}=\frac{\omega_0'^2-\omega_0''^2}{2\omega_0^2}\times\frac{\lambda_0 m_2 r_0}{\lambda_0 m_2 r_0} \tag{2-30}$$

又因 $E_0=\lambda_0 m_2 r_0\omega_0^2$，$E_0+T=\lambda_0 m_2 r_0\omega_0'^2$，$E_0-T=\lambda_0 m_2 r_0\omega_0''^2$，所以

$$i_{xp}=\frac{T}{E_0} \tag{2-31}$$

即转速死区等于摩擦力与回复力之比。对 YT 型调速器的离心飞摆而言，其回复力 $E_0=370$ N，若要求转速死区小于 0.1%，则摩擦力 T 不能大于 0.37 N。可见，允许存在的摩擦力是很小的。现在，离心飞摆的结构和生产工艺已能有效地减少摩擦力和控制引导阀的正搭接量，使转速死区控制在 0.1%～0.05%之内。同时应该注意的是，下支持块带动的

下一级部件（如引导阀体和杠杆）中存在的摩擦力同样会造成离心飞摆的转速死区。

§2.1.5　离心飞摆的结构

图 2-7 为 YT 型调速器离心飞摆及引导阀结构图。重块 4 挂在钢带 3 上，钢带 3 上部固定在上支持块 2 上，后者由电动机 1 带动旋转。钢带包在下支持块 7 的外圆上，并固定在一起，在上、下支持块之间有弹簧 6，弹簧 6 的预压可由调节螺母 5 调整。

该离心飞摆结构的特点是没有铰接，从而消除了一般铰接中存在的摩擦力。上、下支持块是通过钢带和弹簧柔性地连在一起的，要注意上、下轴的同心度，因为微小的不同心就会引起较大的摩擦力。

离心飞摆结构的关键技术之一，是消除本身和它所要带动的下一级元件中的摩擦力，采用无铰结构是一种有效措施。YT 型调速器中把引导阀的转动套直接与下支持块相连，并与下支持块一起旋转，从而减少摩擦力。引导阀还起导向作用，并形成一定的液压摩擦力。

调节螺母 5 用来调整弹簧的预压长度，以调整额定转速时下支持块的位置。一般希望在额定转速时，下支持块处于全行程的中间位置。在其他结构参数已定的情况下，离心飞摆的不均衡度取决于弹簧刚度。故在实测不均衡度过小时，可增加弹簧刚度；相反，在不均衡度过大时，可减少弹簧刚度。

钢带是受力较大的部件，设有双层钢带，内层一般不受力，当外层钢带断裂时起保护作用。

上支持块两侧有限位架，转速过高时，重块被限位，以防止钢带受力过大。限位架取决于下支持块的最大行程。YT 型调速器离心飞摆最大行程为 15 mm。

离心飞摆结构是由电动机、离心飞摆和引导阀三部分组装而成的。从结构上看，三者的同心度和倾斜度非常重要。如果三者不同心，又各自倾斜，则离心飞摆根本不能转动，更谈不上具有优良性能。因此，选择合格零件，正确进行装配、调整和试验是十分重要的。

YT 型调速器离心飞摆的主要参数为：额定转速 n_r=1450 r/min；最高转速 n_{max}=1810 r/min；最低转速 n_{min}=1090 r/min；相应下支持块行程±7.5 mm，z_{max}=15 mm；不均衡度 δ_f=0.5；放大系数 K=0.3 mm/%；单位不均衡度 δ_u=3.33 %/mm；在额定转速时，回复力 E_0≈370 N。

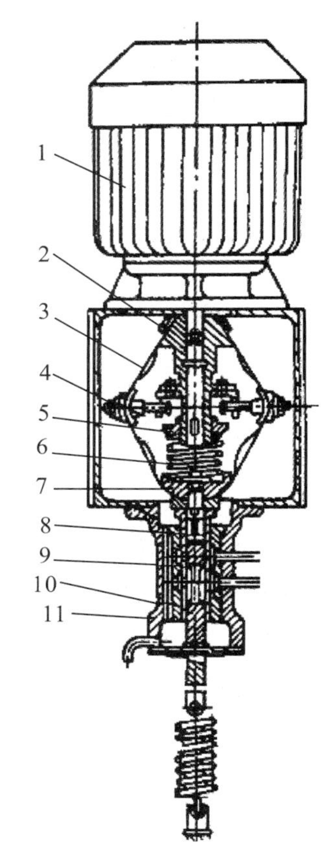

图 2-7　离心飞摆与引导阀结构

1—电动机；2—上支持块；3—钢带；4—重块；5—调节螺母；6—弹簧；7—下支持块；8—转动套；9—针塞；10—固定套；11—引导阀壳体

第 2 节　液压放大装置

离心飞摆虽然能将转速变化信号变换成机械位移信号，但它的输出信号功率很小，必须将其放大到足以推动导水机构的启闭。

液压放大装置起放大幅值和功率的作用。机械液压型调速器自动调节部分一般包含有 2～3 级液压放大装置。YT 型调速器中由引导阀、辅助接力器和反馈杠杆组成第一级液压放大器，由主配压阀和主接力器组成第二级液压伺服装置。第一级液压放大环节的输入信号就是引导阀针塞的位移信号，输出信号是辅助接力器活塞的位移信号；第二级液压放大环节的输入信号是配压阀阀盘的位移信号，输出信号是主接力器活塞的位移信号。此外，调速器中还应用液压伺服装置控制锁锭和开、停机旋塞等。

§2.2.1　基本结构

1. 引导阀

引导阀结构参见图 2－7，由于辅助接力器活塞是差动式的，所以引导阀是二通式的。引导阀主要由转动套 8、针塞 9、固定套 10 和引导阀壳体 11 等组成。转动套上有三排孔，上孔接通压力油，下孔接通排油，中孔接辅助接力器活塞上腔，为控制油压。针塞有上、下两个阀盘，稳定运行时，挡住转动套上、下两排孔。转动套与离心飞摆下支持块 7 直接相连。针塞与反馈杠杆相连。

引导阀的特点是：转动套是旋转的，这样可以消除摩擦力，提高灵敏度。信号反馈由针塞来实现，输入为转动套位移，避免了离心飞摆与引导阀之间的杠杆连接。

引导阀在装配时，转动套与针塞和转动套与固定套的配研，根据情况可加入适当的研磨砂和透平油后再进行配研。随着加工工艺的改进，转动套的光洁度和精度都有显著的提高，可不加研磨砂，只加少许透平油，稍加配研即可进行装配。由于相互之间配合间隙在 0.01～0.02 mm 之内，按经验涂上透平油后靠自重能平稳顺利地自由下滑为配研合格。

YT 型调速器引导阀针塞直径为 18 mm，转动套外径为 20 mm，单边遮程为 0.15 mm，工作压力为 2.5 MPa。因为间隙很小，对油质要求很高，所以必须另设滤油器供油。

2. 辅助接力器与主配压阀

辅助接力器与主配压阀的结构见图 2－8。主配压阀阀体 6 与辅助接力器活塞 3 连接在一起。主配压阀上、下阀盘做成差动式的，在上、下阀盘之间通以压力油。由于上阀盘面积大于下阀盘面积，所以形成一固定向上的力，并传到辅助接力器活塞上。辅助接力器活塞上面环形面积上是从引导阀来的控制油压。主接力器是双向作用的，故主配压阀是四通式，两个阀盘各控制接力器活塞一侧油压。

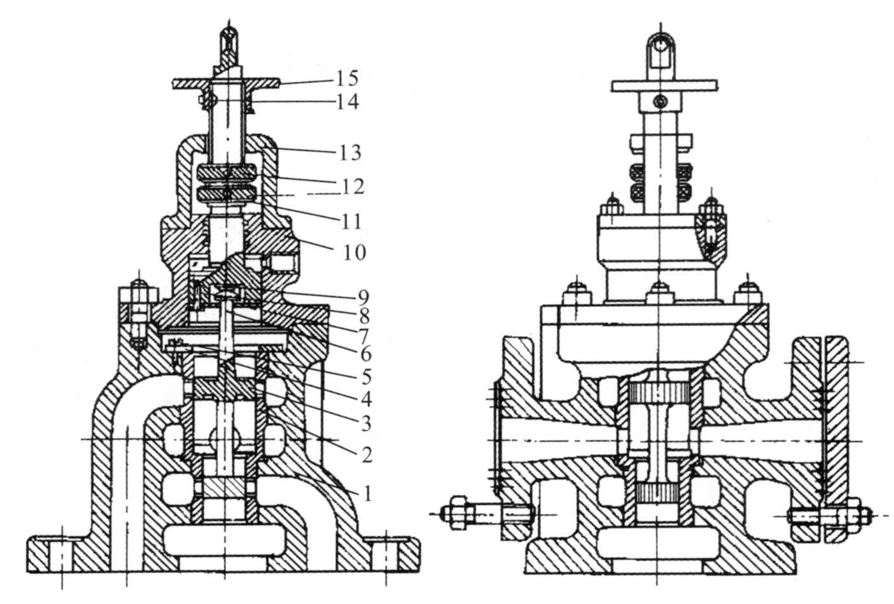

图 2—8　辅助接力器与主配压阀结构

1—壳体；2—衬套；3—辅助接力器活塞；4—压盖；5，8，11—螺钉；6—主配压阀阀体；7—开口盖；9—垫块；10—辅助接力器压盖；12—限位螺母；13—限位支架；14—圆锥销；15—圆盘

由于配压阀遮程过小，漏油量较大；遮程过大，配压阀死区较大。为了解决这一矛盾，通常把阀盘或孔口做成台阶状，如图 2—9 所示。使在圆周部分长度内遮程较大，在另一部分长度内遮程较小。这样既保证了灵敏度，又使漏油量较小。图 2—9（a）中衬套孔口为台阶形，阀盘为平盘；图 2—9（b）中阀盘做成台阶形，孔口是平的。

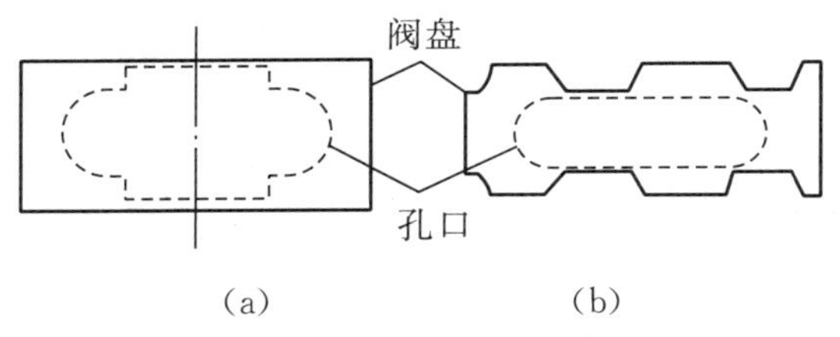

图 2—9　配压阀孔口与阀盘形状

台阶形状使液压伺服装置具有如图 2—10 所示的速度特性。曲线 1 是接力器行程为 0.4～0.7 时测出的，曲线 2 是在空载时测出的。当主配压阀行程 S 小于 2.1 mm 时，只有部分孔口长度开启，速度特性比较平缓。当 S 大于 2.1 mm 时，速度特性就比较陡。由于作用在活动导叶上的水力矩在 $y=0.4\sim0.7$ 时是向关闭方向作用的，所以对同样的主配压阀体行程，接力器活塞关闭速度大于开启速度。在空载时则相反，作用在导叶上的水力矩向开启方向作用的，所以对同样的主配压阀体行程，接力器活塞开启速度大于关闭速度。

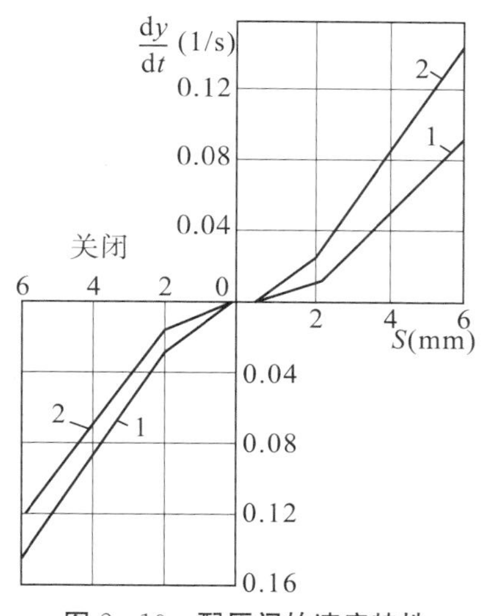

图 2－10　配压阀的速度特性

曲线 1－y=0.4～0.7；曲线 2－空载开度

为了限制接力器的最大关闭和开启速度，需要限制主配压阀体的最大行程。图 2－8 中的限位螺母 12 就是用来限制主配压阀体最大行程的。上面一个螺母限制主配压阀体向上的最大位移，即限制主接力器最短关闭时间，下面一个螺母限制主配压阀体向下的最大位移，即限制主接力器最短开启时间。

YT 型调速器主配压阀上阀盘直径为 35 mm，下阀盘直径为 25 mm，单边遮程为 0.2 mm，工作油压为 2.5 MPa。辅助接力器活塞直径为 42 mm，活塞杆直径为 22 mm。

3. 主接力器

主接力器是调速器第二级液压放大环节的执行元件，所有调节动作最终都由主接力器去执行，从而控制导叶开度，完成机组频率或负荷调整。

图 2－11 为 YT 型调速器的主接力器结构示意图。活塞 4 将油缸 5 分隔成左、右两油腔，分别与主配压阀的上、下油路相连。当主配压阀活塞上移时，主接力器左腔接通压力油，右腔接通排油，主接力器活塞右移，经滑块 1 使导叶开度关小。反之，主接力器活塞左移使导叶开度增加。活塞杆的另一端装有反馈锥体 9、锁锭 10、手柄 12 等，反馈锥体随主接力器活塞移动而移动，从而带动调速器的永态、暂态反馈机构，将信号反馈回引导阀。锁锭是个矩形框架，上、下两根圆柱销均有一段切成半圆柱形槽口，当槽口对准螺母口时不影响螺母与接力器的移动，处于解锁状态。如果推动框架，使两根圆柱销嵌在螺母口的半圆槽内，则接力器不能被液压推动，成锁定状态。通常，在接力器全关后投入锁锭，以防误操作。锁锭投入后，如果通过转换阀 13 将活塞缸左、右腔连通，就可以通过手柄来操作主接力器，即实现手动操作。

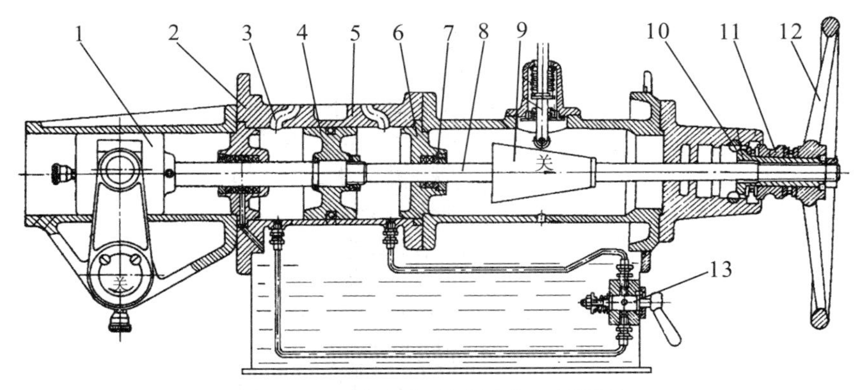

图 2－11　YT 型调速器主接力器结构

1－滑块；2，6－端盖；3－油口；4－活塞；5－油缸；7－止漏装置；8－活塞杆；9－反馈锥体；10－锁锭；11－螺母；12－手柄；13－转换阀

§2.2.2　配压阀结构形式

配压阀结构形式可分为两大类：通流式和断流式。图 2－12（a）所示为通流式配压阀，它的衬套孔口高度 h_s 大于阀盘高度 h_v。因此，当阀盘处于中间位置时，油路是通的，齿轮油泵直接把油打入配压阀，不设油压装置。通流式液压放大装置一般用于特小型调速器中。它的特点是设备简单，价格低一些。图 2－12（b）所示为断流式配压阀，它的衬套孔口高度 h_s 小于阀盘高度 h_v。因此，当阀盘处于中间位置时，油路被隔断，除少量泄漏外不消耗压力油。断流式液压放大装置一般设有专门的油压装置提供压力油。这样，即使短期停电，仍然能提供必要的压力油源。断流式液压放大装置广泛使用于大、中、小型调速器中。

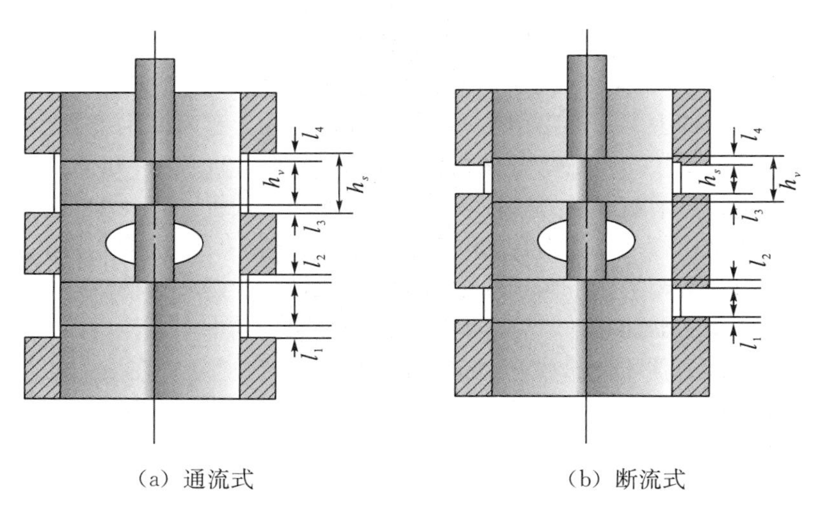

（a）通流式　　　　（b）断流式

图 2－12　配压阀结构形式

§2.2.3　液压伺服装置的工作原理和运动方程

一般把衬套孔口高度 h_s 与阀盘高度 h_v 之差的一半称为遮程 l，又称为搭接量或叠接量。其计算公式为

$$l = \frac{h_v - h_s}{2} \tag{2-32}$$

因此，通流式配压阀遮程为负，断流式配压阀遮程为正。当衬套孔口两侧遮程相等时，阀盘所处的位置称为几何中间位置。液压伺服装置的工作原理与遮程有着密切的关系。

1. 静平衡状态

如图 2—13 所示，设接力器活塞处于平衡状态，通过接力器的油流量为零。此时，大量的油是不能流动的，仅有少量的压力油从压力油罐出发自 a 孔进入配压阀，并沿阀盘与衬套间的间隙流至回油箱。一般间隙只有 0.02～0.03 mm，故可以认为油压全部损失在遮程上。

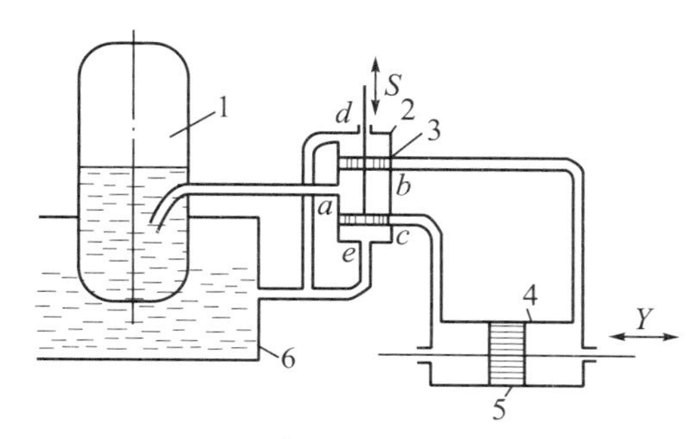

图 2—13　液压伺服装置工作原理

1—压力油罐；2—配压阀；3—配压阀阀体；4—接力器；5—接力器活塞；6—回油箱

在遮程内油的流速较低，可以看作是层流，近似认为压力损失与流量的一次方成正比，设压力油罐的油压为 p_0，回油箱的油压为 $p=0$，则

$$p_0 = k_l q(l_1 + l_2) = 2k_l ql \tag{2-33}$$

式中：q 为一侧的漏油量；k_l 为损失系数。于是可得：

$$q = \frac{p_0}{2k_l l} \tag{2-34}$$

可见，漏油量与 $2l$ 成反比，k_l 与设计加工质量有关。平衡状态的漏油量是配压阀的一项指标，漏油量大，造成能量损失多。根据实践经验，漏油量成滴不成线为合格。

如果阀盘处于几何中间位置，孔口两侧遮程相等，b 孔和 c 孔中的油压相等，即接力器左、右腔的压力相等：$p_{\text{I}} = p_{\text{II}} = p_0/2$。但调速器在实际运行中接力器活塞还要承受作用在导叶上的水力矩造成的力 R，为使活塞接力器保持平衡，就必须满足：

$$p_{\text{I}} - p_{\text{II}} = \frac{R}{F} \tag{2-35}$$

式中：F 为接力器活塞面积。为满足上述关系，配压阀阀盘必须偏离几何中间位置，设偏移量为 S_l，则

$$\begin{aligned} p_{\text{I}} &= k_l q(l + S_l) \\ p_{\text{II}} &= k_l q(l - S_l) \end{aligned} \tag{2-36}$$

将（2—36）式代入（2—35）式可得：

$$S_l = \frac{Rl}{Fp_0} \tag{2-37}$$

此时阀盘所处的位置称为实际中间位置，偏离几何中间位置的大小和方向与水力矩有关。

2. 配压阀死区

接力器活塞在移动时还要克服摩擦力 T。由于摩擦力作用方向与移动方向相反，当接力器活塞往一个方向运动时，要克服的阻力是 $R+T$，往反方向运动时，要克服的阻力是 $R-T$。当配压阀阀体稍稍偏离实际中间位置时，由于 $F(p_{\mathrm{I}}-p_{\mathrm{II}})$还不足以克服阻力 $R+T$，接力器活塞仍保持不动。由（2－37）式有：

$$S_{11}=\frac{(R+T)l}{Fp_0} \tag{2-38}$$

只有当配压阀阀体位移超过 S_{11}时，接力器活塞才开始移动。同理，当配压阀阀体往另一侧移动时，只有当其位移超过 S_{12}时，接力器活塞才开始移动。

$$S_{12}=\frac{(R-T)l}{Fp_0} \tag{2-39}$$

于是有：

$$S_{11}-S_{12}=\frac{2Tl}{Fp_0} \tag{2-40}$$

$S_{11}-S_{12}$称为配压阀死区，当配压阀阀体在该范围内移动时，接力器活塞并不移动。可见，死区对调节系统是不利的。因为当机组转速偏离给定值时，离心飞摆输出调节信号，在配压阀阀体位移未超出其死区范围时，接力器活塞并不动作。这样就造成调节延迟，使转速偏差增大，系统动态特性恶化。不过，有时也可利用死区临时消除调节系统振荡问题。例如某电站，由于某种原因造成离心飞摆下支持块有振荡，并传递到主接力器活塞上，使导叶开度振荡，这是有害的，作为一种临时措施，运行人员增加了引导阀死区，使下支持块的振荡不再传送到接力器活塞上，避免了机组运行不稳定。

由于死区与摩擦力 T 和遮程 l 成正比，为了减少配压阀死区，应尽量减少遮程 l，但遮程 l 的减少会导致漏油量增加。为满足既能减少死区又能减少漏油量的两方面要求，可以适当设计配压阀孔口与阀盘的形状，提高加工与配合精度，如图 2－9 所示。

配压阀阀体与衬套之间的配合精度和光洁度的要求很高，都是一级精度，见表 2－2。在选用遮程时，要特别慎重。由于遮程的重要性，在拆卸、清洗和组装配压阀的过程中，一定要保护好阀体的工作面和阀盘锐角，不得乱放、磕碰。

表 2－2　配压阀遮程与配合间隙推荐值

规格	遮程（mm）	阀体与衬套的配合间隙（mm）
ϕ20	0.10～0.20	0.06～0.10（通流式）
ϕ50	0.20～0.30	0.010～0.020
ϕ100	0.30～0.35	0.015～0.025

3. 当配压阀偏移量较小时，液压伺服装置的运动方程

主接力器活塞运动时，主要受到压力油作用、作用在导叶上的水力矩产生的反作用力 R，以及液压阻力，因此，主接力器的运动力程可以描述为

$$m\frac{\mathrm{d}^2\Delta Y}{\mathrm{d}t^2}+D\frac{\mathrm{d}\Delta Y}{\mathrm{d}t}+R=F(p_{\mathrm{I}}-p_{\mathrm{II}}) \tag{2-41}$$

认为油是不可压缩流体，因此，油的连续方程为

$$F\frac{d\Delta Y}{dt}=Q \tag{2-42}$$

式中：m 为接力器活塞以及一起移动的零部件的质量；D 为液压阻尼系数；ΔY 为主接力器活塞相对原平衡位置的偏移量；Q 为油流量。

压力油罐内的压力，除一部分损失在管路上外，主要作用是推动主接力器活塞运动。因正常调节时，活塞的运动速度较慢，油压损失近似认为集中在孔口处。故压力损失与流量之间关系如下：

$$\frac{p_0-p_{\mathrm{I}}}{\gamma}=\frac{v^2}{2g}=\frac{Q^2}{2g\ (\alpha\pi d_v\lambda\Delta S)^2} \tag{2-43}$$

于是有：

$$Q=\alpha\pi d_v\lambda\sqrt{\frac{2g}{\gamma}(p_0-p_{\mathrm{I}})}\ \ \Delta S \tag{2-44}$$

同理，对下阀盘有：

$$Q=\alpha\pi d_v\lambda\sqrt{\frac{2g}{\gamma}p_{\mathrm{II}}}\ \ \Delta S \tag{2-45}$$

式中：α 为配压阀油孔处断面收缩系数；d_v 为配压阀直径；λ 为孔口宽度与圆周长之比；γ 为油比重；ΔS 为配压阀体相对实际中间位置的偏差，一般遮程相对 ΔS 来说很小，可以忽略不计。

以上各式描述了液压伺服装置的运动方程，当接力器位移很小时，其运动方程式(2－41)可简化为

$$R=(p_{\mathrm{I}}-p_{\mathrm{II}})F \tag{2-46}$$

即

$$p_{\mathrm{I}}-p_{\mathrm{II}}=\frac{R}{F} \tag{2-47}$$

假设上、下阀盘上的流动损失相等，则

$$p_0-p_{\mathrm{I}}=p_{\mathrm{II}} \tag{2-48}$$

因此

$$\Delta p=p_0-\frac{R}{F}=2p_{\mathrm{II}} \tag{2-49}$$

式中：Δp 称为储备压力。将（2－49）式代入（2－45）式，得：

$$Q=\alpha\pi d_v\lambda\sqrt{\frac{g}{\gamma}\Delta p}\ \ \Delta S=K_v\Delta S \tag{2-50}$$

将（2－50）式代入（2－42）式，得：

$$\frac{d\Delta Y}{dt}=\frac{K_v}{F}\Delta S \tag{2-51}$$

取接力器活塞的最大位移 $Y_{\max}$ 和配压阀最大位移 $S_{\max}$ 为基准值，将（2－51）式化为相对量形式，得：

$$\frac{d\frac{\Delta Y}{Y_{\max}}}{dt}=\frac{K_vS_{\max}}{FY_{\max}}\times\frac{\Delta S}{S_{\max}} \tag{2-52}$$

令 $y=\frac{\Delta Y}{Y_{max}}$，$\sigma=\frac{\Delta S}{S_{max}}$，$T_y=\frac{FY_{max}}{K_v S_{max}}$，则

$$\frac{dy}{dt}=\frac{\sigma}{T_y} \tag{2-53}$$

（2－53）式即为液压伺服装置的运动方程，也称为接力器运动方程；T_y 为接力器反应时间常数，单位为 s。

对（2－53）式进行拉氏变换，可得液压伺服装置的传递函数为

$$G_y(s)=\frac{1}{T_y s} \tag{2-54}$$

可见，液压伺服装置是一个积分环节。在单位阶跃信号作用下，其响应函数（设初始值为零）为

$$y=\int_0^t \frac{1}{T_y}dt=\frac{t}{T_y} \tag{2-55}$$

4. 接力器反应时间常数 T_y

由上述分析可知，接力器反应时间常数 $T_y=\frac{FY_{max}}{K_v S_{max}}$，其中 K_v 和 F 可由公式计算，S_{max} 和 Y_{max} 可给定。因此，在设计时可以估算出 T_y 值，但实践证明，这样的估算是粗略的。

T_y 通常由实验数据求得，由公式 $T_y=\frac{FY_{max}}{K_v S_{max}}$ 可得：

$$\frac{K_v}{F}=\frac{\frac{d\Delta Y}{dt}}{\Delta S}\approx\frac{\Delta\dot{Y}}{\Delta S}\approx\frac{\partial\dot{Y}}{\partial S} \tag{2-56}$$

因此

$$T_y=\frac{Y_{max}}{\frac{\partial\dot{Y}}{\partial S}S_{max}}=\frac{\partial\sigma}{\partial\dot{y}} \tag{2-57}$$

水轮机调速器技术条件规定，接力器反应时间是指接力器带一定负载时，其相对速度与配压阀相对位移关系曲线斜率的倒数。

现场试验时，可实测得到接力器活塞运动速度 $\dot{y}$ 和配压阀相对位移 σ 之间的关系曲线，如图 2－14 所示。可见，特性是非线性的。在中间位置附近存在死区［0，1］，接着接力器活塞速度存在一个缓慢上升区域［1，2］，然后接力器活塞存在一个速度增长较快的区域［2，3］，最后达到饱和区［3，4］。显然，$\partial\dot{y}/\partial\sigma$ 在各个不同点上是不相等的，在分析调节系统动态特性时，一般总是假定在扰动前调节系统处于静态平衡状态，即配压阀体是处于实际中间位置。但由于存在死区，所以在实际中间位置上 $\partial\dot{y}/\partial\sigma=0$。一般配压阀死区相当小，非线性系统的分析又比较复杂，为简化起见，后面分析时忽略死区，把液压伺服装置在实际中间位置附近当作一个线性环节看待。

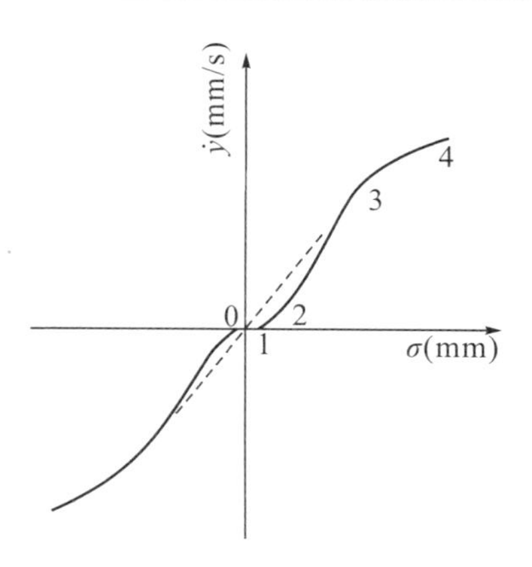

图 2－14　液压伺服装置特性曲线

5. 当配压阀位移较大时，接力器活塞的运动速度

在配压阀位移较大时，管道中油流速较大，在管道及各液压元件上的局部和沿程损失都比较大。因此，主接力器活塞的运动速度较大。此时，根据水力学原理，油压损失可表示为

$$\Delta p = \sum \xi_i \frac{\gamma}{2g} v_i^2 \tag{2-58}$$

式中：ξ_i为第 i 段损失系数；v_i为第 i 段油的流速。

又因为

$$v_i F_i = v_p F \tag{2-59}$$

式中：v_p为接力器活塞运动速度。因此有：

$$\Delta p = v_p^2 \frac{\gamma}{2g} \sum \xi_i \left(\frac{F}{F_i}\right)^2 = \frac{\gamma}{2g} A_p v_p^2 \tag{2-60}$$

式中：$A_p = v \sum \xi_i \left(\frac{F}{F_i}\right)^2$。于是：

$$v_p = \dot{Y} = \sqrt{\frac{2g\Delta p}{A_p \gamma}} \tag{2-61}$$

由此可见，接力器活塞运动速度可以通过管路系统水力计算求得，并可通过调节系数A_p来改变。

在实际生产中，往往需要限制主接力器活塞运动速度，可在油管路内设置节流圈或阀门，以改变管道的阻力；或限制主配压阀体的最大行程，以便控制导叶的最短关闭时间和最短开启时间。设置节流圈或阀门，不但可以改变接力器活塞的最大运动速度，而且还会改变接力器反应时间。限制主配压阀体最大行程，不影响接力器反应时间。但主配压阀最大行程限制得过小，也可能影响调节系统小波动动态特性。目前，我国水电站采用导叶分段关闭控制水击压力升高过程的办法，得到广泛应用。分段关闭就是在规定的时刻，改变油路的阻力，使接力器活塞速度减慢。

图 2－15 为导叶水力矩特性，在导叶开度 a 为中间值附近范围时，水力矩是向关闭方向作用的；在导叶小开度范围或大开度范围时，水力矩的作用方向是向开启方向的。因此，储备压力 $\Delta p = p_0 - \frac{R}{F}$在主接力器活塞运动过程中是变化的，主接力器活塞的运动速

度也是变化的。

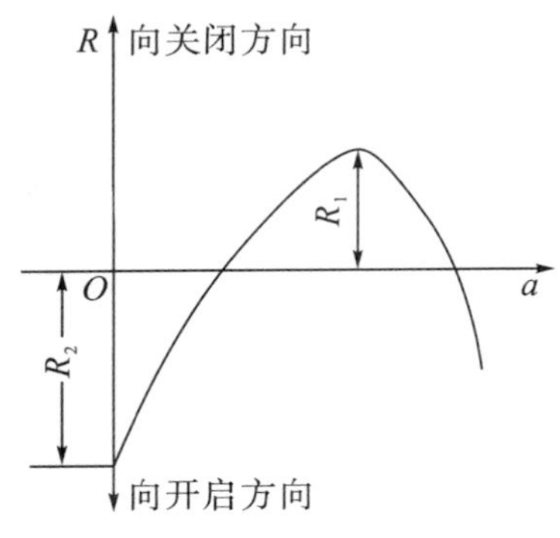

图 2—15　导叶水力矩特性

§2.2.4　液压放大器和液压随动系统工作原理

将配压阀、接力器相串联，并加上负反馈环节，就构成具有放大功能的液压放大装置。由前述可知，液压伺服装置是一个积分环节，在有一定阶跃信号扰动时，其输出将持续增加，而调速器往往需要按一定比例将输入信号放大。为此，可在液压伺服装置基础上加一个负反馈，就形成了液压放大装置，如图 2—16 所示。设反馈传递系数为 b_λ，此时总的传递函数为

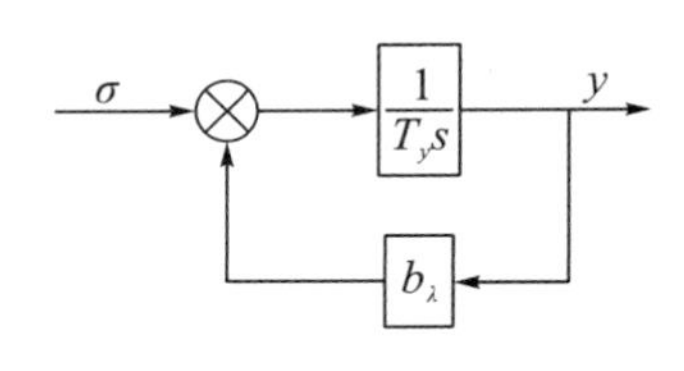

图 2—16 液压放大器方块图

$$G(s) = \frac{1}{T_y s + b_\lambda} \tag{2-62}$$

这是一个惯性环节，对阶跃输入 σ 的时域响应为

$$y(t) = \frac{\sigma}{b_\lambda}(1 - e^{-\frac{b_\lambda}{T_y}t}) \tag{2-63}$$

达到新的平衡状态时，其稳态输出为

$$y(\infty) = \frac{\sigma}{b_\lambda} \tag{2-64}$$

这样就实现了在稳态时，输出信号与输入信号成正比例放大，实现这种功能的装置称为液压放大器。调速器中引导阀、辅助接力器和局部反馈就构成一个液压放大器。

液压随动系统（液压伺服系统或液压跟踪系统）是一种自动控制系统，在这种系统中，执行元件能以一定精度自动地按照输入信号的变化规律动作。

图 2—17 所示为液压随动系统。它的输入信号为 y_c，输出是 y。当 $y = y_c$ 时，误差信号 $e = 0$，系统处于平衡状态。若输入信号 y_c 是一变化量，$y \neq y_c$，误差信号 $e \neq 0$，系统进行调节，使 $y \rightarrow y_c$，此时该系统的任务是使输出 y 跟踪 y_c，称为液压随动系统。

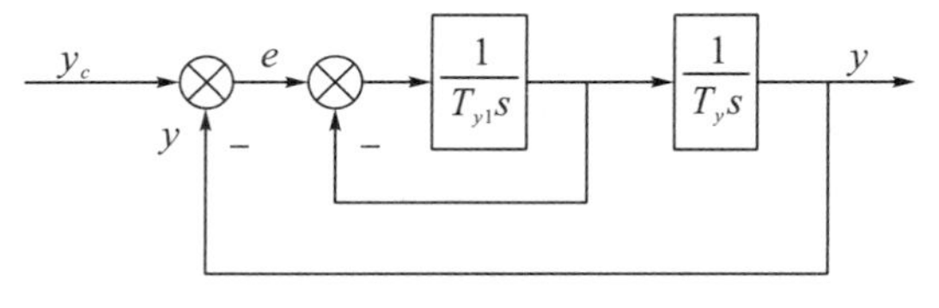

图 2—17　液压随动系统

液压随动系统与自动调速系统在本质上是不同的，自动调速系统是一种恒值自动调节系统，它的给定信号基准值为机组转速的给定值，并基本保持不变，自动调速系统的任务

就是保持被调转速与基准值之差为零（无差调节）或在某一允许的范围内（有差调节）。而液压随动系统则是一种非恒值自动调节系统，它的给定信号不是恒值而是变量，其变化规律是未知的。

当机组投入电网并列运行时，电网频率恒定，测频装置不起作用，此时由功率给定直接控制配压阀，也就是直接控制液压随动系统，并按电网调度的指令增或减负荷。在这种工况下对液压随动系统的性能要求是它能将指令信号迅速、精确无误地加以功率放大，以控制水轮机导水机构。双调节系统中的桨叶液压系统就是一个随动系统，它的输出信号为桨叶转角信号，输入信号为导叶开度信号，还有水头信号，输入信号都是随时间变化的量。因此，该系统的调节过程就是按照协联关系使得桨叶转角信号跟踪导叶开度信号和水头信号。

由图 2－17 可得，该随动系统的开环传递函数为

$$G_0(s)=\frac{1}{(T_{y1}s+1)T_ys} \tag{2-65}$$

对随动系统而言，主要研究输出信号跟踪输入信号的误差。设误差信号 $e=y_c-y$，对输入信号 y_c的闭环传递函数为

$$G_e(s)=\frac{E(s)}{Y_c(s)}=\frac{1}{1+G_0(s)}=\frac{T_ys(T_{y1}s+1)}{T_{y1}T_ys^2+T_ys+1} \tag{2-66}$$

对阶跃信号的稳态误差为

$$e(\infty)=\lim_{s\to 0}sG_e(s)\frac{1}{s}=0 \tag{2-67}$$

但该随动系统对其他形式的输入信号的稳态误差就不一定为零。例如，输入信号为正弦函数 $y_c=a\sin\omega t$。为简单起见，由于 T_{y1}很小，可以忽略。那么，$G_e(s)$ 可简化为

$$G_e(s)=\frac{T_ys}{T_ys+1} \tag{2-68}$$

此时，稳态响应为

$$e(t)=Aa\sin(\omega t+\varphi) \tag{2-69}$$

式中：$A=\dfrac{T_y\omega}{\sqrt{(T_y\omega)^2+1}}$，$\varphi=\arctan\dfrac{1}{T_y\omega}$。

当给定幅值为 a 的阶跃输入信号时，当 $\omega=0$ 时，误差信号为 $e=0$；当 $\omega\to\infty$时，误差信号为 $e=a\sin\omega t$，即误差完全重复输入信号，输出信号不变。对控制桨叶随动系统来说，当导叶摆动时，桨叶就不可能完全按照协联关系跟踪导叶。

系统某个元件的死区也会造成随动误差，因此，为使导叶、桨叶准确保持协联关系，还要注意减小随动系统元件的死区。

对随动系统来说，另一个重要方面是阶跃输入信号的实现时间和过程形态，即动态品质。输出信号 y 对输入信号 y_c的闭环传递函数为

$$G_r(s)=\frac{Y(s)}{Y_c(s)}=\frac{G_0(s)}{1+G_0(s)}=\frac{1}{T_yT_{y1}s^2+T_ys+1} \tag{2-70}$$

这是一个二阶环节，其时间常数：$T=\sqrt{T_yT_{y1}}$；阻尼系数：$\zeta=\dfrac{1}{2}\sqrt{\dfrac{T_y}{T_{y1}}}$。要使过渡过程为非周期过程，应使 $\xi\geqslant 1$，即 $T_y\geqslant 4T_{y1}$。

否则，周期性过渡过程的信号实现时间为

$$T_{p0.05} \approx 3 \cdot \frac{2T_{y1}}{1-\sqrt{1-\frac{4T_{y1}}{T_y}}} \tag{2-71}$$

式中：$T_{p0.05}$为输入信号实现了 95%的时间，即从阶跃信号加入时起至误差信号 e 小于 $0.05y$ 时的历时，当 $T_{y1} \ll T_y$时，$T_{p0.05} \approx 3T_y$。

§2.2.5　液压放大装置形式

按工作原理，接力器可分为双向作用式和差动作用式两种形式。在双向作用接力器中，如图 2－18（a）所示，活塞两侧的油压均为可控，控制接力器的配压阀为四通式，即有一根压力油进油管、一根排油管和两根控制油管。调速器中主配压阀和主接力器就属于这种形式。

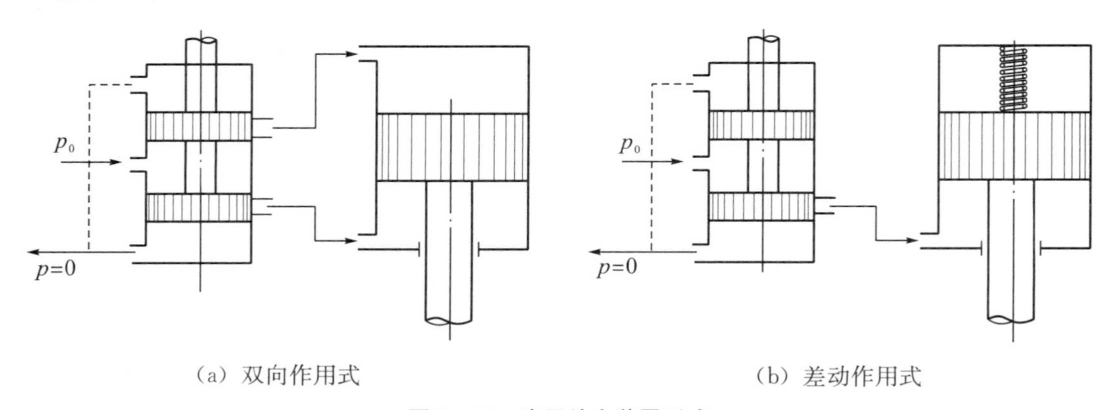

（a）双向作用式　　（b）差动作用式

图 2－18　液压放大装置形式

在差动作用接力器中，如图 2－18（b）所示，活塞一侧通入可控油压，另一侧加一固定的力（如弹簧）。当可控油压产生的力超过另一侧固定的力，活塞就向上移动。反之，当可控油压降低时，固定的力使活塞下移。控制这样的接力器，只要二位三通的配压阀即可。固定的力可以由弹簧形成，也可以由油压形成。调速器中辅助接力器就是差动作用接力器。

差动作用接力器只要控制一个油压，结构较简单，常用于要求功率不大的控制装置中，如 T 型调速器中控制锁锭的接力器就是差动作用的。双向作用接力器用于功率较大的场合，如操作导叶和桨叶的接力器都是双向作用的。

按有无硬反馈信号，液压放大装置可分为液压放大器和液压伺服装置。液压伺服装置常常用来控制一些机构，一般为二位工作方式。如 T 型调速器中用来控制锁锭的液压装置。锁锭是用来在检修或事故低油压时锁住导水机构，防止其开启的控制机构。锁锭要么全关，要么全开，只有两个工作位置，因此，配压阀与接力器之间不用反馈联系。又如 T 型调速器中控制开、停机旋塞的液压装置，ST 型调速器中用来控制桨叶开机转角的液压装置都是伺服装置，都是二位工作方式。这样的伺服装置的接力器一般都是差动作用的，只需二位三通的配压阀。液压放大器具有硬反馈信号，输出信号与输入信号在稳态时成一定比例，接力器一般都是双向作用的，需要二位四通的配压阀。

按反馈的结构形式，液压放大器可分为杠杆反馈式和阀体反馈式两种。在杠杆反馈式液压放大器中，如图2−19（a）所示，在接力器与配压阀之间设有反馈杠杆，它把接力器活塞行程信号反馈至配压阀阀体上去。在阀体反馈式液压放大器中，如图2−19（b）所示，接力器活塞1与配压阀阀体2同心地套在一起，接力器为差动作用式，压力油 p_0 送入活塞下部，通过活塞体中径向孔送至中间空腔，配压阀阀体下阀盘控制活塞上部油压。当配压阀阀体下移，活塞上部油压升高，活塞下移，并回复到与配压阀阀体的相对中间位置。当配压阀阀体上移，活塞上部油压下降，活塞上移，也回复到相对中间位置。因此，活塞随动于配压阀阀体。这种反馈消除了杠杆及铰接，结构简单，避免了铰接中容易产生的空程，对提高随动系统精度是有益的。但这种结构的行程放大系数只能是1。

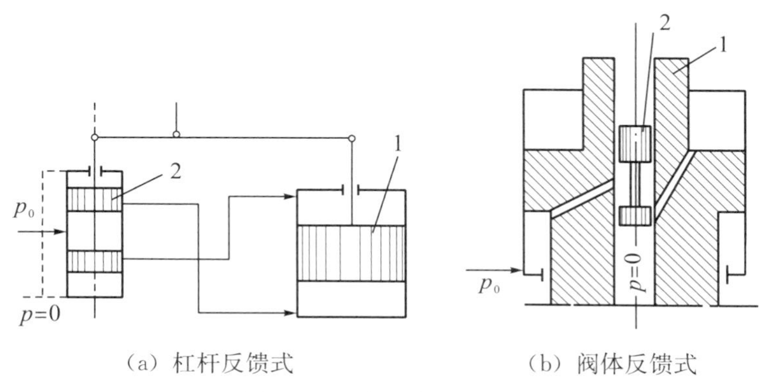

（a）杠杆反馈式　　（b）阀体反馈式

图2−19　液压放大器形式

1—接力器活塞；2—配压阀阀体

按油压控制方式，液压放大装置可分为孔口式和节流式两种。孔口式已在前面做了详细介绍，油压是由配压阀盘处孔口开度大小来控制的。接力器不动时，油并不流过接力器。

节流式液压放大装置如图2−20所示，压力油通过节流阀 R_1 和 R_2 分别进入接力器活塞两侧，然后分别自管口 R_3 和 R_4 喷出。在 R_3 和 R_4 之间设有挡板。接力器活塞两侧油压分别为

$$p_{\text{I}} = p_0 - \Delta p_{R_1}$$
$$p_{\text{II}} = p_0 - \Delta p_{R_2} \qquad (2-72)$$

式中：Δp_{R_1} 和 Δp_{R_2} 分别为节流阀 R_1 和 R_2 上的油压损失。当喷口 R_3 被挡板封住时，油流量减少，Δp_{R_1} 减少，p_{I} 升高。反之，当挡板离开喷口 R_3 时，则 p_{I} 降低。由于两个喷口是相对的，中间为挡板，构成差动式。挡板往右侧移动时，p_{II} 升高，p_{I} 下降，接力器活塞向左移动；反之接力器活塞向右移动。

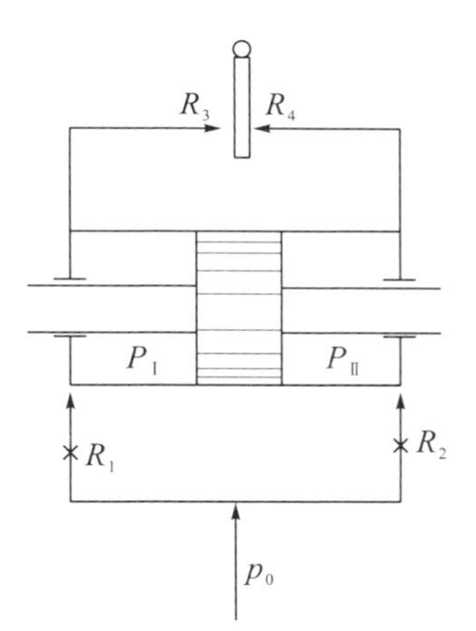

图2−20　节流式液压放大装置形式

在节流式液压放大装置中，不存在配压阀阀体与衬套之间的摩擦，可以减少上一级元件的死区。节流式油压放大装置主要用于小功率的控制装置中，如在电气液压型调速器中的电液转换器。

第3节　暂态反馈环节

暂态反馈由缓冲器及杠杆系统组成。其输入信号是主接力器行程信号，输出信号也是行程信号，反馈到引导阀针塞上。暂态反馈的作用是保证调节系统稳定和改善动态品质。

§2.3.1　工作原理与运动方程

缓冲器的工作原理如图2－21所示。在主接力器位移信号通过反馈杠杆系统作用下，设主动活塞1下移 ΔN 距离，通过连通器，使从动活塞2向上偏离中间位置 ΔK，并压缩弹簧4。当在弹簧没有预压情况下，弹簧力为 $k\Delta K$，其中 k 为弹簧刚性系数。于是，活塞下部油腔内的压力为

$$\Delta p = \frac{k\Delta K}{F_p} \tag{2-73}$$

式中：F_p 为从动活塞面积。

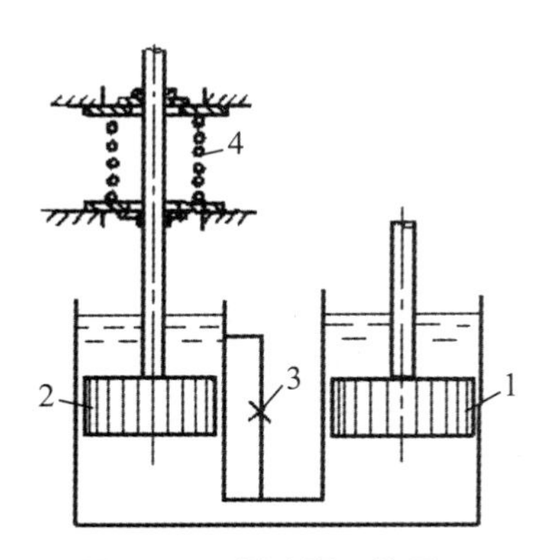

图2－21　缓冲器工作原理

1－主动活塞；2－从动活塞；3－节流孔；4－弹簧

在油压作用下，活塞下腔的油通过节流孔3流至活塞上腔，由于流速较小，认为油流动为层流，流量与压力近似呈线性关系，故有：

$$Q = \frac{\Delta p}{\gamma}\lambda\omega \tag{2-74}$$

式中：λ 为流量系数；ω 为节流孔截面面积。

另一方面，通过节流孔的流量也可以通过两活塞移动速度之差表示：

$$Q = F_a\frac{\mathrm{d}\Delta N}{\mathrm{d}t} - F_p\frac{\mathrm{d}\Delta K}{\mathrm{d}t} \tag{2-75}$$

式中：F_a 为主动活塞面积。

将（2－73）式、（2－75）式代入（2－74）式，消去 Δp，Q，得：

$$F_p\frac{\mathrm{d}\Delta K}{\mathrm{d}t} + \frac{k\lambda\omega}{\gamma F_p}\Delta K = F_a\frac{\mathrm{d}\Delta N}{\mathrm{d}t} \tag{2-76}$$

令 $T_d = \dfrac{\gamma F_p^2}{k\lambda\omega}$，称为缓冲时间常数，于是有：

$$T_d \frac{\mathrm{d}\Delta K}{\mathrm{d}t} + \Delta K = T_d \frac{F_a}{F_p} \frac{\mathrm{d}\Delta N}{\mathrm{d}t} \tag{2-77}$$

(2－77）式即为缓冲器的运动方程。

在机械液压型调速器中由缓冲器和反馈杠杆构成暂态反馈。设从动活塞至引导阀针塞的传动比为 k_1，即引导阀针塞位移为

$$\Delta z = k_1 \Delta K \tag{2-78}$$

设主接力器至缓冲器主动活塞的传动比为 k_2，则

$$\Delta N = k_2 \Delta Y \tag{2-79}$$

将（2－78）式和（2－79）式代入（2－77）式，得：

$$T_d \frac{\mathrm{d}\Delta z}{\mathrm{d}t} + \Delta z = T_d \frac{F_a}{F_p} \frac{\mathrm{d}\Delta Y}{\mathrm{d}t} k_1 k_2 \tag{2-80}$$

取引导阀最大位移 $z_{\max}$，即转速变化为 100％时引导阀的位移；主接力器最大行程 $Y_{\max}$ 为基准值，将（2－80）式化为相对量形式有：

$$T_d \frac{\mathrm{d}\left(\frac{\Delta z}{z_{\max}}\right)}{\mathrm{d}t} + \frac{\Delta z}{z_{\max}} = T_d \frac{F_a}{F_p} k_1 k_2 \frac{Y_{\max}}{z_{\max}} \frac{\mathrm{d}\left(\frac{\Delta Y}{Y_{\max}}\right)}{\mathrm{d}t} \tag{2-81}$$

令 $z = \frac{\Delta z}{z_{\max}}$，$y = \frac{\Delta Y}{Y_{\max}}$，$b_t = \frac{F_a}{F_p} k_1 k_2 \frac{Y_{\max}}{z_{\max}}$，则

$$T_d \frac{\mathrm{d}z}{\mathrm{d}t} + z = b_t T_d \frac{\mathrm{d}y}{\mathrm{d}t} \tag{2-82}$$

(2－82）式即为暂态反馈的运动方程，其中 T_d 称为缓冲时间常数，b_t 称为暂态转差系数。

对（2－82）式进行拉普拉斯变换，则暂态反馈的传递函数为

$$G(s) = \frac{z(s)}{Y(s)} = \frac{b_t T_d s}{1 + T_d s} \tag{2-83}$$

由此可见，暂态反馈是一个实际微分环节。当输入信号（接力器活塞行程）为单位阶跃信号时，其时域响应为

$$z(t) = b_t e^{-\frac{t}{T_d}} \tag{2-84}$$

暂态反馈阶跃响应曲线如图 2－22 所示，在零时刻，暂态反馈输出跃升至 b_t，然后按指数规律衰减，其时间常数为 T_d。从指数衰减规律可知，当从 100％b_t 衰减至 5％b_t，所经历的时间为 $3T_d$。

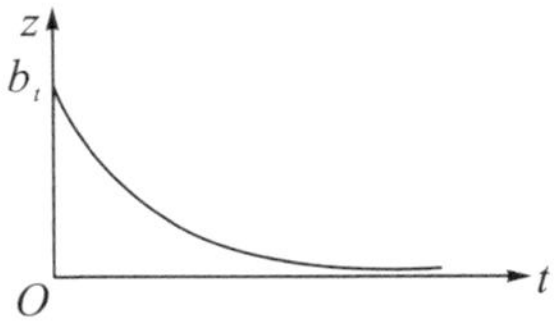

z　b_t　O　t

图 2－22　暂态反馈阶跃响应曲线

暂态反馈的稳态频率响应为

$$A(\omega) = \frac{b_t T_d \omega}{\sqrt{1 + (T_d \omega)^2}}$$
$$\varphi(\omega) = \arctan \frac{1}{T_d \omega} \tag{2-85}$$

从图 2－23 所示的暂态反馈频率响应曲线可知，在低频区，输出幅值较小，因为此时主动活塞动作较慢，油能及时从节流孔流过，所以从动活塞移动幅值小。反之，在高频区，由于主动活塞动作较快，油不能及时从节流孔通过，从动活塞能及时跟随主动活塞，所以输出幅值大。从相频特性可知，在整个频率区，暂态反馈具有超前相位。

前面在推导缓冲器运动方程时，忽略了各运动零、部件的质量。如果考虑各零、部件的质量M以及液压阻尼系数D，则缓冲器的运动方程为

$$M\frac{d^2\Delta K}{dt^2}+D\frac{d\Delta K}{dt}+k\Delta K=\Delta pF_p \tag{2-86}$$

将（2－86）式与（2－78）式和（2－79）式联立求解，可得：

$$T_1^2\frac{d^2z}{dt^2}+(T_2+T_d)\frac{dz}{dt}+z=b_tT_d\frac{dy}{dt} \tag{2-87}$$

式中：$T_1=\sqrt{\frac{M}{k}}$，$T_2=\frac{D}{k}$。可见，实际暂态反馈构成一个二阶微分环节。

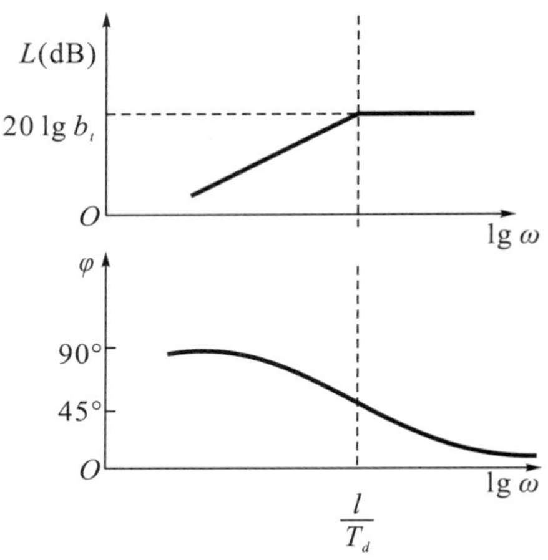

图 2－23　暂态反馈频率响应曲线

§2.3.2　缓冲器特性与性能指标

1．缓冲器特性

缓冲器特性是从动活塞的自由回复过程。一般以偏离中间位置±1 mm 范围内的自由回复过程为缓冲器特性（如图 2－24 所示），其原因如下：第一，超过±1 mm 范围之外时，从动活塞的衰减速度较快，测量其衰减过程比较困难；第二，缓冲器从动活塞接近中间位置（±1 mm 范围内）时的运动规律对调节系统的动态特性和静态品质（如转速死区）起着极为重要的作用；第三，缓冲器难以满足设计要求的也正是±1 mm 范围内的运动规律；第四，在±1 mm 范围内的运动规律基本上能代表范围不太大的全过程的衰减特性。

对缓冲器特性的要求：①缓冲器特性应为指数衰减曲线，衰减曲线应平滑，与理论曲线比较，其时间常数偏差：对大、中、小型调速器不得超过±20%，对特小型调速器不得超过±30%；②衰减曲线应上下对称，在同一时间坐标位置两个方向的输出值偏差要求：对大、中、小型调速器不得超过平均值的±10%，对特小型调速器不得超过平均值的±15%；③缓冲器从动活塞回复到中间位置的行程偏差：对大、中、小型调速器不得超过调速器转速死区规定值的 1/5，对特小型调速器不得超过调速器转速死区规定值的 1/3。

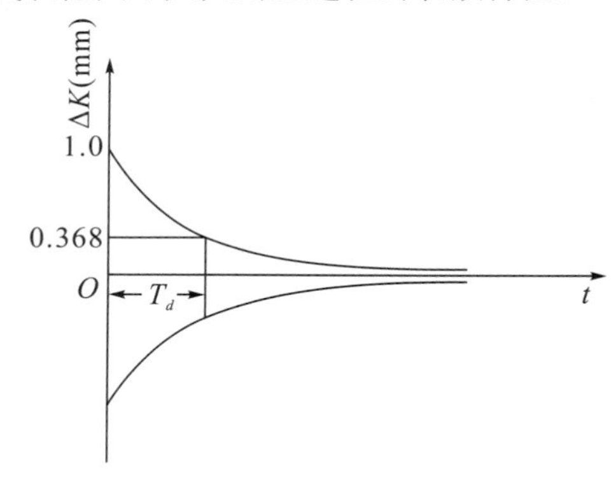

图 2－24　缓冲器特性

2．性能指标

缓冲器的性能指标主要是指暂态转差系数b_t和缓冲时间常数T_d。暂态转差系数$b_t=\frac{F_a}{F_p}k_1k_2\frac{Y_{max}}{z_{max}}$的物理意义为：假定缓冲器不起衰减作用，即在节流孔被封闭情况下，主接力器活塞走完全行程，通过传递杠杆及缓冲器反馈至引导阀针塞上的反馈量的相对值。改变传动比k_2值的大小能调整暂态转差系数b_t的值。在 YT 型调速器中，调整方架上的缓

冲螺母与方架转轴之间的距离，就能改变杠杆的传动比 k_2，当缓冲螺母上销孔轴线被调整到与方架转轴重合时，则 $k_2=0$，$b_t=0$，相当于切除了暂态反馈环节。缓冲螺母上销孔轴线距方架转轴越远，b_t越大。缓冲螺母与方架转轴的距离可由 0 mm 调到最大 30 mm，b_t相应地可以从 0 调至 100%，但由于从动活塞的最大行程有±8 mm 限位，所以有效暂态转差系数为 $b_t=20\%$。缓冲时间常数 $T_d=\frac{\gamma F_p^2}{k\lambda\omega}$的物理意义为：缓冲器将来自主接力器位移的反馈信号按指数规律衰减的时间常数。缓冲时间常数也是一个可以调整的参数，它随着从动活塞节流孔的大小而变化。节流孔开度越大，T_d值就越小。对标准的指数曲线来说，若 $t=0$ 时，$\Delta K=1$ mm；$t=T_d$时，$\Delta K=0.368$ mm；$t=2T_d$时，$\Delta K=0.135$ mm；$t=3T_d$时，$\Delta K=0.05$ mm。由此可以检查缓冲器回复曲线是否符合指数曲线。对标准的指数曲线，缓冲时间常数可以根据 $\Delta K=1$ mm 和 $\Delta K=0.368$ mm 之间的时间间隔来确定(如图 2-24 所示)。

实际生产中常以从动活塞从±1 mm 开始回复至中间位置所需的时间作为缓冲时间，这样所确定的时间为上面所定义的缓冲时间常数的 4 倍。

§2.3.3　缓冲器的结构原理

图 2-25 为 YT 型调速器的缓冲器结构图，它是连通器式带变节流孔型的。主动活塞 12 和从动活塞 2 置于同一个连通器里，并且它们的面积是不相等的。活塞上部油腔与活塞下部油腔是通过从动活塞的中心孔和径向孔连通的，中心孔内有针塞控制孔口开启的大小，即改变节流孔口的大小。从动活塞上部的杠杆机构就是用来改变节流孔口大小的。

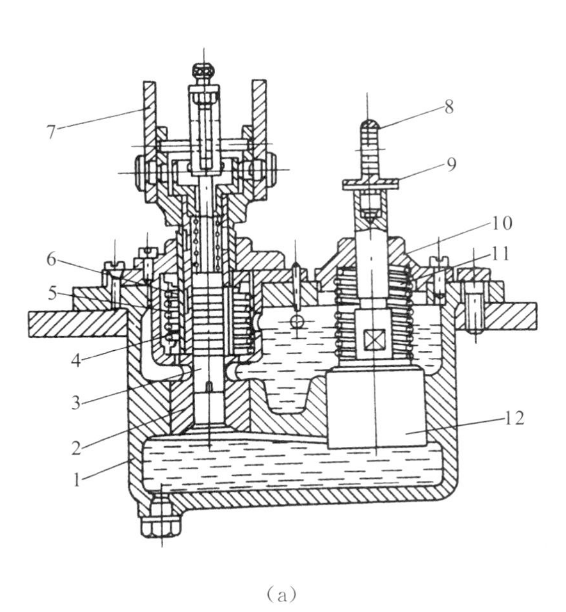

(a)

1—壳体；2—从动活塞；3—针塞；4—定位套；5—主弹簧；6—副弹簧；7—连杆；8—轴承；9—接头；10—盖；11—弹簧；12—主动活塞

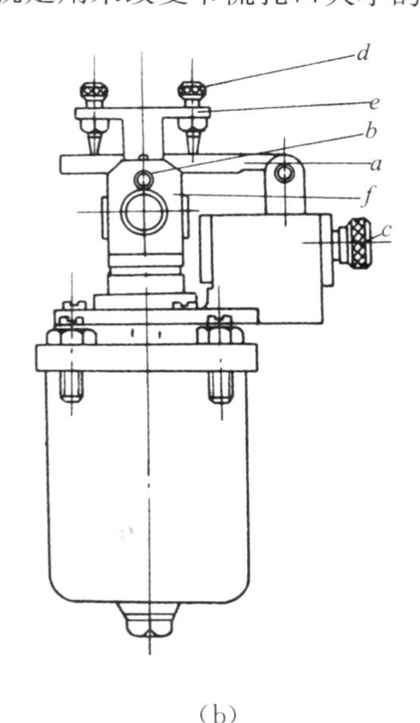

(b)

a—横杆；b—销钉；c—旋钮；d—螺钉；e—针塞连杆；f—活塞连板

图 2-25　YT 型调速器缓冲器结构

采用变节流孔是为了使缓冲器特性具有良好的指数曲线。定节流孔型缓冲器中的弹簧必须是没有预压的，从动活塞在接近中间位置时，由于运动移动速度较大，不符合指数曲线要求，所以容易冲过中间位置，形成振荡过程。定节流孔型缓冲器在弹簧没有预压的情况下，从动活塞在接近中间位置时，由于活动部件中存在的摩擦力可能使从动活塞不能准确回复中间位置，造成较大的死区。在变节流孔型缓冲器中的弹簧是有预压的，以便保证从动活塞能准确地回复到中间位置，节流孔口是逐渐关闭的，从动活塞的回复速度也逐渐减小，因此，缓冲器特性具有良好的指数曲线。

从动活塞上的零部件比较多，可将其分为以下三部分：第一部分由从动活塞、定位套、活塞吊架和销钉等组成，它们是一个整体，彼此间无相对运动；第二部分由针塞、针塞吊架、调节螺钉等组成，它们是另一个整体，彼此间也无相对运功；第三部分由主弹簧、副弹簧、旋钮、横杆等组成，它们除了作为第一、二两部分零件的安装基础并通过主副弹簧的作用，除确保从动活塞能回到中间位置外，其最主要任务是：在运动过程中，建立从动活塞和针塞下端所形成的节流孔的变化规律，并通过改变横杆的长度，以获得具有不同缓冲时间常数的衰减曲线。

图 2－26 为缓冲器变节流孔口工作原理图。如图 2－26（a）所示，针塞通过弹簧压紧在从动活塞上消除空行程，横杆 a 右端与壳体铰接，横杆 a 插在销钉 b 与螺钉 d 之间。当从动活塞偏离中间位置向上移动时，带动销钉 b 上移，使横杆 a 向左上方台起，并使螺钉 d 跟着上移。由于针塞插在从动活塞中间，不能左右倾斜，所以迫使螺钉 d 右边的近调螺钉脱离横杆 a。因为螺钉 d 左边远调螺钉离横杆 a 的固定支点比销钉 b 离固定支点远，故螺钉 d 上移距离比销钉 b 上移的距离要大，即针塞相对活塞有上移（针塞由螺钉 d 带动），节流孔打开。

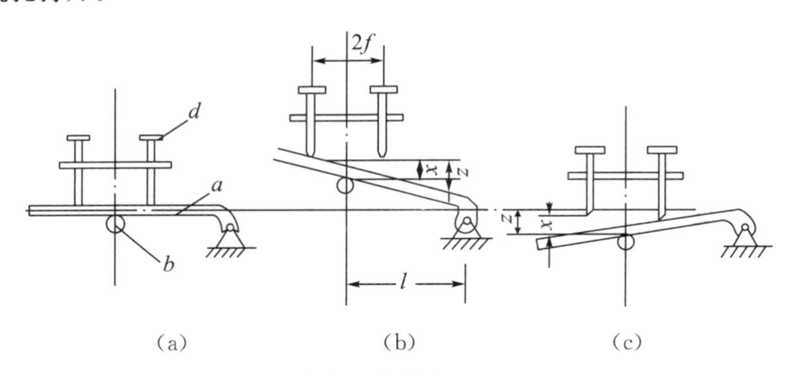

图 2－26　缓冲器变节流孔口工作原理图

设节流孔打开的高度为 x，根据图 2－26（b）可知：

$$x = z\frac{f}{l} \tag{2-88}$$

在从动活塞回复中间位置的过程中，节流孔将逐步关闭。当从动活塞向下移动时，情况如图 2－26（c）所示。此时，螺钉 d 右边近调螺钉压在横杆 a 上，因此，针塞相对于从动活塞仍然上移，节流孔打开。

由缓冲时间常数表达式可知，节流孔开口越大，T_d就越小。由（2－87）式可知，对相同的 z 和 f 来说，l 越小，x 就越大。因此，调整横杆 a 固定支点的位置就可以改变缓冲时间常数的大小。YT 型调速器的 l 在 35～65 mm 范围内可调，相应的 T_d=0～20 s。

针塞 3 末端开有节流口，其形状会影响缓冲器特性的形状。图 2－27（a）为三角形油口，其角度有 30°，60°等；图 2－27（b）为矩形油口，可根据需要修改油口。

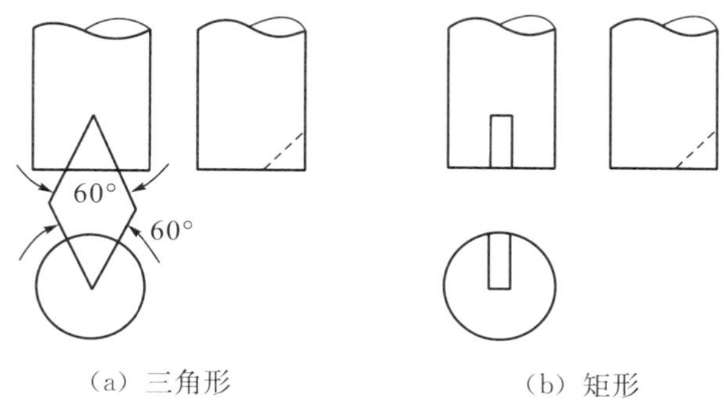

（a）三角形　　（b）矩形

图 2－27　针塞节流孔口形状

缓冲器从动活塞上部弹簧盒内有两个弹簧。里面的主弹簧 5 起主要作用，使从动活塞回复至中间位置。外面的副弹簧 6 是为了平衡从动活塞等零部件的重量，在从动活塞向下偏离中间位置时才起作用，其弹力接近从动活塞以及随从动活塞一起移动的零部件的重量的 2 倍，这样可以使缓冲器上、下特性对称。

缓冲器还有一个重要部件是定位套 4，它是根据弹簧盒的净空高来配制的，高于或低于弹簧盒的净空高，都会造成从动活塞回复中间位置的误差。如果能做到定位套的高度等于弹簧盒的深度与弹簧盒止扣厚度之差，其误差控制在 0.01 mm 之内，那么从动活塞回复到中间位置的死区就可以控制在 0.02 mm 之内。

第 4 节　永态反馈环节

永态反馈（又称为硬反馈）无论是在调节过程中，还是在调节结束之后都对系统起作用，其反馈量的大小与输入量成正比例。永态反馈机构又称为调差机构，其反馈量很小，主要作用是实现机组的有差调节特性，以便保证并网运行的机组能合理分配负荷。

§2.4.1　结构原理

如图 2－28 所示，永态反馈环节由反馈锥体 6，连杆 7，10，11，反馈框架 8，调差螺母 12 组成的一个杠杆系统，其输入信号取自反馈锥体，反映主接力器行程，输出信号反馈至引导阀针塞。

当负荷减小时，机组转速升高，引导阀 2 转动套上移，中孔与排油孔接通，辅助接力器 3 上腔排油，辅助接力器活塞与主配压阀活塞一起上移，主接力器左腔通压力油，右腔通排油，主接力器活塞右移，导叶开度关小。同时，反馈锥体使连杆 7 上移，推动反馈框架逆时针转动，调差螺母与连杆 10 上移，经连杆 11 使引导阀针塞上升，使引导阀针塞逐渐回复至中间位置。因此，永态反馈机构起负反馈作用。

调节过程结束后，导水机构开度减小了，机组负荷相应减小，由于永态反馈机构的传递作用，使引导阀针塞位置比原来稳定位置高，达到新平衡状态时，引导阀转动套位置也相应抬高，于是机组稳定转速也相应增加。反之，当负荷增大时，调节结束后，在新平衡状态下，机组稳定转速比原来相应减小。这种在新平衡状态时的稳定转速偏离原来的稳定转速，是由于永态反馈机构带来的有差调节。

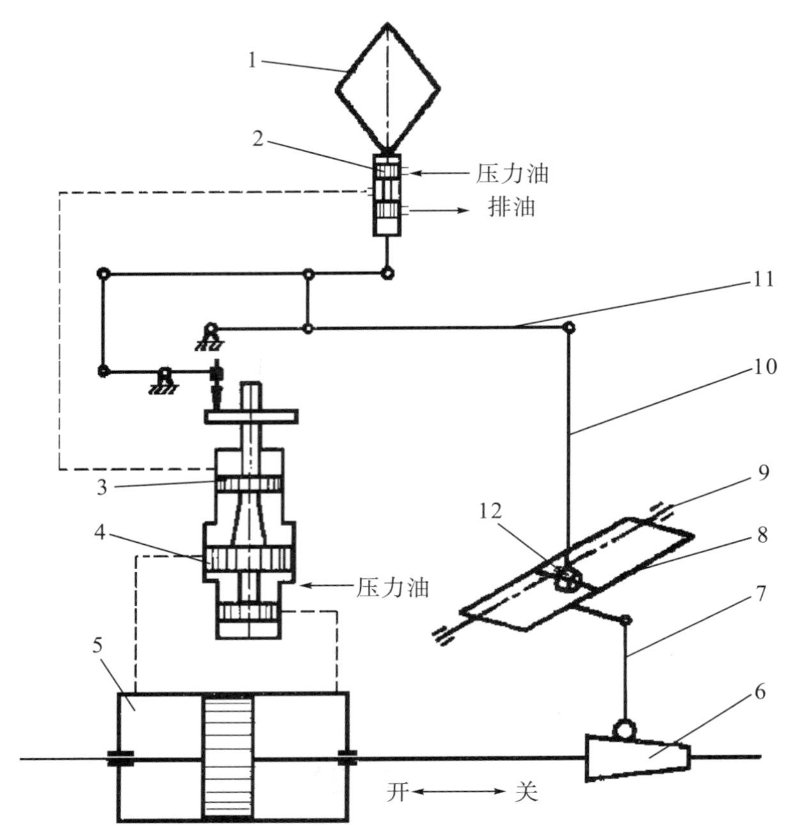

图 2－28　YT 型调速器永态反馈机构结构

1－离心摆；2－引导阀；3－辅助接力器；4－主配压阀；5－主接力器；6－反馈锥体；7，10，11－连杆；8－反馈框架；9－方框回转轴；12－调差螺母

永态反馈机构形成的有差调节，不仅在调节过程中存在，在调节结束后仍然存在，不会消失，故称之为永态反馈。

§2.4.2　工作原理与运动方程

由于永态反馈机构由杠杆组成，满足杠杆传递原理。当主接力器行程为 ΔY，引导阀转动套位移为 ΔZ 时，设反馈传动比（硬反馈系数）为 k_p，反馈至引导阀针塞上的位移量为 ΔZ_p，则

$$\Delta Z_p = k_p \Delta Y \tag{2-89}$$

调节结束时，引导阀油孔应关闭，引导阀针塞与转动套处于中间位置，满足 $\Delta Z + \Delta Z_p = 0$，故

$$\Delta Z = -k_p \Delta Y \tag{2-90}$$

取引导阀最大位移量 Z_{max} 和主接力器最大行程 Y_{max} 作为基准值，将（2－90）式化为

相对量进行表示：

$$\frac{\Delta Z}{Z_{\max}}=-k_p\frac{Y_{\max}}{Z_{\max}}\times\frac{\Delta Y}{Y_{\max}} \tag{2-91}$$

令 $\eta=\frac{\Delta Z}{Z_{\max}}$；$b_p=k_p\frac{Y_{\max}}{Z_{\max}}$，称为永态转差系数，则

$$\eta=-b_p y \tag{2-92}$$

可见，硬反馈环节是一个比例环节，如果不考虑“－”，仅在信号综合位置考虑信号性质（负反馈），则

$$\eta=b_p y \tag{2-93}$$

（2－93）式是永态反馈环节的运动方程，进行拉普拉斯变换，可得其传递函数为

$$G_{b_p}(s)=\frac{\eta(s)}{y(s)}=b_p \tag{2-94}$$

永态转差系数 b_p 反映了调速器静特性曲线的倾斜程度，当 $b_p>0$ 时，调速器静特性为一条斜线，称为有差静特性，b_p 越大，静特性曲线就越陡，表明接力器行程相同时，机组转速偏差就越大。如果 $b_p=0$，则调速器静特性曲线为一条水平线，称为无差静特性，表明机组在不同的稳定工况下，稳定转速都是相同的。

永态转差系数 b_p 的大小可以通过改变硬反馈系数 k_p 的大小来实现。由图2－28可见，调差螺母12到反馈方框回转轴的距离称为偏心距，一般可调范围为0～10 mm。偏心距越大，k_p 越大，b_p 值就越大；反之，偏心距越小，b_p 值就越小。如果把调差螺母调到与反馈方框回转轴重合，则偏心距为零，b_p 值就等于零，此时永态反馈就变为无差调节。YT型调速器的 b_p 值一般在0～8％范围内可调，可以适应机组在不同工况下的运行要求。

第5节　油压装置

水轮机调节系统的油压装置是提供给水轮机调节系统操作用压力油的能源设备。由于水轮机体积较大，作用在导叶、桨叶和蝴蝶阀上的水力矩和摩阻力矩很大，为了能够有效控制这些机构，要求各接力器的容量较大；紧急停机或负荷急剧变化时，这些机构的操作往往要在很短的时间内完成；由于受密封技术和其他工艺水平的限制，其操作油压难以像其他机械如工程机械等那样大幅度地提高。这些条件就决定了水电站油压装置体积庞大、用油量多、储备能量多的特点，以便能在较短时间内连续地释放出大量的压力能。中小型调速器的油压装置与调速柜组成一个整体，而大型调速器的油压装置是单独的。

国产油压装置分两大系列：合成式HYZ型和分离式YZ型，两大系列均已标准化。中小型机组常采用的额定油压力2.5 MPa，也有采用4.0 MPa的，大型机组采用6.3 MPa，总的趋势是提高额定油压。目前，还研制成功了高油压型调速器，额定油压达到10.0 MPa和16.0 MPa，现阶段还主要应用于中小型机组。油压装置由压力油罐（压力槽）、回油箱（集油槽）、油泵、补气装置等组成。

§2.5.1　YZ型油压装置

YZ型油压装置是分离式油压装置，压力油罐与回油箱分开布置，其结构和工作原理

如图 2－29 和图 2－30 所示。

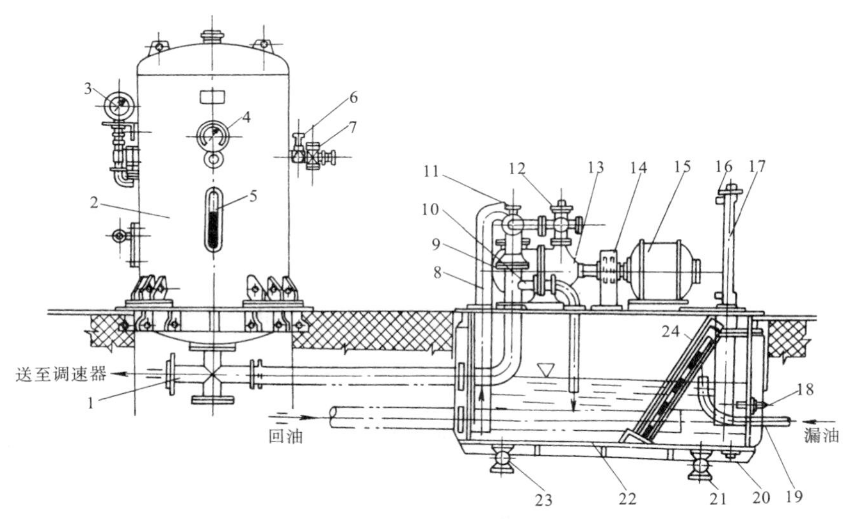

图 2－29　YZ 型油压装置结构

1，10—三通管；2—压力油罐；3—压力信号器；4—压力表；5—油位计；6—球阀；7—空气阀；8—吸油管；9—截止阀；11—止回阀；12—放油阀；13—油泵；14—联轴器；15—油泵电机；16—限位开关；17—油位指示计；18—温度计；19—漏油管；20—旋塞；21，23—阀门；22—回油箱；24—滤油器

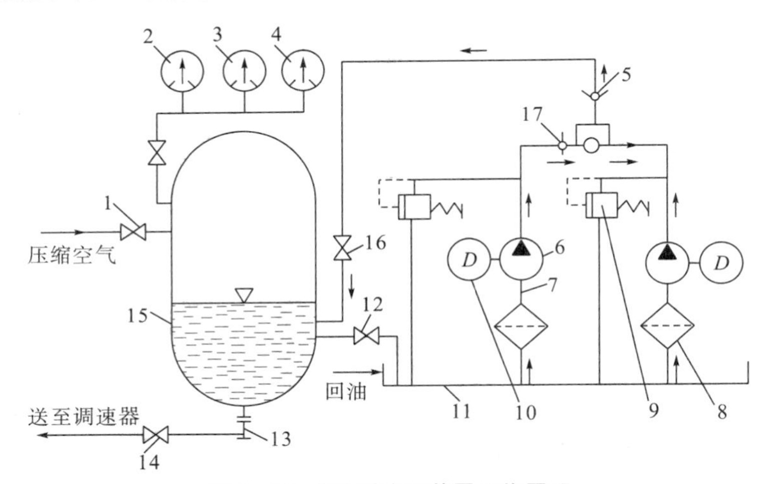

图 2－30　YZ 型油压装置工作原理

1—空气阀；2，3，4—压力信号器；5—止回阀；6—油泵；7—吸油管；8—滤油器；9—安全阀；10—油泵电机；11—回油箱；12—截止阀；13—三通管；14—供油阀；15—压力油罐；16—闸阀；17—滑阀

1. 压力油罐

压力油罐呈圆筒形，储存高压油，向调速器和其他液压装置供给压力油。压力油罐内充满了压力油和压缩空气，其中压力油占总容积的 1/3 左右，压缩空气占 2/3 左右。由于空气具有较大的压缩性、良好的蓄存和释放能量的特性，可以减小压力油罐内的油压波动，提供稳定的压力油。

2. 回油箱

回油箱 21 呈矩形，用于收集调速器系统的回油和漏油，槽内被滤油器分隔成回油区和清洁油区，其中清洁油区为螺杆泵提供清洁油源。

3. 螺杆泵

由于螺杆泵具有流量小、扬程高的特点，因此在油压装置中广泛应用。图 2－31 为一卧式螺杆泵的结构图，泵的吸油管浸没在回油箱的清洁油区，油泵由交流电动机带动。

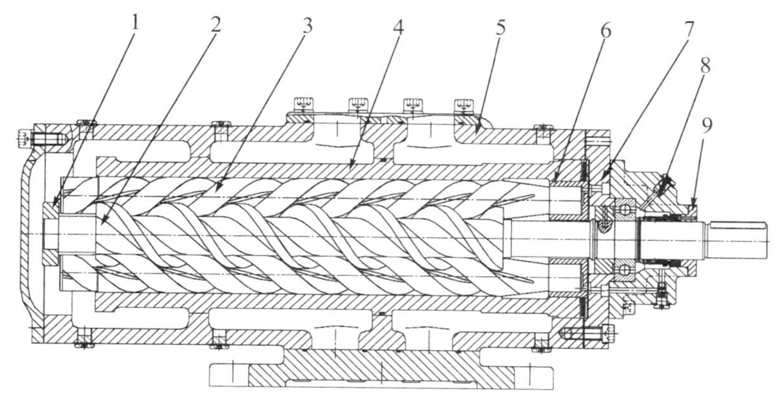

图 2－31　卧式螺杆泵结构

1－托盘；2－主动螺杆；3－从动螺杆；4－衬套；5－泵体；6－平衡套；7－法兰前盖；8－轴承箱；9－密封盖

螺杆泵的结构由三部分组成：①定子部分，由油泵壳体和衬套组成，其两端部内腔与低压侧和高压侧衔接在一起，主、从动螺杆便在中间反向旋转；②转子部分，即主动螺杆，电动机的旋转运动由联轴器通过轴传递给主动螺杆；③闭合器，即两个从动螺杆，其主要功能与主动螺杆、衬套一起，形成两个完整的螺旋密封空间，阻止压力油从高压侧倒流回低压侧。主动螺杆转动时，使吸入室（低压腔）内的油随螺杆的旋转进入主动螺杆和从动螺杆的啮合空间。主动螺杆的凸齿与从动螺杆的凹齿相啮合，在保证了螺杆一定的工作长度之后，其啮合空间形成一完整的密封腔。进入密封腔的油，如同一“液体螺母”，它不会旋转，只能均匀地沿螺杆作轴向移动，最后从排油腔（高压侧）输出。

上述三部分之间的密封性，即间隙的大小是十分重要的。间隙过大，容积效率低；间隙过小，容易卡死。因此，在设计、制造和组装过程中，对其间隙的控制是极为重要的。

螺杆泵的特点是：工作时，主、从动螺杆之间不需要传递动力矩，彼此之间的接触应力和摩擦应力很小，故其效率高、工作寿命长；油压平稳而无脉动，噪音小，容易得到比较高的压力；吸出高程高，最高可达 6.5 m，一般取 4 m 为标准；精度高，制造工艺要求严格，成本高。

为平衡在工作时由高压侧对螺杆产生的轴向推力，先在主动螺杆端部做成活塞形的托盘，再从动螺杆端部做成杯状的平衡套，同时还可以在每根螺杆的中心钻一通孔，将出口压力油引到平衡套内以平衡轴向推力。

4. 阀组

油压装置中设有减载启动阀，包括止回阀和安全阀，将它们组装在一起，称为阀组。阀组装在螺杆泵出口压力油管通往压力油罐的油路上。油泵停止运转时，阀组的各部分处于如图 2－32 所示的位置。在弹簧力的作用下，减压阀活塞 8 处于最高位置，止回阀压在阀体 19 上，将压力油罐与 A 室隔离开，安全阀落在阀座 2 上，处于全关位置。

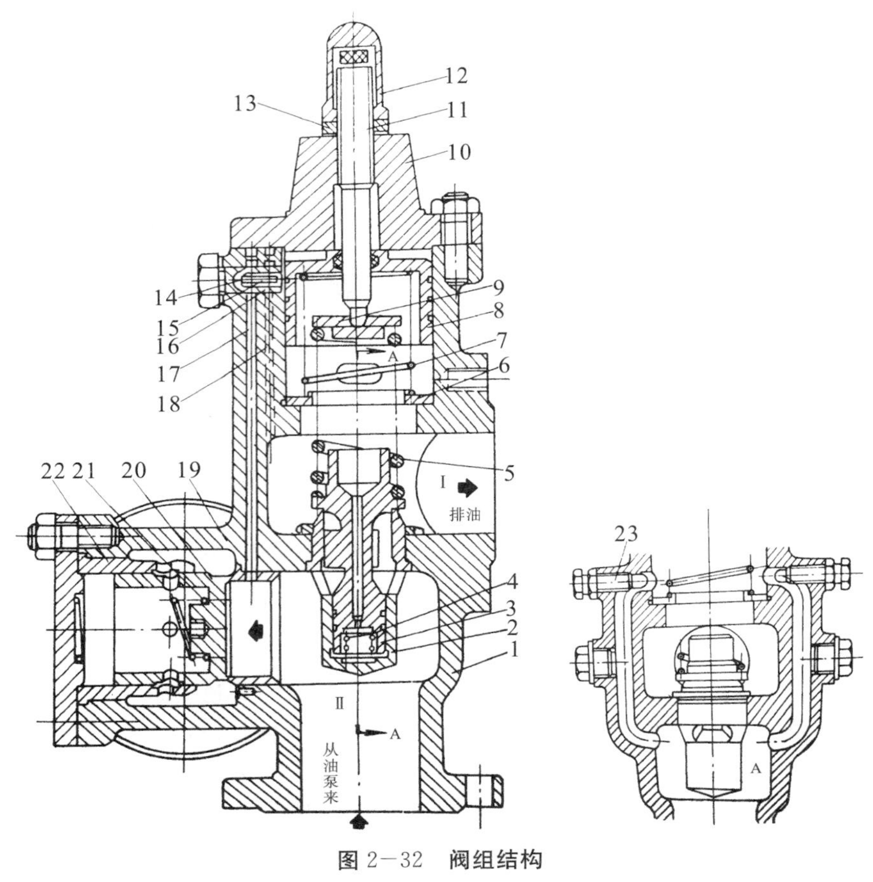

图 2—32　阀组结构

1—阀体；2—阀座；3—安全阀活塞；4—小弹簧；5，7—大弹簧；6—弹簧支座；8—减压阀活塞；9—弹簧垫；10—阀组盖；11—调节螺杆；12—外罩；13—锁紧螺母；14，21—弹簧；15—节流阀活塞；16—节流活塞；17—管路；18—通流管；19—止回阀阀体；20—止回阀活塞；22—止回阀阀套；23—节流螺钉

减压阀的作用是保证油泵电动机在低负载条件下启动，使电动机的启动时间短，启动电流小。

阀组的工作过程如下：当压力油罐内压力下降到正常油压下限值时，油泵电动机启动，油泵向 A 室内输油。油通过阀体 1 两侧的减载排油孔流回回油箱，其排油量可用节流螺钉 23 进行调节。随着油泵电动机转速的升高，阀组过流部分的油压开始上升，与此同时，压力油经管路 17 将节流阀活塞推向右侧，通流管 18 关闭。油从节流阀活塞 15 右侧的小孔流入减压阀活塞 8 的上腔，推动减压阀活塞向下移动，使减压阀排油孔的开度逐渐减小，排油阻力加大，阀组过流部分的压力继续升高，减压阀活塞继续下降，直到顶住弹簧支座 6 为止。此时，大弹簧 7 受压，减压排油孔关闭；阀组内压力迅速上升。当压力超过压力油罐内压力时，就推开止回阀活塞 20，油泵开始向压力油罐输送压力油。这一减压起动过程很短，为 5～10 s。

当压力油罐内压力达到正常压力的上限时，油泵电动机停转。这时，留在 A 室的压力油经过油泵螺杆和缸套间的间隙倒流回回油箱。A 室的油压很快下降，止回阀活塞 20 受到弹簧 21 和压力油罐内油压的作用关闭，隔断了压力油罐到油泵的通路。与此同时，减压阀活塞 8 在大弹簧 7 的作用下上移，活塞上腔的油把节流阀活塞 15 推向左侧，排油管 18 开启，油迅速排到回油箱，减压阀活塞快速上升到顶点，回复到启动前状态，为下次启动油泵做好准备。

如果发生故障，油泵不能按规定停转，当油压超过工作油压上限值时，压力油向上推开安全阀活塞 3，来自油泵的压力油部分经安全阀从 I 室排回回油箱。若压力继续上升，安全阀继续开大增加排油量，使压力不再上升。当压力降至一定值时，在大弹簧 5 的作用下，安全阀逐渐下移直到全关位置。安全阀的动作压力由调节螺杆 11 整定。

§2.5.2 YT 型调速器的油压装置自动补气原理

YT 型调速器的油压装置与调速柜是一起供货的。它的工作原理和结构与 YZ 型油压装置相似，其主要区别在于补气装置不同。

大、中型水电站都有高压空气压缩机或高压储气罐。当压力油罐中的压缩空气因消耗而减少时，由自动检测装置——液位信号器测出后，立即发出一电信号至电磁空气阀并使之开启，向压力油罐内补气，直至到达规定的位置时，检测装置再发一信号至电磁空气阀，使之关闭，停止补气。如果自动补气回路出现故障时，也可手动进行补气，此时，由值班人员根据压力油罐中油位的高低，手动操作空气阀，使之开启，向压力油罐内供气至规定油位，再手动关闭空气阀。

对小型水电站来讲，为了节省投资，往往不设高压空气补给系统。调速器通常采用补气阀加中间油罐的补气方式进行补气。YT 型调速器的油压装置具有自动补气阀和中间油箱，没有 YZ 型油压装置的阀组。

当压力油罐内压力达到额定值时，油泵停止工作。止回阀 1 使压力油罐与中间油箱 2 隔断。自动补气阀活塞 7 上部油压消失，在下部弹簧的作用下上移至顶部位置，如图 2－33（a）、（c）所示。此时，中间油箱底部经油管 3、自动补气阀 8、排油管 4 与回油箱接通，而中间油箱 2 上部则经油管 5、自动补气阀 8、油管 6 也与回油箱接通。如果回油箱内油面较低，则油管 6 的出口位于回油箱油面之上，于是空气经油管 6 和油管 5 进入中间油箱 2，中间油箱 2 里的油经油管 3 和油管 4 流回回油箱，回油箱中充满了空气，如图 2－33（a）所示。如果回油箱内油面较高，则油管 6 的出口浸没在油中，中间油箱 2 的油不会流回回油箱，如图 2－33（c）所示。

当压力油罐内压力下降至正常油压下限值时，油泵启动。油压力使活塞 7 下移至下部位置。此时油管 3 与油管 4 被隔断，油管 5 与油管 6 也被隔断。如果中间油箱充满气，油泵来的压力油经自动补气阀 8、油管 3 自底部进入中间油箱 2，空气被压缩，如图 2－33（b）所示。当空气压缩至一定压力时，推开止回阀 1，把气和油送入压力油罐，这样就实现了自动补气。在油泵停机后，如果中间油箱未充气，那么就不补气，如图 2－33（d）所示。

此种补气方案工作时，要利用调速系统的总用油量为一定值的条件，即为压力油罐中的压力油多、压缩空气少时，则回油箱的油面一定会相应的下降，即其油压一定会产生低于油管 6 的出口，此时即可进行补气。相反，当压力油罐中的压力油少、压缩空气多时，则回油箱的油面一定会相应升高，使油管 6 的出口埋在油面之下，此时则停止补气，油泵启动的结果是给压力油罐补充压力油。

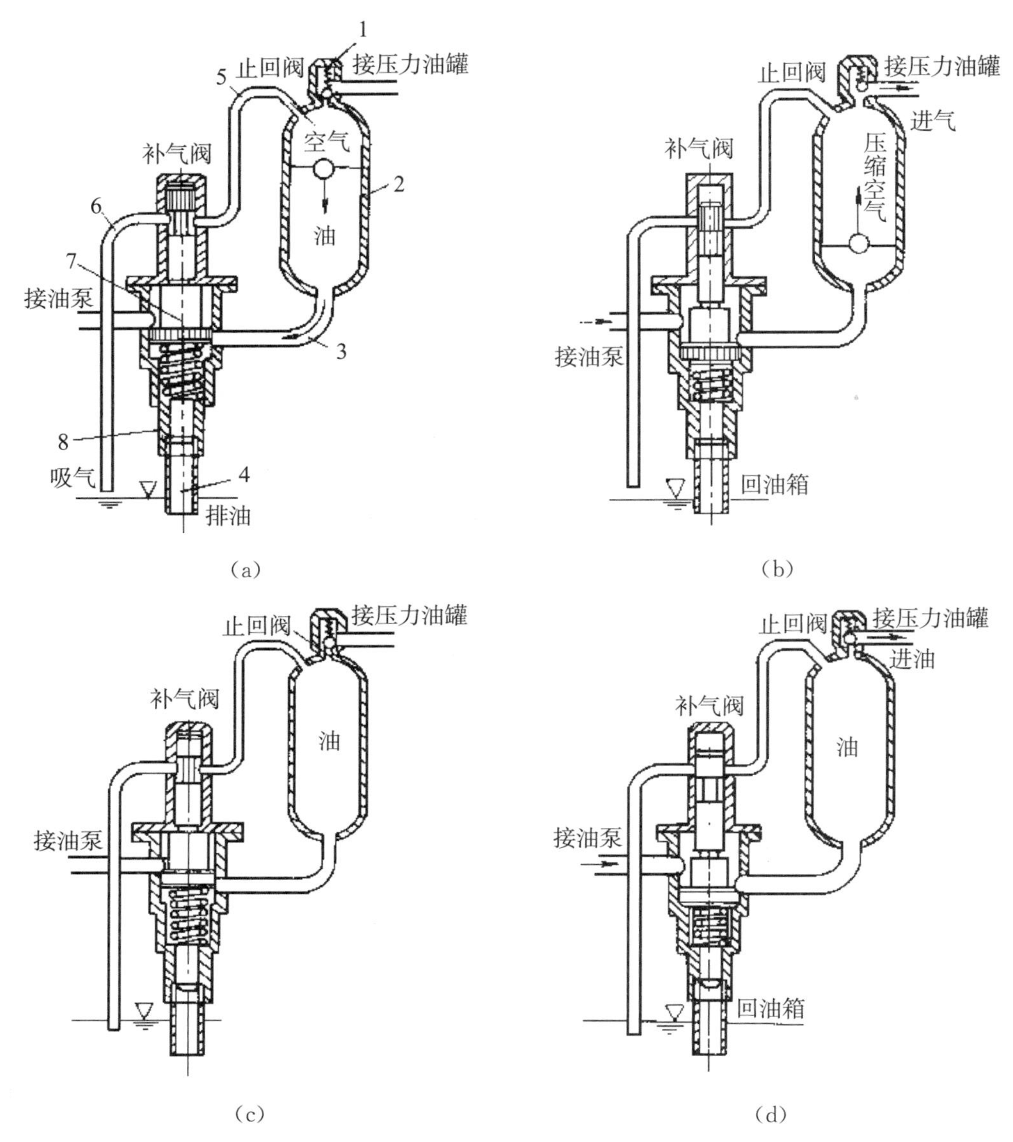

图 2—33　YT 型调速器自动补气装置工作原理

1—止回阀；2—中间油箱；3，5，6—油管；4—排油箱；7—活塞；8—自动补气阀

值得注意的是，所补进去的空气未经气水分离工序，因此，油中含水量较大，运行中要定期化验油中的含水量。当超过规定时，应及时更换合格的新油。

§2.5.3　油压装置自动控制原理

油压装置自动控制应满足：①机组无论是在正常运行还是事故情况下，均应保证有足够的压力油来操作机组及主阀，尤其是在厂用电消失的情况下，应有一定的能源储备，可借助选择适当的压油槽容量和适宜的操作接线来解决；②不论机组是处于运行状态还是停机状态，油压装置都应处于准备工作状态，即油压装置的自动控制是独立的，是按本身预先规定的条件（油压装置中的油压和油位）自动进行的；③机组操作过程中，油压装置的投入或切除应自动地进行，即不需运行人员参与；④油压装置应设备用油泵电动机组，当工作油泵发生故障（或机组操作过程中大量消耗压力油）时，备用油泵应能自动投入，并发出报警信号；⑤当油压装置发生故障、油压下降至事故低油压时，应能迫使机组事故停机。

1. 油压装置的机械液压系统

图2-34为国产YZ型油压装置的机械液压系统图。在集油槽上装设了两台油泵电动机组1M和2M，正常时一台工作，一台备用，采取定期交替互为备用的运行方式，这样有利于电机绕组干燥（以下分析假定1#油泵为工作油泵，2#油泵为备用油泵）。在油泵的排油管上装有切换阀1RV和2RV，它们是根据机械动作原理自动切换油路的，并起安全保护作用。此外，还装有浮子信号器BF，用来监视集油槽油位。在压油槽上装有压力信号器1BP～4BP，用来监视压油槽的油压，并自动控制油泵电动机的启动和停止。

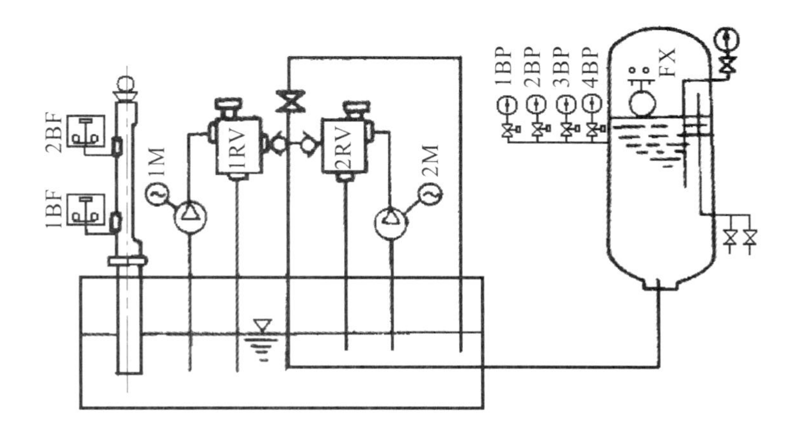

图2-34　YZ型油压装置机械液压系统

2. 自动控制原理

图2-35为油压装置自动控制的电气接线图。由图可见，油泵电动机可以自动操作，也可以手动操作。自动操作又可分为连续运行、断续运行和备用三种方式。所有操作都是借压力信号器1BP～4BP和切换开关1QC～2QC以及磁力起动器1MF～2MF来实现的，这种接线方式能满足上述各方面的要求。

（1）断续运行：将连接片1XB断开，1QC切换到自动位置。当压油槽油压下降到工作油压下限值时，压力信号器4BP动作，其接点$4BP_1$闭合使重复继电器2KAM励磁，$2KAM_1$闭合使1MF励磁，并通过其辅助动合接点$1MF_2$闭合而自保持，动合接点$1MF_{a,b,c}$闭合使油泵电动机1M启动，油泵向压油槽打油。当油压恢复到工作压力上限时，2BP闭合使1KAM励磁，$1KAM_1$断开，1MF失磁，油泵电动机停止工作。若油压再次下降到工作油压下限值，$4BP_1$再次闭合，以后的动作同上。这样就实现了油泵电动机断续运行的自动控制。

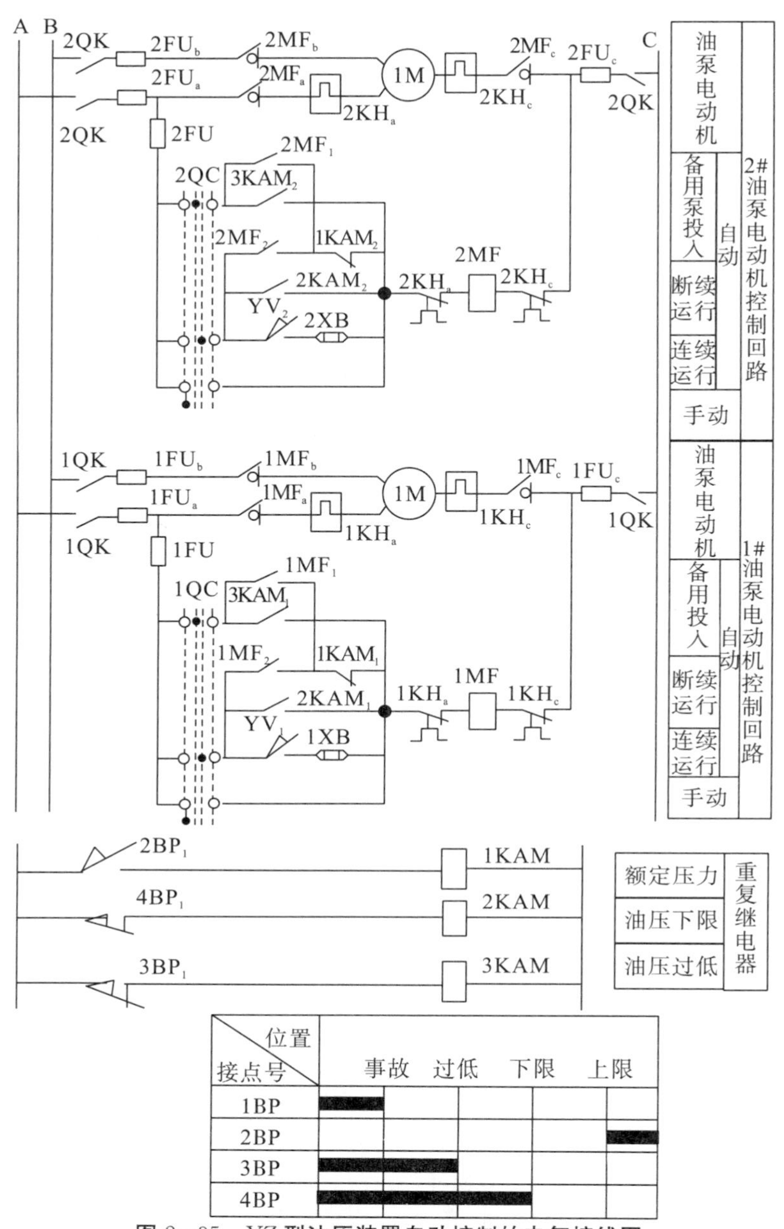

图 2—35　YZ 型油压装置自动控制的电气接线图

(2) 连续运行：将连接片 1XB 接上，1QC 切换到自动位置，即具备了连续运行的条件。机组启动时，由调速器的电磁双滑动阀 YV 动作，其接点 YV_1 闭合，使磁力启动器的线圈 1MF 励磁，其接点 $1MF_{a,b,c}$ 闭合，使油泵电动机 1M 启动，向压力油槽打油。当压力达到工作压力上限时，切换阀 1RV 抬起，油泵打出的油经抬起的切换阀排回集油槽，油泵电动机就转为空载运行。如果由于机组操作或漏油而使油压降低到切换阀的额定压力，则 1RV 落下，以后的动作同上，循环往复，以自动维持压油槽的油压在工作压力的上限值。机组停机后，由于 YV_1 断开，油泵电动机便退出连续运行方式。连续运行方式消耗较多的厂用电，不经济，但可以减少电动机的启动次数，延长电动机的使用寿命。

（3）备用泵投入：备用油泵电动机在下列情况下自动投入运行：第一，当工作油泵电动机操作回路或电动机本身发生故障时；第二，当工作油泵或切换阀发生故障时；第三，当机组甩负荷或管路严重漏油而使压油槽油压降低到备用油泵启动压力时。在第一、二种情况下，应将故障部分从操作系统中切除并将其启动回路闭锁。在第三种情况下，备用油泵自动投入后与工作油泵并列运行。备用油泵电动机 2M 的启动是由 3BP 的接点控制的，当油压过低时，$3BP_1$ 接点闭合，使 3KAM 励磁，$3KAM_2$ 闭合使 2MF 励磁，结果使 2M 启动（因为 2QC 已切换至备用位置）。以后的动作类似于断续运行的自动控制。当备用泵投入时，应同时发出报警信号。

若电动机绕组过热，则 1KH 或 2KH 动作，其接点 KH_a 或 KH_c 打开，使 1MF 或 2MF 失磁，电动机 1M 或 2M 停机，起过热保持作用，并发信号。

若压油槽油压事故性下降，且降低到事故停机油压时，则压力信号器 $1BP_1$ 接点闭合，发出事故停机命令，迫使机组事故停机。

（4）手动操作：需值班人员人工观测压油槽压力表，当发现油压下降到工作压力下限值时，将切换开关 1QC 或 2QC 切换到手动位置，使 1MF 或 2MF 励磁，油泵电动机 1M 或 2M 启动，向压油槽打油。当油压达到工作油压上限值时，将 1QC 或 2QC 切换到停止位置，油泵电动机停止工作。

第 6 节　机械液压型调速器工作原理

前面介绍了 YT 型调速器各主要元件和装置的结构及特性。本节结合 YT 型调速器的系统图（如图 2—36 所示），将以上各节所介绍的内容综合起来，介绍机械液压型调速器的开机、调节和停机过程的工作原理。

§2.6.1　机组开机

机组开机就是打开水轮机的导叶（或喷针），使机组运转起来，当导叶开度达到空载开度、机组转速达到额定转速时，然后并入电力系统运行并带上负荷的过程。

机组开机前调速器各机构所处的位置为：开度指示表上的红、黑针均在零位，开度限制阀针塞 33 在下部位置，针塞中阀盘堵住通往辅助接力器的油孔；转速调整机构指针在零位（相当于处于空载、额定转速位置）；压力油罐油位、压力指示正常，阀门 108 打开，锁锭已拔出；手轮 49 移到右端，手柄 46 置于自动位置；手自动切换阀 35 在自动位置；紧急停机电磁阀 36 处于正常状态；引导阀转动套 7 处于最低位置，中、上油孔接通；接力器处于全关位置。

1. *用开度限制机构自动开机*

在控制室里按下开机按钮，二次回路发出信号使开度限制阀电机 84 正转，经减速箱使开度限制螺杆 70 转动，带动开度限制螺母 71 上升，开度限制阀针塞 33 随之上升。

压力油经引导阀 6、手自动切换阀 35、开度限制阀、紧急停机电磁阀 36 流入辅助接力器上腔，推动辅助接力器活塞 26 与主配压阀活塞下移。与此同时，一方面通过杠杆 31 使开度限制阀针塞 33 下移，重新截断通往辅助接力器的油孔，主配压阀停留在下部位置；另一方面是使主配压阀中、下油孔接通，压力油进入主接力器右腔，推动主接力器活塞向左移动，开启导叶。在接力器左移的同时，反馈框架逆时针回转，通过连杆 69、杠杆 68、连杆 64 和杠杆 31 的作用，使开度限制阀针塞下移，辅助接力器上腔经开度限制阀上孔口排油，主配压阀活塞在压差的作用下上移回中。与此同时，又通过杠杆 31 使开度限制阀针塞上移。当机组转速上升到额定转速时，引导阀转动套刚好上升到与针塞相平衡的位置，主配压阀回复到中间位置，主接力器停止移动，开度限制阀针塞重新截断通往辅助接力器的油孔。至此，机组开机过程结束。

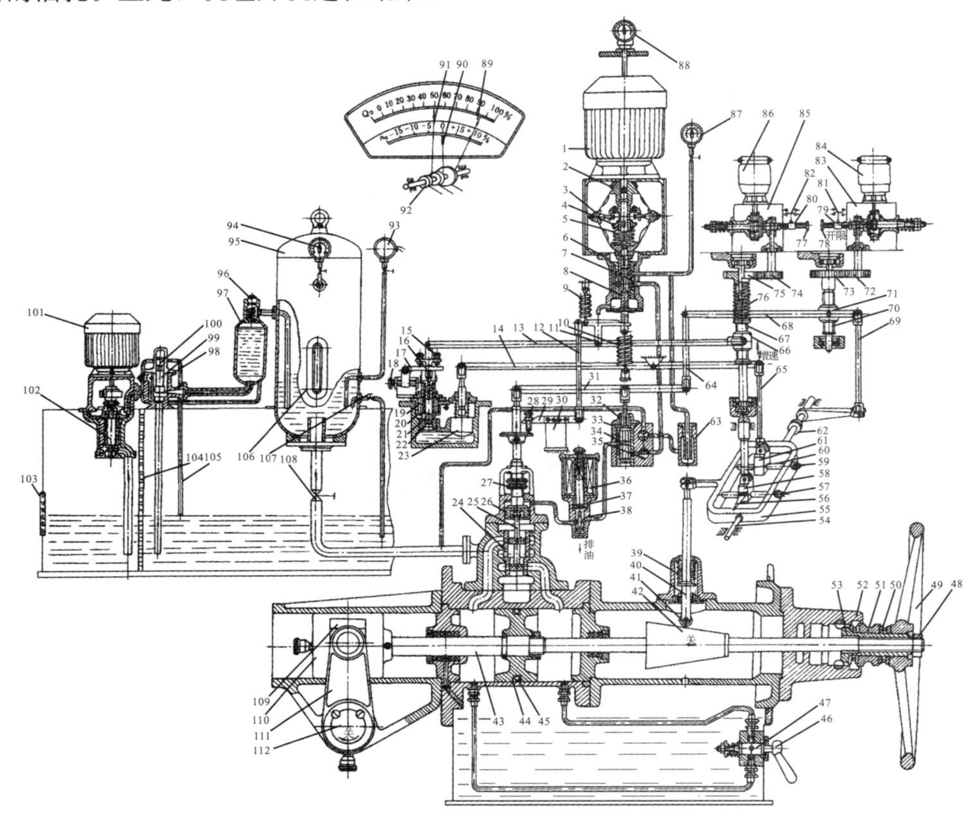

图 2－36　YT 型调速器系统图

1－离心摆电机；2－离心摆；3－重块；4－调节螺母；5－离心摆弹簧；6－引导阀；7－引导阀转动套；8－引导阀针塞；9，10－拉紧弹簧；11，13，14，17，29，31，68－杠杆；12，60，64，65，69－连杆；15－调节螺钉；16－销子；18－旋钮；19－内弹簧；20－外弹簧；21－针塞；22－缓冲器从动活塞；23－主动活塞；24－主配压阀衬套；25－主配压阀活塞；26－辅助接力器活塞；27－限位螺母；28－调节螺钉；30－支撑架；32－锁紧螺母；33－开度限制阀针塞；34－开度限制阀衬套；35－手自动切换阀；36－紧急停机电磁阀；37－弹簧；38－电磁阀活塞；39，76－弹簧；40－反馈杆；41－滚轮；42－反馈锥体；43－主接力器活塞杆；44－主接力器活塞；45－活塞环；46－手柄；47－旋塞；48－锁紧螺母；49－手轮；50－推力轴承；51－滑环；52－法兰；53－套筒；54－转轴；55－反馈框架；56－指针；57，59－调整螺杆；58，61－缓冲螺母；62－滑轮；63－滤油器；66－转速调整螺母；67－转速调整螺杆；70－开度限制螺杆；71－开度限制螺母；72，74－主动齿轮；73，75－从动齿轮；77－转速调整机构手轮；78－开度限制机构手轮；79，80－限位开关挡块；81，82－限位开关；83－开度限制减速器；84－开度限制机构电机；85－转速调整机构减速器；86－转速调整机构电机；87，94－压力表；88－节门；89－开度限制指针；90－转速调整机构指针；91－导叶开度指针；92－滑轮装置；93－压力信号器；94－压力表；95－压力油罐；96－止回阀；97－中间油罐；98－补气阀；99－补气阀活塞；100－安全阀；101－油泵电机；102－螺杆泵；103－回油箱油位计；104－滤油器；105－吸气管；106－压力油罐油位计；107－放油阀；108－阀门；109－滑块；110－十字头；111－臂柄；112－调速轴并入电网后，再一次操作开度限制机构电机 84 使之正转，直到限制开度达到预设的限制位置，操作转速调整机构使机组带上所需的负荷。

2. 用开度限制机构手动开机

将手自动切换阀 35 切换到手动位置，此时，压力油不经引导阀而直接通到开度限制阀针塞 33 中阀盘下腔。然后，操作开度限制机构手轮 78 或人工启动开度限制机构电机 84，使开度限制螺母 71 上升，通过杠杆 68、连杆 64、杠杆 31，带动开度限制阀针塞 33 上移，压力油进入辅助接力器上腔，接下来的动作过程与用开度限制机构自动开机类似。

当机组并入电网后，人工操作开度限制机构使机组带上所需要的负荷。开机过程完成之后，应将切换阀切换到自动位置，让机组处于自动调节状态运行。

3. 用手动操作机构开机

在油压装置出现故障，不能提供压力油的情况下，也可以用手动操作机构进行开机。首先检查锁锭是否投入，若未投入则应转动手轮 49，使套筒 53 向左移动到滑环 51 的凹槽正对锁锭位置时，投入锁锭，以固定套筒 53 的轴向位置。然后将手柄 46 转过 90°置于手动位置，使主接力器左、右两油腔连通。由于滑环 51 被卡住，套筒 53 不能移动，故转动手轮 49 可使接力器活塞向开启方向移动，开启机组。

§2.6.2　运行机组的调节

运行机组的调节是指机组并入电网并带上负荷后，根据负荷波动，控制机组的转速在允许范围内运行。其调节方式分为：液压手动调节、半自动调节和自动调节。

1. 液压手动调节

液压手动调节是指机组并入电网并带上负荷后，切换阀处于手动位置，压力油不经引导阀而直接经开度限制阀接到辅助接力器，人工操作开度限制阀针塞，控制辅助接力器的进、排油，从而控制机组运行的一种调节方式。这种调节方式只能作为临时运行方式，因为压力油不经过引导阀，如果不切除离心飞摆而长期运行，就可能恶化引导阀的润滑，甚至烧坏引导阀。

2. 半自动调节

1）限制开度运行

手自动切换阀 35 处于自动位置，将开度限制阀调到限制开度位置，开度指示表盘上红、黑针重合，此时开度限制阀针塞 33 的中阀盘截断了通往辅助接力器的油孔，压力油无法进入辅助接力器，因此，即使离心飞摆转速降低，接力器也不能开启。但当离心飞摆转速升高时，引导阀中、下油孔接通，辅助接力器上腔的油可经开度限制阀中阀盘间隙漏到引导阀排走，主接力器缓慢关闭。随着接力器的移动，开度限制阀针塞 33 上移，油路打开，主接力器快速关闭。由于主接力器开始关闭时的速度较为缓慢，如果出现机组甩负荷的情况，转速上升率将大大升高，所以这种运行方式不好。

2）限负荷运行

在限制开度运行的基础上，再将转速调整机构向增速方向转动一定的裕量，让引导阀针塞 8 上移一段距离，即成为限负荷运行方式。此时，如果转速上升不是很大，引导阀转动套的上移量没有超过针塞时，引导阀不能排油，故主接力器不移动，导叶开度保持不动。只有当转速上升较大，引导阀转动套上移量超过针塞时，主接力器才动作，从而关闭导叶。这种运行方式也不好，因为如果机组甩负荷时转速上升较大时，主接力器才动作关闭导叶，其后果比限制开度运行方式更严重。限负荷运行，实质上就是定开度运行方式，可用于担任基荷或计划用水的电站。

3．自动调节

自动调节是指机组带上负荷或并网后，切换阀在自动位置，红、黑针不重合，红针放在较大开度上（限制开度）或全开运行。这时机组的运行完全受离心飞摆的控制。下面以单机带负荷运行为例，结合 YT 小型调速器来分析当机组负荷发生变化时的自动调节全过程。

当外部负荷减少时，发电机负荷阻力矩 M_g 减少，水轮机动力矩 M_t 大于发电机阻力矩 M_g，机组转速上升，引导阀转动套随之上移，中、下油孔接通，辅助接力器活塞上腔的油经紧急停机电磁阀、开限阀、手自动切换阀、引导阀中孔与下孔排至回油箱，主配压阀活塞在其差压作用下与辅助接力器活塞一起上移，主配压阀的中、上油孔接通。由于辅助接力器上移，通过反馈圆盘、局部反馈螺钉以及局部反馈杠杆使引导阀针塞上移，直至恢复与转动套的相对中间位置。此时，辅助接力器与主配压阀停止上移。

由于主配压阀的中、上油孔接通，压力油罐的压力油直接进入主接力器左边油腔，右腔则经主配压阀下油孔到中心孔排油，于是主接力器活塞向右（关闭方向）移动，导叶开度减小。同时，连在活塞杆上的反馈锥体也随之右移，锥体的斜面推动反馈杆和端部的滚轮 41，使反馈杆克服弹簧的反力而向上移动，带动反馈框架 55 绕转轴 54 顺时针旋转。由于缓冲螺母 61 有偏心距（暂态转差系数 $b_t \neq 0$），连杆 65 上移，通过杠杆 14 使缓冲器主动活塞 23 下移。由于缓冲器下腔的油来不及从节流针塞 21 下面的节流孔口立即全部排走，缓冲器从动活塞 22 被迫克服内弹簧 19 的弹力而向上移动。同时通过杠杆 11、13 使引导阀针塞上移，即向引导阀针塞传送“暂态反馈”位移。于是，引导阀的中、上油孔接通，从油压装置送来的压力油经切换阀、滤油器 63、引导阀上孔、中孔、切换阀和紧急停机电磁阀进入辅助接力器上腔，推动辅助接力器活塞和主配压阀活塞下移。同时，局部反馈机构作用又使引导阀针塞下移，恢复与转动套的相对中间位置。在理想的情况下，当主配压阀回到中间位置时，引导阀也恢复到相对的中间位置，接力器就停止移动。由于导叶关小、动力矩减小，故机组转速下降，逐步接近额定转速，引导阀转动套也逐步下移。接力器停止移动后，缓冲器从动活塞在内弹簧反力作用下向下回复，引导阀针塞也随之下移。在理想的情况下，引导阀的转动套与针塞同步下移，直至转速回复正常，从动活塞回中。至此，整个自动调节过程完成。

实际调速器的调节过程不可能一次性完成，往往是经过几次反复衰减后，调节过程才能完成。

当外部负荷增加时，调速器相应调节过程与上述相似，但动作方向相反。

上述分析是假定 $b_p=0$。如果 $b_p \neq 0$，则硬反馈机构也要参与调节，使引导阀出现一个无法自动消失的硬反馈信号。调节结束后，引导阀的平衡位置略偏高（对应外部负荷减小）或偏低（对应外部负荷增加），即机组转速比原来略高或略低。此时，机组的调节为有差调节。

另外，在整个接力器的移动过程中，反馈框架的旋转也会使开度限制机构的开限阀针塞动作，但由于是自动调节，故其动作不会影响调节结果，只是实现开度限制的作用。

由上述分析可知，引导阀是靠局部反馈机构的作用回中，而主配压阀则是靠软、硬反馈的作用（一般硬反馈的作用较弱，主要是软反馈的作用）回中。在整个调节过程中，如果情况很理想的话，引导阀回中两次，而主配压阀回中一次。

§2.6.3　机组转速与负荷的调整

机组转速与负荷的调整主要是指通过操作控制元件，如转速调整机构或开度限制机构，改变单机运行机组的转速或并网运行机组的负荷。

1. 用转速调整机构增减并网运行机组的负荷

当机组并入电网后，稳定性增强，为提高调速器的速动性，使之能迅速增减功率，以适应外部负荷的变化，一般将缓冲器切除（将缓冲螺母 61 的偏心距调为零），即 $b_t=0$。

若要增加机组出力，则操作转速调整机构手轮 77 或转速调整机构电机 86，经过转速调整机构减速器 85 和主动齿轮 74、从动齿轮 75 使转速调整螺杆 67 旋转，转速调整螺母 66 上移，杠杆 11、13 随之动作，使引导阀针塞 8 上移，中、上油孔接通，压力油进入辅助接力器上腔，推动其活塞和主配压阀活塞 25 下移，同时，局部反馈的作用使引导阀针塞下移，引导阀回复中间位置，而主配压阀停止下移。由于主配压阀停留在下部位置，其中，下油孔接通，压力油进入接力器右腔，左腔排油，推动接力器活塞向左移动，导叶开度加大。与此同时，反馈框架 55 逆时针转动，连杆 60、转速调整螺杆 67 及其上的转速调整螺母 66 下移，杠杆 11、13 随之动作使引导阀针塞 8 下移，中、下油孔接通，辅助接力器排油，主配压阀活塞在其差压的作用下连同辅助接力器活塞一起上移，回复到中间位置，而局部反馈的作用也使引导阀针塞上移而回复到中间位置。至此，接力器停止移动，从而停留在与调速螺母上移量相适应的开度上。由于机组并在电网运行，转速不变，所以调节的结果是机组的出力（即所带的负荷）增加了。

若要减少机组出力，则反向操作，其调节过程与上述相反。

单机带负荷运行用转速调整机构可调机组的转速（转速可在额定转速的±10%范围内任意调整，其调整数值由开度限制指针 89 指示）。其工作过程与上述基本相同，这里不再叙述。

2. 用开度限制机构增减并网运行机组的负荷

当手自动切换阀切换到手动位置时，压力油经过切换阀直接进入开限阀的下油孔，这时，操作开度限制机构可以直接控制机组。若操作开度限制机构电机 84 或开度限制机构手轮 78 使开度限制螺母 71 上移，红针向开大方向移动，开限阀针塞上移，中油孔与下油孔连通，压力油进入辅助接力器上油腔，使主接力器向开机方向移动。黑针跟随红针移动，通过反馈锥体 42、反馈框架 55、反馈杆 40、连杆 69、杠杆 68、连杆 64、杠杆 31 使开度限制阀针塞 33 下移，直至将中油孔堵住，接力器停止移动，红针与黑针重新重合。若操作开度限制螺母下移，则接力器向关机方向动作，黑针跟随红针向关小方向偏转，直至重新重合。因此，当切换阀切换到手动位置时，用开度限制机构可以实现手动开、关机组，即可增减并网运行机组的负荷或改变单机运行机组的转速。

§2.6.4 机组停机

1. 正常停机

首先用转速调整机构将机组的出力减小到零（接力器关至空载开度），使机组空载运行。等到二次回路使发电机出口油开关跳闸、灭磁后，用手动或电动操作开限机构使开度限制螺母 71 下移（红针指示为零），则开度限制阀针塞 33 随之下移，辅助接力器经开限阀上油孔排油，主配压阀上移，接力器向关方向移动，使导叶全关。

2. 事故停机

当机组发生紧急事故（如机组过速、冷却水中断、轴承温度过高、油压降至事故低油压等）时，紧急停机继电器动作，使紧急停机电磁阀线圈带电，电磁阀活塞 38 提起，辅助接力器上腔的油经电磁阀直接排走，从而实现快速停机。

3. 用手动操作机构停机

用手动操作机构停机与用它来开机的方法相似，只是手轮 49 转动方向相反。

§2.6.5 机组运行方式的相互切换

1. 自动调节状态切换为液压手动状态

（1）操作开度限制机构使限制开度等于实际开度（即使表盘上红针退回与黑针重合）。

（2）把手自动切换阀 35 切换到手动位置运行。

此时机组的运行方式便进入液压手动调节状态，如需长时间处于这种状态运行，应将离心飞摆电源切断，以免引导阀干摩擦而损坏。

2. 自动调节状态切换为手轮手动控制状态

（1）转动手轮 49，使套筒 53 向左移动到顶端。

（2）将锁锭锁住滑环 51 的凹槽。

（3）关闭阀门 108。

（4）将手柄 46 转动到手动位置，使接力器左右两腔连通，这时即可通过操作手轮 49 来改变接力器的开度。

3. 液压手动调节状态切换为自动调节状态

（1）将手自动切换阀 35 转到自动位置。

（2）将离心飞摆投入工作。

（3）操作开度限制机构，使限制开度加大（即使红针领先于黑针）到 100%或所需限制的开度。

4. 手轮手动控制状态切换为自动调节状态

（1）将手柄 46 转至自动位置，使接力器两腔隔开。

（2）操作开度限制机构，使限制开度等于实际开度（即红、黑针重合）。

（3）打开阀门 108。

（4）将手自动切换阀 35 切换到自动位置。

（5）将离心飞摆投入。

（6）脱开滑环 51 凹槽上锁锭，转动手轮 49，使套筒 53 向右移到端部。

（7）操作开度限制机构，使限制开度加到 100%或所需限制的开度。

5. 由自动调节状态切换为限制开度运行状态

操作开度限制机构，使红针退回与黑针重合即可。

6. 由自动调节状态切换为限荷运行状态

（1）操作开度限度机构，使红针退回与黑针重合。

（2）操作转速调整机构，使引导阀针塞上移一段距离。

7. 由限制开度运行状态切换为自动调节状态

操作开度限制机构，使红针打到 100%或所需限制的开度即可。

8. 由限荷运行状态切换为自动调节状态

（1）操作转速调整机构，使引导阀针塞下移至平衡位置。

（2）操作开度限制机构，使红针打到 100%或所需限制开度的位置。

第 7 节　机械液压型调速器数学模型

§2.7.1　测速环节的数学模型

由前面的内容可知，机械液压型调速器的测速环节——离心飞摆的运动方程为

$$T_1^2\frac{\mathrm{d}^2\eta}{\mathrm{d}t^2}+T_2\frac{\mathrm{d}\eta}{\mathrm{d}t}+\delta_f\eta=x \tag{2-95}$$

由于时间常数 T_1，T_2很小，可以忽略不计，则离心飞摆的运动方程可以简化如下：

$$\delta_f\eta=x \tag{2-96}$$

如取转速相对偏差为 $x=l$ 时的下支持块行程 $z'_{\max}$作为计算 δ_f 和 η 的基值，那么 δ_f 就等于 1。这样取基值在对水轮机调节系统作动态分析时是方便的，故有

$$\eta=x \tag{2-97}$$

对（2－97）式进行拉普拉斯变换，则可得离心飞摆的传递函数为

$$G_f=1 \tag{2-98}$$

故离心飞摆可近似看成放大系数为 1 的比例环节。

§2.7.2　放大和执行环节数学模型

1. 第一级液压放大环节数学模型

1）引导阀

引导阀是一个信号综合环节，其输入信号有：反映额定转速偏差的信号 x_r，硬反馈信号 x_{bp}，暂态反馈信号 x_{bt}，局部反馈信号 x_j，转速调整机构发生的指令信号 c。于是，引导阀输入端的综合信号为

$$\Phi=x_r-x_{bp}-x_{bt}-x_j+c \tag{2-99}$$

当不考虑反馈信号和指令信号时，引导阀油孔开启大小 ΔS_1就等于离心飞摆转动套的位移 ΔZ，即有

$$\Delta S_1=\Delta Z \tag{2-100}$$

在额定工况时，$S_{1r}=Z_r$，令引导阀油孔开度偏差的相对值 $\sigma_1=\Delta S_1/S_{1r}$，离心飞摆转动套位移偏差相对值 $z=\Delta Z/S_{1r}$，于是可得引导阀的运行方程为

$$\sigma_1 = z \tag{2-101}$$

令初始条件为0，对（2－101）式进行拉普拉斯变换，可得引导阀传递函数为

$$G_{\sigma 1} = \frac{\sigma_1(s)}{z(s)} = 1 \tag{2-102}$$

可见，当不计摩擦力的影响时，引导阀是一个比例环节。当 x_{bp}，x_{bt}，x_j 和 c 不为零时，可以利用叠加原理求解，其传递函数不变，只是输入信号为综合信号。其传递函数为

$$G_{\sigma 1} = \frac{\sigma_1(s)}{\Phi(s)} = 1 \tag{2-103}$$

2）辅助接力器

油可以当作不可压缩流体，根据连续性方程，当引导阀油孔打开时，引导阀油孔流出的压力油的体积等于流入辅助接力器上腔的压力油的体积，于是可得辅助接力器的运动方程为

$$b\Delta S_1 v = F\frac{\mathrm{d}\Delta Y_1}{\mathrm{d}t} \tag{2-104}$$

式中：b 为引导阀油孔宽度；ΔS_1 为引导阀油孔开度；v 为引导阀油孔处流速；ΔY_1 为辅助接力器位移；F 为辅助接力器活塞面积。

取额定工况时的引导阀位移 S_{1r}、辅助接力器活塞位移 Y_1 为计算基准值，将（2－104）式化为相对量形式：

$$\frac{bvS_{1r}}{FY_1} \times \frac{\Delta S_1}{S_{1r}} = \frac{\mathrm{d}\left(\frac{\Delta Y_1}{Y_1}\right)}{\mathrm{d}t} \tag{2-105}$$

令辅助接力器时间常数 $T_{y1} = \frac{FY_1}{bvS_{1r}}$，辅助接力器活塞相对行程 $y_1 = \frac{\Delta Y_1}{Y_1}$，则有

$$\frac{\mathrm{d}y_1}{\mathrm{d}t} = \frac{\sigma_1}{T_{y_1}} \tag{2-106}$$

可见，辅助接力器活塞的运动速度与引导阀油孔开度成正比，是一个积分环节。对（2－106）式进行拉普拉斯变换，可得辅助接力器传递函数为

$$G_{y1} = \frac{y_1(s)}{\sigma(s)} = \frac{1}{T_{y1}s} \tag{2-107}$$

3）局部反馈环节

局部反馈环节由杠杆机构组成，是一个比例环节，其反馈方程为

$$\Delta L = k\Delta Y_1 \tag{2-108}$$

式中：ΔY_1 为辅助接力器活塞位移量；ΔL 为杠杆反馈至引导阀针塞上的反馈位移量；k 为杠杆比例系数。将（2－108）式化为相对量形式：

$$\frac{\Delta L}{L_{\max}} = k\frac{Y_{1\max}}{L_{\max}} \times \frac{\Delta Y_1}{Y_{1\max}} \tag{2-109}$$

令局部反馈量偏差值为 $x_j = \frac{\Delta L}{L_{\max}}$，局部反馈系数 $b_\lambda = k\frac{Y_{1\max}}{L_{\max}}$，辅助接力器活塞位移相对值 $y_1 = \frac{\Delta Y_1}{Y_{1\max}}$，则

$$x_j = b_\lambda \cdot y_1 \tag{2-110}$$

令初始条件为 0，对（2－110）式进行拉普拉斯变换，可得局部反馈环节传递函数为

$$G_{x_j} = \frac{x_j(s)}{y_1(s)} = b_\lambda \tag{2-111}$$

4）第一级液压放大环节数学模型

由上述分析，可以得到第一级液压放大环节的框图描述如图 2－37 所示。

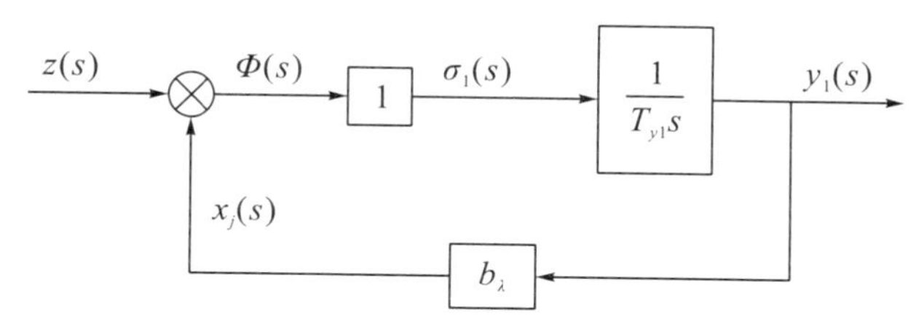

图 2－37　YT 型调速器第一级液压放大环节框图

因此，第一级液压放大环节的传递函数为

$$G_1(s) = \frac{y_1(s)}{z(s)} = \frac{\frac{1}{T_{y1}s}}{1 + b_\lambda \frac{1}{T_{y1}s}} = \frac{1}{T_{y1}s + b_\lambda} \tag{2-112}$$

2. 第二级液压放大环节数学模型

1）主配压阀

由于主配压阀与辅助接力器连成一体，因此，主配压阀活塞油孔开度偏差 ΔS 等于辅助接力器活塞位移偏差 ΔY_1，即

$$\Delta S = \Delta Y_1 \tag{2-113}$$

取主配压阀最大开度位置和辅助接力器最大位移作为计算基准值，则（2－113）式化为相对量形式：

$$\frac{\Delta S}{S_{max}} = \frac{\Delta Y_1}{Y_{1max}} \tag{2-114}$$

令 $\sigma = \frac{\Delta S}{S_{max}}$，$y_1 = \frac{\Delta Y_1}{Y_{1max}}$，则

$$\sigma = y_1 \tag{2-115}$$

令初始条件等于 0，对（2－115）式进行拉普拉斯变换，得到主配压阀传递函数为

$$G_\sigma(s) = \frac{\sigma(s)}{y_1(s)} = 1 \tag{2-116}$$

可见，主配压阀是一个放大系数为 1 的比例环节。

2）主接力器

主接力器运动方程为

$$\frac{\mathrm{d}y}{\mathrm{d}t} = \frac{\sigma}{T_y} \tag{2-117}$$

式中：$y = \Delta Y / Y_{max}$，表示主接力器活塞相对行程；T_y 为主接力器反应时间常数。

可见，这是一个积分环节，表明主接力器活塞运动速度与主配压阀油孔开度成正比，其传递函数为

$$G_y(s) = \frac{1}{T_y s} \tag{2-118}$$

§2.7.3 暂态反馈环节数学模型

暂态反馈环节运行方程为

$$T_d \frac{\mathrm{d}z}{\mathrm{d}t} + z = b_t T_d \frac{\mathrm{d}y}{\mathrm{d}t} \tag{2-119}$$

式中：T_d为缓冲时间常数；b_t为暂态转差系数。这是一个实际微分环节，其传递函数为

$$G(s) = \frac{z(s)}{Y(s)} = \frac{b_t T_d s}{1 + T_d s} \tag{2-120}$$

§2.7.4 永态反馈环节数学模型

永态反馈环节的运动方程为

$$\eta = b_p y \tag{2-121}$$

其传递函数为

$$G_{bp}(s) = \frac{\eta(s)}{y(s)} = b_p \tag{2-122}$$

§2.7.5 YT 型调速器数学模型及动态特性

1. YT 型调速器数学模型与参数

将以上各个环节的传递函数按照信号传递关系连接起来，就得到 YT 型调速器的数学模型，可以用方框图形式表示，如图 2—38 所示。

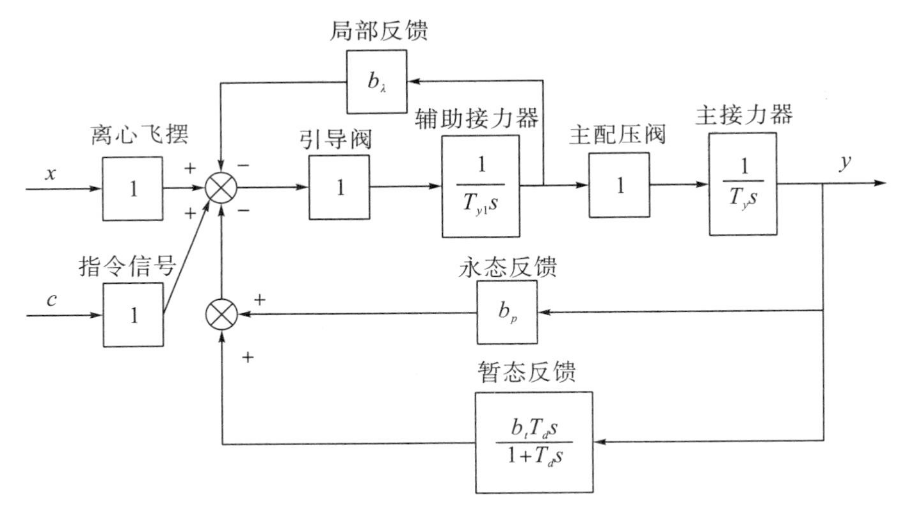

图 2—38 YT 型调速器结构框图

对 YT 型调速器来说，主要有如下几个参数：辅助接力器时间常数 T_{y1}、局部反馈系数 b_λ、主接力器反应时间常数 T_y、缓冲时间常数 T_d、暂态转差系数 b_t、永态转差系数 b_p 等。

辅助接力器时间常数 T_{y1}很小，YT 型调速器的 T_{y1}只有 0.00044～0.0018 s，相对于

第二级液压放大来说，为系统分析简单起见，可以忽略不计。

局部反馈系数 $b_\lambda = k\frac{Y_{1\max}}{L_{\max}}$，YT 型调速器反馈杠杆有四个支撑孔，对应的局部反馈系数 $k=\frac{1}{2}$，$\frac{1}{3.3}$，$\frac{1}{5.3}$，$\frac{1}{8.2}$可调。

主接力器反应时间常数 T_y 可以根据公式 $T_y=\frac{FY_{\max}}{K_v S_{\max}}$计算，但比较粗略，一般应根据现场试验测定。

缓冲时间常数 T_d的大小可以通过调整缓冲器节流孔大小来进行调节，理论上 $T_d=0$～20 s范围内可调，实际调试时，由机组要求确定，一般在 3～8 s 取值。

在 YT 型调速器中，暂态转差系数 b_t可以通过调整方架上缓冲螺母与方架轴线之间的距离，即改变杠杆的比值来调整，b_t 可以从 0 调至 100%。由于从动活塞的最大行程有 ±8 mm限位，所以有效暂态转差系数为 b_t在 0～20%取值。

永态转差系数 b_p可以通过调整调差螺母与反馈方框转轴的偏心距来进行调节，YT 型调速器的 b_p在 0～8%范围内可调，以适应机组在不同工况下的运行要求。

2. 动态特性

当得到调速器数学模型之后，就可以对调速器的动态特性进行分析。调速器一旦选定，参数 T_{y1}，T_y就确定了，b_λ，b_p，b_t，T_d需要根据实际运行进行调整。下面分析一下，当输入信号发生阶跃扰动时，T_d，b_t，b_p对 YT 型调速器动态特性的影响。

图 2－39 为当 $T_{y1}=0.001$ s，$b_\lambda=0.5$，$T_y=0.4$ s，$b_p=4\%$，$b_t=10\%$，输入信号 x 阶跃扰动，幅值为 0.01，YT 型调速器在不同 T_d 值时的响应过程。由响应过程可见，T_d 值越小，主接力器动作越快，速动性好；反之，调速器反应速度变慢，但稳定性较好。

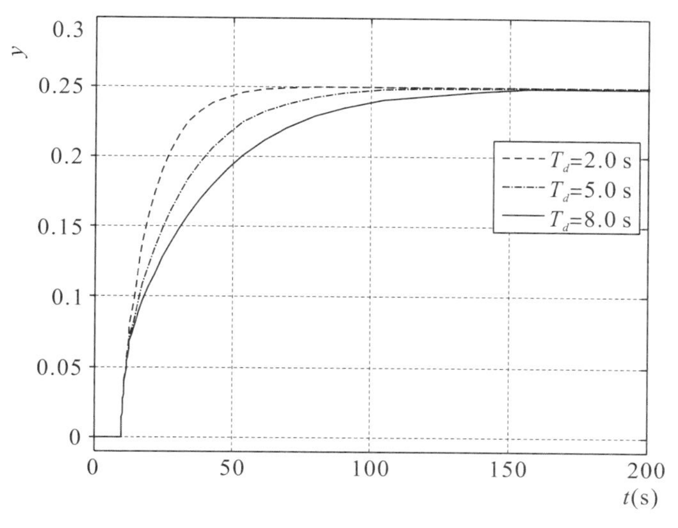

图 2－39　缓冲时间常数 T_d 对阶跃响应的影响

图 2－40 为当 $T_{y1}=0.001$ s，$b_\lambda=0.5$，$T_y=0.4$ s，$b_p=4\%$，$T_d=2.0$ s，输入信号 x 阶跃扰动，幅值为 0.01，YT 型调速器在不同 b_t 值时的响应过程。由响应过程可见，b_t 值越小，主接力器动作越快，速动性好；反之，调速器反应速度变慢，但稳定性较好。

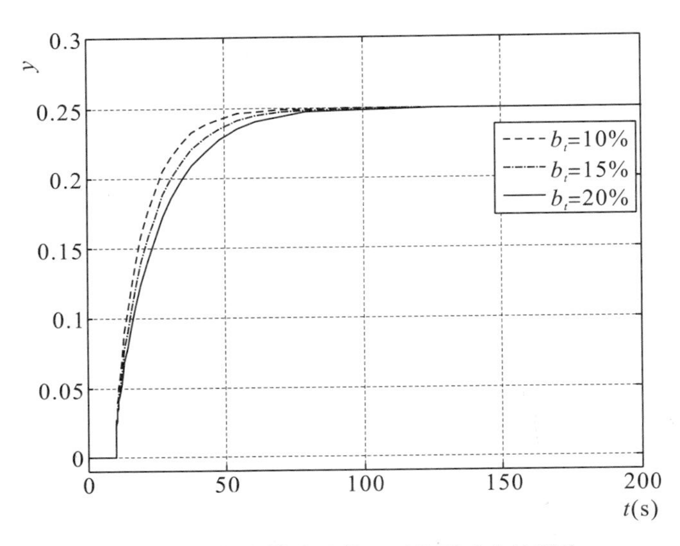

图 2—40　暂态转差系数 b_t 对阶跃响应的影响

图 2—41 为当 $T_{y1}=0.001$ s，$b_\lambda=0.5$，$T_y=0.4$ s，$b_t=10\%$，$T_d=2.0$ s，输入信号 x 阶跃扰动，幅值为 0.01，YT 型调速器在不同 b_p 值时的响应过程。由响应过程可见，b_p 值主要影响稳态值，b_p 值越小，主接力器行程变化越大，也即水轮机出力变化越大；反之，主接力器行程变化越小，也即水轮机出力变化越小。因此，在要求机组负荷波动小的时候，b_p 设定较大值；反之，b_p 设定较小值。

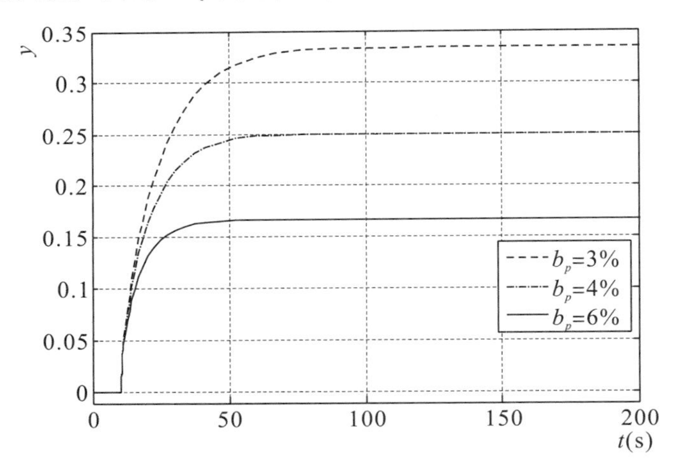

图 2—41　永态转差系数 b_p 对阶跃响应的影响

3. 非线性环节的影响

如果考虑缓冲器活塞的质量和液压摩擦，则缓冲器的运动方程变为

$$T_1^2\frac{\mathrm{d}^2 z}{\mathrm{d}t^2}+(T_2+T_d)\frac{\mathrm{d}z}{\mathrm{d}t}+z=b_tT_d\frac{\mathrm{d}y}{\mathrm{d}t} \tag{2-124}$$

式中：$T_1=\sqrt{\frac{M}{k}}$，$T_2=\frac{D}{k}$。其中，M 为缓冲器活塞质量；D 为活塞运动的液压摩擦系数；k 为弹簧的弹性系数。

对（2－124）式进行拉普拉斯变换，可得暂态反馈环节的传递函数为

$$G_z(s)=\frac{z(s)}{Y(s)}=\frac{b_t T_d s}{T_1^2 s^2+(T_2+T_d)s+1} \tag{2－125}$$

可见，当考虑缓冲器活塞质量和液压摩擦之后，暂态反馈构成一个二阶环节。如果将调速器死区也考虑进去，则 YT 型调速器数学模型以方框图形式表示，如图 2－42 所示。

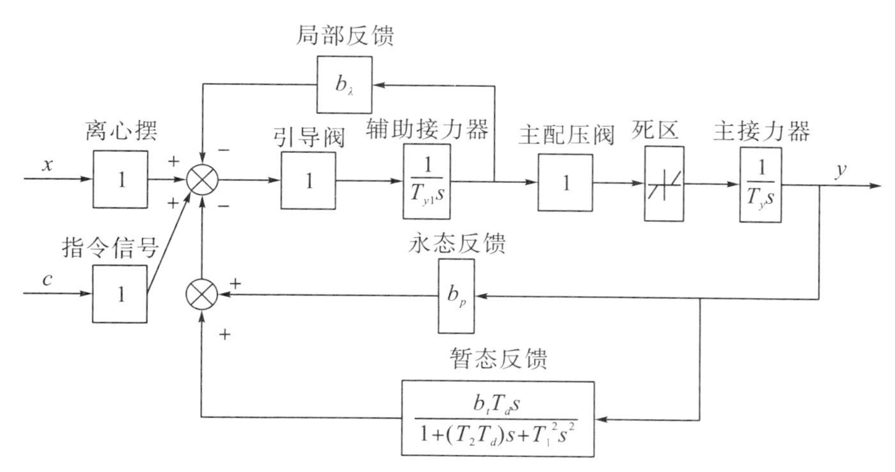

图 2－42　考虑非线性环节时 YT 型调速器结构框图

图 2－43、图 2－44 为当 $T_{y1}=0.001$ s，$b_\lambda=0.5$，$T_y=0.4$ s，$b_t=10\%$，$T_d=2.0$ s，$b_p=4\%$，输入信号 x 阶跃扰动，幅值为 0.01，YT 型调速器理想状态和考虑非线性环节时的响应过程。由图 2－43 可见，由于存在缓冲器活塞的质量和液压摩擦的影响，使得缓冲器输出信号响应速度变慢。而主接力器的响应速度比理想情况慢，由于死区的存在，接力器不能准确地到达理想位置，如果活塞质量过大，容易造成调速器发生振荡（如图 2－44 所示）。

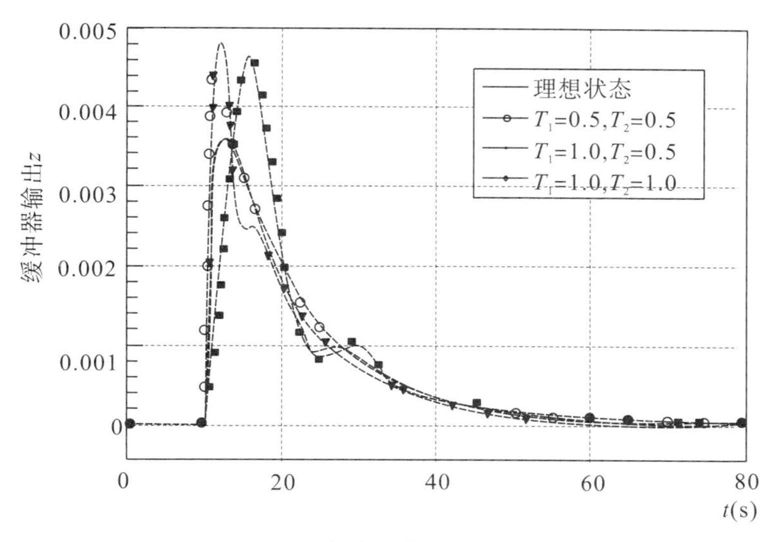

图 2－43　暂态环节阶跃响应过程

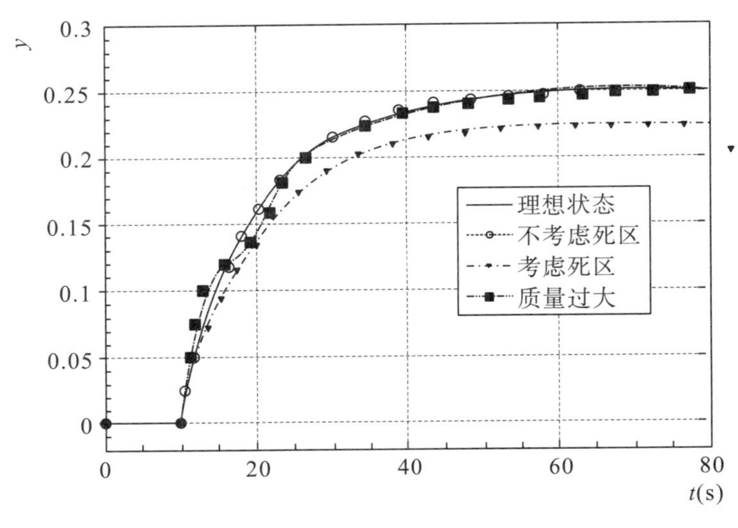

图 2-44　YT 型调速器阶跃响应过程

复习思考题

1. 离心飞摆的作用和特性是什么？

2. 写出离心飞摆的运动方程和传递函数。离心飞摆的工作参数有哪些？

3. 离心飞摆的死区与摩擦力有什么关系？

4. 调速器中为什么要采用软反馈（暂态反馈）？简述 YT 型调速器缓冲器的结构和工作原理，以及缓冲器运动方程及缓冲时间常数 T_d 的含义。

5. 怎样调整缓冲时间常数 T_d 与暂态转差系数 b_t？其工作参数 T_d，b_t 的物理含义是什么？

6. 什么是配压阀几何中间位置、实际中间位置？什么是配压阀死区？画出接力器速度特性曲线，说明接力器的反应时间是如何定义的，并写出表达式。

7. 机械液压调速器中第一级液压放大和第二级液压放大各由哪些部分组成？液压放大装置是什么样的环节？

8. 转速调整机构的作用是什么？开度限制机构的作用又是什么？

9. 油压装置的作用是什么？有哪几种类型？

10. 如果压力油罐中的油少气多，问题的可能原因是什么？怎样调整排除？

11. YT 小型调速器主配压阀的上阀盘 ϕ35 mm，下阀盘 ϕ25 mm，按照额定油压 2.5 MPa计算，求主配压阀上的油压力及方向，并进一步解释如此设计的优点。

12. 怎样整定 YT 小型调速器接力器的最短关闭与最短开启时间？

13. YT 型机械液压调速器的基本组成部分有哪些？各部分是什么样的环节？

14. YT 型调速器的暂态反馈机构信号传递系统尺寸如图 2-45 所示，已知离心飞摆的放大系数 $K=0.3$ mm/%，即 $Z_{max}=30$ mm。试求可调支点在 $b=15$ mm 时的暂态转差系数 b_t。

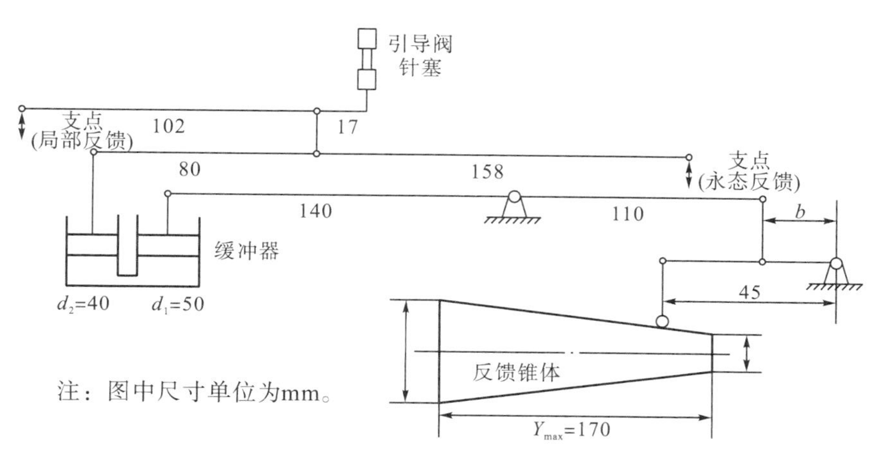

图 2—45　YT 型调速器暂态转差系数 b_t 计算图

第3章　微机调速器

第1节　微机调速器概述

水轮机调速器除了承担机组频率调节的基本任务之外，还担负着多种控制功能，如机组正常开机、空载运行、并网、增减负荷、正常停机、事故停机等工作。因此，其工作性能的好坏直接影响着水轮发电机组乃至整个电力系统能否安全可靠地运行。随着现代电力系统规模的不断扩大，电力用户对电能质量的要求不断提高，机械液压型调速器和以前的模拟式电液调速器已经难以胜任机组稳定运行的需要。目前，我国新建水电站已广泛使用微机调速器，许多已建大中型机组在进行技术改造后，也已采用微机调速器。

微机调速器的系统结构与传统的机械液压型调速器和模拟电气液压型调速器有了较大的改进。从目前应用的微机调速器来说，结构上主要由两大部分组成：一部分是微机调节器；另一部分是电液随动系统或机械液压系统。按调节器所采用计算机种类的不同，分为采用单片机、PLC的微机调节器和基于工业控制机的微机调节器等。按所采用微机数量的不同，分为单微机调速器、双微机调速器和三微机调速器。按所采用电液转换元件的不同，有比例伺服阀式、步进电机式、比例阀式、直流伺服电机式等。

微机调速器与机械液压型调速器、模拟电气液压调速器相比具有以下一些明显优点：

（1）微机硬件系统集成度高、体积小、可靠性高，产品设计、制造、安装、调试、调整和维护方便。

（2）机组开、停机规律可以方便地靠软件实现。停机过程可根据调节保证计算要求，灵活地实现折线关闭规律；开机过程可根据机组增速及引水系统最大压降的具体要求设定。并网时，除测频功能还具有测相位功能，配有自动诊断、防错功能，抗干扰能力强。测频精度高，转速死区小，增减负荷稳定迅速。

（3）调节规律采用软件实现。不仅可实现PI、PID控制，还可以实现前馈控制、预测控制和自适应控制等，从而保证水轮机调节系统具有优良的静态和动态特性。

（4）便于与电厂中控室或电力系统中心调度所的上位机相连接，可以在机旁通过键盘进行频给、功给、开限等参数的给定，也可在中控室进行开机、停机、发电与调相工况切换，还可在中控室进行功给、额给、开限等参数的增减操作，从而大大地提高水电厂的综合自动化水平。

第 2 节　微机调速器总体结构

§3.2.1　一般工业控制系统总体结构简介

采用计算机来实现生产过程自动控制的系统称为计算机控制系统，如图 3－1 所示。整个控制系统由控制部分和被控对象两部分组成。控制系统的计算机一般采用工业控制机（简称工控机），它能够提供各种控制功能，可以与控制对象直接接口，并能在苛刻的工业环境中可靠运行。计算机硬件配置包括计算机（CPU、存储器、通用外部设备）及专用外围设备；软件包括系统软件和应用软件，系统软件必须具备最基本的程序存储和程序自动执行的功能，应用软件必须满足工业控制的需要。

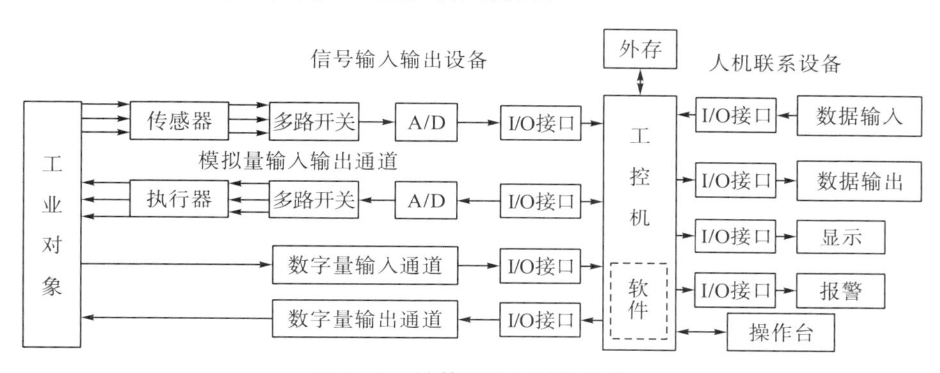

图 3－1　计算机控制系统结构

1．工业控制机的硬件

工业控制机硬件是指计算机本身及外围设备。硬件包括计算机、过程输入输出接口、人机接口、外部存储器测量装置和执行机构等。这些设备是对工业对象实现计算机控制的物质基础。

主机是计算机控制系统的主体，由运算器、控制器和内存储器组成。主机的主要功能是根据输入设备输入的反映生产过程的相关参数，如温度、压力、流量、位移和转速等，按照预先规定的控制算法（程序），以及操作人员通过人机联系设备送来的控制信号，自动地进行分析、运算和判断，然后通过输出设备发出控制命令，传送给执行机构，实现对工业对象的控制。

外围设备包括测量装置、模拟量输入/输出装置、数字量输入/输出装置、执行机构、人机联系设备、外存储器等。生产过程中的相关参数首先需要经过测量装置测量，一般得到的电信号是模拟量信号，需要经过模数转换器（A/D 转换器），变成计算机能够接受的二进制数字代码（数字量信号），以便计算机进行计算处理。同样，经计算机计算、分析和处理后的输出的是数字量信号，多数需要经过数模转换器（D/A 转换器），变为模拟量信号，以驱动执行机构动作，完成有关控制任务。人机联系设备是操作人员和计算机进行联系的工具，包括纸带输入机、电传打字机、宽行打字机、键盘和屏幕显示器等，可根据需要配置。外存储器包括磁带、磁盘、移动硬盘、U 盘和光盘等，它是内存储器容量的扩充。

2. 工业控制机的软件

工业控制机软件包括系统软件和应用软件两部分。系统软件一般包括操作系统、语言处理程序和服务性程序等，它们通常由计算机制造厂为用户配套，有一定的通用性。应用软件是为实现特定控制目的而编制的专用程序，如数据采集程序、控制决策程序、输出处理程序和报警处理程序等。应用软件广泛涉及生产工艺、生产设备、控制原理和控制工具等方面，是由实施控制系统的专业人员针对具体控制过程而设计的，通用性较差。

3. 工业控制机的特点

工业控制机系统具有可靠性高、输入/输出通道完善、实时性好、适应环境能力强的优点。

许多生产过程是连续进行的，不能中途停顿，一旦发生故障，往往造成巨大的经济损失，即使是非连续的生产过程也会造成被加工产品的报废，因此要求工业控制机的可靠性尽可能地高。一般有两个主要指标用来衡量工业控制机的可靠性：一个是平均故障间隔时间 MTBF (Mean Time Between Failures)，其数值为机器工作时间除以运行时间内的故障次数。它表示计算机无故障运行的能力，其值越大越好。另一个是平均修复时间 MTTR (Mean Time To Repair)，即排除故障的平均时间。它表示进行维护工作的方便程度，其值越小越好。

控制系统需要从生产过程中获取大量信号，这些信号经分析、计算，输出控制信号。这就要求计算机控制系统中必须配备多个输入/输出通道，如模拟量输入、数字量输入、模拟量输出和数字量输出等通道。

由于计算机控制系统大部分是在线实时系统，要求计算机能在一个有限的时间内完成信息的输入、计算和输出，并且必须自动、快速地响应生产过程和计算机内部发出的各种中断请求。因此，要求工业控制机必须具备良好的实时性，以及完善的中断系统和实时时钟。

一般工业生产现场的工作条件较为恶劣，如高温、潮湿、腐蚀性气体、各种干扰等。因此，要求工业控制机具有较强的抗干扰能力，应考虑必要的抗干扰措施。

§3.2.2 微机调速器控制系统的结构组成

1. 微机调速器控制系统的组成

由微机调速器所构成的水轮机调节系统，是一个由计算机控制的闭环控制系统。它由作为被控对象的水轮发电机组和作为微机调速器的工业控制计算机、测量单元、输入通道、输出通道、执行单元等组成，其典型结构如图 3-2 所示。计算机系统是整个控制过程的核心。输入通道主要完成对整个系统的状态检测，主要测量电力系统的频率、机组的频率、水轮机水头、发电机功率、接力器行程，以及其他模拟量和开关量等。输出通道将计算机输出的控制信号传递给执行单元，由执行单元完成对机组的调节任务。执行单元既可以采用电液随动系统，也可以采用的步进电机取代电液转换器的数液随动系统。

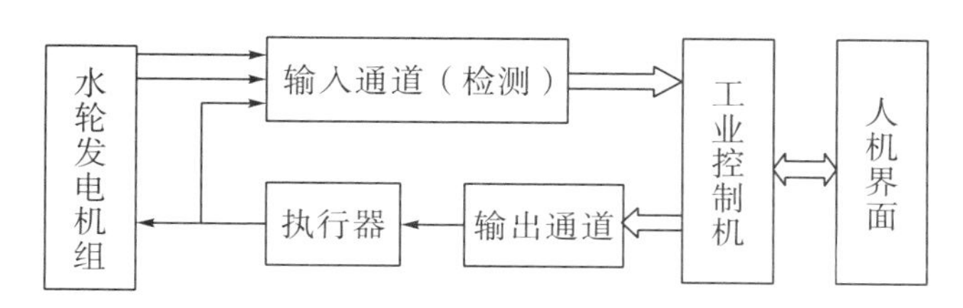

图3－2　微机调速器控制系统结构

人机联系设备按功能可分为输入设备、输出设备和外存储器。微机调速器的输入设备主要是键盘，用来输入外部命令，以及参数的整定和修改。输出设备有显示器、打印机、记录仪等。微机调速器一般采用打印机和数码显示器作为输出设备，便于运行人员打印及修改运行参数和故障情况，及时了解运行参数和工作状态。外存储器有移动硬盘、U盘、光盘等，微机调速器通常不用外存储器。上述人机联系设备是常规的外围设备，通过接口板与CPU相连。其他专用的外围设备也是通过接口电路与主机相连，用以传送相应的信息和命令，将输入/输出信息进行变换、缓存、锁存，以便于CPU和外围设备协调地工作，并获得各自所需的信息。常用的接口电路有A/D输入接口、D/A输出接口、串行接口、并行接口和专用接口（如计数定时器和键盘显示器等）。在微机调速器中，A/D输入接口用于水头、功率及导叶开度等模拟信号的输入，D/A输出接口用于与电液随动系统的连接，并行接口作为开关量及打印机的I/O接口，计数、定时器作为机组及电网的频率测量。

2. 微机调速器的基本结构

微机调速器的基本结构由两大部分组成：调节器部分和电液随动部分，如图3－3所示。调节器由计算机系统组成，包括检测环节、输入/输出通道和计算机本身。其中，调节、控制规律由软件来实现。根据硬件配置情况，调速器有采用单片机的微机调速器、PLC的微机调速器和基于工业控制机的微机调速器等。按所采用微机的数量不同，分为单微机调速器和双微机调速器。

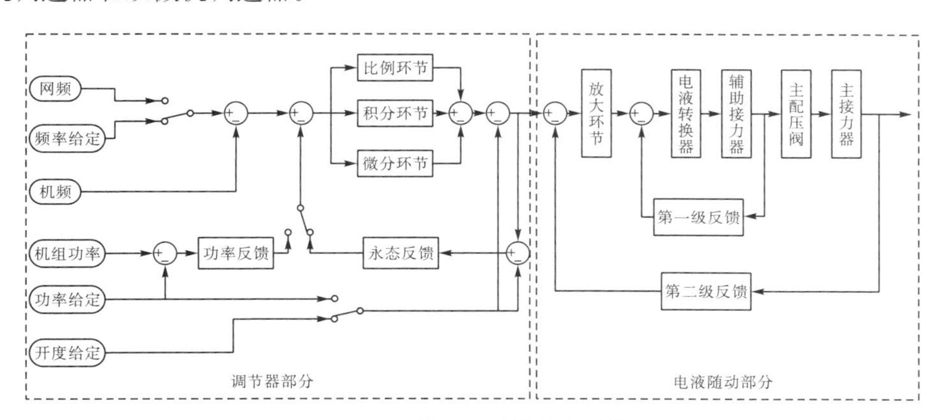

图3－3　微机调速器基本结构

单微机调速器一般采用单微机、单总线、单输入/输出通道。一些采用可编程序控制器作调节器的微机调速器就属于这种类型。由于可编程序控制器具有很高的可靠性，因此在一些水电厂得到了应用，例如，葛洲坝水电厂的WBST－A型、三门峡水电厂的DKST

型等。

双微机调速器一般采用双微机、双总线、双输入/输出通道，如图 3－4 所示。此外，也有采用双微机、单总线、单输入/输出通道的。这种结构实际上是两套微机调节器，其微机部分有采用单片机、PLC 和 STD 总线工控机等。两套微机调节器的内容完全相同，结构完全独立，一套系统处于正常运行状态，另一套系统为备用状态。当运行系统出现故障时，通过切换控制器无扰动地切换到备用系统，即所谓互为备用的冗余系统。这种结构形式在我国许多电站得到了应用。

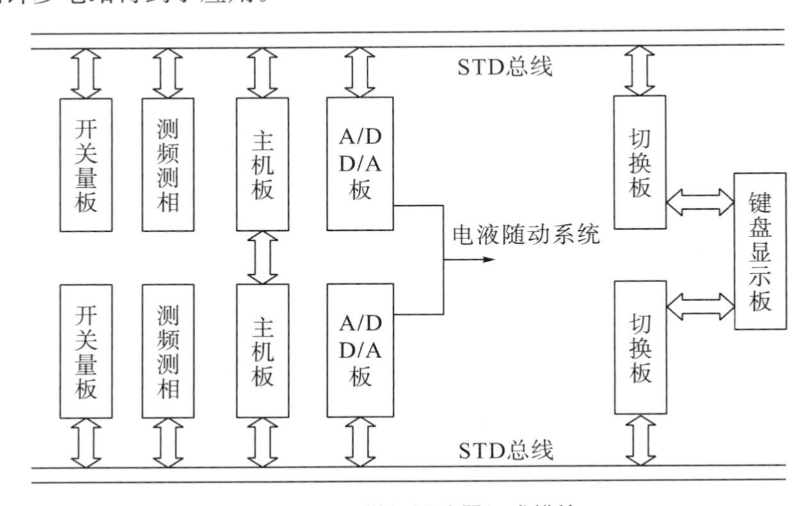

图 3－4　双微机调速器组成模块

3. 微机调速器的控制策略与结构

1）经典 PID 控制

PID 控制规律具有概念清晰、易于实现的特点，是目前的微机调速器中应用最广泛、技术最成熟的一种控制规律，主要靠软件来实现，主要适用于低阶、不太复杂的线性系统。图 3－5 为经典 PID 控制的结构图。其输入信号是转速偏差信号，输出信号是与转速偏差信号成比例的控制量，永态反馈信号取自 PID 综合输出信号。经典 PID 控制规律的传递函数为

$$G(s)=\frac{K_Ds^2+K_Ps+K_I}{b_pK_Ds^2+(b_pK_P+1)s+b_pK_I} \qquad (3-1)$$

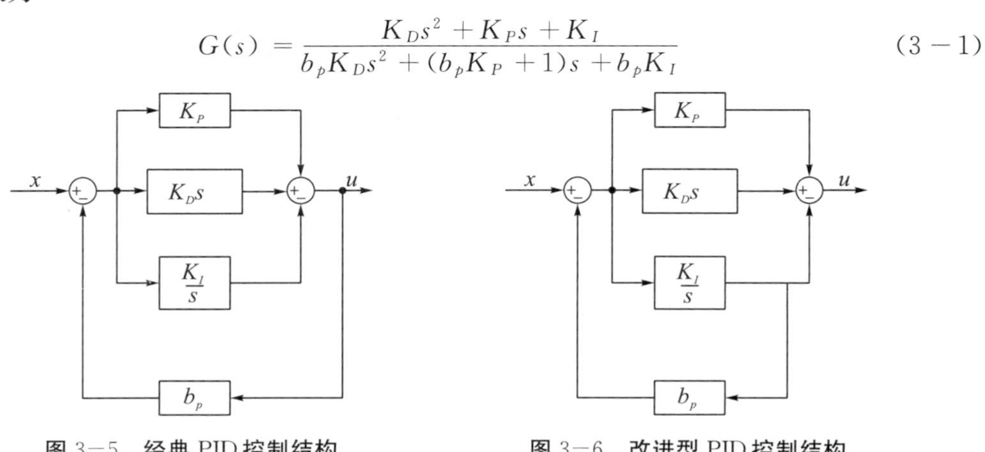

图 3－5　经典 PID 控制结构　　图 3－6　改进型 PID 控制结构

2）改进型 PID 控制

图 3－6 为改进型 PID 控制的结构图。其输入信号是转速偏差信号，输出信号是与转速偏差信号成比例的控制量，与经典 PID 控制结构相比，主要区别在于永态反馈环节的信号取法不同，经典 PID 控制结构的永态反馈信号取自 PID 综合输出信号，而改进型 PID 控制结构的永态反馈信号仅取自积分环节的输出。改进型 PID 控制结构的传递函数为

$$G(s) = \frac{K_D s^2 + K_P s + K_I}{s + b_p K_I} \tag{3-2}$$

与经典 PID 控制结构的传递函数相比，二者分子是相同的，但分母不同，改进型 PID 控制结构的传递函数的分母比经典 PID 控制结构的少一阶，也就是改进型 PID 控制结构比经典 PID 控制结构少一个极点。因此具有更好的动态调节特性，系统的稳定域更宽。

3）自适应变参数 PID 控制

图 3－7 是一种自适应变参数 PID 控制结构，它能有效地解决传统 PID 控制算法在离散化和数字量化后所发生的微分死区增大和有效宽变窄的问题，为引水系统水力振荡提供了有效的抑制能力，改善调节品质，兼顾高频和低频动态要求，提高调速器对电力系统低频振荡的抑制能力。它能根据工况和装置工作状态调整控制算法的结构去适应变化，实现安全发电和调节性能的最优化。在装置和过程输入量正确的条件下，自适应的目标是优化调速系统的动态特性，一旦装置或过程出现局部失效时，自适应的目标是保证机组的安全运行，即在系统结构和局部失效类型容许的条件下，执行容错控制策略，在保证机组安全的前提下，通过降低动态特性的品质来维持机组的运行，以降低调速器系统局部失效对发电经济效益的影响。

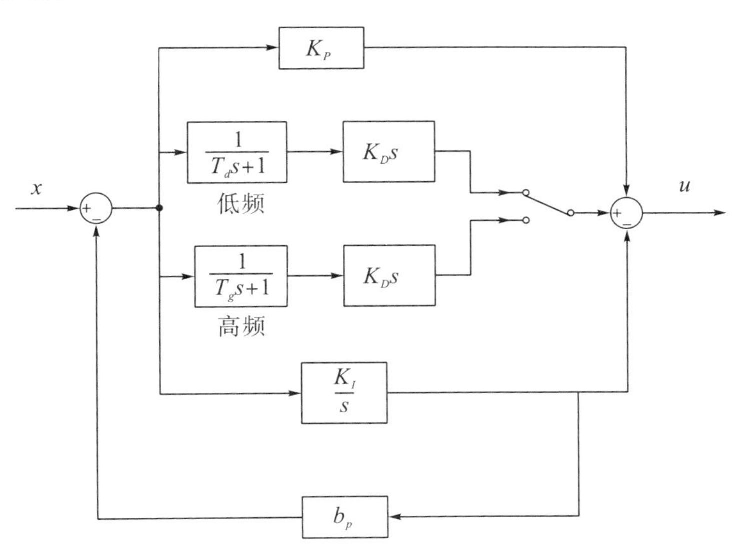

图 3－7　自适应变参数 PID 控制结构

4. 电液随动装置结构

根据电液转换元件的不同，微机调速器电液随动装置可以分为以下两种形式：

一是比例伺服阀型液压放大装置，如图 3－8 所示。在这种液压系统结构中，用比例

伺服阀取代了传统的电液转换器，其中放大环节、比例伺服阀及阀芯反馈构成了电液转换环节，阀芯反馈的是阀芯的位置量。与传统的电液转换器相比，比例伺服阀具有较强的防卡、抗油污能力和电磁操作力大等优点，其动、静态特性甚至优于电液转换器。实际运行情况表明，采用比例伺服阀的调速器机械液压柜，自投入运行以来具有较好的稳定性和可靠性。

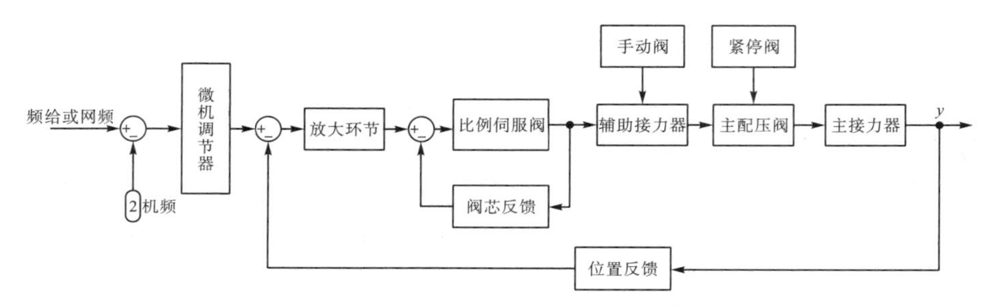

图 3—8　比例伺服阀型液压随动系统结构

二是步进电机（或伺服电机）型液压放大装置，如图 3—9 所示。在这种结构的液压随动系统中，用步进电机（或伺服电机）取代了电液转换器，步进电机具有自动复中能力。由于步进电机可以直接与计算机接口，从而取消了数/模转换器，微机调节器的输出信号直接经放大电路送入步进电机，再由步进电机带动引导阀针塞去控制液压放大装置，因此这种调速器也有较强的抗油污能力。

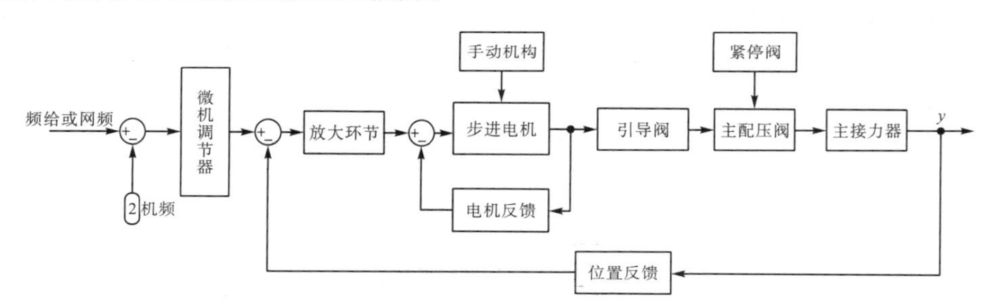

图 3—9　步进电机型液压随动系统结构

以上两种液压随动装置各有优缺点，比例伺服阀型液压放大装置的动、静态特性更好一点，但比例伺服阀对油的品质要求较高。步进电机（或伺服电机）型液压放大装置的抗油污能力更强一些，但其动作的精度稍逊一些。因此，为提高液压随动系统的性能和可靠性，电液转换环节常常采用双比例伺服阀结构，或比例伺服阀+步进电机的结构。

除上述结构外，随着液压技术的发展，数字阀成为近年来液压传动领域中发展起来的一种新的液压元件，它具有工作压力高、密封性能好、换向率高（≤3 ms）、可靠性高、寿命长的特点。对中小型调速器采用换向阀作为液压放大级，有 16mm 和 25 mm 通径两个型号，额定工作油压（常规）有 2.5 MPa，4.0 MPa，6.3 MPa，高油压有 10.0 MPa 和 16.0 MPa。对大型调速器采用集成插装阀组作为液压放大级，一般为 32 mm 通径。这种结构取消了传统的引导阀、辅助接力器、主配压阀等元件，采用数字阀实现接力器的操作控制，如图 3—10 所示。它具有速动性好、机械防卡性能好、调节精度高、抗油污能力强、实现液压件标准化程度高等优点。

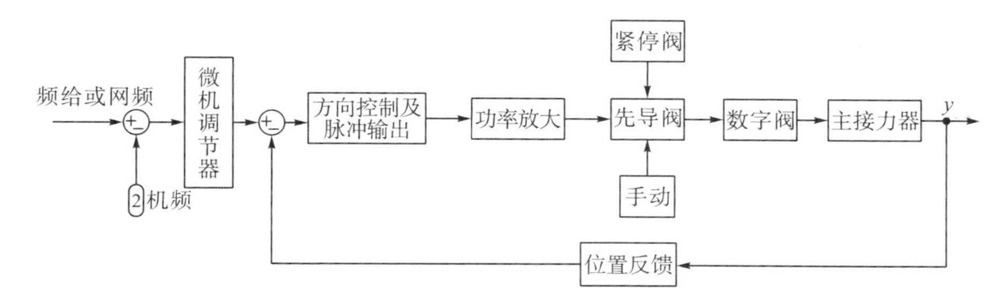

图 3-10　数字阀型液压随动系统结构

图 3-11 为数字阀型液压随动系统的原理图。正常运行工况下，如果微机调节器输出开大导叶信号，开球阀 4 动作，压力油经止回阀 3（又称液压锁），关机排油阀 2 送至主接力器 1 右腔，左腔经液压锁 3、关球阀 5 通排油，接力器活塞向开启方向移动。反之，如果微机调节器输出关小导叶信号，关球阀 5 动作，压力油经关球阀 5、液压锁 3 送至主接力器 1 左腔，右腔经关机排油阀 2、液压锁 3、开球阀 4 通排油，接力器活塞向关机方向移动。如果机组出现故障，紧急停机电磁阀 7 动作，压力油经紧急停机电磁阀 7 送至关机供油阀 8 和关机排油阀 2，关机供油阀 8 和关机排油阀 2 动作，油路切换，压力油直接经关机供油阀 8 进入主接力器 1 左腔，而右腔直接经排油阀通排油，接力器活塞向关机方向运动，完成事故停机。

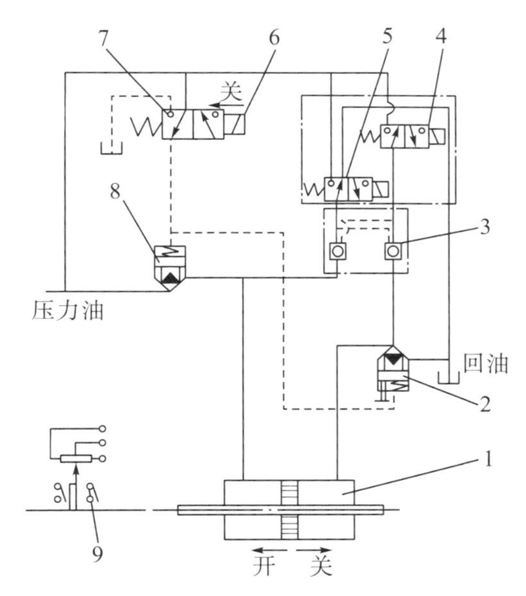

图 3-11　数字阀型液压随动系统原理

1—主接力器；2—关机排油阀；3—液压锁；4—开球阀；5—关球阀；6—紧急停机电磁阀按钮；
7—紧急停机电磁阀；8—关机供油阀；9—接力器行程接点

数字阀应用于水轮机微机调速器，能实现整个系统的数字化，构成全数字式调速器，应用前景十分广阔。但由于流量、压力脉动等因素的限制，数字阀在大型调速器上的应用受到一定的限制，目前仅能应用于操作功不大的非双调机组的调节控制。

第3节　微机调速器的输入输出通道

微机调速器实际上是一个数字控制系统。水力发电机组运行过程的参数有模拟量和开关量，这些参数通过输入设备送入计算机，并经过控制程序计算、分析，其结果为数值量，再经过输出设备转换成模拟量或开关量，经执行机构对水轮发电机组进行控制。

§3.3.1　微机调速器中的模拟量和开关量

水轮机调速器的基本功能作用是监测、调节机组的转速。因此，频率 f 就是生产过程的主要参数。由于水力发电机组的运行过程是由许多自动化设备共同完成的，所以水轮机调速器还要接受来自其他自动控制装置或检测元件的信号。这些信号包括：①机组功率信号，主接力器或主配压阀活塞位移的反馈信号；②运行水头 H 测量信号；③机组并网信号；④上位机的开、停机信号；⑤双调节调速器的轮叶转角的反馈信号；⑥手动方式下的功率增、减信号等。这些参数有些是模拟量，即随时间连续变化的物理量，如频率、功率、水头、位移等信号；有些是开关量，如机组并网信号，开、停机信号，功率增、减信号等。这些信号都必须转换成计算机能接收的数字信号。反之，计算机输出的数字信号也必须转换成执行元件接受的模拟量或开关量后才能完成相应操作。

§3.3.2　过程参数的采样

模拟量必须经过采样离散，并进行量化转换成数字量后才能送入计算机。模拟信号的采样过程如图3－12所示，一个随时间连续变化的信号 $f(t)$ 通过一个周期性开、合的采样开关 S 之后，开关的输出端就会输出一串在时间上离散的脉冲信号 $f^*(t)$，这一过程就称为采样过程或离散化过程。

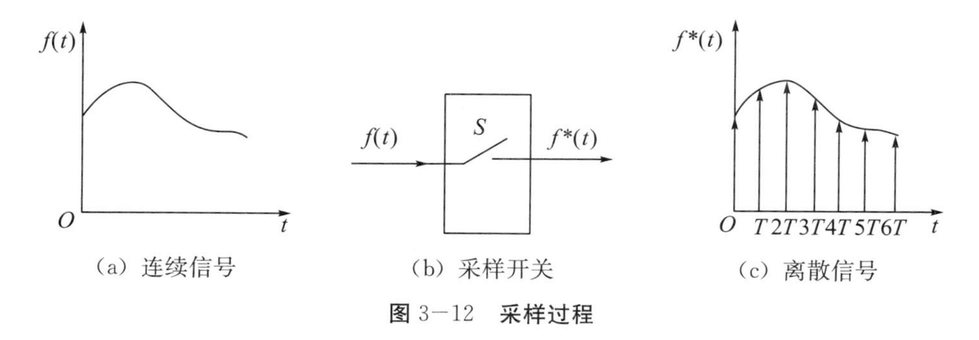

图3－12　采样过程

采样后的脉冲信号 $f^*(t)$ 是离散信号，称为采样信号。各时间点0，T，$2T$，…，称为采样时刻，T 称为采样周期。为了保证采样信号能够完全恢复成连续信号，一般要求采样信号的频率 f 是连续信号最高有效频率 f_{max} 的2倍以上，实际上常取 $f \geqslant (5\sim10) f_{max}$。否则，采样信号就会出现失真现象。

采样信号 $f^*(t)$ 在时间上是离散的，但在幅值上仍然是连续的。把采样信号变成一些幅度不连续变化的电平信号的过程称为量化过程。换句话说，量化过程就是把幅值连续变化的输入信号变换成一组幅度不连续变化的电平信号的过程，如图3－13所示。这一过程与模拟仪表的读数过程类似。例如，有一块 0～10 V 的电压表，仪表刻度最小分格是 1 V。当实际电压为 5.20 V 时，可读数为 5 V；当实际电压为 5.87 V 时，可读数为 6 V。量化过程类似于“四舍五入”法。

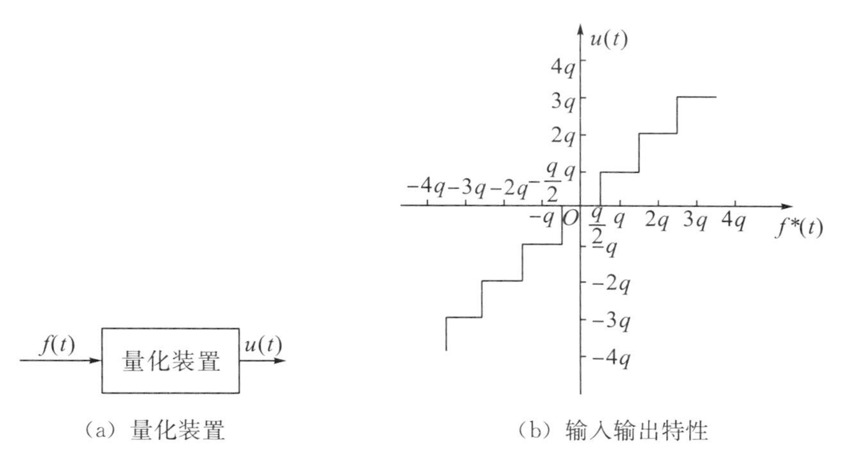

（a）量化装置　　（b）输入输出特性

图 3－13　量化过程

量化信号只是一些具有有限个状态幅值不连续变化的电平信号，对于每一个状态的电平，还要用一个二进制数码去表示它们，这样才算完成了模/数转换的任务。

§3.3.3　模拟量的输入通道

在微机调速器中，频率、功率、水头和位移等属于模拟量输入信号，关于频率的测量方法将作专门讲述，这里仅介绍模拟量输入通道的有关知识。

传感器或变送器输出的一般都是低电平电压信号或 4～20 mA 电流信号，由于转换为电压信号较为方便，因此大多数模拟量输入通道都采用电压转换形式。模拟量输入通道的基本结构如图 3－14 所示。

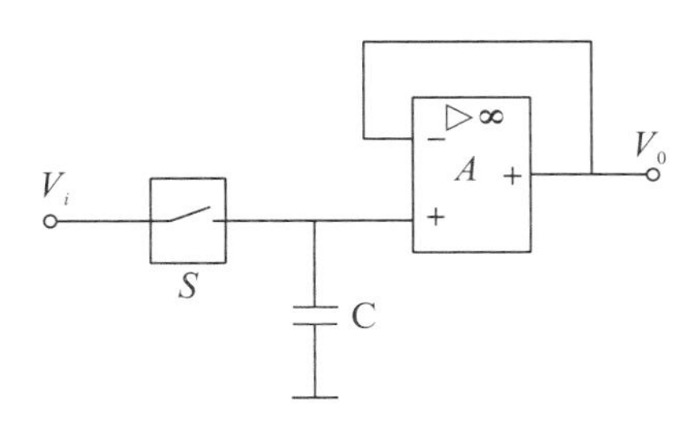

图 3－14　模拟量输入通道基本结构

来自机组运行过程中的模拟量输入信号要经过信号处理电路、多路选择器、放大器、采样—保持器、A/D 转换器等环节后才能送入计算机。

1. 信号处理电路

模拟信号在输入到 A/D 转换器之前要进行适当处理，以保证 A/D 转换结果的精度。

（1）信号滤波。由于机组运行现场存在各种干扰源，模拟信号中常混杂有干扰信号，需要通过滤波使输入信号中的最高频率低于采样频率的一半。滤波可以采用软件滤波或硬件滤波的方法。

（2）小信号放大、强信号衰减。可用运算放大器对传感器输出信号进行放大或衰减，以便将输入信号幅值转换成统一的电平信号。

（3）统一电平信号。输入信号可能是毫伏级电压信号、电阻信号或电流信号等，应转换成统一的电平信号，例如，转换成 0～5 V 电平信号。

2. 多路选择器

为了节约空间和降低造价，一般采用多路模拟量共用一套放大器和 A/D 转换器。这就需要设置多路选择器对多路模拟量进行选择。多路选择器又称多路开关，它在计算机的控制下，轮流或有选择地把输入信号送入放大器。多路选择器的主要质量指标是速度、准确度和寿命。多路开关的理想切换时间应为零，开路电阻无限大，导通电阻应为零，且能长期稳定工作。

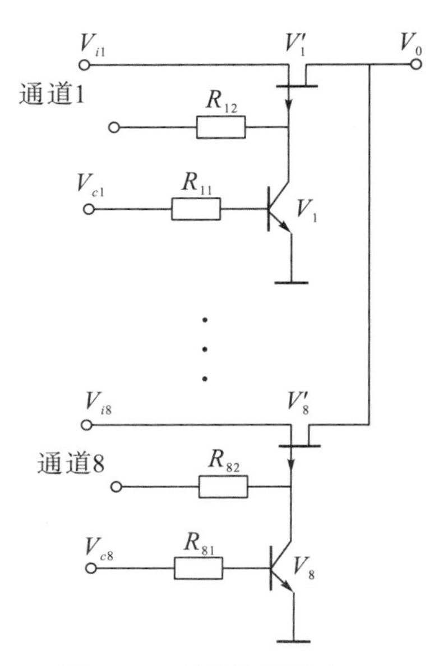

图 3－15　结型栅场效应晶体管多路开关

多路选择器分为两大类：一类为机械式，它又分为干簧继电器和水银触点继电器两种；另一类为电子式，它分为双极型晶体管开关、场效应晶体管开关、集成电路模拟开关三种。

下面以场效应晶体管多路开关为例，说明其工作原理。图 3－15 为 8 路 P 沟道结型栅场效应晶体管多路开关，其中，V_1'，V_2'，…，V_8' 是开关控制管，V_1，V_2，…，V_8是场效应晶体管。其工作原理：当控制信号 $V_{c1}=1$ 时，开关控制管 V_1' 导通，选中第 1 路信号，$V_0=V_{i1}$；当 $V_{c1}=0$ 时，V_1' 截止，V_1也截止，第 1 路输入信号被切断。依次类推。

3. 放大器

模拟量输入通道设置放大器的作用是：当输入信号为高电平时，放大器用于增加输入阻抗，减小通道对信号源的负载效应，并提供较低的输出阻抗，以利于 A/D 转换器的工作；当输入信号为低电平时，则放大器起到一定的放大作用，使放大后的信号能够与A/D 转换器的工作范围相符合。

放大器分为固定增益放大器和可变增益放大器。固定增益放大器对所有的输入信号都有同样的放大倍数，它要求输入信号的变化范围基本上相同。可变增益放大器的增益可以在计算机控制下改变，这样就可以在用一个放大器放大多路电平相差较大的输入信号，而放大后的信号都能达到统一的电平保标准，从而提高系统的准确度。

4. 采样—保持器

采样—保持器用于在某个时刻采集一个正在变化的模拟量信号，并在采样结束时保持该采样值，直到下一次采样时为止。其目的是保证在进行 A/D 转换的过程中，输入信号不发生变化，以免影响 A/D 转换的结果。

实际的采样—保持器由两个低漂移的运算放大器 A_1，A_2，一个保持电容 C，两个场效应晶体管 V_1，V_2，以及限流电阻 R_1 和驱动控制电路等组成，如图 3－16 所示。其工作原理：在采样阶段，驱动控制电路发出控制信号驱动场效应管，使输出电压 V_0 等于输入电压 V_i（系统放大倍数为 1）。同时，运算放大器 A_1 的输出电流给保持电容 C 充电，直到电容 C 两端的电压等于输入电压为止。在保持阶段，场效应晶体管 V_1 断开，V_2 接通。

由于场效应晶体管 V_1 处于断开状态，运算放大器 A_2 的输入阻抗很高，所以保持电容 C 上的电压基本不变。场效应晶体管 V_2 接通使运算放大器 A_1 在保持期间处于闭环工作状态，避免了运算放大器 A_1 的输出饱和。

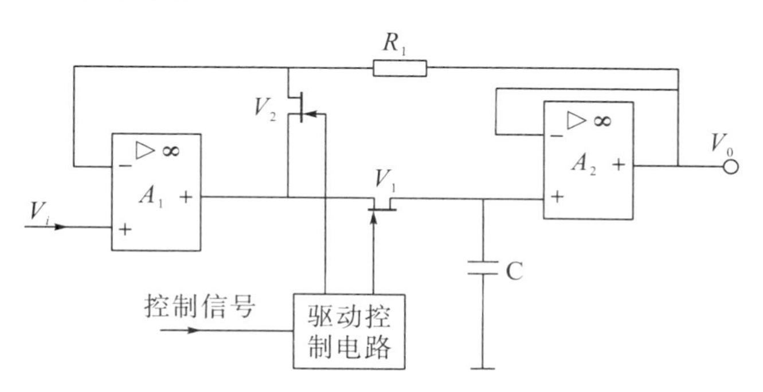

图 3－16　采样—保持电路

5. A/D 转换器

A/D 转换器有逐次渐进式、双积分式、量化反馈式、并行式等类型。图 3－17 为逐次渐进型 A/D 转换器工作原理。转换开始前先将寄存器清零。开始转换后，时钟信号首先将寄存器最高有效位置为“1”，使输出数字为 100…0。这个数被 D/A 转换器转换成相应的模拟电压 V_0，送到比较器中与 V_i 比较。若 $V_0 > V_i$，说明数字过大了，故将最高位的“1”清除；若 $V_0 < V_i$，说明数字还不够大，应将这位保留。然后以同样方法比较次高位，这样逐位比较下去，直到最低位为止。比较完毕后，寄存器中的状态就是所要求的数字输出。

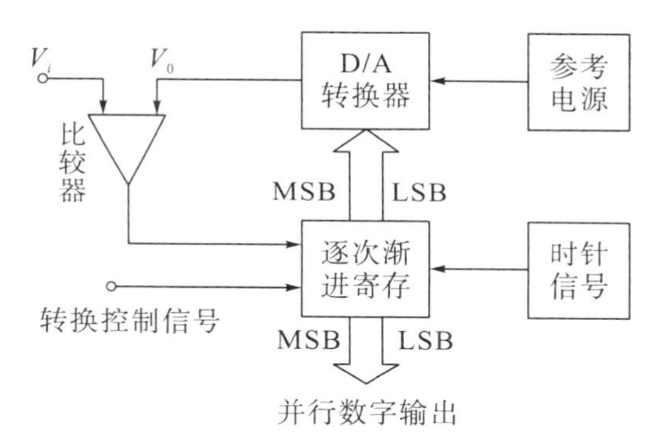

图 3－17　逐次渐进型 A/D 转换器工作原理

§3.3.4　模拟量的输出通道

模拟量输出通道的作用是把计算机输出的数字信号转换成控制仪表所能接受的模拟信号。由于计算机是周期性的工作方式，所以模拟量输出通道输出的模拟信号在时间和幅值上都不是连续的模拟量信号。计算机的字长是有限的，因此，模拟量的输出信号是具有一定分辨率的阶梯信号。

模拟量输出通道主要由接口电路、输出控制器、D/A 转换器、输出保持器等组成，如图 3－18 所示。计算机输出的数字量信号经接口电路送入输出控制器，在输出控制器的控制下，按照一定的地址将数字量送至相应的 D/A 转换器，经 D/A 转换后，通过输出保持器输出。

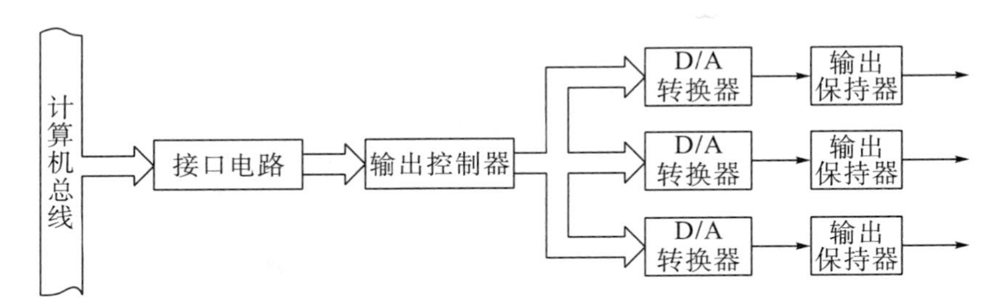

图 3—18　模拟量输出通道基本结构

1. D/A 转换器

计算机输出的是数字量（二进制形式），必须经 D/A 转换器转换为模拟量，才能对被控制对象进行操作。图 3—19 为权电阻网络 D/A 转换器原理图，主要由权电阻、集成运算放大器 A、反馈电阻 R_f 等组成。其工作原理：用计算机输出的二进制数的各个位数分别控制权电阻回路，例如，如果第一位为“1”，则 a_1 为高电平，S_1 接通电源 E_0，该回路接通；反之，该回路接地。依次类推。于是有

$$I_1 = \frac{a_1 E_0}{R},\ I_2 = \frac{a_2 E_0}{2R},\ \cdots \tag{3-3}$$

又因为

$$V_0 = -I_{\Sigma} R_f \tag{3-4}$$

其中，$I_{\Sigma} = I_1 + I_2 + \cdots$。

所以

$$V_0 = -\frac{R_f E_0}{R}\left(\frac{a_1}{2^0} + \frac{a_2}{2^1} + \cdots\right) = -\frac{R_f E_0}{2^{n-1} R}\sum_{i=1}^{n} 2^i a_i \tag{3-5}$$

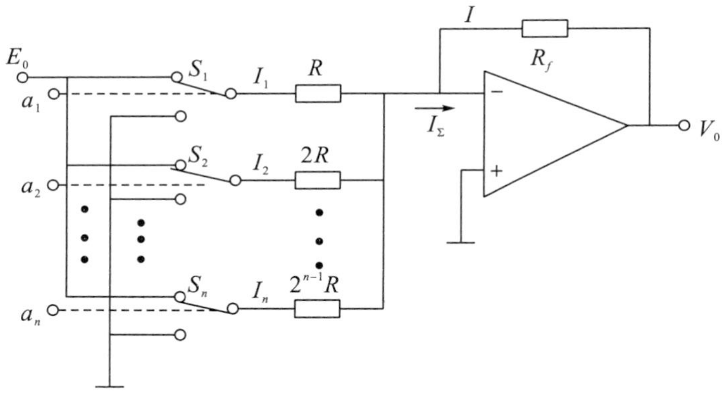

图 3—19　权电阻网络 D/A 转换器原理

2. 输出保持器

设置输出保持器的目的有两个：一是发生故障时，保持器的输出保持不变，保证模拟信号输出，避免机组运行过程发生事故；二是在多路选择器切换时，保证在两次采样输出的间隔时间内保持输出不变。图 3—20 为电容式保持器电路。

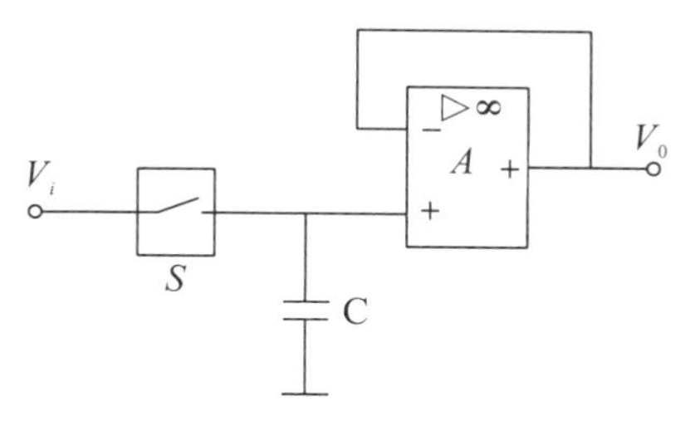

图 3－20　电容式保持器电路

§3.3.5　开关量输入、输出通道

开关量信号是指只有两种状态的信号。例如，接点的闭合和断开，阀门的开启和关闭等。微机调速器中的开关量信号有机组并网信号，开、停机信号，功率增、减信号等。

1．开关量输入通道

开关量输入通道的作用就是把这些开关量信号转换成计算机能够接受的数字信号，并采取一定的隔离措施，使干扰信号不能进入计算机。开关量的输入通道由信号处理电路、输入寄存器或计数器、控制器及接口电路等几部分组成，如图 3－21 所示。

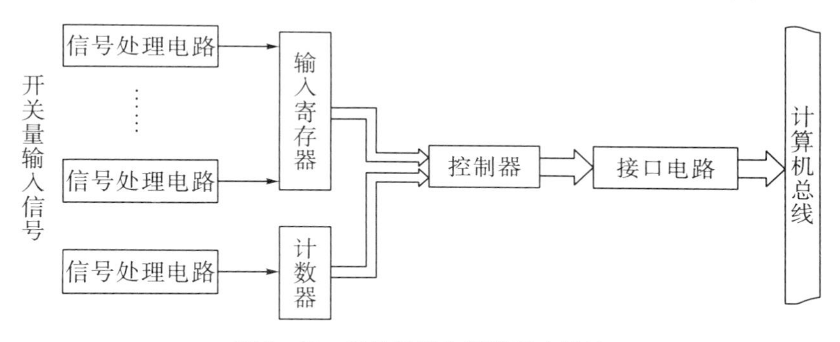

图 3－21　开关量输入通道基本结构

1）信号处理电路

信号处理电路的作用是将机组运行过程中的开关量信号转换成计算机所要求的电平信号，并且对信号采取隔离措施和防抖动措施。

信号处理电路有继电器耦合式和光电耦合式两种，如图 3－22（a）中，当开关 S 接通时，继电器 KA 励磁，其触点闭合，“非”门输入为低电平，输出 V_0 为高电平；当开关 S 断开时，继电器 KA 失励磁，其触点断开，“非”门输入为高电平，输出 V_0 为低电平。

图 3－22（b）中，光电隔离器 OI 由发光二极管和光敏三极管组成。当开关 S 闭合时，发光二极管发光，光敏三极管导通，输出晶体管也导通，输出信号 V_0 为高电平；当外部开关 S 断开时，发光二极管中无电流通过，不发光，光敏三极管截止，输出晶体管也截止，输出信号 V_0 为低电平。

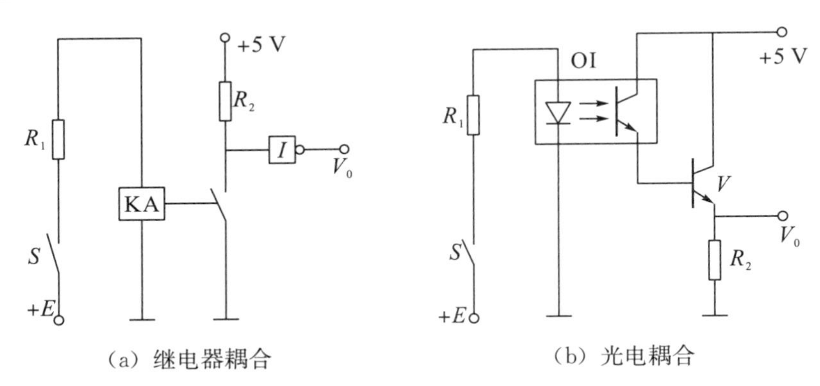

（a）继电器耦合　　（b）光电耦合

图 3－22　信号处理电路

2）输入寄存器和计数器

把经信号处理电路输出的开关量信号编为一组，送到输入寄存器，一组开关量信号的数量与计算机的字长相等。在控制器的控制下，成组的开关量信号被送往计算机的数据总线。在图 3－21 中，输入计数器的开关量信号是用于实现计数功能的开关量信号。输入的开关量信号向某一方向每跳变一次，计数器自动加 1。计算机每一周期去读取计数器的内容，然后将计数器清零，并把计数器的内容累加起来，得到累计的输入脉冲数。这种功能常用于机械的转速测量等。

3）控制器

控制器的作用是接受计算机发出的地址编号和操作指令，进行译码，产生相应的选通信号和控制信号，使计算机读入与该地址编号对应的开关量信号。

2. 开关量输出通道

开关量输出通道的作用是把计算机输出的二进制开关量信号转换成能对机组运行过程进行控制的开关量信号。图 3－23 为开关量输出通道的基本结构，包括接口电路、输出控制器、输出寄存器和驱动控制电路等。

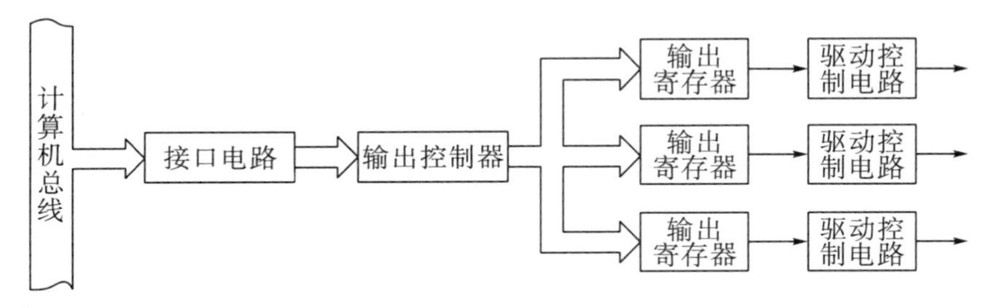

图 3－23　开关量输出通道基本结构

对驱动控制电路的要求：①在计算机与机组运行过程之间起隔离作用；②具有一定的负载能力。驱动控制电路的类型有普通继电器式、固态继电器式、光电隔离式等。

下面以固态继电器式为例，介绍其工作原理，如图 3－24 所示。固态继电器 SSR 是一个四端元件，有两个输入端，两个输出端。当一定的控制信号加到其输入端上时，就可以控制输出端的“接通”和“断开”。光电耦合器的作用是输入与输出量间的隔离和控制信号的传递。触发电路的功能是在光电耦合器的控制下产生符合要求的触发信号，以驱动开关电路，控制被控对象。过零控制器用于保证触发电路只有在交流电压过零时，才触发开关电路实现通、断，避免产生高次谐波和尖峰干扰。吸收电路用于防止从电源传来的浪涌电压损坏开关电路或造成误动作。

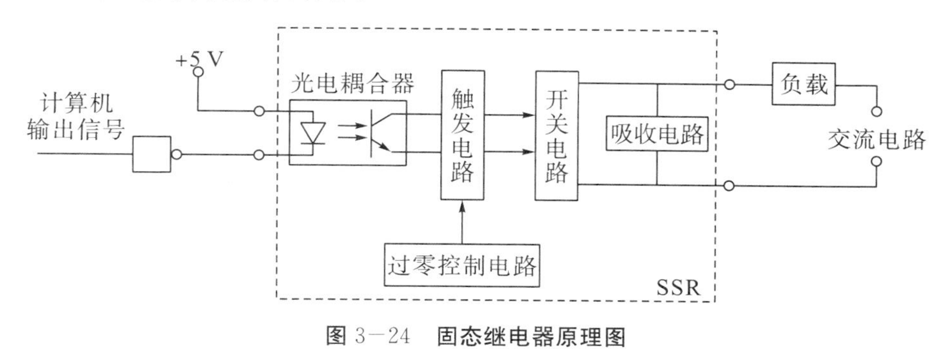

图 3－24　固态继电器原理图

§3.3.6　接口编址与通道控制

1. 接口编址

输入/输出通道与计算机连接必须经过接口电路。在计算机控制系统中，有许多接口电路连接在计算机的同一数据总线上。例如，输入/输出通道的接口、存储器的接口等。因此，在计算机 CPU 与接口进行信息交换时，必须指明是哪一个接口，即要指明接口地址，这就涉及接口编址。

接口编址的方式有两种：一是接口与存储器统一编址方式；二是接口和存储器独立编址方式。接口与存储器统一编址方式是把所有的接口都看成存储单元，给每一个外围设备的端口都赋予相应的 16 位或更多位地址编号，这样对外围设备进行输入、输出操作与对某一存储单元的读写操作方式相同，只是地址编号不同而已。接口和存储器独立编址方式就是分开设置接口地址和存储器地址，并设置专门的输入、输出指令，以便与访问存储器指令相区别。

2. 通道控制

计算机控制系统的外围设备是多种多样的，它们的数据传送速度差别也很大。因此，输入、输出时存在一个复杂的定时问题，也就是计算机何时向外部设备送出数据，何时从外部设备读取数据。这些问题与通道的控制方式有关。常用的控制方式有程序查询方式、中断控制方式、直接存储器存取方式等，可以参考相关计算机原理的书籍，这里不再作详细介绍。

第 4 节　微机调速器的测频原理

微机调速器的测频原理如图 3－25 所示。图 3－25（a）中，机组频率信号 f_1 为正弦波信号，经放大整形后变为方波信号 f_2，然后经二分频后（实际工程中，也有采用四分频或八分频的），信号 f_3 幅值为 1 的半周期的时间和幅值为 0 的半周期时间是相等的。分频信号 f_3 与高频振荡信号 f_φ 经“与门”得到测频脉冲信号 f_4，其中高频时钟信号提供一个稳定的振荡信号。将信号 f_4 送入计算机测频模块进行计数，如果半波脉冲数为 N，则计数值 N 在数值上正比于被测信号的周期 T，可以通过下式计算得到微机调速器的测

频值 f_m：

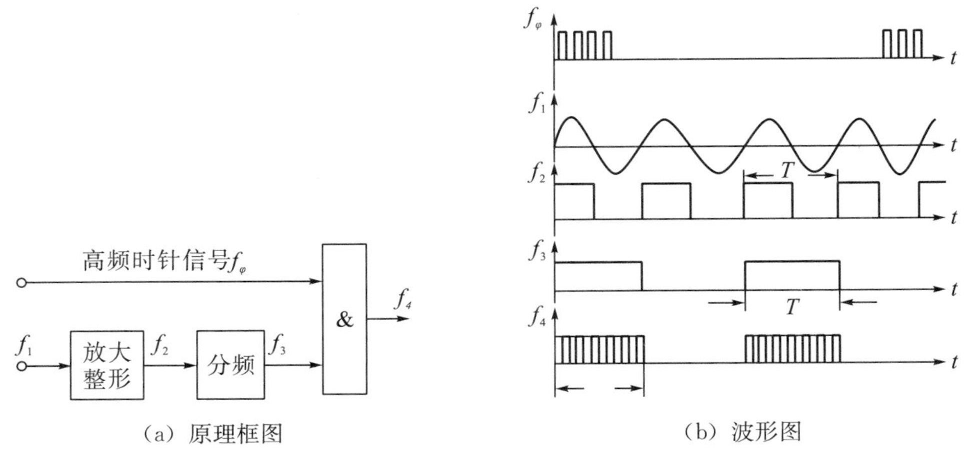

图 3－25　微机调速器的测频原理

$$f_m = \frac{f_\varphi}{N} \tag{3-6}$$

时钟信号频率越高，分辨率就越高。例如，若 $f_\varphi = 2$ MHz，当机组频率为 $f_m = 50$ Hz 时，计数器的脉冲数 $N = 40000$，则在 50 Hz 附近的精度为 0.25×10^{-4}，分辨率为 $50/40000 = 0.00125$ Hz。

测频装置是决定水轮发电机组和调速器安全、稳定运行极为关键的部件。目前，在微机调速器上的测频方式主要有齿盘测频和发电机残压测频方式。

§3.4.1　齿盘测频

齿盘测频是由安装在机组主轴上的齿盘和探头（又称接近开关）组成信号产生单元，由信号整形电路滤波电路、单片机和机频信号输出电路构成频率信号测量单元。齿盘测频又分为单探头测频法和双探头测频法。由于单探头齿盘测频的精度与齿盘的加工精度有关，而齿盘的加工精度往往难以保证测频的要求，为了解决这一问题，齿盘测频装置设计为双探头。图 3－26 为双探头齿盘测频原理，图 3－27 为齿盘测频信号波形图。双探头信号经过隔离后，同时送到计算机，探头 T_1 的脉冲前沿作用于计数电路的开始计数控制端口，探头 T_2 的脉冲前沿作用于计数电路的停止计数控制端口，两个传感器经过齿盘同一个边的时间差，只与齿盘旋转的线速度有关，而与齿盘的加工精度、摆动、振动无关。探头 T_1 的信号和探头 T_2 的信号经光电隔离等处理后，得到的综合信号与石英晶振荡器产生的高频信号经分频后的信号相与，得到一个与机组频率成正比的值，并将这个值以方波 P 或数字量的形式送入计算机，计算出频率。

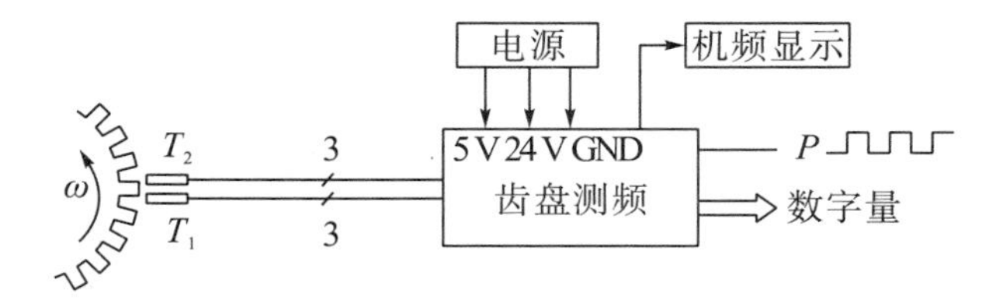

图 3－26　双探头齿盘测频原理

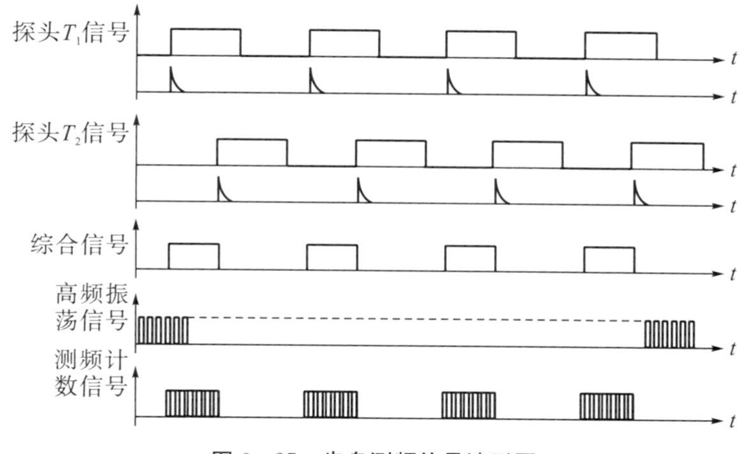

图 3－27　齿盘测频信号波形图

§3.4.2　发电机残压测频

发电机残压测频的信号源取自发电机出口电压互感器。根据微机使用的不同，微机测频硬件又分为单片机测频、IPC（工业控制机）测频、PCC（可编程计算机控制器）测频、PLC（可编程序控制器）测频。目前，微机调速器以 PLC 和 PCC 微机调速器占绝对主流。

1. IPC 测频、测相原理

1）IPC 测频原理

测频共有两路，即机组和电网测频，其工作原理相同。机组测频回路硬件系统原理如图 3－28 所示。由发电机出口电压互感器来的交流电压信号，经降压、滤波、整形后变为方波，再经光电隔离器隔离，进行二分频后，信号的每个方波的高电平时间就是频率信号的周期。这一方波信号一路送给可编程定时计数器 8254 的 3 个完全相同的计数器之一的计数器 0，该计数器工作于方式 0（方式 0 用于向 CPU 发出中断请求信号），且置初始值

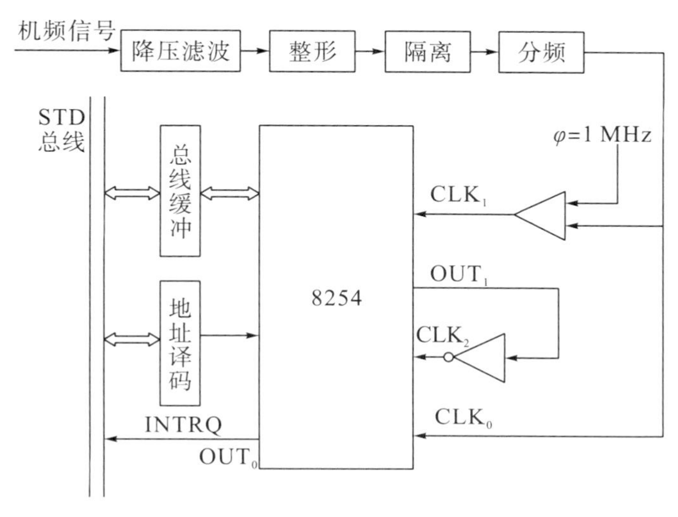

图 3－28　机组测频回路硬件系统原理

为 00001H，在结束计数时产生中断信号，通知 CPU 取同一 8254 的计数器 1、计数器 2 的计数值，并重新初始化计数器 0、1、2。另一路与 1 M 的计数时钟 f_φ 相与后送入 8254 的计数器 1。计数器 1 与计数器 2 串接成 32 位计数器，这两个计数器工作于方式 2（方式 2 用于计数测量），且置初始值为 0000H。

CPU 从 8254 读取到一个周期的计数值后，通过运算求得机组的频率，即

$$f_m = \frac{f_\varphi}{N} \tag{3-7}$$

式中：f_φ=1 MHz，为计算时钟频率；N 为 8254 在一个周期计得的脉冲数。

2）IPC 测相原理

由机组和电网频率信号通道来的方波信号 D_J、D_W输入鉴相电路，得到反映相位差的输出信号，如图 3－29 所示。当 D_J 和 D_W同步时，U、D 两端均输出高电平；当 D_J 超前 D_W时，从 U 端输出与相位差成正比的负脉冲；当 D_J 滞后 D_W时，从 D 端输出与相位差成正比的负脉冲。将 U、D 输出接至反相器，有相位差时，就得到正脉冲，将反相后的信号，一路直接输入计数器，一路与时钟 f_φ 相与后输入计数器，用与测频同样的方法测得相应差。

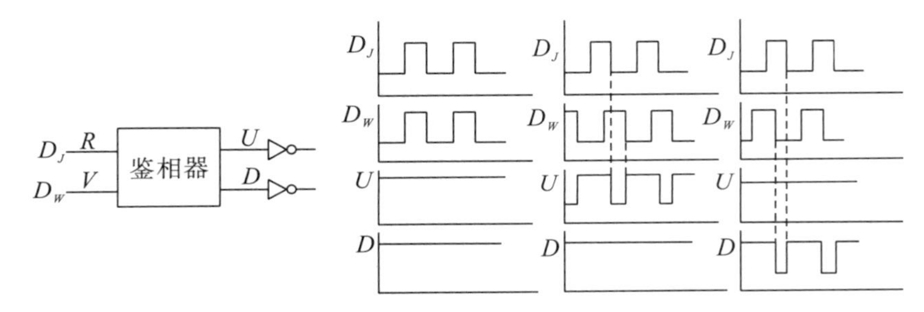

图 3－29　测相原理图

CPU 根据读取的计数值 N，由下式算出相位差值：

$$\varphi_m = \frac{N}{\frac{f_\varphi}{50}} \times 360° \tag{3-8}$$

2. PCC 测频、测相原理

图 3－30 为 PCC 测频、测相原理图，由整形放大电路、数字量输入模块 DI135 和 CPU 模块 CP474 三部分构成。机组或电网频率信号经整形放大电路整形为相同频率的方波信号，该方波信号经 DI135 隔离、滤波后送入 CP474 的 TPU 输入通道。图中机组频率信号 f_g经整形放大后，由 DI135 的 I_1和 I_2通道送入 TPU 的 CH_0和 CH_1。同理，电网频率 f_s经整形放大后，由 DI135 的 I_3和 I_4通道送入 TPU 的 CH_2和 CH_3。其中，CH_0和 CH_2分别用于测量机组频率和电网频率，CH_1和 CH_3分别用于测量机组和电网频率的相位差。

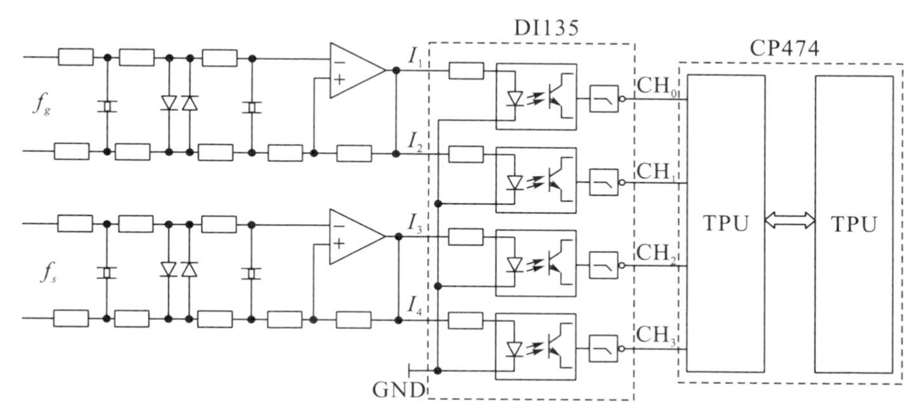

图 3－30　PCC 测频、测相原理图

TPU 功能模块包含 TPU 操作系统、TPU 配置、完成特定功能的 TPU 程序模块等，应用程序通过它与 TPU 通信传递参数和数据，该功能模块由 B&R 公司专门研制的 TPU 编码链接器（TPU Code Linker）产生，在 CPU 热启动（warm start）时将自动传入 TPU 的 RAM 中，并从此接管 TPU，让它完成用户特定的功能。该装置中频率测量部分选用以内部时钟（4 MHz）为基准的时间测量模块 TPXciX()，相位测量部分选用具有时间标志的数字量输入模块 LTXditX()，将 DI135 配置在 CP474 的插槽 $SLOT_1$（这时 DI135 的 $I_1 \sim I_4$ 对应于 TPU 的 $CH_0 \sim CH_3$）。

频率测量时，为了避免输入信号电压幅值变化影响测频精度，采用测一个信号周期而不是半个周期，因此，设置 TPXciX()为循环测量连续两个上升沿之间的周期长度，且每个信号周期均被测量。TPXciX()在所测信号周期结束时，输出该周期内计数器的计数差值 N，及有效测量序号 i，i 的值在每个有效测量后加“1”。设 TPU 计数器的频率为 f_φ，则所测频率为

$$f_m = \frac{f_\varphi}{N} \tag{3－9}$$

在额定频率 50 Hz 附近且 $f_\varphi = 4$ MHz 时，测频分辨率为 6.25×10^{-6} Hz。虽然 TPU 采用 16 位计数器，但 TPXciX()模块通过软件方式将其扩充为 32 位，当调用周期小于 8.2 ms时，TPXciX()模块可保证正确的 32 位计数器输出，因此理论上计数器的计数范围为 0~4294967295，在 4 MHz 时钟频率时，测频下限小于 0.001 Hz。但由于电压互感器及隔离变压器等因素的限制，并考虑到实际应用的需要，取测频下限为 2 Hz，且 2 Hz 以下时认为频率为 0。DI135 的输入响应为事件 μs 级，其最大输入频率为 100 kHz，可见该测频方式的上限可以很高。考虑到水轮机调速器的实际需要，取其测频上限为 100 Hz。

相位测量时，由于 TPU 的所有模块采用同一时间基准，仅需将机组频率信号和电网频率信号分别送入 TPU 的两个通道即可用 LTXditX()模块对其相位进行测量，测量时，以电网频率信号为基准，当电网频率信号的上升沿到达时，TPU 通道 CH_3 向通道 CH_1 送一连接信号，并读出计数值 t_1；当机组频率信号的上升沿到达时，TPU 直接读出计数器计数值 t_2，则电网频率 f_s 超前机组频率 f_g 的时间为

$$\Delta t = \frac{t_2 - t_1}{f_\varphi} \tag{3－10}$$

$$\varphi = \Delta t \times f_s \times 360^\circ \tag{3-11}$$

式中：φ 为超前相位角，其数值范围为 0°～360°。

在实际应用时，$0^\circ < \varphi < 180^\circ$表示电网频率相位超前机组频率相位，$180^\circ < \varphi < 360^\circ$表示电网频率相位滞后机组频率相位，$\varphi = 180^\circ$表示两个频率信号反相。根据水轮机调速器的实际需要，相位差仅在机组频率与电网频率接近时测量，当它们的频率差较大时，相位差测量程序关闭。有了机组频率和电网频率的相位差，便可在机组空载跟踪工况，实现频率与相位控制，从而加快机组同期过程。

利用 PCC 控制器内部 TPU 模块的 4 MHz 高速计数直接测频，器件少、接线少、速度快、可靠性高、测频回路简洁、维护方便，测频精度达到 0.001 Hz 以上，使测频可靠性、实时性大大提高。同时，既避免了一般 PLC 因计数频率低而另用测频模块向可编程传递频率数据，也避免了数据传递过程中的延时和不稳定性。

3. PLC 测频原理

图 3－31 中，机组频率信号 f_1取自发电机出口电压互感器 VT，被送入如图 3－33 所示的放大整形电路，进行整形、滤波和放大后，由正弦信号 f_1变为方波信号 f_2，如图 3－32所示，方波信号 f_2送入如图 3－34 所示的光电隔离电路进行隔离，然后送入如图 3－35所示的分频电路进行二分频，得到如图 3－32 所示的方波信号 f_3，经过分频后，f_3信号为“1”的半周期时间和为“0”的半周期时间是相等的，为“1”的半周期时间正好是被测频率信号的 f_1的周期 T，方波信号 f_3最后送入 PLC 的 I/O 接口作为计数中断信号。

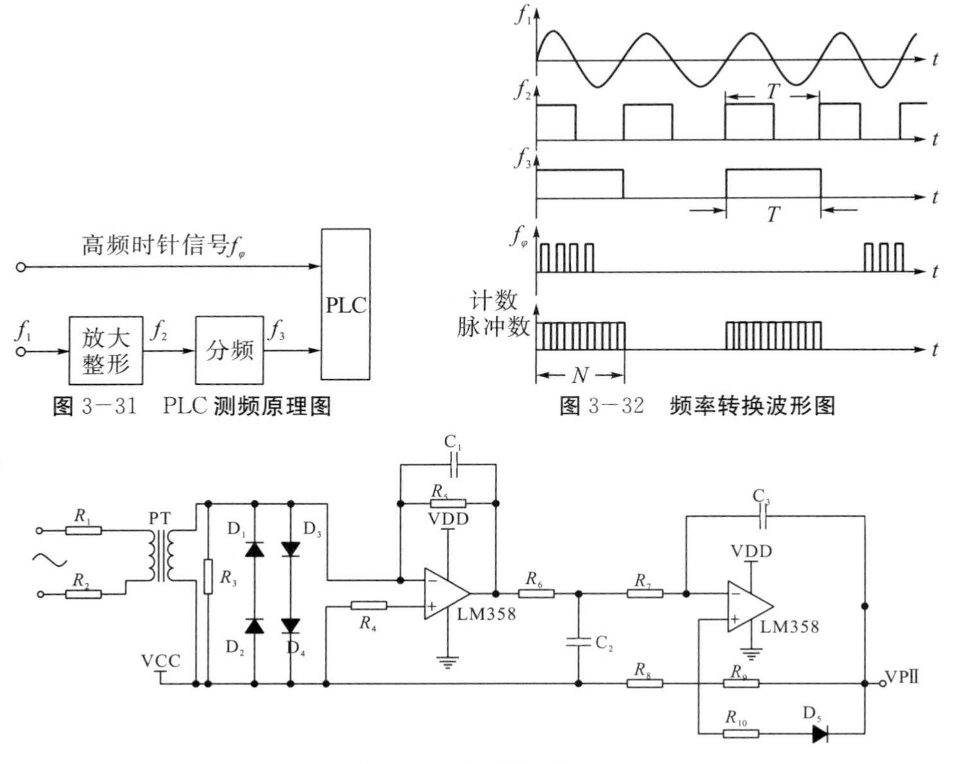

图 3－31　PLC 测频原理图

图 3－32　频率转换波形图

图 3－33　放大整形电路

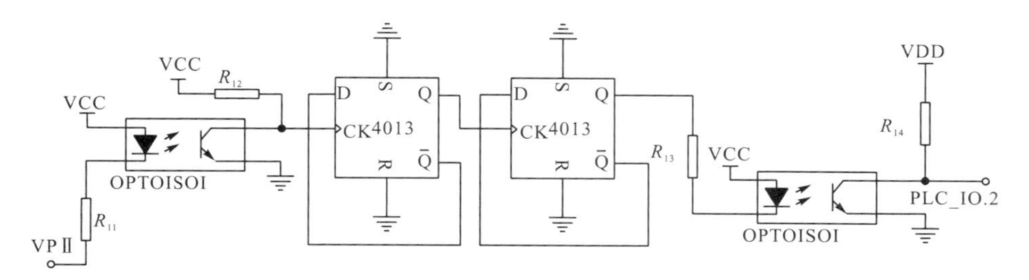

图3－34　光电隔离电路

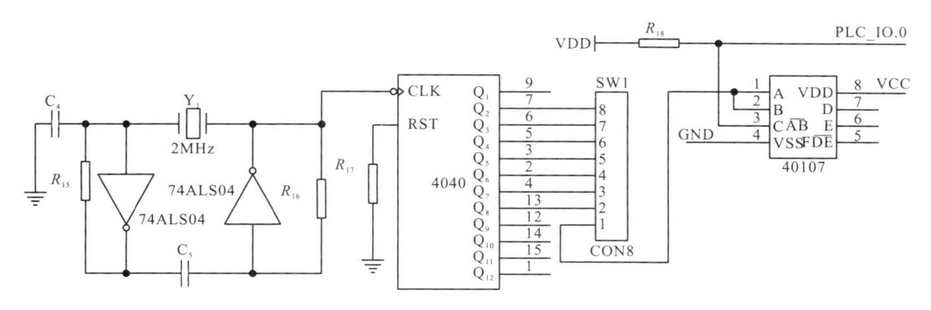

图3－35　分频电路

f_{φ} 为高频时钟信号，它提供一个稳定的振荡信号，其形成如图3－35所示，由固定频率为2 MHz的石英晶体振荡器 Y_1 经过芯片4040进行分频，得到二分频、四分频等固定频率信号，可根据需要选取其中一组信号。振荡信号 f_{φ} 和方波信号 f_3 都送入PLC进行处理，PLC的高速计算器能在方波信号 f_3 幅值为“1”的半周期内对高频信号 f_{φ} 的脉冲串进行计数。当PLC的中断I/O接口捕获到方波信号 f_3 的上升沿信号时，将此时高速计数器里的值 N_1 读出并存放在一个存储单元中；当PLC的中断I/O接口捕获到方波信号 f_3 的下降沿信号时，将此时高速计数器里的值 N_2 读出并存放在另一个存储单元中。PLC将两个读数值进行减运算，并记为 N，则 N 在数值上正比于被测频率信号的周期 T，通过下式计算得到PLC微机内的测频值 f_m：

$$f_m=\frac{f_{\varphi}}{N}=\frac{f_{\varphi}}{N_1-N_2}\tag{3-12}$$

式中：$f_{\varphi}=2$ MHz，为石英晶体振荡器经分频的频率值。

残压测频方式的优点是结构简单、成本低；缺点是容易受到电磁干扰，低转速时残压严重失真，无法准确测出机组的频率。齿盘测频方式的优点是信号源不受发电及残压的限制，也不受非周期杂波的干扰，还具有零转速（蠕动）检测功能；缺点是齿盘的加工精度、机组的摆动、齿距的不均匀都会影响测频的精度，从而无法满足水轮机调速器的测频要求。微机调速器系统一般以发电机残压测频方式作为首选，以齿盘测频方式作为备用方案。两种测频方式互为备用，可大大提高测频的可靠性。

第 5 节　WDT 型微机调速器的硬件系统

§3.5.1　系统结构及主要功能

WDT 型微机调速器由双微机调节器（或控制器）、电液随动系统和电气手动操作回路三大部分组成。其系统结构框图如图 3－36 所示。双微机调速器由两套完全相同的 STD 总线工业控制机组成（IPC），其硬件框图如图 3－37 所示。在正常运行时，一机担任调节和控制工作（称为工作机），另一台处于热备用状态（称为备用机），当工作机出现故障时，系统将无扰动地切换到备用机运行，并发出报警信号。

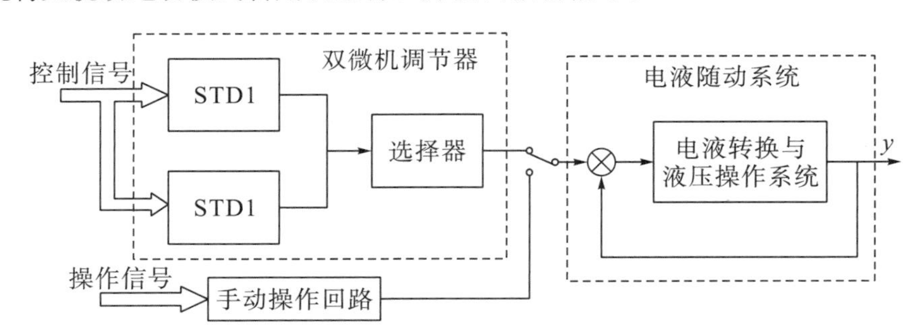

图 3－36　WDT 型微机调速器结构框图

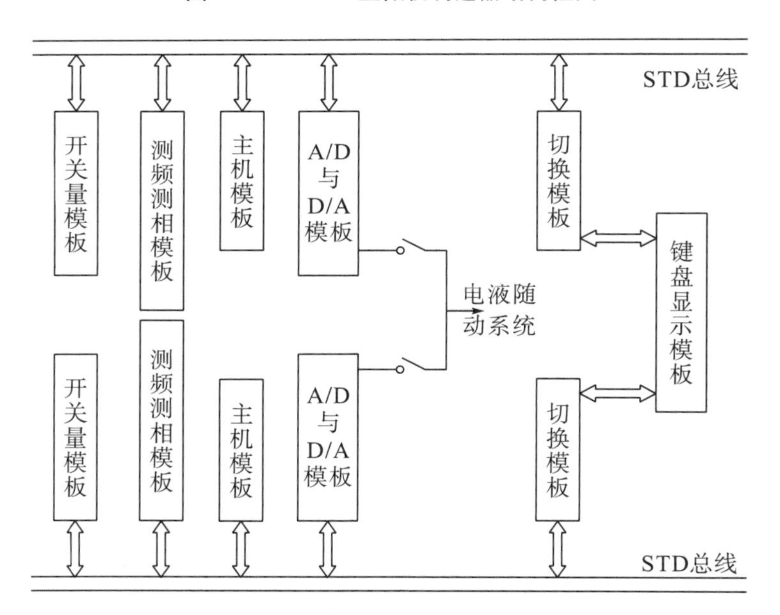

图 3－37　双微机调速器硬件系统框图

WDT 型微机调速器的主要功能有：测量机组和电网的频率；测量机组频率与给定频率的差值（频差）；测量机组电压与电网电压的相角差（相差）；空载运行时对频差进行 PID 运算，对相差进行 PI 运算，运算结果经 D/A 变换成模拟量，用以控制电液随动系统，自动调整机组频率，实现频率跟踪和相角控制；并网以后对频差进行关系运算，其结果控制电液随动系统，自动调整机组出力；接受控制指令，实现机组频率和负荷的调整；接受操作指令，控制电液随动系统，实现开机、停机、调相操作；手动运行时，自动采集接力器开度，调整调节器的输出值与实际开度相适应，实现手动到自动的无条件无扰动切换；采集并显示调节系统中机组频率、电网频率、导叶开态、调节器输出、调节参数等主要数据和参数；对主要器件和模块进行故障自诊断，实现双机自动切换和报警。

电气手动操作回路是以 MCS－98 单片机为核心的电路组成，其主要作用是：在自动运行时，该电路的输出量作为限制开度值，送到双微机调节器，限制其输出量不超过限制值，起到电气开限的作用；手动运行时，调节器的输出切除，电气手操回路的输出信号接至电液随动系统，实现手动操作。

双微机调节器主要应用于大、中型水轮发电机组，以下介绍由 STD 总线工业控制机组成的 WDT 型微机调速器的硬件系统。

§3.5.2　硬件系统

图 3－37 为双微机调节器的硬件系统结构框图。由完全相同的 2 台 STD 总线工业控制机 A 机和 B 机组成，A 机、B 机分别由功能单一的 5 块模板构成，它们是开关量板，测频测相板，主机板，A/D、D/A 板，切换板。此 5 块模板插入 STD 总线母板上，主机板通过总线与其他模板交换信息，完成调节，控制任务。A 机、B 机工作于主从方式，主机通过通信将参数、状态信息传送给从机，使主机切换至从机时无扰动，切换板的控制电路将主机输出信号接通至后面的电液随动系统，将从机的输出信号与电液随动系统断开。两机共享一块键盘显示板，键盘显示板与主机交换信息，进行状态、参数显示或键入参数，选择显示某个参数。

1. 主机工作原理

采用 HD64180 高级 CMOS 微处理器，片内具有时钟发生器、总线状态控制器、中断控制器、存储器管理单元以及中央处理器，还具有 DMA 控制器（2 通道）、异步串行通信接口（2 通道）、同步串行通信接口（1 通道）、可编程再装入式定时器（2 通道）等I/O资源。主机结构框图如图 3－38 所示。

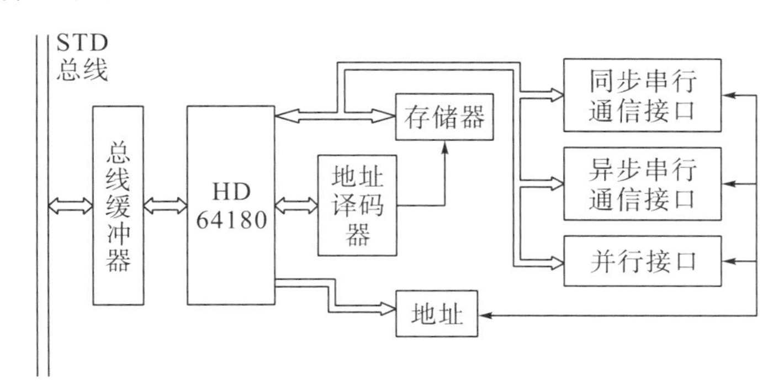

图 3－38　主机结构框图

上电复位后，CPU 在时钟节拍控制下，从存储器中取出程序指令，根据指令进行数据的存取，PID 调节运算，对该板或其他模板上 I/O 接口进行输入输出处理。主机的运算数据、状态标志在 CPU 的控制下，执行输出指令，通过该板上的异步串行通信接口传送给从机。CPU 的控制总线、数据总线经总线缓冲器缓冲后连至 STD 总线引脚，CPU 插入母板，通过母板与其他模板交换信息。

3. 开关量输入原理

二次操作回路来的开关量信号如开机、停机、并网、调相、手动、自动、增功率、减功率等开关量要送给微机调节器，为防抖动和干扰的影响，先通过光电隔离器隔离后再输至输入缓冲器，然后经总线缓冲器和地址译码器与 STD 总线相连。输入的开关量既可以是节点信号，也可以是电平信号。开关量输入原理如图 3－39 所示。

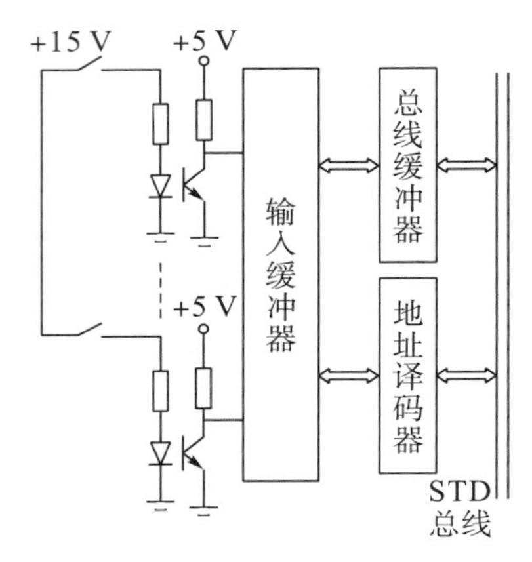

图 3－39 开关量输入原理

当某个开关量的节点闭合时，光电隔离器输出低电平，CPU 执行一条输入指令读得这些开关量的状态，用位操作指令判断出各个开关量断开或闭合，并执行相应的处理操作。例如，当检测到开机节点闭合时，CPU 输入开机过程处理，将频给信号以折线或指数曲线规律变化，进行开机过程的频率调节。

4. A/D、D/A 转换原理

A/D 转换器用来采集 0～5 V 的开限、导叶开度、水头等模拟信号，将这些模拟量变成数字量供给 CPU 采集进行运算和控制。采用 ADC0809，转换精度为 8 位，可以对 8 路模拟量分时进行 A/D 转换。工作时，CPU 首先给 A/D 转换器的模拟通道地址选择线 A、B、C 输出一条通道选择指令，并延时一定时间待 A/D 转换结束后，执行一条输入指令即读取转换数值，实际采样时，通常是连续采样 8 次，对 8 次采样值求和平均进行滤波。

D/A 转换器采用 DAC1210，将经 PID 运算或其他计算的结果转换成模拟量，用以驱动电液随动系统和模拟表计。工作时，CPU 先执行一条输出指令，输出高 8 位，然后输出低 4 位，将所要转换的数字量送给 D/A 转换器转换成模拟量。

A/D、D/A 转换器的原理如图 3－40 所示。

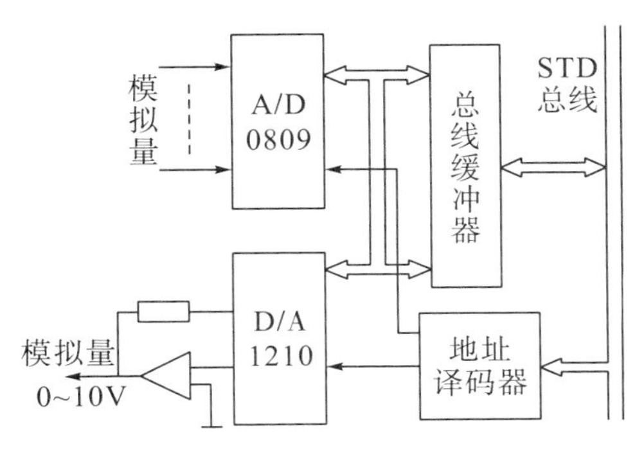

图 3-40　A/D、D/A 转换器原理

5. 切换原理

故障检测的切换原理如图 3-41 所示。

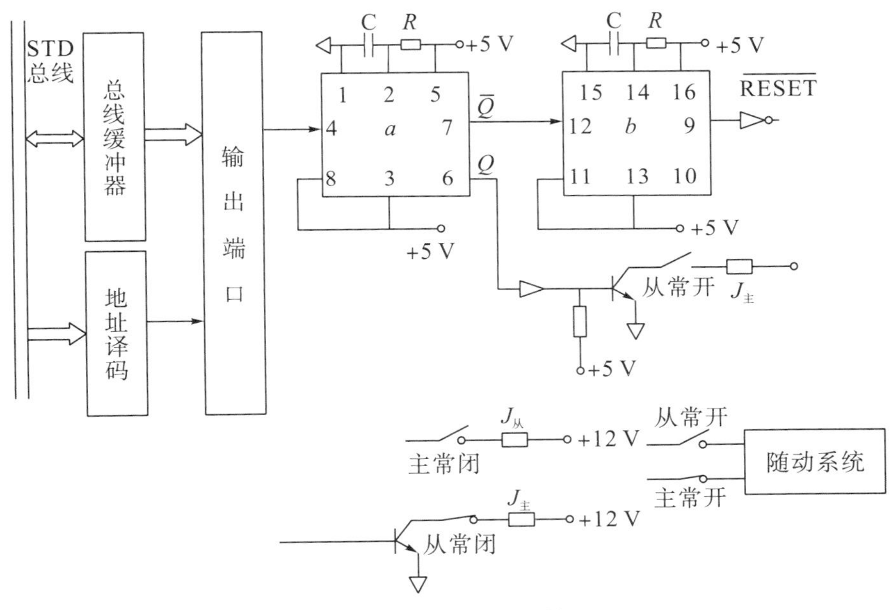

图 3-41　故障检测的切换原理

当微机正常工作时，每个采样周期均向定时单稳电路 a 发送一触发脉冲。当微机出现故障时，则停止向定时单稳 a 发送脉冲，单稳 a 输出 Q 为稳态 0，在接收到触发脉冲后，变为暂态 1，经延时时间 τ（由外接电容 C 和电阻 R 整定）后恢复为稳态 0。若微机工作正常，单稳 a 的 $\overline{Q}$ 总是处于暂态 0，输出送至单稳 b，单稳 b 的输出 Q 总是处于稳态 0。

一旦检测到错误，主机停止向单稳 a 发脉冲，单稳 a 的输出 $\overline{Q}$ 经 τ 时间后回到稳态 1，此时，$\overline{Q}$ 给单稳 b 输入一正边沿脉冲，单稳 b 的输出 Q 由于触发而变为暂态 1，经延时时间 τ 后恢复为稳态 0，而单稳 b 的输出 Q 经反向后接至 CPU 的$\overline{\text{RESET}}$脚，这一过程即给 CPU 一复位脉冲，迫使主机重新启动，从头开始执行程序，同时切至另一机运行，如果两机均出现故障，两机均脱离运行。

单稳 a 的输出 Q 同时驱动三极管及继电器，当 A 机正常时，A 机单稳 a 的输出 Q 为

1，三极管导通，若 B 机继电器入的常闭接点闭合，则 A 机继电器 J_A 就导通，其常开接点 J_A 闭合，A 机输出通过本机常开接点通至后面的电液随动系统。如果 A 机不正常，A 机单稳 a 的输出 Q 变为 0，三极管截止，A 机继电器 J_A 失磁，其常闭接点闭合，此时若 B 机正常，则切至 B 机运行，若 B 机也不正常，两机均脱离运行。

为了显示故障，在继电器两端可并接一作为正常指示灯的发光二极管，在故障时，三极管截止，其正常指示灯也熄灭。当刚上电时，由于两机继电器互相闭锁，则互相竞争作为主机，那就看哪个继电器先励磁，则那台机就作为主机运行，另一台则作为备用机。

6. 键盘显示原理

键盘与数码管显示由可编程接口芯片 8279 进行管理，实现人机对话，进行参数修改及显示，也对机组开机、停机等开关量状态进行显示。其原理如图 3-42 所示。

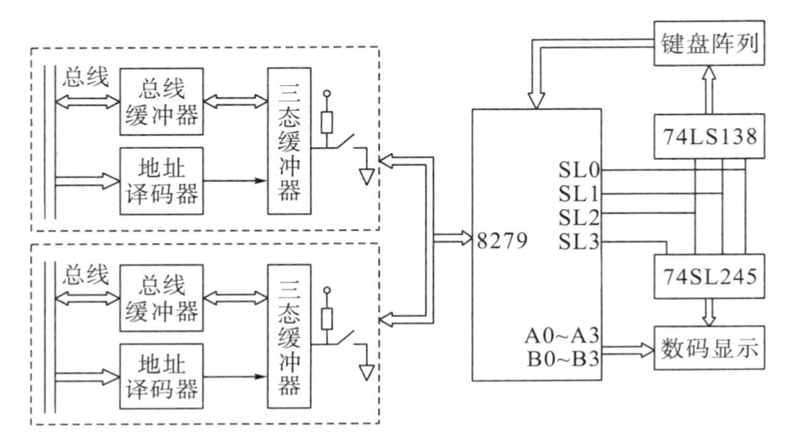

图 3-42 键盘显示原理

8279 提供对 64 个接触键阵列扫描检测的接口和对 16 个数码管扫描显示的接口。初始化编程后，按下某一键，8279 检测到该键按下就向 CPU 发出中断申请信号，并等待 CPU 读取键值。CPU 检测到中断申请信号，执行输入指令即可得到键值，并根据键值进行相应的处理操作。CPU 将要显示的字符、数据的段码按规定输出给 8279，由 8279 完成扫描显示。将其中的一个数码管分解成 8 段接入发光二极管用于指示开关量状态。8279 的数据控制总线既引至 A 机，也引至 B 机，经切换板上由切换继电器节点选用的三态缓冲器后连至 STD 总线缓冲器。当某台微机为主机时才对 8279 进行输入、输出控制。

§3.5.3 电液转换环节

电液转换环节是微机调速器中连接微机调节器部分和液压放大部分的一个关键元件，它的作用是将调节器部分输出的综合电气信号转换成具有一定操作力和位移量的机械位移信号，或转换为具有一定压力的流量信号。目前，微机调速器的电液转换结构主要有电液式、机电式和数字式三种。电液式类型较多，其中比例伺服阀应用最多；机电式有伺服电机式和步进式，其中步进电机应用较多；数字式以数字球阀应用最多。根据实际需要，这三种结构可以自由组合构成冗余系统。

电液式转换器由电气—位移转换部分和液压放大两部分组成。电气—位移转换部分按其工作原理不同，可分为动圈式和动铁式。液压放大部分，按其结构特点不同，可分为滑阀式、环喷式、双锥阀式、喷嘴挡板式、射流管式等。目前，在微机调速器上应用较多的是比例伺服阀，它属于滑阀式。图3－43为滑阀式比例伺服阀的结构原理图，它由直流比例电磁铁1、阀芯2、阀套3、阀体4、位移传感器5、控制放大器6等组成。这类阀可以控制液压执行器在两个方向上的运动速度，也称为方向比例阀。位移传感器5采用电感式原理，其作用是将比例电磁铁的铁芯位移线性地转换为电压信号输出。控制放大器6的作用有：①将位移传感器5的输出信号进行放大；②比较指令信号U_e和位移反馈信号U_f，得到二者的偏差值ΔU；③将ΔU放大，并转换为电流信号I输出。此外，为了改善比例伺服阀的性能，控制放大器还含有对反馈信号U_f和电压偏差信号ΔU的处理环节，比如状态反馈控制和PID调节等。

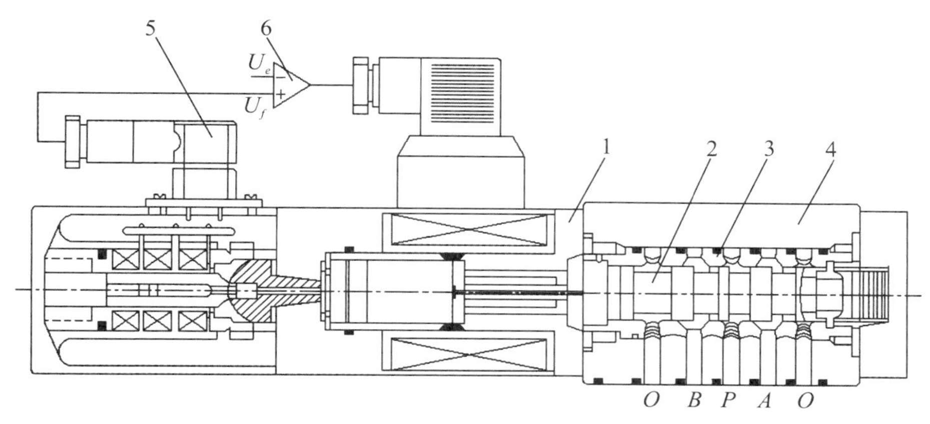

图3－43　滑阀式比例伺服阀结构原理

1－直流比例电磁铁；2－阀芯；3－阀套；4－阀体；5－位移传感器；6－控制放大器

滑阀式比例伺服阀的工作原理为：在平衡状态时，控制放大器的指令信号$U_e=0$，阀芯2处于零位，此时，压力油口P与两端输出口A、B被同时切断，A、B两口与排气口O也被切断，无流量输出。同时位移传感器5的反馈信号$U_f=0$。若阀芯受到干扰而偏离零位时，位移传感器将输出一定的反馈U_f，控制放大器将得到的$\Delta U=-U_f$放大后输出给电流比例电磁铁，电磁铁产生的推力将迫使阀芯回到零位。若微机调节器输出的指令信号$U_e>0$，则电压偏差ΔU将增大，使控制放大器的输出电流增大，比例电磁铁的输出推力也增大，推动阀芯右移，而阀芯的右移又引起反馈信号U_f增大，直至U_f与指令信号U_e基本相等，阀芯达到力平衡，此时，压力油口P与A口接通，B口与排油口O接通，则

$$U_e=U_f=K_fS \tag{3-13}$$

式中：K_f为位移传感器增益。（3－13）式表明，阀芯位移S与输出信号U_e成正比。

反之，若微机调节器输出的指令信号$U_e<0$，经过上述类似的反馈调节过程，使阀芯左移一定的距离，此时，压力油口P与B口接通，A口与排油口O接通。节流口开口量随阀芯位移的增大而增大，表明带位移反馈的比例伺服阀节流口开口量与压力油流动方向均受输入电压的U_e的线性控制。

可见，比例伺服阀是一个比例环节。该阀的优点的是线性度好，滞后小，动态性能高；缺点是对油的质量要求高。

1．伺服电机式电气—位移转换器

1）工作原理

图 3—44 为伺服电机电气—位移转换器结构图。其主要由直流伺服电机 1、联轴器 2、滚珠丝杆 3、滚珠螺母 4、复中定位器 5、机壳 6、位移输出杆 7 等组成。由调节器输出的控制电压信号 U_d 送到直流伺服电机 1 的电枢绕组，控制电机正转或反转，电机带动与其轴直接相连的滚珠丝杆 3 正转或反转，于是使得滚珠螺母 4 和与其连接的位移输出杆 7 上升或下降，位移输出信号可直接操作引导阀。在滚珠螺母和位移输出杆两侧各设有一个定位器，定位器由弹簧和滚珠构成，当滚珠螺母 4 和位移输出杆 7 上升或下降时，挤压滚珠，弹簧压缩；当伺服电机失电时，在复中定位器 5 的作用下，滚珠螺母 4 和位移输出杆 7 即回复到原来的原始零位，同时滚珠丝杆也跟着回转至原来的中位。

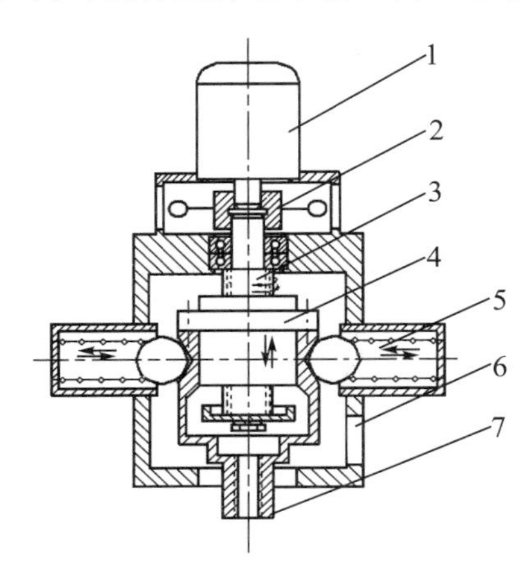

图 3—44　伺服电机电气—位移转换器结构

1—直流伺服电机；2—联轴器；3—滚珠丝杆；4—滚珠螺母；5—复中定位器；6—机壳；7—位移输出杆

2）伺服电机的运动方程

如图 3—45 所示，设伺服电机的输入电压信号为 U_d，输出信号为电机转角信号 θ。由基尔霍夫定律，电机回路的平衡方程为

$$L_d \frac{\mathrm{d}i_d}{\mathrm{d}t} + R_d i_d = U_d - E_d \qquad (3-14)$$

$$E_d = K_E \omega_d = K_E \frac{\mathrm{d}\theta}{\mathrm{d}t} \qquad (3-15)$$

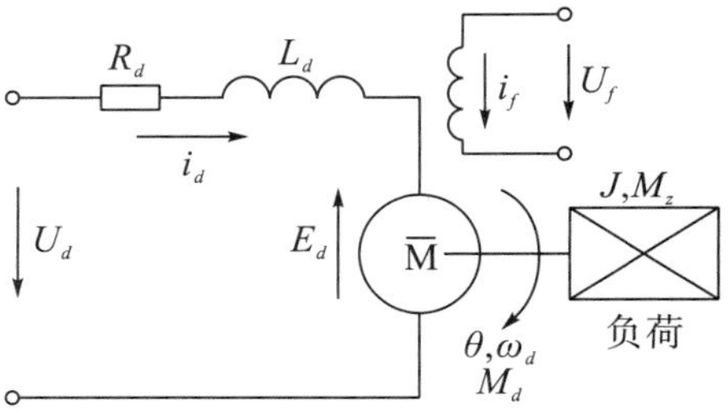

图 3—45　直流伺服电机工作原理

式中：L_d，R_d 为电枢绕组的电感和电阻；E_d 为电机的反电势；K_E 为反电势比例系数；ω_d 为电机转速。

电机转矩为

$$M_d = K_m i_d \qquad (3-16)$$

式中：K_m 为电机的力矩系数。

当电机空载时，其转矩平衡方程为

$$M_d = J\frac{\mathrm{d}^2\theta}{\mathrm{d}t^2} + B\frac{\mathrm{d}\theta}{\mathrm{d}t} \tag{3-17}$$

式中：J 为电机转子的转动惯量；B 为阻尼系数。

由上面几式消去中间变量 i_d，可得伺服电机的运动方程为

$$JL_d\frac{\mathrm{d}^3\theta}{\mathrm{d}t^3} + (L_dB + JR_d)\frac{\mathrm{d}^2\theta}{\mathrm{d}t^2} + (R_dB + K_mK_E)\frac{\mathrm{d}\theta}{\mathrm{d}t} = K_mU_d \tag{3-18}$$

对（3－18）式进行拉普拉斯变换，可得电机的传递函数为

$$G_d(s) = \frac{K_m}{s[JL_ds^2 + (L_dB + JK_mR_d)s + (R_dB + K_mK_E)]} \tag{3-19}$$

令电机增益 $K_d = \frac{K_m}{R_dB + K_mK_E}$，电机电磁时间常数 $T_d = \frac{JL_d}{R_dB + K_mK_E}$，电机机电时间常数 $T_m = \frac{L_dB + JK_mR_d}{R_dB + K_mK_E}$，则直流伺服电机传递函数为

$$G_d(s) = \frac{K_d}{s(T_ds^2 + T_ms + 1)} \tag{3-20}$$

当忽略电机电感时，直流伺服电机可简化为

$$JR_d\frac{\mathrm{d}^2\theta}{\mathrm{d}t^2} + (R_dB + K_mK_E)\frac{\mathrm{d}\theta}{\mathrm{d}t} = K_mU_d \tag{3-21}$$

传递函数为

$$G_d(s) = \frac{K_d}{s(T_ms + 1)} \tag{3-22}$$

3）滚珠丝杆运动方程

输入信号为电机转角信号 θ，输出信号为连接套的位移信号 X_L，则滚珠丝杆副的运动方程为

$$m\frac{\mathrm{d}^2X_L}{\mathrm{d}t^2} + D\frac{\mathrm{d}X_L}{\mathrm{d}t} + K_LX_L = \frac{s}{2\pi i}K_L\theta \tag{3-23}$$

式中：m 为运动部件质量；D 为摩擦阻尼系数；K_L 为滚珠丝杆副的总刚度系数；i 为滚珠减速比；s 为滚珠丝杆导程。

传递函数为

$$G_s(s) = \frac{\frac{sK_L}{2\pi i}}{ms^2 + Ds + K_L} \tag{3-24}$$

在小位移情况下，运动方程可简化为

$$X_L = \frac{s}{2\pi i}\theta \tag{3-25}$$

传递函数为

$$G_s(s) = \frac{s}{2\pi i} \tag{3-26}$$

可见，丝杆近似为一个比例环节。

4）数学模型

伺服电机电气－位移转换器的原理框图如图 3－46 所示，输入信号 U 与反馈信号综合后得到误差 ΔU，经放大器放大后的信号 U_d 送入伺服电机的电枢绕组，伺服电机转动

输出角位移信号 θ，经滚珠丝杆副转换为位移信号 s，该位移信号可直接控制引导阀。

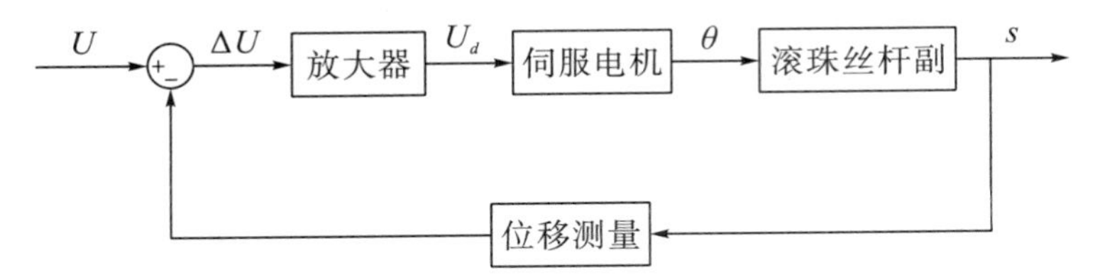

图 3-46　伺服电机电气—位移转换器原理框图

由前面分析可得到伺服电机电气—位移转换环节的程序框图，如图 3-47 所示。

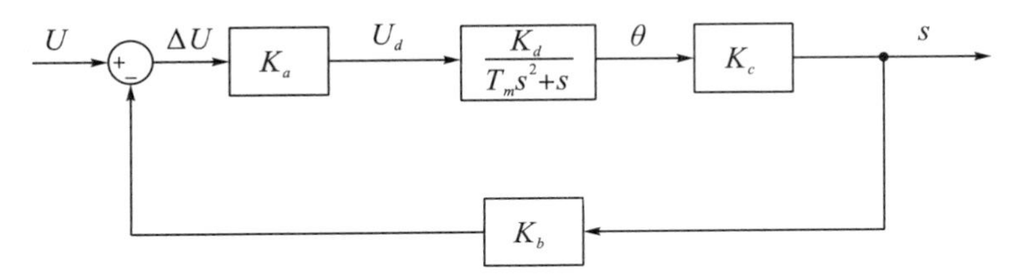

图 3-47　伺服电机电气—位移转换环节的程序框图

前向通道的传递函数为

$$G_0(s) = \frac{K_a K_d K_c}{s(T_m s + 1)} \tag{3-27}$$

反馈传递函数为

$$G_f(s) = K_b \tag{3-28}$$

伺服电机电气—位移转换环节的传递函数为

$$G_{ds}(s) = \frac{K}{T_m s^2 + s + KK_b} \tag{3-29}$$

其中，$K = K_a K_d K_c$。可见，伺服电机电气—位移转换环节是一个二阶环节。如果使得位移测量环节传递系数为 $K_b = 1$，则有无阻尼自然频率 $\omega_n = \sqrt{\frac{K}{T_m}}$，阻尼比 $\xi = \frac{1}{2\sqrt{T_m K}}$。可见，要使其响应衰减快，具有较好的动态品质，设计时应保证阻尼比 ξ 在 0.4～0.8 之间。例如，电机机电时间常数整定 $T_m = 0.027$ s，$K_a = 600$，$K_c = 0.314$ mm/rad，$K_b = 1.0$ V/mm，$K_d = 0.087$ rad/(V・s)，则 $\xi = 0.75$，$\omega_n = 24.64$ rad/s，调节时间 $t_s = \frac{3.5}{\xi\omega_n} = 0.19$ s。

2. 步进式电气—位移转换器

用步进电机代替伺服电机，则得到步进式电气—位移转换器，如图 3-48 所示。其主要由手动操作轮 1、步进电机 2、筒体 3、滚珠丝杆副 4、复中弹簧 5、弹簧套 6、位移输出连接套 7 等组成。由调节器输出的脉冲控制信号 U_d 送到步进电机 2，控制步进电机正转或反转，一个脉冲信号，步进电机转动一个步距，步进电机带动与其轴直接相连的滚珠丝杆正转或反转，于是使得滚珠螺母和与其连接的位移输出连接套 7 上升或下降，位移输出信号可直接操作引导阀。在位移输出连接套的外面设置了复中弹簧 5，当滚珠螺母和位移输出连接套 7 上升或下降时，复中弹簧 5 受到拉升或压缩；当步进电机失电时，在弹簧力的作用下，滚珠螺母和位移输出连接套即回复到原来的原始零位，同时滚珠丝杆也跟着回转至原来的中位。

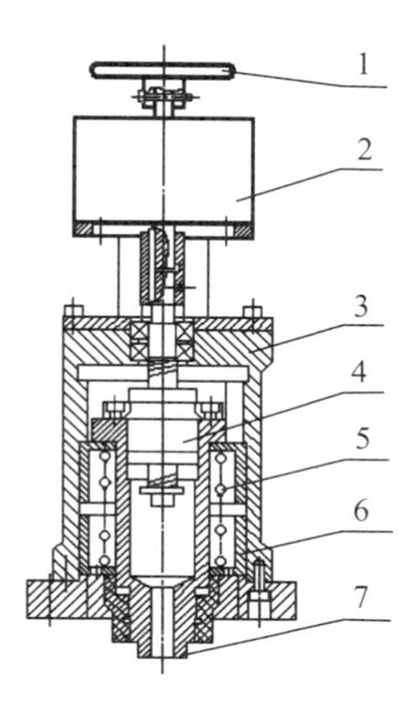

图 3－48　步进式电气—位移转换器结构

1—手动操作轮；2—步进电机；3—筒体；4—滚珠丝杆副；5—复中弹簧；6—弹簧套；7—位移输出连接套

第 6 节　微机调节器的控制算法

目前国内外的微机调节器的调节规律大多数是 PID 型。由于微机调节器是数字式调节器，在此对数字 PID 微机调节器的控制算法进行讨论。数字 PID 微机调节器按算法不同可分为位置型和增量型两种。

§3.6.1　位置型数字 PID 微机调节器控制算法

数字式调节器是对离散信号进行运算，为了用计算机实现 PID 调节规律，当采样周期 T 很小时，可以通过离散化处理。现采用并联的连续 PID 算式直接导出离散化形式的数学表达式。

对于连续 PID 算法有：

$$y(t)=K_pe(t)+K_i\int_0^t e(t)\mathrm{d}t+K_d\frac{\mathrm{d}e(t)}{\mathrm{d}t} \qquad (3-30)$$

式中：K_p，K_i，K_d 分别为比例、积分和微分增益；$y(t)$为模拟 PID 调节器的输出；$e(t)$为调节器的输入偏差。

对于数字 PID 微机调节器来说，只要将（3－30）式的微分方程化为差分方程，就可得到离散化的数字 PID 表达式为

$$D_y(n)=K_pe(n)+K_iT\sum_{j=0}^{n}e(j)+\frac{K_d}{T}[e(n)-e(n-1)] \qquad (3-31)$$

或

$$D_y(n)=K_Pe(n)+K_I\sum_{j=0}^{n}e(j)+K_D[e(n)-e(n-1)] \qquad (3-32)$$

式中，$K_P=K_p$，$K_I=K_iT$，$K_D=\dfrac{K_d}{T}$，T 为采样周期；$e(n)$和$e(n-1)$分别为第 n 次和第（$n-1$）次采样周期的输入偏差；$D_y(n)$为第 n 次采样周期数字 PID 微机调节器的输出量。

由于调节器输出的是对象调节机构的位置值，当计算机发生电源消失故障时，将会产生不必要的错误动作，导致调节系统严重的事故，为此，必须考虑电源消失保护措施。

§3.6.2　增量型数字 PID 微机调节器控制算法

由于位置型数字 PID 控制算法存在问题，目前实际工程中主要采用增量型数字 PID 微机调节器控制算法。根据位置型数字 PID 微机调节器控制算式可得第（$n-1$）次采样周期的输出表达式为

$$D_y(n-1)=K_Pe(n-1)+K_I\sum_{j=0}^{n-1}e(j)+K_D[e(n-1)-e(n-2)] \tag{3-33}$$

由（3−32）式减去（3−33）式可得增量型数字 PID 微机调节器控制算式为

$$\begin{aligned}\Delta D_y(n)&=D_y(n)-D_y(n-1)\\&=K_P[e(n)-e(n-1)]+K_Ie(n)+K_D[e(n)-2e(n-1)+e(n-2)]\end{aligned} \tag{3-34}$$

由于一般计算机控制系统采用稳定的等采样周期 T，故在确定了 K_P，K_I，K_D后，根据前后三次测量值即可由（3−34）式求出数字 PID 微机调节器的输出增量。

由（3−34）式可知，增量型数字 PID 微机调节器输出的是调节机构位置的变化量。在实际控制中，增量型数字 PID 微机调节器控制算法要比位置型数字 PID 微机调节器控制算法的应用更为广泛。

§3.6.3　实用的水轮机 PID 微机调节器控制算法

在实际应用中，为了提高 PID 微机调节器的抗干扰能力，应当用实际微分环节取代理想微分环节，实际微分通道上输入 $e(t)$和输出分量 $y_d(t)$，有如下微分方程：

$$y_d(t)+T_d\frac{\mathrm{d}y_d(t)}{\mathrm{d}t}=K_d\frac{\mathrm{d}e(t)}{\mathrm{d}t} \tag{3-35}$$

写成差分方程可得：

$$D_{yd}(n)+T_d\frac{D_{yd}(n)-D_{yd}(n-1)}{T}=K_d\frac{e(n)-e(n-1)}{T} \tag{3-36}$$

经整理后有：

$$\begin{aligned}D_{yd}(n)&=\frac{\frac{T_d}{T}}{1+\frac{T_d}{T}}D_{yd}(n-1)+\frac{\frac{K_d}{T}}{1+\frac{T_d}{T}}e(n)-\frac{\frac{K_d}{T}}{1+\frac{T_d}{T}}e(n-1)\\&=\frac{\frac{T_d}{T}}{1+\frac{T_d}{T}}D_{yd}(n-1)+\frac{\frac{K_d}{T}}{1+\frac{T_d}{T}}[e(n)-e(n-1)]\end{aligned} \tag{3-37}$$

同理可得：

$$D_{yd}(n-1)=\frac{\frac{T_d}{T}}{1+\frac{T_d}{T}}D_{yd}(n-2)+\frac{\frac{K_d}{T}}{1+\frac{T_d}{T}}[e(n-1)-e(n-2)] \quad (3-38)$$

由（3—37）式减去（3—38）式可得：

$$\Delta D_{yd}(n)=D_{yd}(n)-D_{yd}(n-1)$$
$$=\frac{\frac{T_d}{T}}{1+\frac{T_d}{T}}[D_{yd}(n-1)-D_{yd}(n-2)]+\frac{\frac{K_d}{T}}{1+\frac{T_d}{T}}[e(n)-2e(n-1)+e(n-2)]$$

(3－39)

将（3—37）式代入（3—32）式，可得实用的位置型数字 PID 微机调节器控制算式：

$$D_y(n)=K_Pe(n)+K_I\sum_{j=0}^{n}e(j)+\frac{\frac{K_d}{T}}{1+\frac{T_d}{T}}[e(n)-e(n-1)]+\frac{\frac{T_d}{T}}{1+\frac{T_d}{T}}D_{yd}(n-1)$$

(3－40)

同理，将（3—39）式代入（3—34）式，可得实用的增量型数字 PID 微机调节器控制算式：

$$\Delta D_y(n)=K_P[e(n)-e(n-1)]+K_Ie(n)+\frac{\frac{K_d}{T}}{1+\frac{T_d}{T}}[e(n)-2e(n-1)+e(n-2)]$$
$$+\frac{\frac{T_d}{T}}{1+\frac{T_d}{T}}[D_{yd}(n-1)-D_{yd}(n-2)]$$

(3－41)

§3.6.4　并网后水轮机 PID 微机调节器控制算法

根据水轮机调节的特点，除了考虑在并网前按 PID 调节规律进行控制以外，还必须考虑在并网之后按水态转差系数 b_p 作有差调节，其微机调节器的典型框图如图 3－49 所示。b_p 的输入信号取自于 PID 调节器的输出与功率给定的比较，而输出是与 PID 输入信号进行比较，并只送到积分通道。因此，只需将（3—40）式和（3—41）式中的积分分量用 $D_y(n)$ 和 $\Delta D_y(n)$ 代替，就可得到用于实际的微机调节器控制算式。根据分析推导，可得：

$$D_{yi}(n)=D_{yi}(n-1)+K_I\{e(n)-b_p\times[D_y(n-1)-P_g(n)]\} \quad (3-42)$$
$$\Delta D_{yi}(n)=K_I\{e(n)-b_p\times[D_y(n-1)-P_g(n)]\} \quad (3-43)$$

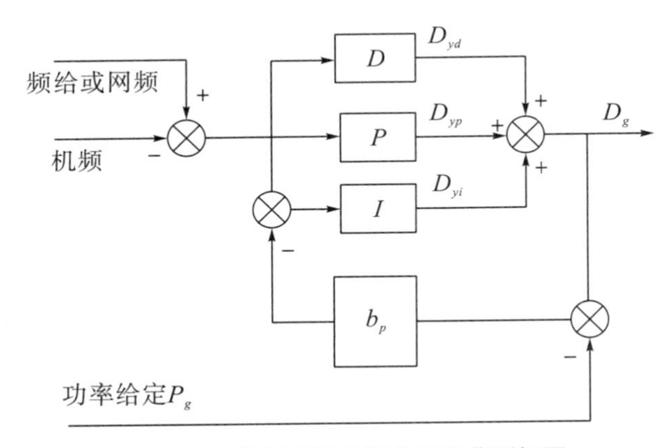

图 3－49　并网后微机调节器的典型框图

因此，在考虑 b_p 时的实用的位置型数字 PID 微机调节器控制算式为

$$D_y(n)=K_Pe(n)+D_{yi}(n-1)+K_I\{e(n)-b_p[D_y(n-1)-P_g(n)]\}+\frac{\frac{K_d}{T}}{1+\frac{T_d}{T}}[e(n)-e(n-1)]+\frac{\frac{T_d}{T}}{1+\frac{T_d}{T}}D_{yd}(n-1) \tag{3-44}$$

同理，考虑 b_p 时的实用的增量型数字 PID 微机调节器控制算式为

$$\Delta D_y(n)=K_P[e(n)-e(n-1)]+K_I\{e(n)-b_p[D_y(n-1)-P_g(n)]\}+\frac{\frac{K_d}{T}}{1+\frac{T_d}{T}}[e(n)-2e(n-1)+e(n-2)]+\frac{\frac{T_d}{T}}{1+\frac{T_d}{T}}[D_{yd}(n-1)-D_{yd}(n-2)] \tag{3-45}$$

第 7 节　微机调速器的软件系统

微机调速器的应用软件是根据机组的不同工况和要求、硬件的配置以及功能的设置而具体设计的。在此，主要介绍调节控制原理、调节模式、实时监控管理和软件程序。

§3.7.1　微机调速器调节控制原理

微机调速器是根据机组的多种运行工况，采用不同的控制规律、控制结构和调节参数，这些功能的改变是通过软件来实现的。

1．闭环开机

微机调速器可以实现闭环开机，在整个开机过程中，转速反馈信号一直接入，调节系统自始至终处于自动调节状态，其原理如图 3－50 所示。图中，F_G 为频率给定值，当频率给定值从零按一定规律增至额定值时，已处于自动调节状态的调节系统的频率将随着频率给定值变化，直至达到额定转速，从而实现了闭环开机过程。

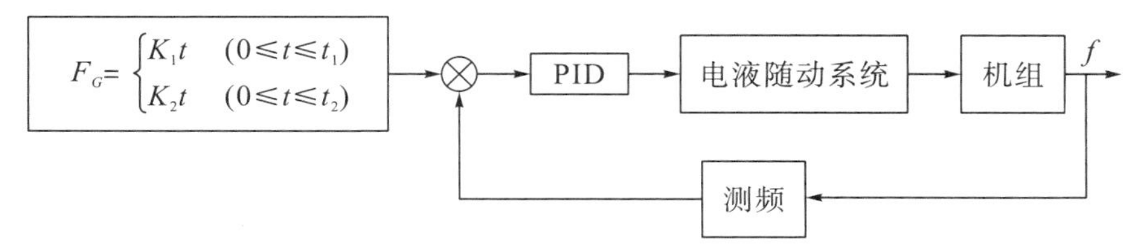

图 3－50　闭环开机原理

频率给定值 F_G为两段折线规律变化，由软件实现。停机时，$F_G=0$，机组处于停机状态，当接到开机令时，频率给定值 F_G将按两段折线规律变化，机组在微机调速器和电液随动系统的控制下按给定规律平稳地升至额定转速。

2. 频率调节和频率跟踪

1）频率调节

频率调节原理如图 3－51 所示。当机组处于空载运行，调速器在自动工况，频率跟踪功能退出（标志开关"合"），调速器受频率给定值 F_G控制，该值与机组频率相减，微机调速器对其差值进行 PID 运算，其结果通过电液随动系统驱动导水机构，改变进入水轮机的流量，直至机组频率值等于频率给定值，差值为零时为止。

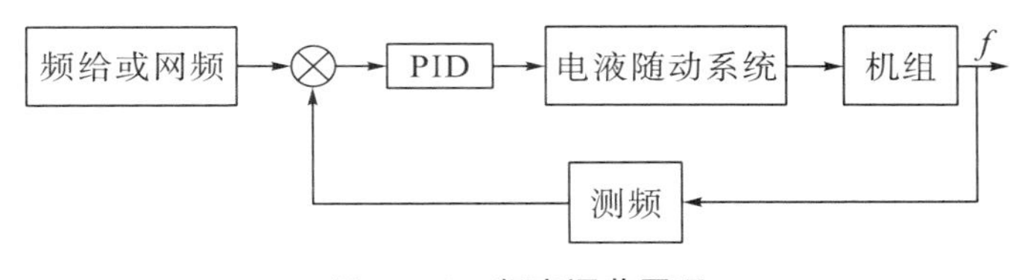

图 3－51　频率调节原理

频率给定值可以通过键盘输入，也可以由上位机或自动准同期装置发出的增减开关量命令进行调整。

2）频率跟踪

当投入频率跟踪功能时（标志开关"断"），在微机调速器中，自动地将网频作为调速器的频率给定值，与频率自动调节过程一样，在调节过程终了时，机组频率值与频率给定值（网频）相等，实现了机组频率跟踪电网频率的功能。

3. 相角控制

为缩短并网时间，在投入频率跟踪功能的同时投入相角控制功能，这时调节系统框图如图 3－52 所示。微机调速器测量机组电压和电网电压的相角差 $\Delta\varphi$，经 PI 运算后其结果与频差经 PID 运算后的值相加，作为控制信号控制机组电压的频率和相角。调整相差的 PI 运算参数，可使机组电压和电网电压相角差在零度附近不停地摆动，摆动幅度与摆动周期可以通过 PI 参数改变，一般调整到每分钟摆动 5～10 次。这时，微机调速器控制的机组的并网机会就会频繁出现，可实现机组快速自动准同期。

4. 机组并网后的控制

机组在并网前空载运行时，调节器按频差进行 PID 运算，该微机调速器采用位置式 PID 算法。当机组并网后，频率给定值 F_G 自动整定为 50 Hz，b_p 为某一整定值，同时切除微分，增大积分常数，并投入人工失灵区。其控制系统原理如图 3－53 所示。当上位机或机旁增减功率按钮发出增减负荷命令时，功率给定软件将按 $a_0 \pm Kt$ 的规律改变给定值

P_g。P_g信号一方面通过前馈回路直接控制积分输出值，另一方面与调节器输出值相比较，差值通过 b_p 回路调整功率。

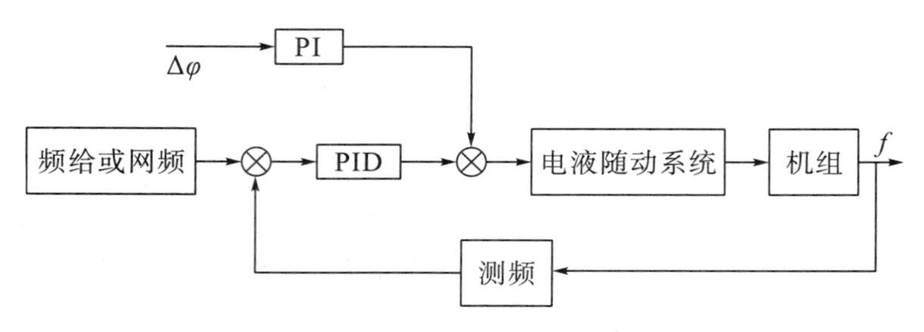

图 3－52　具有相角控制的调节系统框图

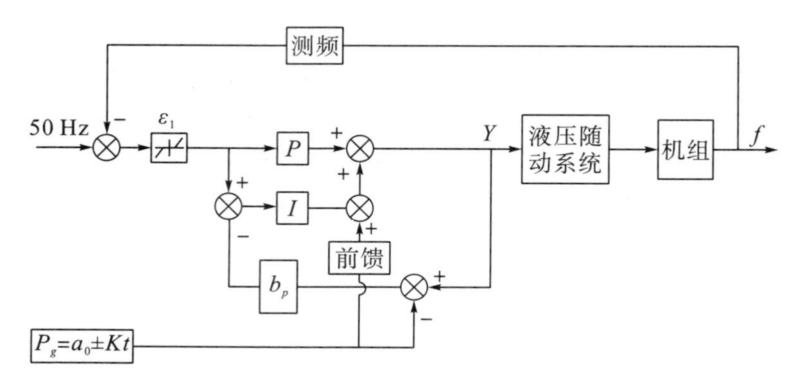

图 3－53　机组并网后控制系统原理

人工失灵区原理图如图 3－54 所示。水轮机调节系统的静特性 AB 线，如果在此基础上以适当的方法使其在给定功率 P_0附近静特性有很陡的斜率，如图中 2～3 段，则可以实现当系统频差在该段范围内（$F_G-\Delta f_{\max}$，$F_G+\Delta f_{\max}$）该机组基本上不参加调节，从而起着固定负荷的作用，即人为地造成失灵区，以利于机组稳定地承担基本负荷，也有利于电力系统的运行。但当系统频率偏差较大，即超过 2～3 段范围时，机组仍保持原来静特性的斜率，使机组有效地参加调节。

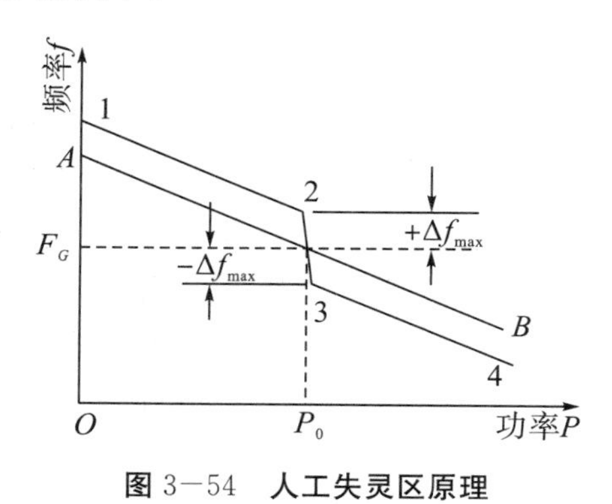

图 3－54　人工失灵区原理

§3.7.2　微机调速器调节模式

对于机械液压型调速器和电液调速器来说，其运行调节模式通常采用频率调节模式，即调速器是根据频差（即转速偏差）进行调节的，故又称转速调节模式。

微机调速器一般具有频率调节模式、开度调节模式和功率调节模式三种调节模式。三种调节模式应用于不同工况，其各自的调节功能及相互间的转换都由微机调速器来完成。

1. 频率调节模式（转速调节模式）（FM）

频率调节模式适用于机组空载自动运行、单机带孤立负荷或机组并入小电网运行、机组并入大电网作调频方式运行等情况。如图 3—55 所示，频率调节模式有下列主要特征：

（1）人工频率死区、人工开度死区和人工功率死区等环节全部切除。

（2）采用 PID 调节规律，即微分环节投入。

（3）调差反馈信号取自 PID 调节器的输出 Y，并构成调速器的静特性。

（4）微机调速器的功率给定实时跟踪机组实时功率 P，其本身不参与闭环调节。

（5）在空载运行时，可选择系统频率跟踪方式，图中 K_I 置于下方，b_p 值取较小值或为 0。

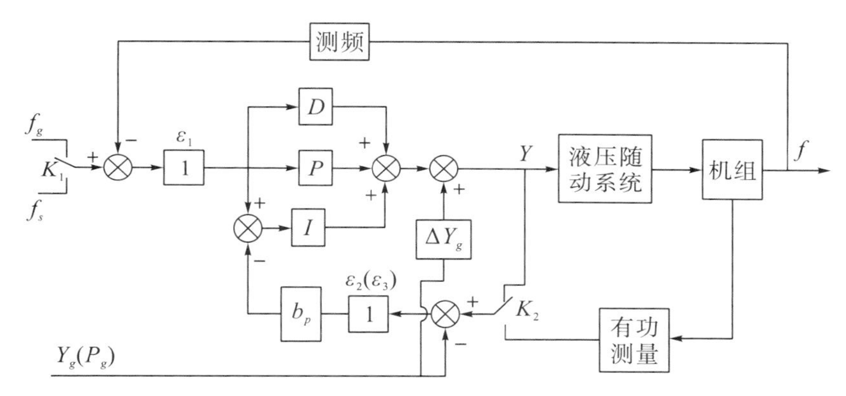

图 3—55　微机调速器调节过程框图（频率调节）

2. 开度调节模式（YM）

开度调节模式是机组并入大电网运行时采用的一种调节模式，主要用于机组带基荷运行工况。如图 3—56 所示，开度调节模式有下列主要特征：

（1）人工频率死区、人工开度死区和人工功率死区等环节均投入运行。

（2）采用 PI 控制规律，即微分环节切除。

（3）调差反馈信号取自 PID 调节器的输出 Y，并构成调速器的静特性。

（4）微机调节器通过开度给定 Y_g 改变机组负荷，而功率给定不参与闭环负荷调节，功率给定 P_g 实时跟踪机组实际功率，以保证由节度调节模式切换至功率调节模式时实现无扰动切换。

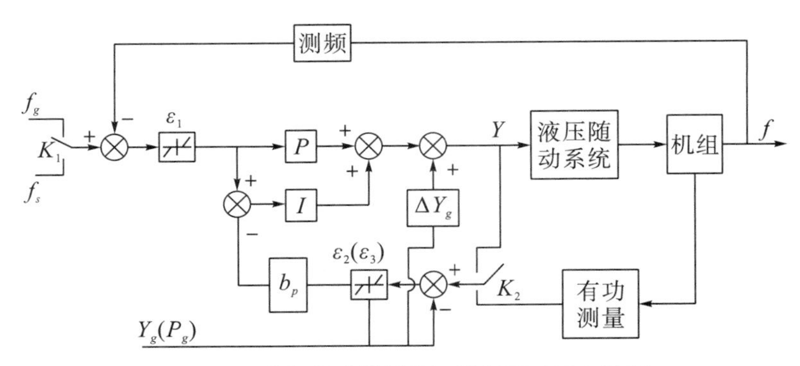

图 3－56　微机调速器调节过程框图（开度调节）

3．功率调节模式（PM）

功率调节模式是机组并入大电网后带基荷运行时应优先采用的一种调节模式。如图3－57所示，功率调节模式有下列主要特征：

（1）人工频率死区、人工开度死区和人工功率死区等环节均投入运行。

（2）采用 PI 控制规律，即微分环节切除。

（3）调差反馈信号取自机组功率 P，并构成调速器的静特性。

（4）微机调节器通过功率给定 P_g 改变机组负荷，故特别适合水电站实施 AGC 功能，而开度给定不参与闭环负荷调节，开度给定 Y_g 实时跟踪导叶开度值，以保证由功率调节模式切换至开度调节模式或频率调节模式时实现无扰动切换。

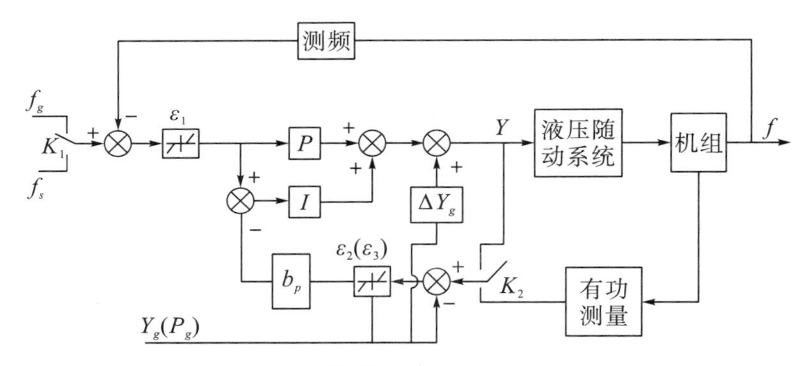

图 3－57　微机调速器调节过程框图（功率调节）

4．调节模式之间的相互转换

三种调节模式之间的相互转换过程示意如图 3－58 所示。

（1）机组自动开机后进入空载运行，调速器处于频率调节模式工作。

（2）当发电机出口开关闭合时，机组并入电网工作，此时调速器可在三种模式下的任何一种调节模式工作。若事先设定为频率调节模式，机组并网后，调节模式不变；若事先设定为功率调节模式，则转为功率调节模式；若事先设定为开度调节模式，则转为开度调节模式。

（3）当调速器在功率调节模式下工作时，若检测出机组功率反馈故障，或有人工切换命令时，则调速器自动切换至开度调节模式工作。

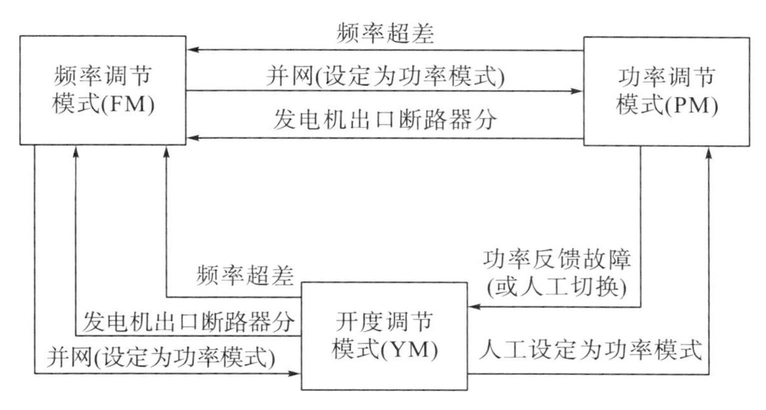

图 3－58　调节模式相互转换过程示意图

（4）当调速器工作于功率调节或开度调节模式时，若电网频率偏离额定值过大（超过人工频率死区整定值），且保持一段时间（如持续 15 s），调速器自动切换至频率调节模式工作。

（5）当调速器处于功率调节或开度调节模式下带负荷运行时，由于某种故障导致发电机出口开关跳闸，机组甩掉负荷，同时调速器也自动切换至频率调节模式，使机组运行于空载工况。

§3.7.3　微机调速器实时监控管理

调速器运行过程中需要对运行状态、各种参数、油压装置、故障情况等进行实时监控。微机调整器实时监控内容如图 3－59 所示，实时监控界面如图 3－60 所示。

监控画面采用液晶屏显示，从图 3－60 的画面可以清楚地看到当前 A、B 套哪个为主调速器，机组当前所处的运行状态，调速器是否正常运行，当前机组的频率、导叶开度、运行水头、功率和平衡表等。同时还有频率给定、功率给定、限制开度，可以对其进行修改，画面中间有频率/频给表、开度/开限表、功率/功给表，能实时显示当前工况下的频率给定/机组实际频率、限制开度/机组实际开度、功率给定/机组实际功率值。

画面上有“状态”“参数”“故障”“试验”“录波”“油压装置”“系统设置”“帮助”功能模块，点击其中任意一个模块，就可以进入相应状态显示，了解各个参数或设备的运行状态，如图 3－61 所示。

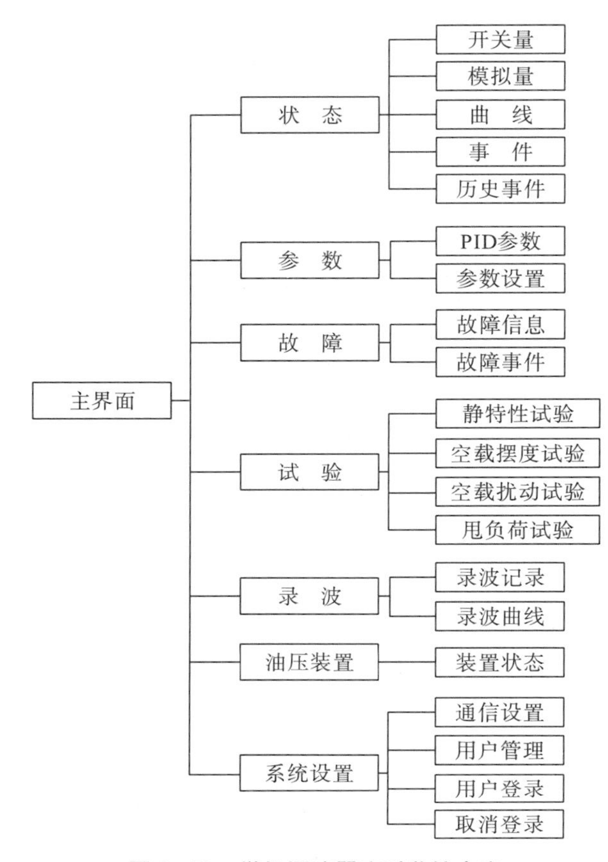

图 3－59　微机调速器实时监控内容

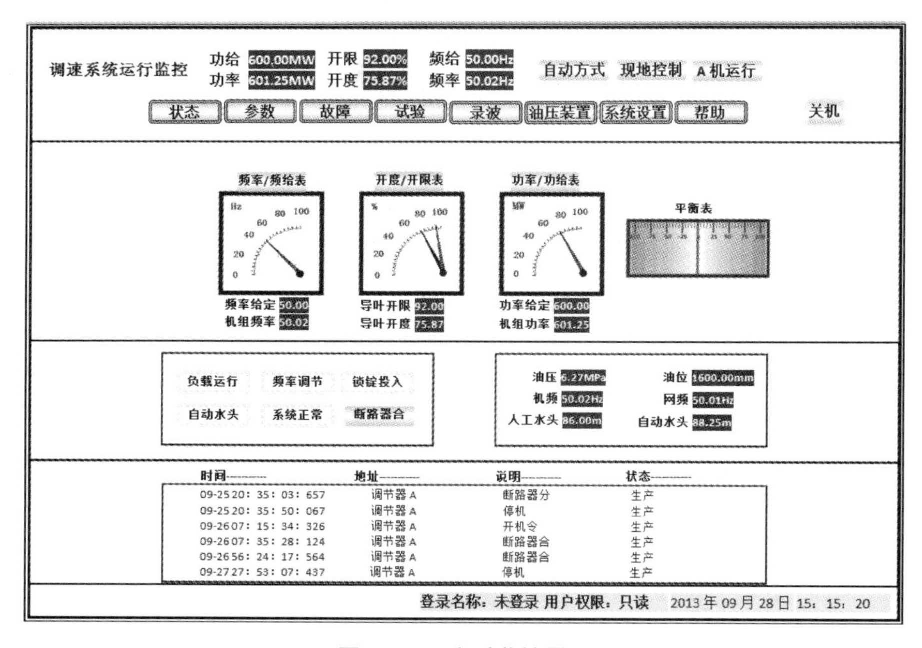

图 3－60　实时监控界面

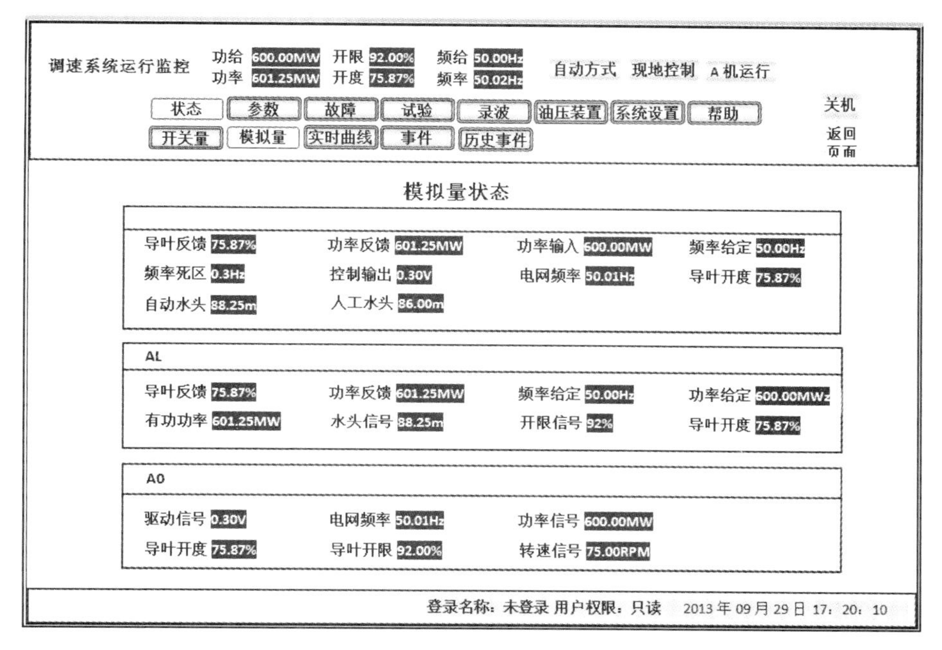

图 3－61　查看状态量

§3.7.4　微机调速器软件程序

微机调速器的软件程序由主程序和子程序组成。其中，主程序控制微机调速器的主要工作流程，完成模拟量的采集和相应数据处理、控制规律的计算、控制命令的发出以及限制、保护等功能。子程序包括频率测量子程序、PID 运算子程序、模式切换子程序等，完成水轮发电机组的频率测量、PID 计算以及微机调速器工作模式的切换等任务。

1. 主程序

微机调速器的控制软件是按模块结构设计，即把有关工况控制和一些共用的控制功能先编成一个个独立的子程序模块，再用一个主程序把所有的子程序串接起来。主程序流程如图 3－62 所示。

当微机调节器开机后，首先进入初始化处理，即对可编程控制器的特定元件设置初始状态，对特殊模块设置工作方式及有关参数，对寄存器特定单元（如存放采样周期，调节参数 b_p，b_t，T_d，T_n；或采样周期，b_p，K_P，K_I，K_D 等数据寄存器）设置缺省值等。

测频及频差子程序包括对机频和网频计算，并计算频差值。

A/D 转化子程序主要是控制 A/D 转化模块把水头、功率反馈、导叶反馈等模拟信号变化为数字量。工况判断则是根据机组运行工况及状态输入的开关信号，以便确定调节器应当按何种工况进行处理，同时设置工况标志，并点亮工况指示灯。

对于伺服系统是电液随动系统的微机调速器，各工况运算结果还需通过 D/A 转换单元变为模拟电平，以驱动电液随动系统。对于数字伺服系统，则不需要 D/A 转化。

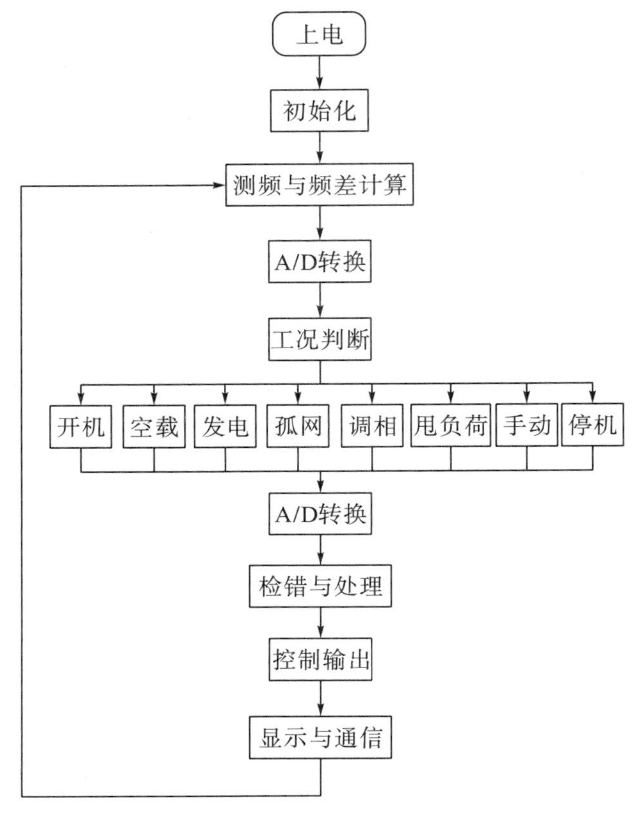

图 3－62　微机调速器主程序流程

2. 子程序

1）开机控制子程序

如图 3－63 所示，当调速器接到开机令时，先判断是否满足开机条件，如果满足，置开机标志，并点亮开机指示灯。然后检测机组频率，当频率达到并超过 45 Hz 时，将启动开度到空载整定开度，并转入空载控制程序，进行 PID 运算，自动控制机组转速于给定值。当机组并网后，则把开度限制自动调到 100％开度或按水头设定的开度值。开机过程结束，清除开机状态，灭开机指示灯。置发电标志并点亮发电指示灯。

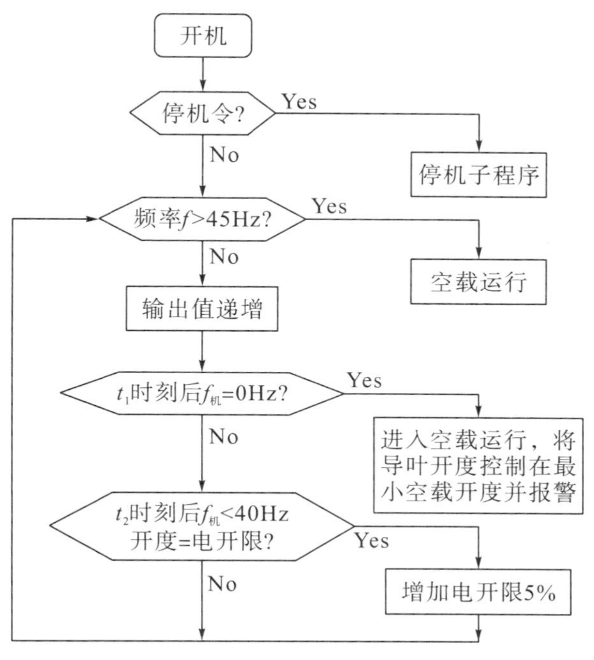

图 3－63　开机控制子程序流程

2）空载控制子程序

当机组开机后，频率大于 45 Hz 时，机组进入空载工况，机组在空载工况主要是进行 PID 运算，使机组转速维持在空载给定值范围内，空载运行一般采用频率调节模式，如图 3－64 所示。

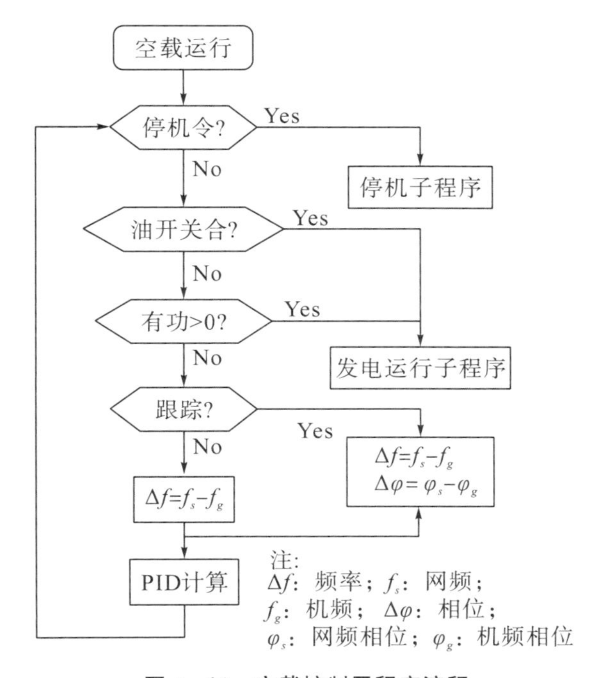

图 3－64　空载控制子程序流程

3）PID 运算子程序

PID 运算子程序，先调用频差子程序，再分别调用人工失灵区子程序、比例运算子程序、积分运算子程序、前馈控制子程序、微分运算子程序以及限幅子程序，最后求和得到 PID 总值。在增量型 PID 运算中，先是分别求出比例项、微分项和积分项的增量，再求各分量之和，然后与前一采样周期的 PID 值求和，最后得到本采样周期的 PID 值，如图 3－65所示。

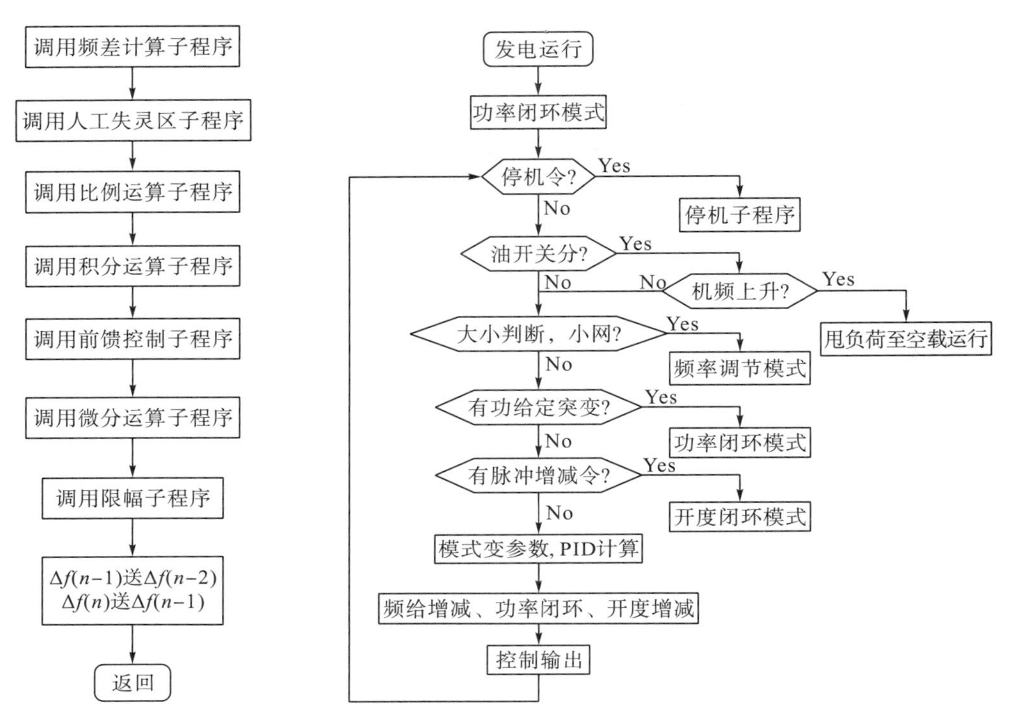

图 3－65　PID **运算子程序流程**

图 3－66　**发电控制子程序流程**

4）发电控制子程序

发电运行分为大网运行和孤网运行两种情况。在孤网运行时，总是采用频率调节模式。在大网运行时，可选择前述三种调节模式中的任一种调节模式，如图 3－66 所示。

5）停机控制子程序

当调速器接到停机令时，首先判断机组是否处于调相运行，从停机子程序转出，先进入调相转发电，再由发电转停机。如果机组不在调相，则置停机标志，并点亮停机指示灯，然后判断功率给定值是否不在零位。若是，自动减功率给定，一直到功率为零。然后把开度限制减至空载，等待发电机开关跳开后，进一步把开度限制关到全关，延长 2 min，确保转速降到零后，清除停机标志，停机灭火。停机控制子程序流程如图 3－67 所示。

6）无扰动切换子程序

如图 3－68 所示，能够做到任何切换、断电、上电，保持负荷和开度不变，自动电手动、机手动之间任意切换，无扰动。当电源消失时，保持开度不变，当电源恢复后，自动跟踪当前开度，并无扰动地恢复到当前运行工况。

正常运行时双机之间的切换、电液转换环节的切换、控制或操作方式的切换（包括纯手动操作)、事故切换等，复中归零设计因此能保证水轮机导叶小于全行程的0.3%或发电机负荷的无扰动切换，在稳态运行工况实现无缝切换。

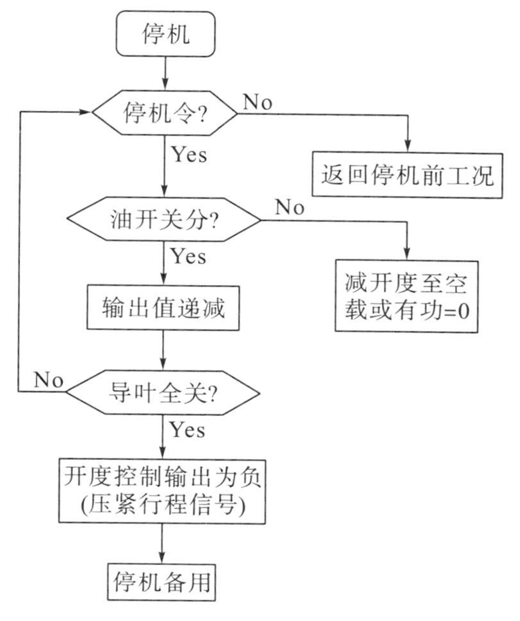

图3-67 停机控制子程序流程

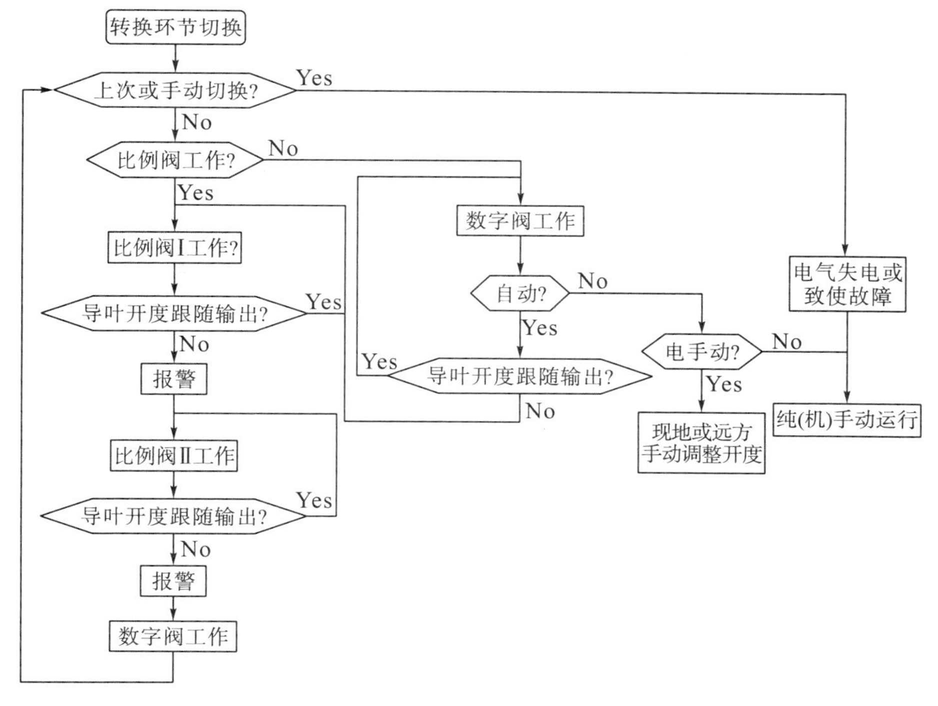

图3-68 无扰动切换子程序流程

7）甩负荷子程序

机组甩负荷后，调速器进入甩负荷子程序，将电气开度限制 L 以一定的速度关闭至

空载开度 Y_{KJ}，并转入空载运行状态。如果此时接收到停机指令，则转入停机子程序，如图 3－69 所示。

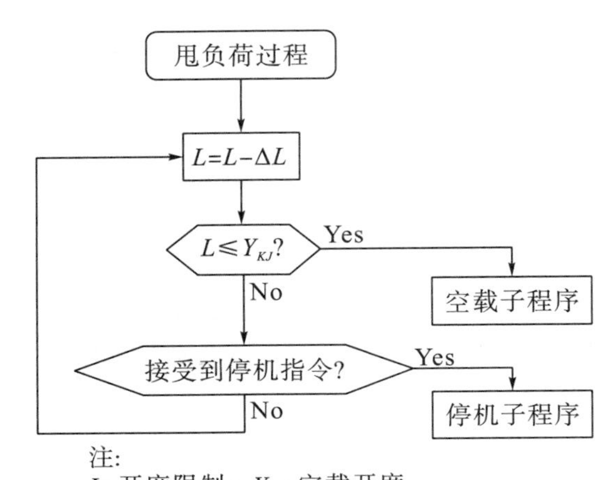

图 3－69　甩负荷子程序流程

此外，机组根据机组不同要求，还可能有调相控制子程序、手动控制子程序、频率跟踪子程序等，可参考有关资料。

第 8 节　PLC 微机调速器的硬件原理

由于 PLC 微机调速器具有可靠性高、使用和编程方便、与其他装置接口和通信容易、性能优良等优点，因而得到了广泛应用。不同厂家生产的 PLC 微机调速器的结构布置、电/机转换装置、液压操作系统具有各自的特点。在此，以图 3－70 为例，介绍 PLC 微机调速器的硬件原理。

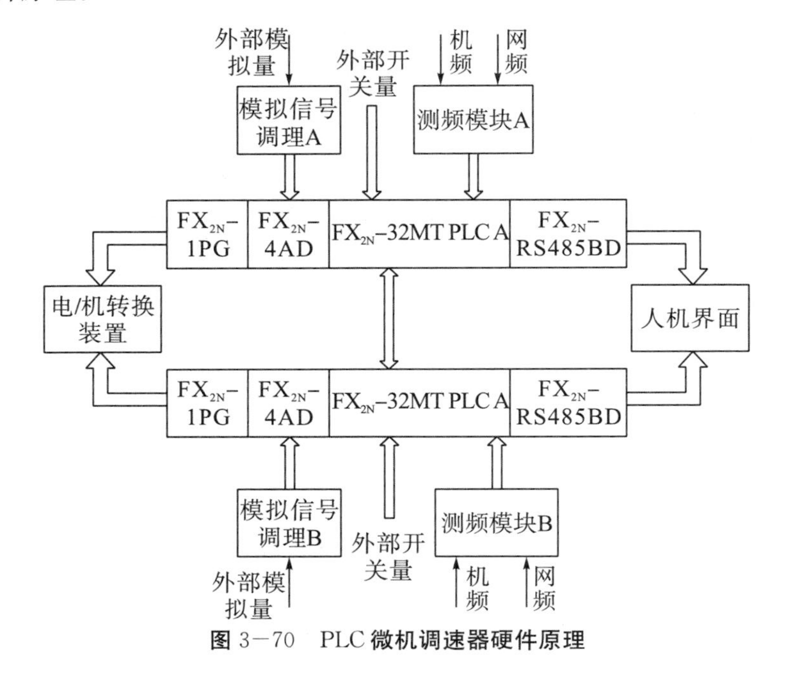

图 3－70　PLC 微机调速器硬件原理

§3.8.1　测频模块

PLC 调速器的测频有两种方式：一是通过 PLC 直接测频；二是通过单片机测频后通过 I/O 接口将测频结果送至 PLC。前者的优点是简单、方便，缺点是对许多系列的 PLC 来说，其一般的计数最高频率为 20～60 kHz，而其高速计数模块的最高计数频率一般也只能达到 100～200 kHz，显然这与单片机内部的兆数量级的时钟相比有很大的差距，PLC 较低的时钟频率会影响到频率测量分辨率以及频率测量的时间响应特性等问题。后者的缺点是必须自行生产印刷电路板组件，却又不能形成批量生产，从而使可靠性受到一些影响。PLC 直接测频参考§3.4.3 节，下面介绍单片机测频原理。

80C51FA 是美国 INTEL 公司用高速 CMOS 工艺生产的单片机，它使用 8051 指令系统，如图 3－71 所示。其外部引脚 p1.3，p1.4，p1.5，p1.6 和 p1.7 将外部控制信号引入单片机内，PCA 可对其每一个外部信号实现正沿触发、负沿触发或正负沿均触发，PCA 按设定接收到上述外部信号触发后，即产生中断、自动将触发时的 CH、CL 值“捕陷”装入相应的寄存器 $CCAP_iH$、$CCAP_iL$（$i=0$，1，2，3，4）中。PCA 计数器是由 CH 和 CL 构成的一个对时钟 CLOCK 信号进行定时/计数的 16 位计数器，计满 16 位后，产生溢出中断，CH 和 CL 又重新从零值开始计数。时钟 CLOCK 可由程序设定为：

(1) $F_{osc}/12$（F_{osc}是 80C51FA 的晶体振荡频率，一般取为 12 MHz），即单片机晶体振荡频率的 12 分频值。

(2) $F_{osc}/4$，即单片机晶体振荡频率的 4 分频值。当 $F_{osc}=12$ MHz 时，$F_{osc}/4=3$ MHz，就选这一信号作为时钟 CLOCK 信号。

(3) 定时器 0 每溢出一次，PCA 值增加 1。

(4) 外部时钟信号 ECI 由外部引脚 p1.2 接入，其频率不得高于 $F_{osc}/8$。

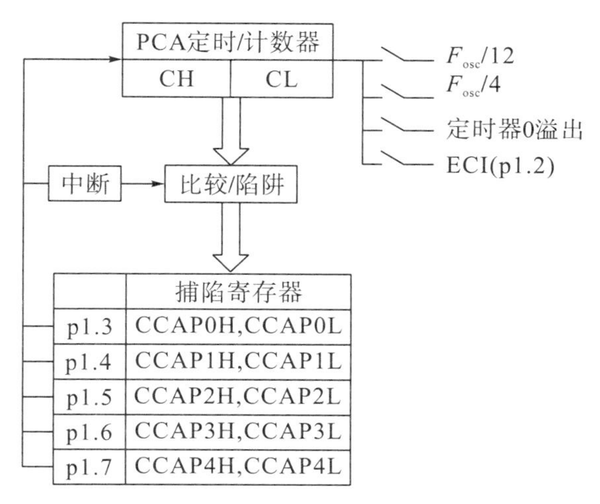

图 3－71　PCA 定时/计数器的工作原理框图

基于 80C51FA 单片机频率测量硬件原理如图 3－72 所示。机组频率信号经放大整形后变成方波信号，再送到 80C51FA p1.3 引脚——PCA 定时/计数模块 0，同时该方波信号经单稳触发器作为故障检测信号，送到引脚 p1.0。当机组频率信号的有效值大于0.2 V时，图 3－73 所示 *a* 点能得到与之对应的方波信号，此时 p1.0 引脚信号为高电平；当机组频率信号不正常时，a 点无方波信号，单稳触发器延时后，p1.0 引脚成为低电平。因此，p1.0 引脚上电平的高或低可作为机组频率信号正常与不正常的判断依据。

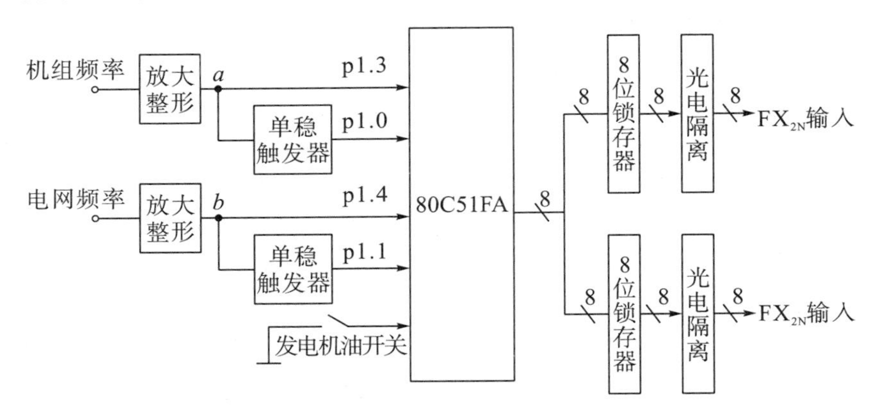

图 3-72　80C51FA 单片机频率测量硬件原理

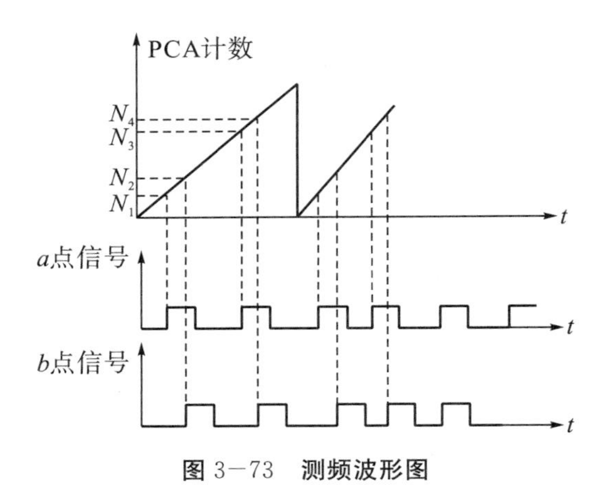

图 3-73　测频波形图

与机组频率信号类似，电网频率信号经放大整形后在 b 点得到方波信号，它送至 80C51FA 的引脚 p1.4——PCA 定时/计数模块 1，经过单稳触发器的电平信号，送到 80C51FA 引脚 p1.1，作为判断网频信号正常与否的依据。

将 a 点和 b 点信号均设置成上升沿触发中断和捕陷，如图 3-73 所示。对于机组频率信号，可得两次上升沿对应的 N_1 和 N_3 计数值；对于网频信号，可得两次上升沿对应的 N_2 和 N_4 计数值。显然，若记：

$$\begin{cases}\Delta N_g = N_3 - N_1 \\ \Delta N_n = N_4 - N_2\end{cases} \tag{3-46}$$

则 ΔN_g 与被测机组频率信号的周期成正比，ΔN_n 与被测电网频率信号的周期成正比。若取图 3-71 所示中的 CLOCK 信号为 $F_{osc}/4=3$ MHz，则当机组频率 $f_g=50$ Hz 时，$T_g=0.02$ s，$\Delta N_g=60000$；若记测得的单片机内的机组频率为 F_g，电网频率为 F_n，取频率转换系数 $K_f=25000$，则其计算公式如下：

$$
\begin{cases}
F_g = \dfrac{1.5 \times 10^9}{\Delta N_g} \\
F_n = \dfrac{1.5 \times 10^9}{\Delta N_n}
\end{cases}
\qquad (3-47)
$$

把发电机出口油开关接点的通断状态作为开关量信号引入到 80C51FA。这时处理、计算频率测量结果的要点如下：

（1）根据 p1.0 和 p1.1 引脚电平高/低，可分别判断机频信号和网频信号的正常/不正常状态。

（2）计算频差信号 ΔF。

（3）机组出口油开关合上，表示被控机组并入电网运行，此时只测量机组频率，不测量电网频率。当取 $K_f=25000$ 时，频差信号计算公式为

$$
\Delta F' = 25000 - F_g \qquad (3-48)
$$

由于等号右边第一项是频率给定 $f_c=50$ Hz 对应的 PLC 机内计算值 $F_c=25000$，所以(3−48)式的频差 $\Delta F'$是相对于频率给定为 50 Hz 的频率偏差。

（4）机组出口油开关断开，表示被控机组在空载工况运行，此时若检测到电网频率信号不正常，则也按（3−48）式计算频差信号 $\Delta F'$；如果网频信号正常，则按下式计算 $\Delta F'$：

$$
\Delta F' = F_n - F_g \qquad (3-49)
$$

（5）频率测量异常（干扰）值滤波处理。鉴于水轮发电机组具有惯性，故在两次采集和计算机组频率 F_g、电网频率 F_n 和频差 $\Delta F'$时，其差值$|\Delta F'(k)-\Delta F'(k-1)|$不应大于某一数值：测频采样周期为 40 ms（机组频率为 50 Hz）时，可以认为机组频率在40 ms 间隔内，数值变化不可能大于 0.3 Hz（单片机内的计算结果相对值为$\frac{2500}{50}\times 0.3=150$）；如果在测量中出现两次相邻测量值的差值超差，则可认为此值是受干扰而引起的异常值。图 3−74 所示的程序框图是一种处理这一异常（干扰）值的方法。

（6）频差信号 $\Delta F'$的输出。由图 3−72 可知，两个 8 位锁存器组成的 16 位的频差 $\Delta F'$输出口经光电隔离后，与可编程控制器的 16 个开关量输入点相连，在 $\Delta F'$的信号中，通过 16 位信号中的特征位或特征值，还可以向 PLC 传送下列辅助信息：①机频 f_g 正常/不正常；②网频 f_n 正常/不正常。

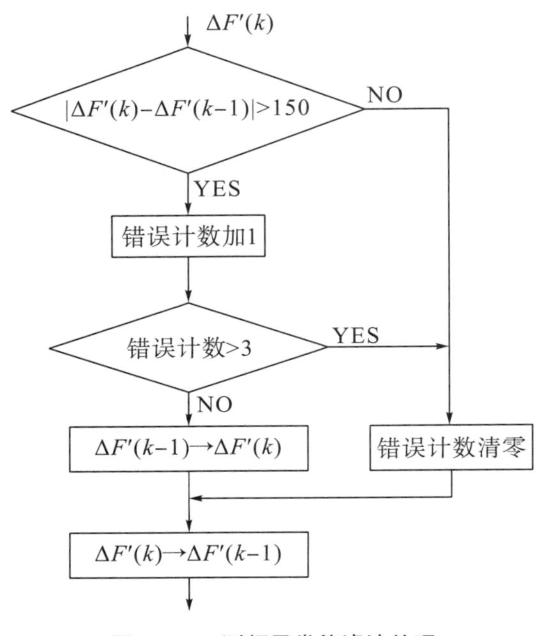

图 3－74 测频异常值滤波处理

§3.8.2 FX_{2N}可编程控制器的特点

FX_{2N}可编程控制器是日本三菱公司的 PLC 产品，具有技术先进、性价高等特点，因此，在水轮机微机调速器上得到了广泛应用。其具有以下一些特点：

（1）FX_{2N}系列 PLC 具有单元式和模块式的混合结构。它包含基本单元（CPU、内部存储器开关量输入/输出模块和电源模块）、扩展单元（内含开关量输入/输出模块和电源模块）、开关量扩展模块（由基本单元、扩展单元供电）、特殊扩展功能板及模块。它具有组成系统简单、扩展修改方便、能适应不同功能需求的特点。

（2）内装 8k 具有备用电池的 RAM 存储器，可供用户程序调试及使用；有 16k 的 EEPROM 或 EPROM 存储卡盒供选用。

（3）通过 MEDOC 等编程软件，可在其菜单提示下，方便快速地编辑用户程序；可以在线或离线修改数据及用户程序；可以在线监视 PLC 系统运行状态；当 PLC 自检出错时，提示故障类型及原因。

（4）具有包括顺序功能图方式、梯形图方式和指令字方式的应用指令集。用户在进行应用程序编辑时十分简单和方便。

（5）具有多达 15 点的中断功能，能较好地满足用户需求。

§3.8.3 模拟信号调理

模拟信号调理的准确与否直接关系到整个系统的工作性能，对水电厂而言，在设计信号调理电路时应着重考虑两方面的因素：①滤除现场的干扰信号，提高信号的信噪比；②应合理设计滤波电路，减少有用信号的衰减和波形的畸变。

调速器在现场采集的模拟信号主要有导叶接力器位移反馈、水头、功率。在信号调理电路中，针对每种信号都有其对应的处理通道。以下就以其中的一路通道为例，对电路的硬件设计作简单的介绍。电路图如图 3－75 所示。

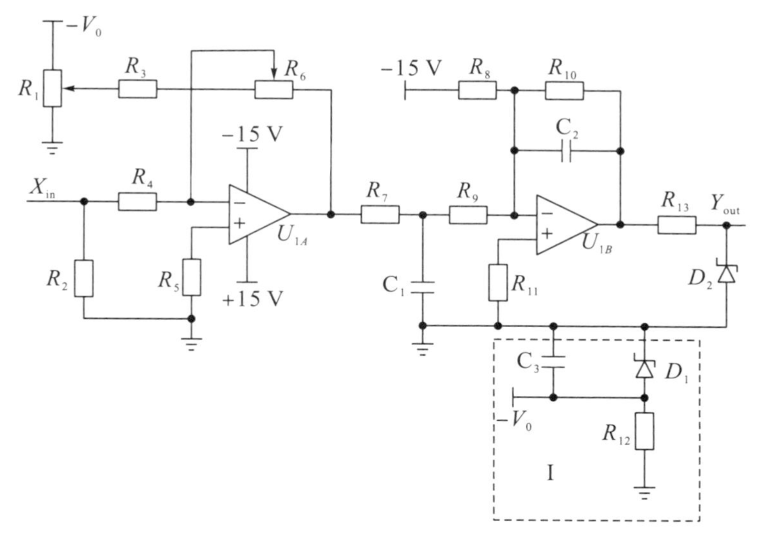

图 3－75　模拟信号调理电路图

在图 3－75 中，虚框Ⅰ部分的作用是提供参考电压 $-V_0$，传感器输出的模拟信号 X_{in} 进入调理板，和参考电压 $-V_0$ 通过由集成运算放大器 U_{1A} 所构成的比较电路进行比较，通过调整电位器 R_1 将模拟输入信号 X_{in} 调零，然后经过由 U_{1B} 所构成的滤波电路滤波后，变为所需要的信号 Y_{out}，送入 PLC 的 FX_{2N}－4AD 模块进行 A/D 变换。

§3.8.4　PLC 微机调速器的模拟量接口

1. 模拟量输入

常用的模拟输入量包括导叶接力器位移信号、桨叶接力器位移信号（对双调节调速器）、机组功率信号、水头信号等。其接线原理如图 3－76 所示。模拟量输入信号通过有屏蔽的双绞线接入，且不与电源线或其他产生干扰的线并在一起。对输入的噪音和干扰信号，可在输入两端并接一个 25 V、0.1～0.47 μF 的滤波电容。如果采用电流输入信号（通道 1～CH1），则该通道 V＋与 I＋短接。对电磁干扰，可将模块接地 FG 与 FX_{2N}基本单元接地端相连接。发光二极管的作用分别为：POWER 灯亮，表示扩展扁平电缆连接好；24 V 灯亮，表示对模块供电的＋24 V 电源正常；A/D 灯亮，表示 A/D 转换正常。FX_{2N}－4AD模/数转换特性如图3－77所示。

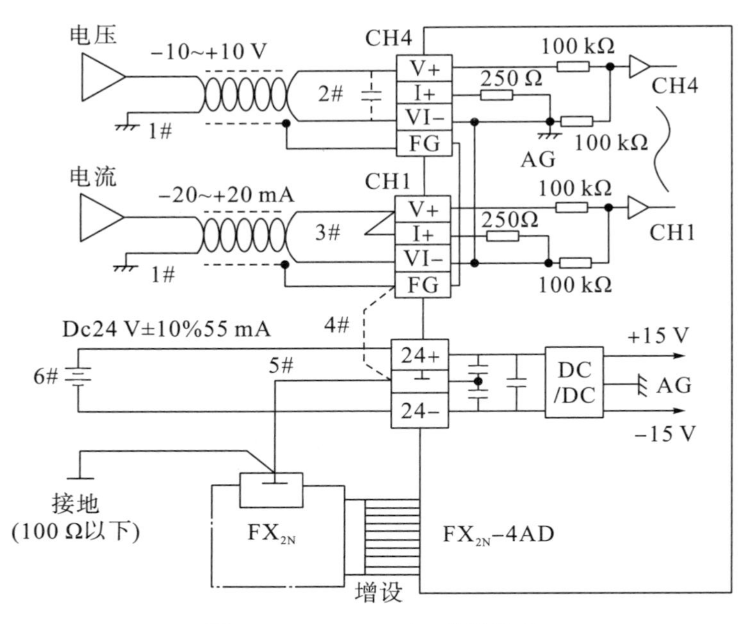

图 3-76 FX2N-4AD 接线原理

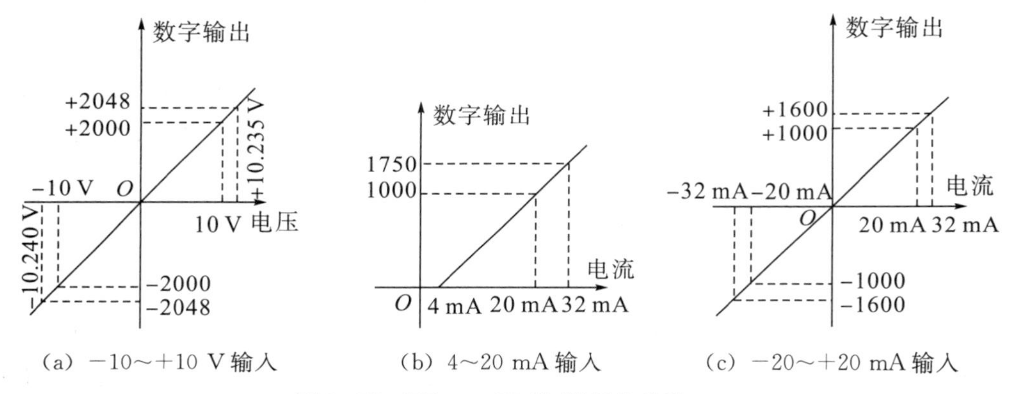

(a) -10～+10 V 输入 (b) 4～20 mA 输入 (c) -20～+20 mA 输入

图 3-77 FX2N-4AD 模/数转换特性

2. 模拟量输出

常用的模拟输出量有导叶接力器控制信号、桨叶接力器控制信号、步进电机速度模拟电压信号等。FX2N-2AD 的接线原理如图 3-78 所示。

(1) 用来输出电压时，为减小噪音和干扰信号，可在输出端并联一个 0.1～0.47 μF 的电容。

(2) 用来输出电压时，将 IOUT 与相应的 COM 端短接，由 VOUT 和 COM 端输出电压。

(3) 用来输出电流时，直接由 IOUT 和 COM 端送出电流信号。

(4) FX2N需两组电源：24VDC/85 mA 和 5VDC/30 mA，均由基本单元供电。

(5) 发光二极管的作用：POWER 灯亮，表示扩展电缆连接好。

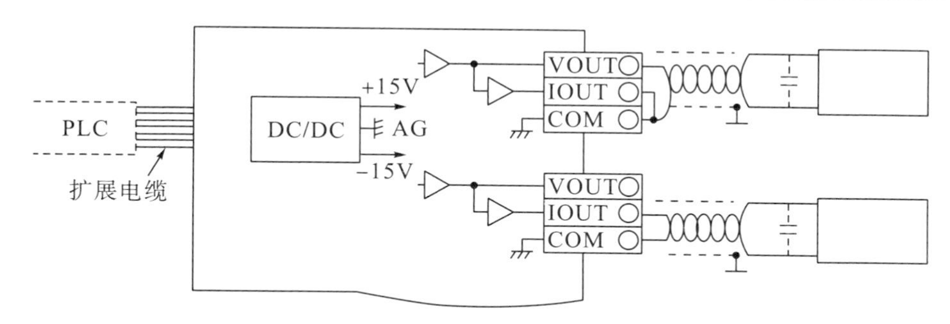

图 3−78　FX_{2N}−2AD 接线原理

FX_{2N}−2DA 转换特性如图 3−79 所示。本模块在盖板内设有 GAIN（增益）和 OFFSET（偏移）调整开关，可以调整转换特性的斜率（增益）和零点（偏移）。

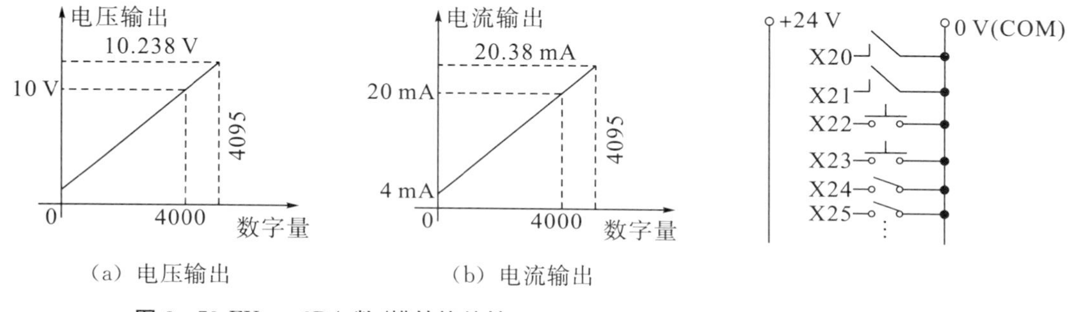

（a）电压输出　　（b）电流输出

图 3−79 FX_{2N}−2DA 数/模转换特性　　图 3−80　开关量输入接线原理

§3.8.5　PLC 微机调速器的开关量接口

1. 开关量输入

开关量输入主要用于接收电站二次回路或机组 LCU 的命令或状态、运行人员的操作命令和频率测量环节的传递信号。

开关量输入接线原理如图 3−80 所示。图中的+24 V（COM）是 FX_{2N}基本单元提供的开关量输入电源，所有的开关量输入量均有一个公共端——0 V（COM），另一端则直接连接至 FX_{2N}的相应输入端子。

表 3−1 所列是经常采用的开关量组合，不同厂家的产品可能有所差异。表中水头信号手动表示运行人员可借助“水头修改”“增加”和“减少”按钮来修改并设定机组的运行水头数值；水头信号自动表示机组运行水头值由水头传感器经模/数转换读入，敲击“水头修改”键后，可查看水头值，但不能修改。调节模式手动是指机组空载时进入频率调节模式，机组并入电网时进入开度调节模式，敲击“回车”键后，可在 3 种模式之间转换，满足如图 3−81 所示的调节模式之间的转换条件时，将自动进行相应的转换；调节模式自动表示调速器完全按照如图 3−81 所示的转换关系进行工作，这时，用户敲击“回车”键不起任何作用。

表 3－1　二次回路或 LCU 命令、状态与运行人员操作输入量

输入性质	输入量名称	输入器件	备注
二次回路或机组 LCU	机组断路器	孤立接点	
	开机指令	孤立接点	
	停机指令	孤立接点	
	调相指令	孤立接点	根据需要配置
	远方增加	孤立接点	
	远方减少	孤立接点	
运行人员、技术人员操作	调节模式手动/自动	开关	根据需要配置
	水头信号手动/自动	开关	
	机械液压手动/自动	开关	
	水头修正	按钮	
	电气开限修改	按钮	
	调节参数修改	钥匙开关	
	回车	按钮	
	增加	按钮	
	减少	按钮	
	水位调节	开关	根据需要配置

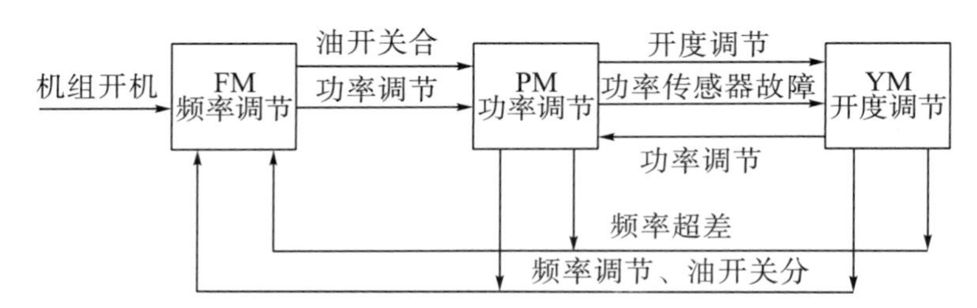

图 3－81　调节模式之间的转换关系

按“远方增加”和“远方减少”按钮，调速器将根据不同的调节模式，对相应的开度给定 Y_c，功率给定 P_c或频率给定 F_c起调节作用。它们不对电气开度限制 L、水头 H 和调节参数 b_t，T_d，T_a，b_p起作用。

2. 开关量输出

在 PLC 水轮机调速器中，开关量输出主要用于发光二极管指示、调速器工作状态数字显示、PID 调节参数显示、步进电机（速度环）旋转方向控制、向电站二次回路或机组 LCU 发送报警信号和调速器自动切换到手动命令等。

1）调速器和被控机组工作状态的发光二极管指示

发光二极管的接线原理如图 3－82 所示。FX_{2N}的输出采用单独的供电电源，其 0 V 端接至 FX_{2N}开关量输出模块的 COM 端。

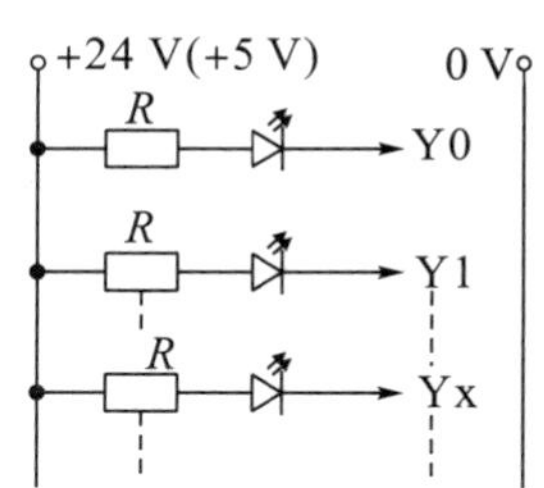

图 3－82　发光二极管与 FX_{2N}输出模块的接线原理图

图中，发光二极管的负端直接连接到 FX_{2N} 输出模块的输出端 Y0，Y1，…，Yx，…，当采用电源电压为 24 V 或 5 V 时，电阻 R 分别为 2.4～3.0 kΩ 或 430～510 Ω。FX_{2N} 开关量输出的发光二极管指示见表 3－2。

表 3－2　FX_{2N} 开关量输出的发光二极管指示

显示性质	显示量名称	显示方式	备注
二次回路或机组 LCU	发电机断路器	亮/暗	
	开机指令		
	停机指令		
	调相指令		
	远方增加		一般不用
	远方减少		一般不用
PLC 微机调速器状态	频率调节模式	亮/暗 三者只亮一只	
	开度调节模式		
	功率调节模式		
	机频正常	亮/暗	
	导叶开度反馈正常		
	浆叶开度正常		双调节用
	测功正常		
	调速器自动		
	调速器手动		
	小网工作		
	故障报警	闪烁	
	电气开限修改		
	水头修改		
	PID 调节参数修改		

2）调速器工作状态数字显示

图 3－83 为 5 位多功能数字显示单元原理框图。LED1～LED5 采用 BCD 码（自带驱动）高亮度 7 段（带小数点则有 8 段）数码管，LED1 显示“序号”，LED2～LED5 显示 4 位数字，Q4～Q7 分别为 LED1～LED5 的选通信号，Q1～Q3 为 LED1～LED5 共用的 BCD 码信号。

FX2N 的输出 Y0～Y3 送出 BCD 码数字信号，经光电隔离后得到 0～+5 V 的 Q0～Q3 信号，Y4～Y10 送出 5 个 LED 的选通信号，经光电隔离后得到与之对应的 Q4～Q10 选通信号。

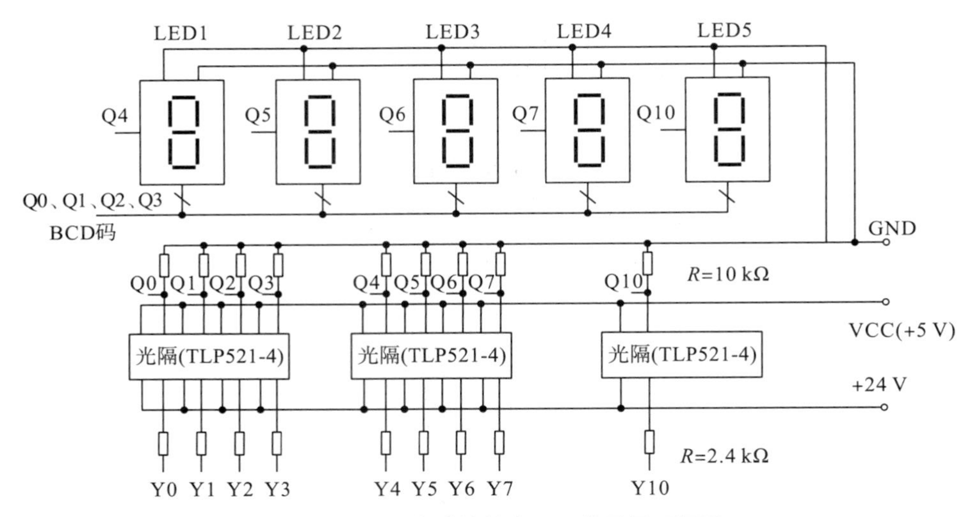

图 3－83　5 位多功能数字显示单元原理框图

多功能数字显示见表 3－3。

（1）常驻显示。在频率调节或开度调节模式下，常驻显示“6”——导叶开度相对值；在调功模式下，常驻显示“5”——机组功率 P_g 相对值。

（2）修改电气开度限制 L 或水头 H。点击“水头修改”键后，“水头修改”灯闪烁，显示由常驻显示变为显示水头值，并通过“增加”或“减少”键，可手动修改运行水头值，在最后一次操作后约 5 s，显示自动转回常驻显示。可采用同样的方法对“电气开限修改”进行显示与修改。

（3）修改 PID 调节参数 b_t，T_d，T_n或 b_p。点击“参数修改”键后，“参数修改”灯闪烁，显示由常驻显示变为显示 b_t值，点击“回车”后，显示 T_d值；依次类推。在显示相应参数序号下，可通过“增加”或“减少”键对其数值进行修改。最后一次操作后约 5 s，自动转回常驻显示。

（4）在常驻显示状态下点击“增加”或“减少”键时的显示。在频率调节或开度调节模式下，由常驻显示变为显示开度给定 Y_c，最后一次操作后约 5 s，自动转回常驻显示导叶开度；在功率调节模式下，由常驻显示机组功率变为显示功率给定 P_c，最后一次操作后约 5 s，自动转回常驻显示机组功率；空载状态下，若电网频率正常，则由常驻显示导叶开度变为显示导叶开度给定；若电网频率不正常，则显示频率给定，最后一次操作后约 5 s，自动转回常驻显示多功能显示单元能根据运行人员的操作，自动的显示与该项操作最密切相关的参量，然后延时返回常驻显示参量。

表 3－3　多功能数字显示

显示序号	显示量	单位
0	水头 H	m
1	电气开度限制 L	%
2	频率给定 f_c	Hz
3	功率给定 P_c	%

续表3－3

显示序号		显示量	单位
4		开度给定 Y_c	%
5		机组功率 P_g	%
6		导叶开度 Y	%
调节参数修改	7	暂态转差系数 b_t	
	8	缓冲时间常数 T_d	s
	9	微分时间常数 T_n	s
	10	永态转差系数 b_p	

3）开关量输出驱动继电器

FX_{2N} PLC 开关量输出驱动继电器的接线原理如图 3－84 所示。在水轮机微机调速器中，常采用下列由 PLC 驱动的继电器：①切手动继电器；②报警继电器；③电液转换器工作线圈继电器。同时在继电器线圈两端反向并联二极管 V1、V2 等。

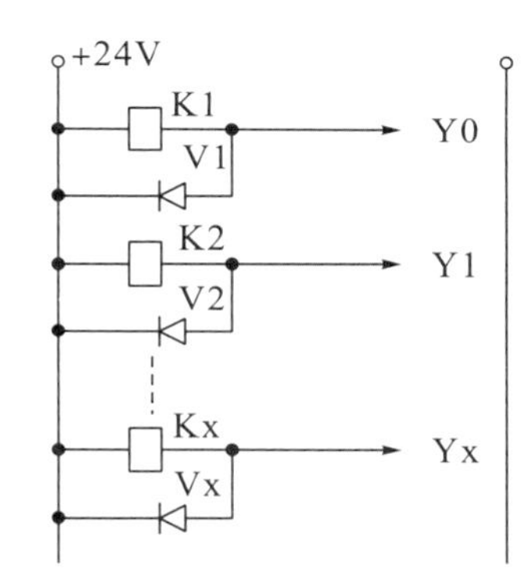

图 3－84　开关量输出驱动继电器接线原理

§3.8.6　PLC 微机调速器电源

PLC 微机调速器一般采用交流 220 V 和直流 220 V 供电的电源，其原理如图 3－85 所示。220 V 交流电压经隔离变压器 B（变比为 1∶1 或 1∶0.9）变压后，驱动交流电源继电器 K1，再经 V1～V4 整流桥得到整流后的直流电压 U_1（＋）～U_1（－），直接对 FX_{2N} PLC 基本单元、MW 开关稳压电源及其他装置供电。必要时，可在 U_1（＋）和 U_1（－）两端并接一个电解电容器 C。220 V 直流电压直接驱动直流电源继电器 K2，DC220 V（＋）经二极管 V5 接至 U_1（＋）端，DC220 V（－）经二极管 V 6接至 U_1（－）端。V1～V6 二极管可采用 1200 V/5 A 整流二极管。图 3－85 中未绘出交流电源和直流电源的电源开关和熔断器。隔离变压器应有屏蔽，变压器容量一般选为总负载的 1.5～1.7 倍。

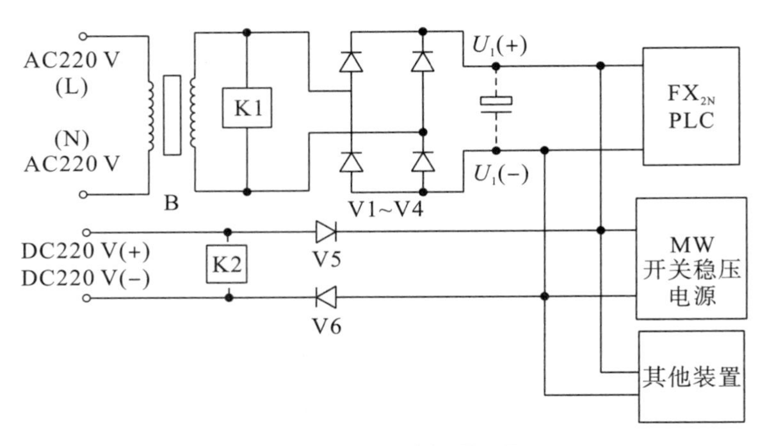

图 3－85　PLC 电源原理图

§3.8.7　电液转换器与电液执行机构

以伺服电机（位置环）电－液转换与液压执行机构为例，其系统结构和传递函数分别如图 3－86、3－87 所示。

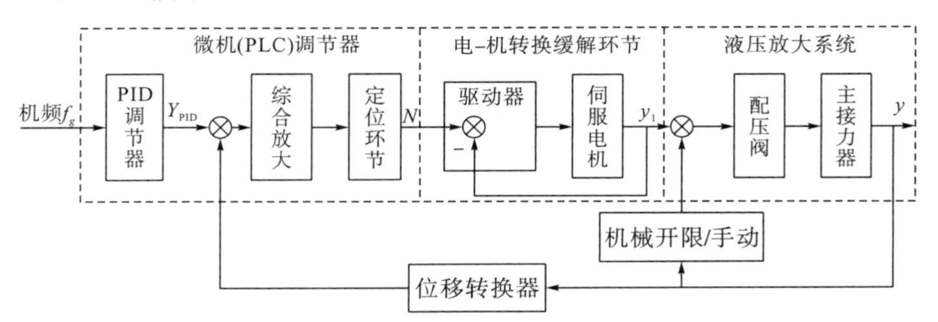

图 3－86　伺服电机电－液转换与液压执行机构系统结构框图

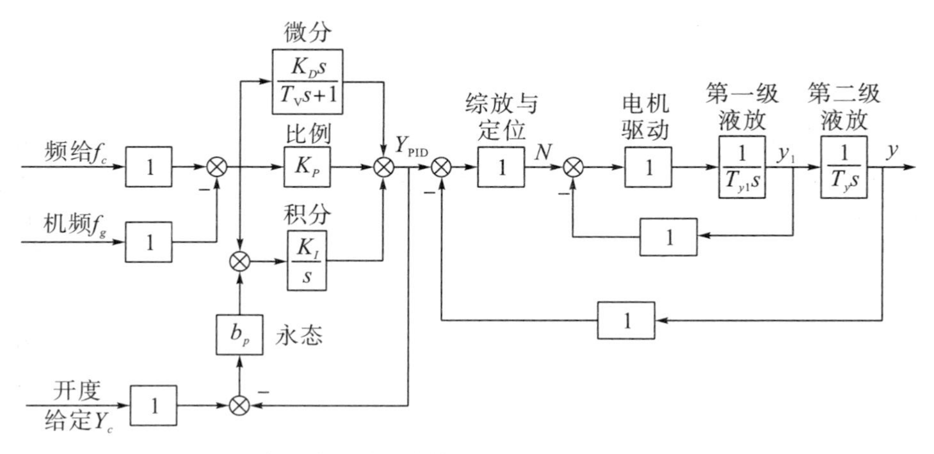

图 3－87　伺服电机电－液转换与液压执行机构传递函数框图

这种调速器具有伺服电机（位置环）及转换机构构成的电－液转换器，由定位环节控制 PLC 微机调节器的定位模块，根据 PID 调节器输出 Y_{PID} 与主接力器位移反馈的差值，向伺服电机驱动器送出与此差值成比例的有方向的定位信号 N，伺服电机同轴的旋转编码器将实际转角（位移）y_1以脉冲数的形式 N_f送回驱动器，从而形成了以 T_{y1}（伺服机构反应时间常数）为特征参数的小闭环。在调速器稳定状态（静态），y_1使主配压阀处于中间平衡位置。

Y_{PID}至 y 的传递函数为

$$G_{PID}=\frac{Y(s)}{Y_{PID}(s)}=\frac{\frac{1}{T_{y1}s+1}\times\frac{1}{T_ys}}{1+\frac{1}{T_{y1}s+1}\times\frac{1}{T_ys}}=\frac{1}{T_yT_{y1}s^2+T_ys+1}\qquad(3-50)$$

由于伺服机构在电液转换器的方式下工作，因此系统电源消失时，y_1不能回复至平衡位置（中间位置），这是一个十分重要的问题。可以采用自动复中的电液转换器结构，较好地解决了这一问题，

调节 PLC 微机调节器中放大环节的放大系数，可以整定合适的接力器响应时间常数 T_y值。

在位置环方式下工作的交流伺服电机，其静态性能优良，动态品质得到较好的明显提高。

第 9 节　PLC 微机调速器软件

§3.9.1　PLC 微机调速器程序总体框图

PLC 微机调速器程序的总体框图如图 3−88 所示。

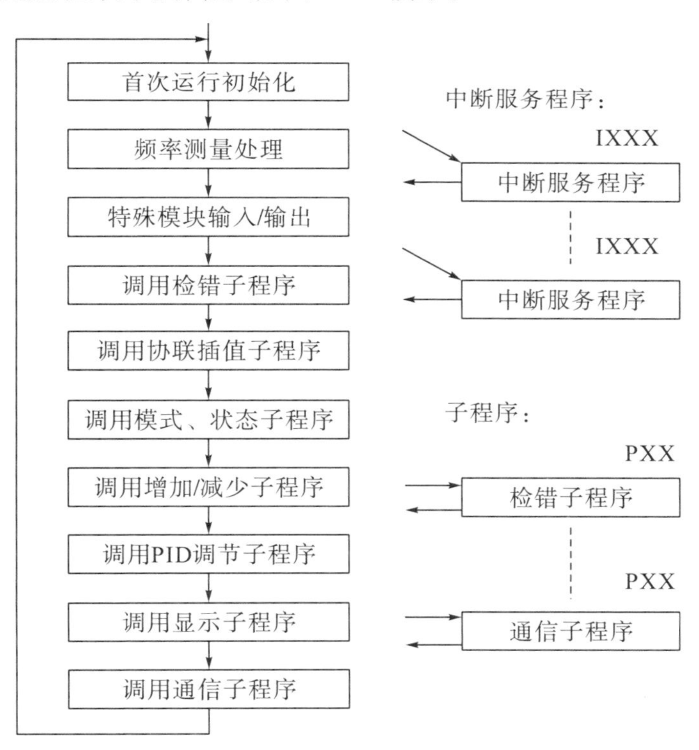

图 3−88　PLC 微机调速器程序总体框图

1. 初始化程序

当FX_{2N}首次进入运行状态（一般采用M8002常开接点控制）时，将整个调速器程序初始化处理，其主要内容包括：①设置特殊模块（FX_{2N}－4AD，FX_{2N}－2DA，FX_{2N}－1PG等）工作方式及有关参数；②设置特定位元件（如辅助继电器M）初始状态；③设置数据寄存器D特定单元缺省值（如采样周期，b_t，T_d，T_n，b_p值等）。

2. 频率测量处理程序

根据频率测量环节输出或自身测频结果，按所选择的频率转换系数K_f（例如，$K_f=25000/50$ Hz）对机组频率、电网频率及频差进行计算，检查计算结果，进行异常值滤波处理。

3. 特殊模块输入/输出处理程序

读入各特殊模块的数据和状态，进行相应的判断和计算，得到按K_f等基准值折算的有关变量数值；向各特殊模块送出命令和数据，使它们在程序控制下工作。

4. 检错子程序

检错子程序包括机组频率检错、电网频率检错、导叶开度反馈检错、桨叶开度反馈检错、机组功率测量值检错、水头测量值检错、其他检错。

5. 协联插值子程序

求桨叶开度插值；求开机特性Y_{KJ1}，Y_{KJ2}的插值；求最大电气开度限制L的插值。

6. 模式、状态子程序

确定及转换频率调节模式、功率调节模式、开度调节模式；处理水位调节等特殊调节模式；确定及转换PLC微机调速器工作状态，包括停机等待（TJDD）、开机过程（KJ）、控制（KZ）、负载（FZ）、甩负荷（SFH）、调相（TX）和停机过程（TJ）等；PLC微机调速器自动、手动工况的确定及处理。

7. 增加/减少子程序

根据PLC微机调速器的调节模式、工作状态、相应参数、运行人员的操作，处理并实现调速器上“增加”或“减少”按钮的操作任务；完成“远方增加”或“远方减少”的操作任务。

8. PID调节子程序

完成对导叶开度的PID运算，求出Y_{PID}值。

9. 通信子程序

实现与外部设备的通信，将接收到的数据和信息进行计算和处理，然后供程序使用。

10. 中断服务程序

满足中断条件时，PLC立即中断正在执行的程序，转而执行相应的中断服务程序，完成设定的计算或处理任务。执行完中断服务程序后，返回执行被中断的程序。

§3.9.2 频率转换系数K_f

K_f的物理概念是指机组频率f_g（电网频率f_s）变化50 Hz（按相对量即变化1.0）时，PLC中与其对应的反映这个频率变化的数值。确定K_f值时既要考虑频率测量环节的实际分辨率和精度，又要考虑有关标准对水轮机调速器和水轮机调节系统的静态转速死区的要求。

《水轮机调速器与油压装置技术条件》(GB/T 9652.1—1997) 规定：对于大型电气液压型调速器，其转速死区 $i_x \leqslant 0.04\%$。水轮机调速器的转速死区 i_x 主要受到下列几个因素的影响：

(1) 测频环节的分辨率和精度。

(2) 电/机转换装置的死区。

(3) 机械液压系统的死区。

因此，对于 PLC 微机调速器来说，应该在技术能实现的条件下尽量提高其测频环节对频率的分辨率和精度。以 80C51FA 单片机测频模块为例，其 50 Hz 周期测量的分辨率可达 60000±1，即 1/30000=0.0033%，约为 0.04%的 1/12。可近似认为：它对 50 Hz 频率的测量分辨率也为 0.0033%。若取 K_f =50000/50 Hz，则测频模块的分辨率明显地大于 $1/K_f$，即并没有因为取了大的 K_f 值，而减小了对频率的分辨率；反之，若取 K_f = 10000/50 Hz，则是没有充分利用和发挥测频模块的分辨率，且使 PLC 内的频率计算分辨率成为 0.01%，即为 0.04%的 1/4。通常取频率转换系数 K_f =25000/50 Hz，此时 PLC 中计算的分辨率为 0.004%，以 Hz 计，则为 0.002 Hz。

表 3-4 列出了机组（电网）频率转换系数 K_f =25000 时的机组频率 f_g（电网频率 f_s）、导叶开度 y_{ga}、浆叶开度 y_{ru} 和机组功率 p_g 的取值范围。开度给定 y_c 和电气开度限制 L 的取值范围与导叶开度 y_{ga} 相同；功率给定 P_c 的取值范围与机组功率的相同，且在工程应用中常取机组功率相对值范围为 0～1.10。

表 3-4　K_f =25000 时，导叶开度、桨叶开度和机组功率的取值范围

机组（电网）频率			导叶开度		桨叶开度		机组功率	
f_g (f_s) /Hz	x_f (x_{fs})（相对值）	F_g (F_s)	y_{ga}（相对值）	Y_{ga}	y_{ru}（相对值）	Y_{ru}	p_g（相对值）	P_g
50	1	25000	0～1.00	0～25000	0～1.00	0～25000	0～1.10	0～27500

在 PLC 的程序编制中、PID 计算的积分项表达式为

$$\begin{cases} \Delta I = \Delta F + b_p(Y_c - Y_{\mathrm{PID}}) \\ \Delta I = \Delta F + e_p(P_c - P_g) \end{cases} \tag{3-51}$$

b_p，b_t，T_d，T_n 或 K_P，K_I，K_D 等 PID 调节参数均可能取小于 1 的小数。如果在 PLC 编程中采用整数计算，则必须对它们进行整数化处理。以 b_p，b_t，T_d，T_n 为例，根据它们各自的取值情况，可以引入 b'_p，b'_t，T'_d，T'_n 等整数化的调节参数进行计算。

两种调节参数的对应关系如下：

$$\begin{cases} b_p = b'_p/100 \\ b_t = b'_t/100 \\ T_d = T'_d \\ T_n = T'_n/10 \end{cases} \tag{3-52}$$

用整数化后的 b'_p，b'_t，T'_d，T'_n 代入 K_P，K_I 和 K_D 表达式，则有：

$$\begin{cases} K_P = \dfrac{T_d + T_n}{b_t T_d} = \dfrac{100T'_d + 10T'_n}{b'_t T'_d} \\ K_I = \dfrac{1}{b_t T_d} = \dfrac{100}{b'_t T'_d} \\ K_D = \dfrac{T_n}{b_t} = \dfrac{10T'_n}{b'_t} \end{cases} \tag{3-53}$$

同理，对时间 τ 和 T_{1v} 整数化得：

$$\begin{cases} \tau = \tau'/100 \\ T_{1v} = T'_{1v}/100 \end{cases} \tag{3-54}$$

于是，对 PID 调节离散表达式中的积分分量 $\Delta Y_I(k)$ 和微分分量 $Y_D(k)$ 表示为

$$\begin{cases} \Delta Y_I(k) = \dfrac{\tau' K_I}{100}\Delta I \\ Y_D(k) = \dfrac{T'_{1v}}{T'_{1v} + \tau'} Y_D(k-1) + \dfrac{100K_D}{T'_{1v} + \tau'}[\Delta F(k) - \Delta F(k-1)] \end{cases} \tag{3-55}$$

将以上关系代入离散 PID 控制算法表达式中，就得到了编程时采用的表达式：

$$\begin{cases} Y_P(k) = Y_P(k-1) + \Delta Y_P(k) \\ \Delta Y_P(k) = \dfrac{100T'_d + 10T'_n}{b'_t T'_d}[\Delta F(k) - \Delta F(k-1)] \end{cases} \tag{3-56}$$

$$\begin{cases} Y_I(k) = Y_I(k-1) + \Delta Y_I(k) \\ \Delta Y_I(k) = \dfrac{\tau'}{b'_t T'_d}\Delta I \\ \Delta I = \Delta F(k) + \dfrac{b'_p}{100}[Y_c(k) - Y_{\text{PID}}(k-1)] \end{cases} \tag{3-57}$$

在实际编程中采用如下表达式：

$$\begin{cases} \Delta I' = 100\Delta I = 100\Delta F(k) + b'_p[Y_c(k) - Y_{\text{PID}}(k-1)] \\ \Delta Y_I(k) = \dfrac{\tau'}{100 b'_t T'_d}\Delta I' \end{cases} \tag{3-58}$$

$$Y_D(k) = \frac{T'_{1v}}{T'_{1v} + \tau'} Y_D(k-1) + \frac{1000T'_n}{b'_t} \frac{1}{T'_{1v} + \tau'}[\Delta F(k) - \Delta F(k-1)] \tag{3-59}$$

§3.9.3 特殊模块输入/输出

1. FX_{2N}－4AD 模拟量输入模块

1）FX_{2N}－4AD 的内部存储单元 BFM

FX_{2N}－4AD 内部有 32 个存储单元，即 BFM＃0～BFM＃31。PLC 微机调速器使用的 BFM 单元如下：

BFM＃0：通道初始化单元，写入 16 进制数 H□□□□，H 右边的 4 个 16 进制数依次为 A/D 转换通道 3、通道 2、通道 1 和通道 0 的工作方式设定字。“□”内数字的含义如下：0 表示－10～＋10 V，1 表示＋4～＋20 mA，2 表示－20～＋20 mA，3 表示此通道不用。例如，若写入 H1000，则表示通道 0、通道 1 和通道 2 为－10～＋10 V 输入方式，通道 3 为＋4～＋20 mA 输入方式。

BFM＃1～BFM＃4：分别存放通道 0 至通道 3 的 A/D 转换结果求取平均值的采样次数，取值范围为 1～4096。

BFM＃5～BFM＃8：分别存放通道 0 至通道 3 的 A/D 转换平均值。

BFM＃9～BFM＃11：分别存放通道 0 至通道 3 的 A/D 转换瞬时值。

BFM＃29：放 FX_{2N}－4AD 错误状态，例如，b0 表示 A/D 转换错误，b10 表示数字范围错误。

2）FX_{2N}－4AD 编程

（1）硬件接口及相应软元件单元设置。

通道 0 为－10～＋10 V 输入，是导叶接力器行程 Y_{ga} 信号，A/D 转换平均值放在数据寄存器 D50 中，平均值次数为 3；通道 1 为－10～＋10 V 输入，是桨叶接力器行程 Y_{ru} 信号，A/D 转换平均值放在寄存器 D51 中，平均值次数为 10；通道 2 为－10～＋10 V 输入，是水头信号，A/D 转换平均值放在寄存器 D52 中，平均值次数为 50；通道 3 为＋4～＋20 mA 输入，是机组功率信号，A/D 转换平均值放在寄存器 D53 中，平均值次数为 50。

（2）FX_{2N}－4AD 程序设计。

在如图 3－89 所示的程序中，采用 M8002 接点，当 PLC 运行时，将通道方式及平均值次数向模块写入一次；将 BFM＃29 错误状态读入 R4M10，M10 表示无错误，M20 表示数字范围正确。

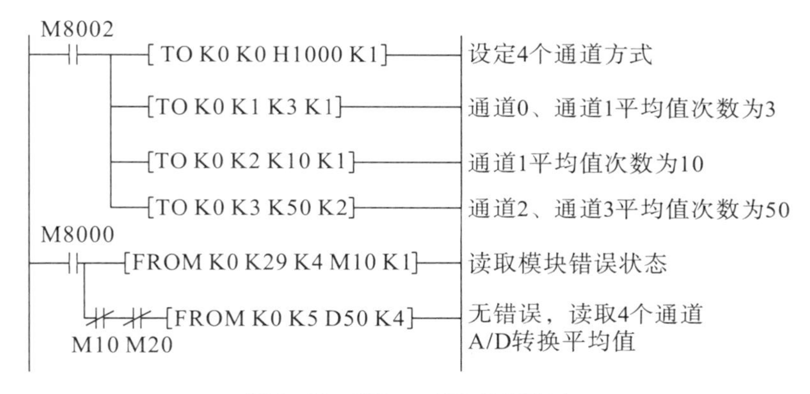

图 3－89　FX_{2N}－4AD 读写程序

3）数据折算

若实际输入电压信号为 0～＋10 V，则寄存器 D50 中转换结果为 0～2000；若取 K_f＝25000，则可按如图 3－90 所示的程序进行折算：

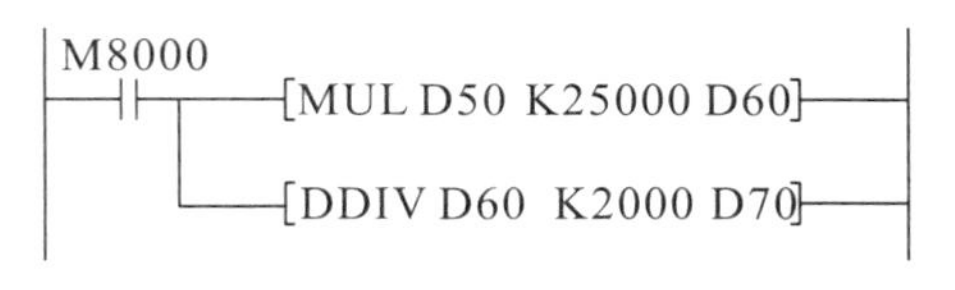

图 3－90　折算程序

与 0～＋10 V 的输入值对应的 0～25000 的结果存放在寄存器 D70 中。其中，程序中的除法必须采用双倍字长除法指令 DDIV。

2. $FX_{2N}-1PG$ 脉冲发生单元

1）$FX_{2N}-1PG$ 的内部存储单元 BFM

$FX_{2N}-1PG$ 内部有 32 个存储单元，即 BFM＃0～BFM＃31。PLC 微机调速器采用单速定位模式时，将用到下列 BFM 单元：

BFM＃3：参数设置，它是 16 位寄存器，记它们的 16 位分别为 b15，b14，…，b0。系统模式位 b1b0＝00，为电动式。脉冲输出方式位 b8＝0，则为 FP/RP 正向脉冲/反向脉冲方式；b8＝1，则为 FP/RP 脉冲/方向方式。当然，b8 的选定应与它所控制的步进或交流伺服驱动器的方式相一致。停止输入方式位 b15＝0 时，若某个定位脉冲被“停止”命令中断，但后来又接到重新开始命令，则它此时仍继续原来剩下未走完的脉冲定位值，b15＝1 时，若收到“停止”命令，则不再保留原来的脉冲定位值，而是接收到新定位命令后就按新脉冲定位值运行。在 PLC 微机调速器中，必须设置 b15＝1，且每次要在给 $FX_{2N}-1PG$ 下达新的定值命令前，使 BFM＃25 的 b1 由 0 变为 1。

BFM＃4，BFM＃5：设置最大速度值，必须用 32 位数写入。在 PLC 微机调速器中，一般取其值为 100000 Hz。

BFM＃15：设置加/减速时间。在 PLC 微机调速器中，一般取其值为 50～100 ms。

BFM＃17，BFM＃18：设置定位值（1），必须用 32 位数写入。其取值视用作电液转换器或是中间接力器而有不同。例如，在中间接力器方式下，一般可取 0～5000 对应于中间接力器的 0～100％行程；而在 100000 Hz 的速度下，只需 0.05 s 即可将相当于中间接力器全行程的 5000 脉冲向步进或交流伺服驱动器发送。

BFM＃19，BFM＃20：设置定位（1）的运行速度，必须用 32 位数写入。在 PLC 微机调速器中，一般取其值为 50000～100000 Hz。

BFM＃25：设置换作命令。

在 PLC 微机调速器中，采用如下方式进行编程：

（1）不使用 b1 位，即使其恒为零：b1＝0。

（2）在每个程序执行周期中，使 b8 在 0 与 1 之间转换，即每隔一个采样周期，b8 即有一次 0 到 1 的转换。

（3）每个采样周期均将程序计算的结果折算成定位值，并写入到 $FX_{2N}-1PG$ 的 BFM＃17，BFM＃18。

2）$FX_{2N}-1PG$ 编程

如图 3－91 所示，采用 M8002 接点对 $FX_{2N}-1PG$ 的模块参数、最大速度、加/减速时间、定位速度和操作命令进行设置。每个采样周期送出 D60 的数值（定位脉冲值），每两个采样周期使 $FX_{2N}-1PG$ 的 BFM＃25 的 b8 位出现一次 0 到 1 的变化（由 M108 状态变化实现）。

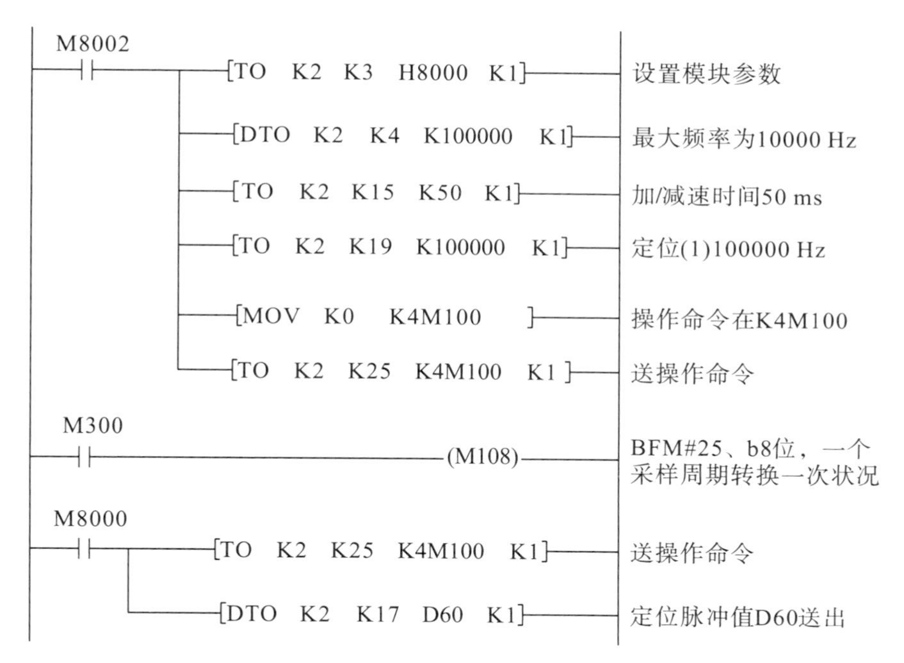

图 3－91　FX_{2N}－1PG 程序

3. FX_{2N}－2DA 模拟量输出模块

1）FX_{2N}－2DA 的内部存储单元 BFM

BFM＃16 的低 8 位（b0～b7）：输出数据的现行值。

BFM＃17 的 b2，bl 和 b0 位：b2 位为低 8 位数据保持，是指对 BFM＃16 写入低 8 位数据后，使 b2 位由 1 变为 0，则可保持此 8 位数据，再向 BFM＃16 写入高 4 位数据，从而与保持的低 8 位数据组合成 12 位待进行 D/A 转换的数据。b1 位由 1 变为 0，则通道 1（ch. 1）开始进行 D/A 转换；b0 位由 1 变为 0，则通道 2（ch. 2）开始进行 D/A 转换。

2）FX_{2N}－2DA 编程

对 FX2N－2DA 编程的程序如图 3－92 所示。输入 X0 控制 ch. 1（通道 1）的 D/A 转换，其数据在寄存器 D100 中；输入 X1 控制 ch. 2（通道 2）的 D/A 转换，其数据在寄存器 D101 中。

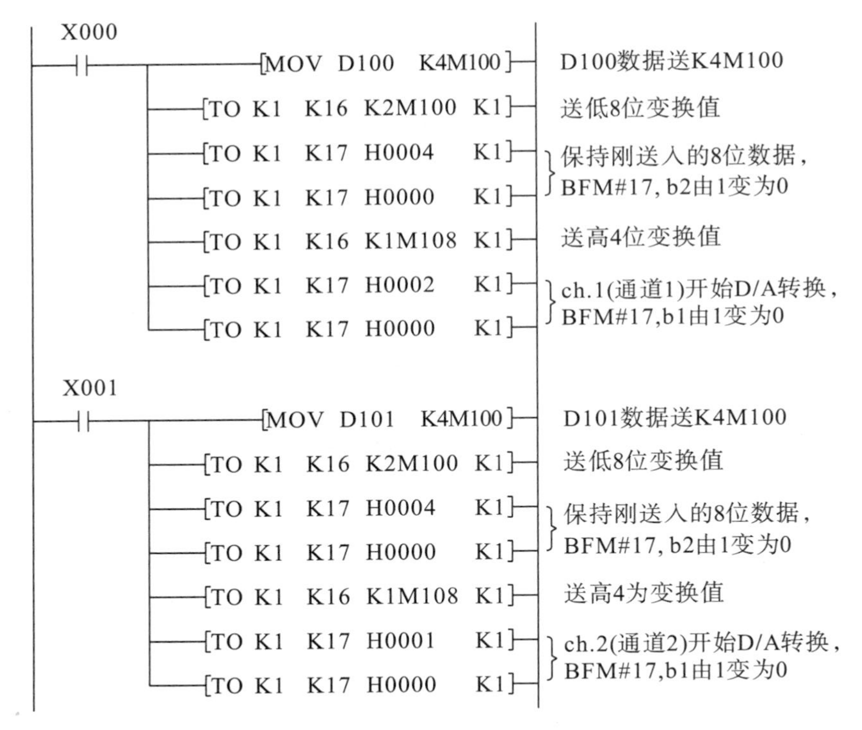

图 3－92 FX_{2N}－2DA 程序

3）数据折算

如图 3－93 所示，以导叶接力器行程为例，必须将其输出值 0～25000 折算为0～4000。

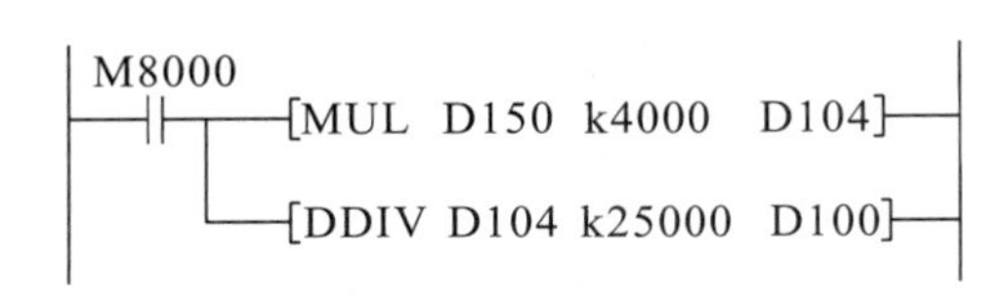

图 3－93 折算程序

同样，程序中的除法必须采用双倍字长除法指令 DDIV。

§3.9.4 PLC 微机调速器的 PID 调节程序

1. 主要计算公式

PLC 微机调速器的离散 PID 调节方程如下：

$$Y_{PID}(k) = Y_{PI}(k-1) + \Delta Y_P(k) + \Delta Y_I(k) + \Delta Y/P(k) + Y_D(k) \quad (3-60)$$

$$\begin{cases} \Delta Y_P(k) = \dfrac{100T'_d + 10T'_n}{b'_t T'_d}[\Delta F(k) - \Delta F(k-1)] \\ \Delta Y_I(k) = \dfrac{1}{50b'_t T'_d}[100\Delta F(k) + b'_p(\Delta Y/P(k))] \\ \Delta F(k) = \begin{cases} F_c(k) - F_g(k) \\ F_n(k) - F_g(k) \end{cases} \\ \Delta Y/P(k) = \begin{cases} Y_c(k) - Y_{\mathrm{PID}}(k-1) \\ P_c(k) - P_g(k) \end{cases} \\ Y_D(k) = \dfrac{7}{8}Y_D(k-1) + \dfrac{62T'_n}{b'_t}[\Delta F(k) - \Delta F(k-1)] \end{cases} \tag{3-61}$$

式中：$Y_{PI}(k-1)$为前一周期的比例、积分及开环增/减分量之和，即 PID 调节的比例积分作用及开环增/减作用分量；在开度调节或功率调节模式下，$Y_{\mathrm{PID}}(k)=Y_{PI}(k)$；$\Delta Y_P(k)$为 PID 调节的比例作用增量；$\Delta Y_I(k)$为 PID 调节的积分作用增量；$\Delta F(k)$为频差，并网之前为频率给定 $F_c(k)$与机组频率 $F_g(k)$之差，并网之后为电网频率 $F_n(k)$与机组频率 $F_g(k)$之差；$\Delta Y/P(k)$为运行人员有增/减（开度或功率）操作时的开环增/减分量，在频率调节模式和开度调节模式下是开度给定 $Y_c(k)$与上一采用周期 PID 总量 $Y_{\mathrm{PID}}(k-1)$之差，在功率调节模式下是功率给定 $P_c(k)$与机组功率 $P_g(k)$之差；$Y_D(k)$为 PID 调节的微分作用分量。

2. 编程中的主要软元件分配

M100——PLC 微机调速器在频率调节模式下的标志；M101——PLC 微机调速器在功率调节模式下的标志；M102——PLC 微机调速器在开度调节模式下的标志；D180——整数化后的暂态转差系数 b'_t；D181——整数化后的缓冲时间常数 T'_d；D182——整数化后的加速时间常数 T'_n；D183——整数化后的永态转差系数 b'_p；D100——频差 $\Delta F(k)$；D102——频差 $\Delta F(k-1)$；D110——频差的差值 $\Delta\Delta F(k)=\Delta F(k)-\Delta F(k-1)$；D104——人工频率死区 E_f；D120——人工开度/功率死区 E_y；D128——$\Delta Y/P(k)$；D126——功率给定值 $P_c(k)$；D130——频率给定值 $F_c(k)$；D148——开度给定值 $Y_c(k)$；D114——电气开度限制值 L；D140——PID 调节的比例作用增量 $\Delta Y_P(k)$；D142——PID 调节的积分作用增量 $\Delta Y_I(k)$；D144——积分作用计算的余数 $REM(k)$；D146——积分作用计算的最终余数 $REM(k-1)$；D168——PID 调节的微分作用全量 $Y_D(k-1)$；D164——PID 调节的比例、积分和开环增减分量 $Y_{PI}(k)$；D150——PID 调节全量 $Y_{\mathrm{PID}}(k)$；D158——开环增/减增量 $\Delta Y/P(k)$。

3. PID 调节程序中的限幅

1）PID 调节的计算基准值

通常取频率转换系数为 $K_f=25000$，这时有：机组频率 F_g 和电网频率 F_n 为 50 Hz 时，其机内计算值为 25000；开度给定 Y_c、导叶开度 Y_{PID}等量的全行程 0～1.0，对应于机内计算值为 0～25000。

2）三种限幅区间

下限值为－3750（相对量为－15%），上限值为电气开度限制值 L；下限值为－25000（相对量为－100%），上限值为 25000（相对量为＋100%）；下限值为 0（相对量为 0），上限值为电气开度限制值 L。

4. PID 调节程序

PID 调节程序的总体框图如图 3－94 所示。频差计算 $\Delta F(k)$、频差的差值 $\Delta\Delta F(k)$ 和 $\Delta Y/P(k)$的程序如图3－95所示；计算比例调节作用增量 $\Delta Y_P(k)$的计算程序如图 3－96 所示；计算积分调节作用增量 $\Delta Y_I(k)$的计算程序如图 3－97 所示；计算微分调节作用全量 $Y_D(k)$的计算程序如图 3－98 所示；计算 $Y_{PID}(k)$的计算程序如图 3－99 所示。

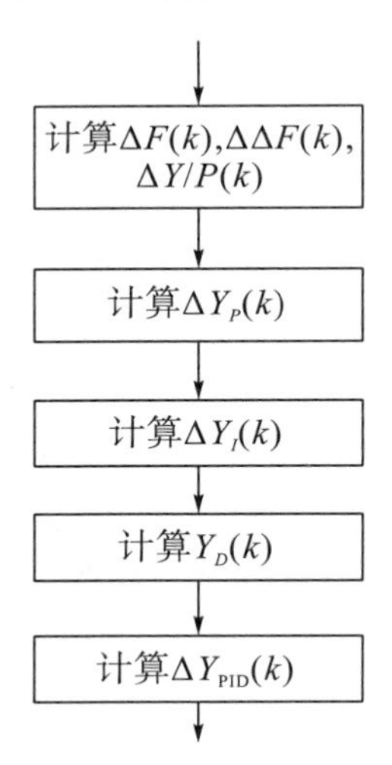

图 3－94　PID 调节程序框图

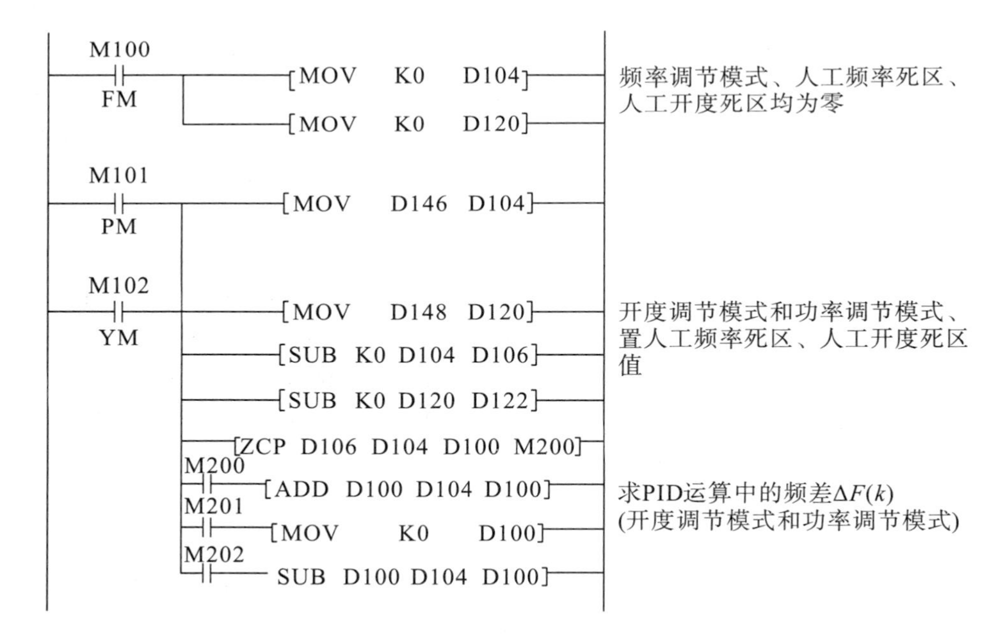

M8000
[SUB D100 D102 D110]
[MOV D100 D102]
求PID运算中的频差的差值
ΔΔF(k)=ΔF(k)−ΔF(k−1)
频差迭代
M101
[SUB D126 D124 D128]
M100
FM
M102
[SUB D148 D150 D128]
功率调节模式下的ΔY/P
开度调节模式、频率调节模式下的ΔY/P
YM
M101
PM
M102
YM
[ZCP D122 D120 D128 M200]
M200
[ADD D128 D120 D128]
M201
[MOV K0 D128]
M202
[SUB D128 D120 D28]
开度调节模式和功率模式下，考虑了人工开度(功率)死区的ΔY/P

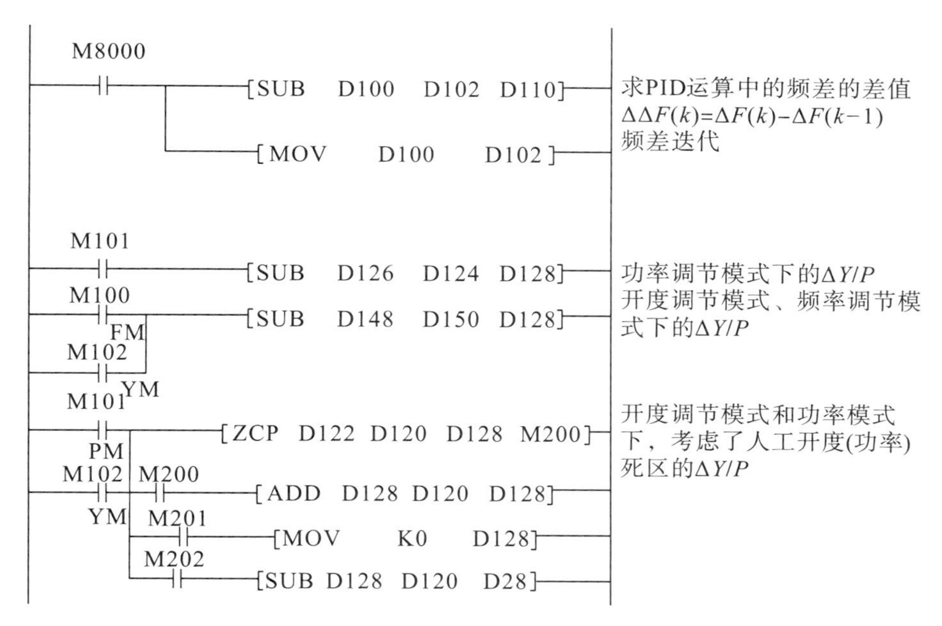

图 3−95　频差 $\Delta F(k)$、频差的差值 $\Delta\Delta F(k)$和 $\Delta Y/P(k)$子程序

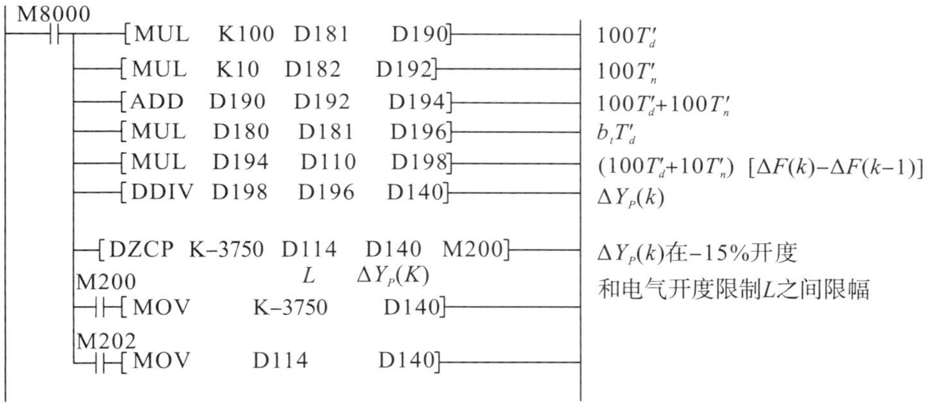

M8000
[MUL K100 D181 D190]
[MUL K10 D182 D192]
[ADD D190 D192 D194]
[MUL D180 D181 D196]
[MUL D194 D110 D198]
[DDIV D198 D196 D140]
[DZCP K-3750 D114 D140 M200]
L
ΔY_P(K)
M200
[MOV K-3750 D140]
M202
[MOV D114 D140]
100T'_d
100T'_n
100T'_d+100T'_n
b_tT'_d
(100T'_d+10T'_n) [ΔF(k)−ΔF(k−1)]
ΔY_P(k)
ΔY_P(k)在−15%开度和电气开度限制L之间限幅

图 3−96　比例增量 $\Delta Y_P(k)$子程序

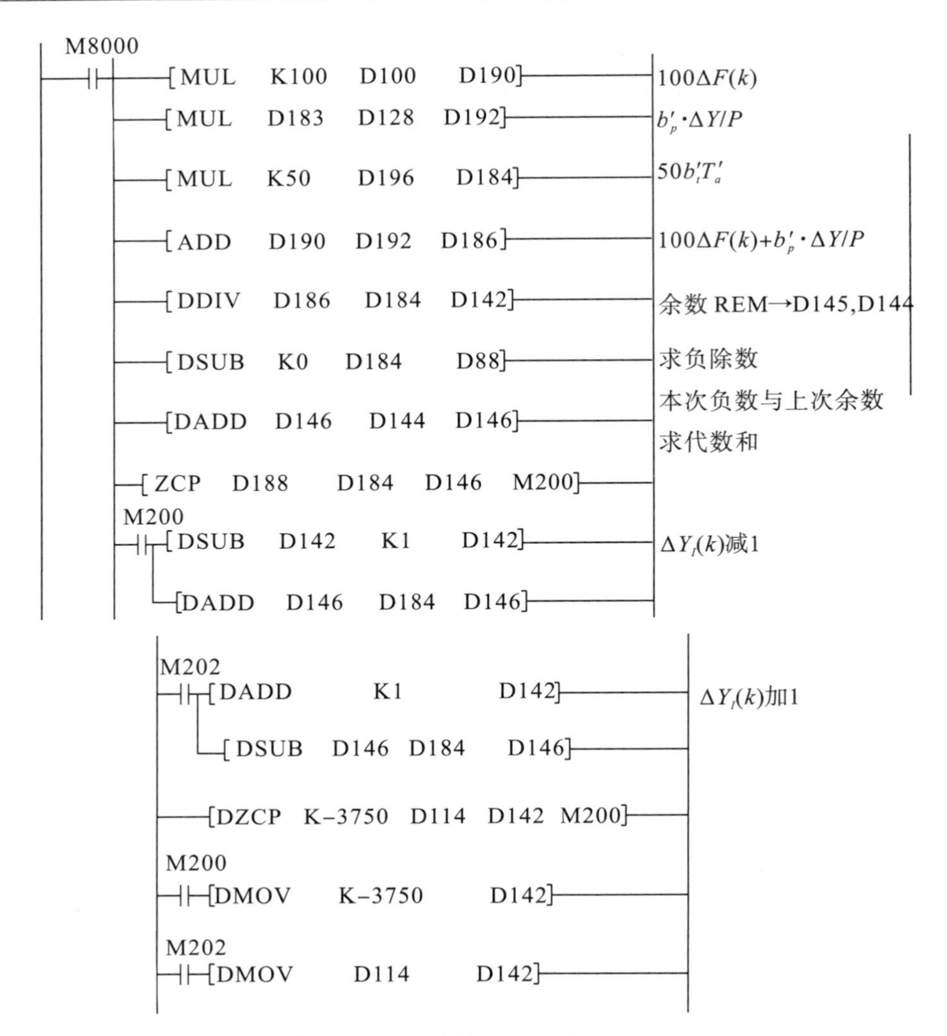

图 3—97 积分增量 ΔY_I（k）子程序

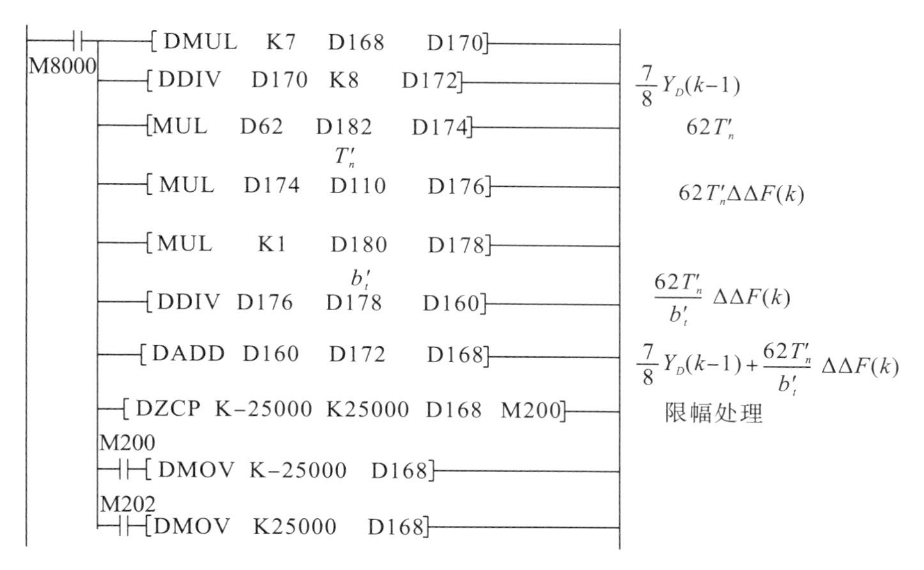

图 3－98　微分全量 $\Delta Y_D(k)$ 子程序

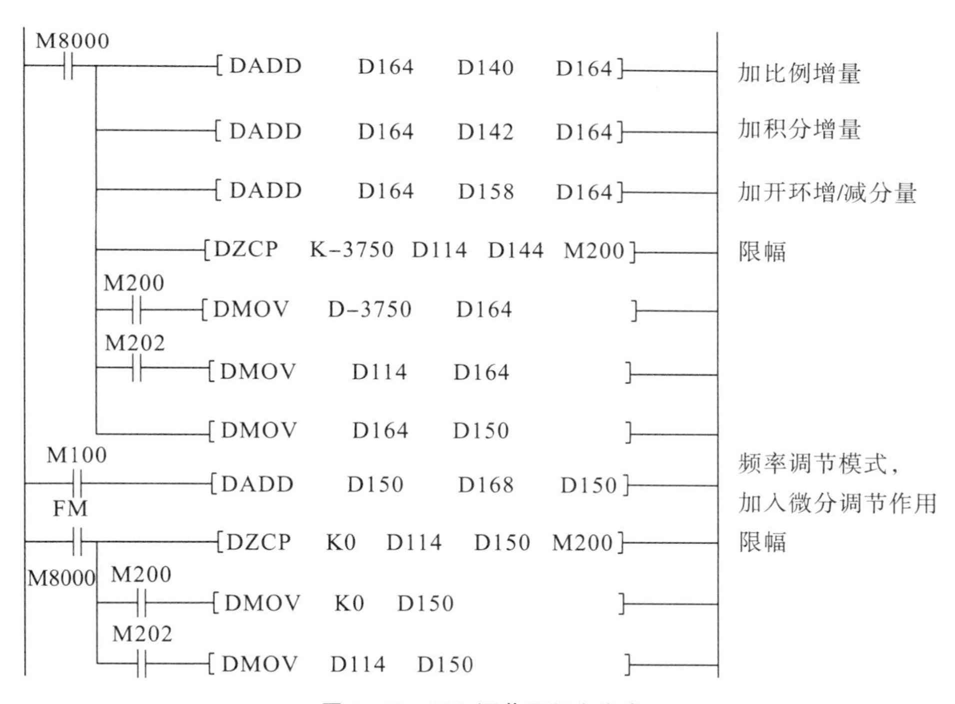

图 3－99　PID 调节子程序集成

§3.9.5　给定值增加/减少程序

1．程序中的单元分配

M31——水头（H）修改标志；M32——电气开度限制（L）修改标志；M33——调节参数（b_t，T_d，T_n，b_p）修改标志；M100——频率调节模式标志；M101——功率调节模式标志；M102——开度调节模式标志；M51——电网频率故障标志；X20——机组断路器（油开关）（DL）；X7——控制面板增加（+）按钮；X15——远方增加（R/+）按钮；X14——控制面板减少（−）按钮；X16——远方减少（R/−）按钮；D130——频率给定（F_c）单元；D126——功率给定（P_c）单元；D148——开度给定（Y_c）单元；D158——开环增加/减少单元。

2. 给定值增加/减少程序

图 3−100 和图 3−101 为给定值增加和减少程序。

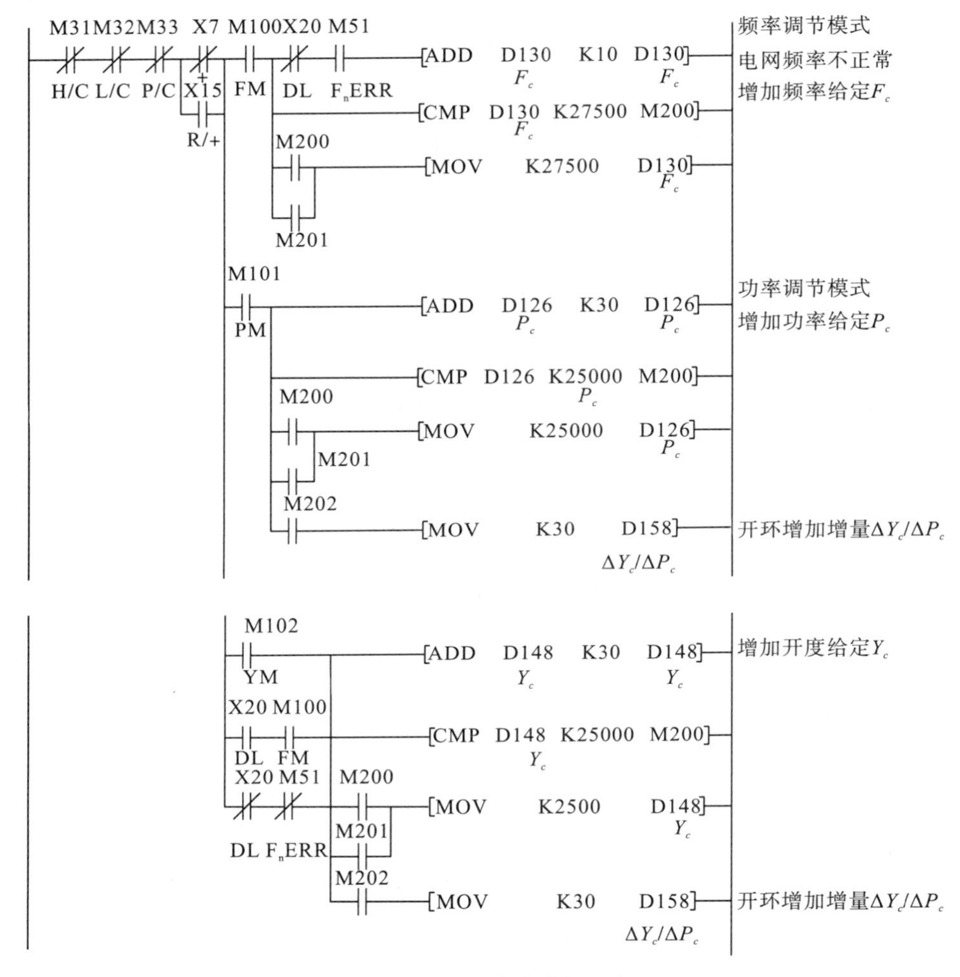

图 3−100　给定值增加程序

(1) 给定值增加/减少程序的基本条件是：水头修改标志（H/C—M31)、电气开度限制标志（L/C—M32）和调节参数修改标志（P/C—M33）均无效，即未进行水头、电气开度限制或参数修改的操作。

(2) 能够增加/减少频率给定（F_c—D130）的条件是调速器处于频率调节模式(FM)、机组油开关（DL）处于断开状态和电网频率故障［F_nERR—M51］。

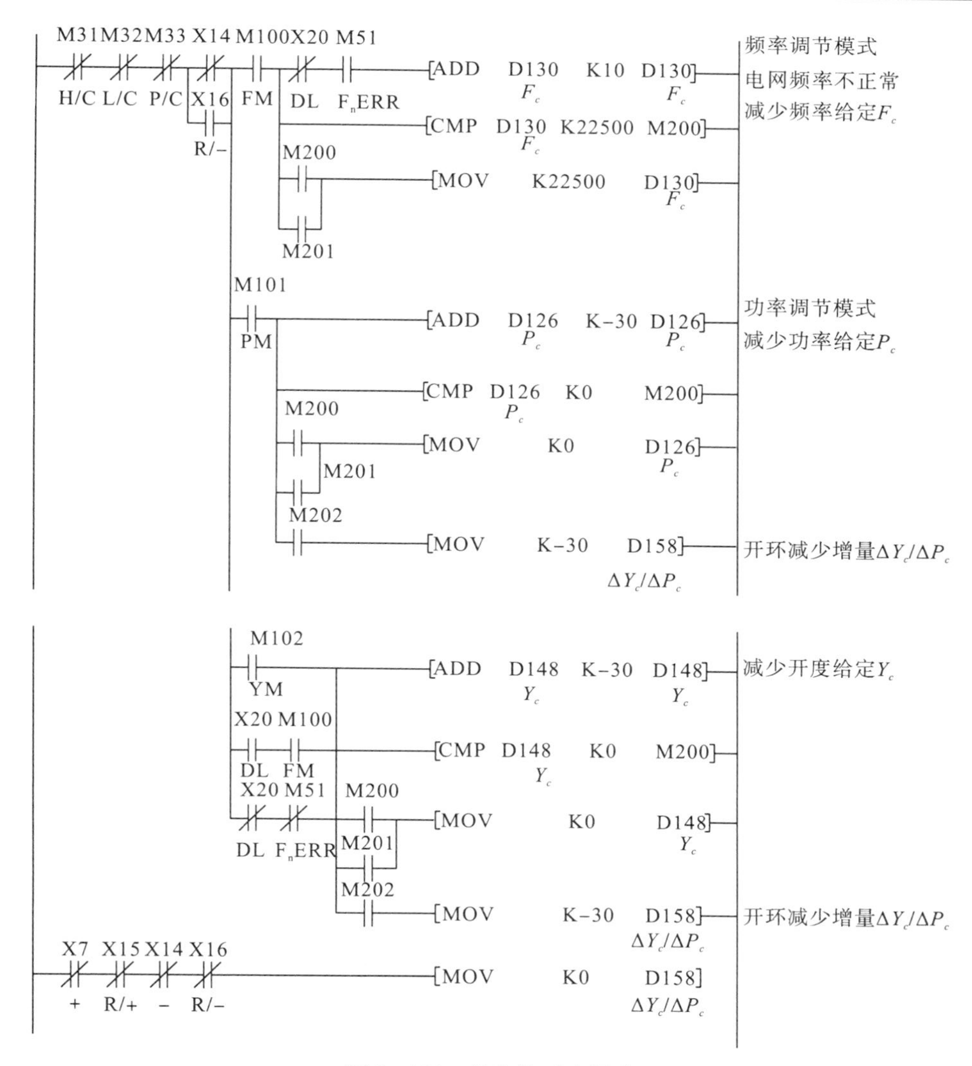

图 3－101　给定值减少程序

(3) 能够增加/减少功率给定（P_c—D126）的条件是调速器在功率调节模式（PM）下工作。

(4) 能够增加/减少开度给定（Y_c—D148）的 3 种情况如下：

①调速器在开度调节模式（YM）下工作。

②机组油开关合上，调速器在频率调节模式（FM）下工作。

③机组油开关（DL）断开、电网频率正常。

(5) 程序中频率给定 F_c、功率给定 P_c 和开度给定 Y_c 均进行了上限和下限设置。

(6) 在功率给定 P_c 和开度给定 Y_c 的增加/减少操作中，对开环增加/减少分量单元（$\Delta Y_c/\Delta P_c$—D158）做了相应的处理。

(7) 给定值变化全行程的时间以采样周期 $\tau=0.02$ s 为例进行计算：

①频率给定 F_c 由 22500 变化至 27500 的时间为[(27500－22500)/10]×0.02=10 s。

②功率给定 P_c 和开度给定 Y_c 由 0（0）至 100%（25000）的时间为[(25000－0)/30]×

0.02=16.67 s。

因此，改变图 3－100 和图 3－101 所示的增加/减少的常数可以方便地调整给定值变化全行程的时间。

§3.9.6 检错和故障诊断程序

1. 频率测量模块数据处理及检错

1）80C51FA 单片机频率测量模块与 FX_{2N} 的接口特性

测频结果是频差信号（$\Delta F = F_c - F_g = 25000 - P_g$ 或 $\Delta F = F_n - F_g$），其结果以 16 位数据送至 FX_{2N} 的 X30～X37，X40～X47；3 个标志信号（均为十六进制数）如下：

H7F33——测频模块正常工作标志，一秒钟送一次；

H7F55——机组频率不正常标志，每个周期送出一次；

H7FAA——电网频率不正常标志，一秒钟送一次，若无须测量电网频率时（机组油关合上），则不送出此信号。

2）FX_{2N} 与单片机频率测量模块的接口程序

图 3－102 所示的程序中软元件的分配如下：M300——测频模块故障标志（FMERR）；M301——机组频率不正常标志（F_gERR）；M302——电网频率不正常标志（F_nERR）；D300——暂存单元；D302—测频模块送来的频差单元（$\Delta F/K$）；D304—测频模块送来的上一周期的频差单元（$\Delta F/(K-1)$）。

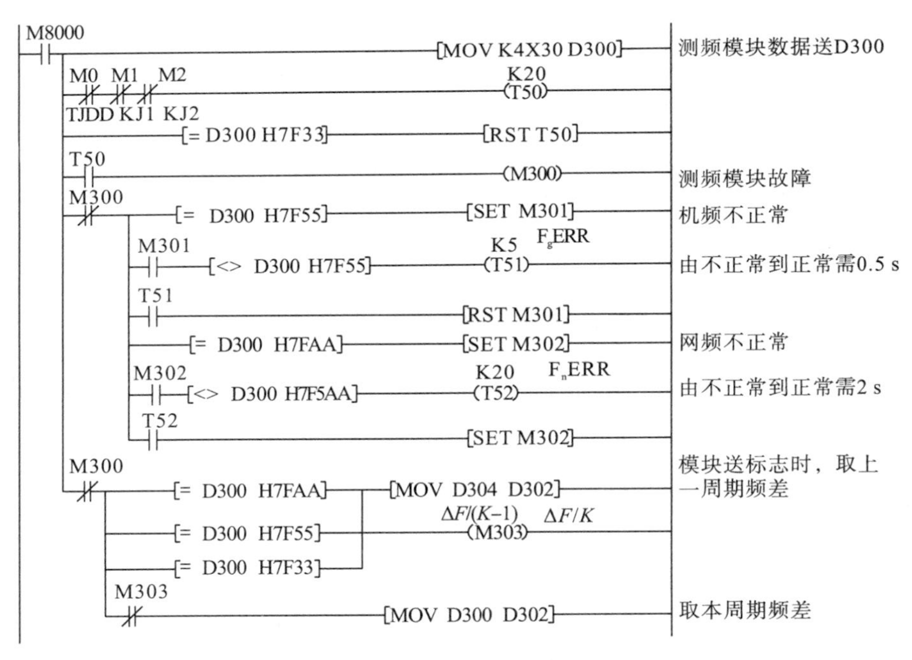

图 3－102 单片机测频模块接口程序

3）频差异常值检错程序

频差异常值检错程序如图 3－103 所示。

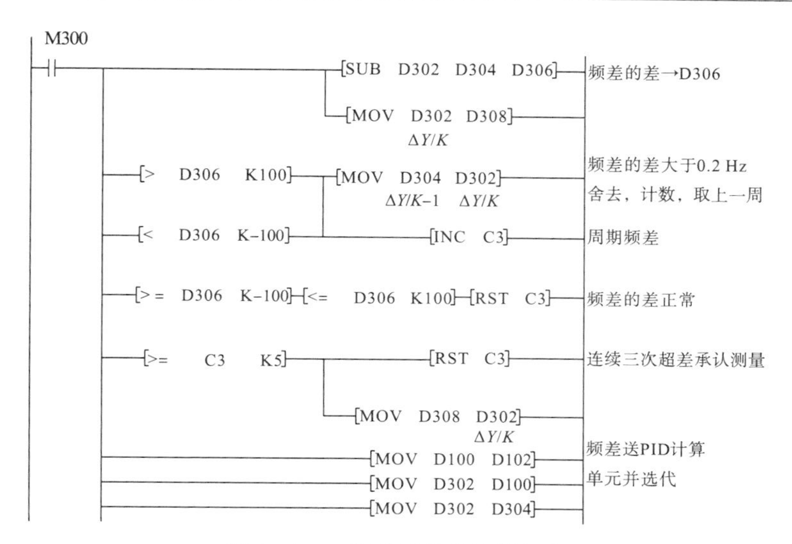

图 3－103　**频差异常值检错程序**

2. 导叶反馈、桨叶反馈和功率变送器的故障诊断程序

导叶反馈、桨叶反馈和功率变送器的故障主要表现为：反馈或变送器断线、反馈元件或变送器工作不正常。从故障诊断的观点来看，三者有大体相同的程序结构。这里仅以导叶反馈检错为例，给出其程序，如图 3－104 所示。

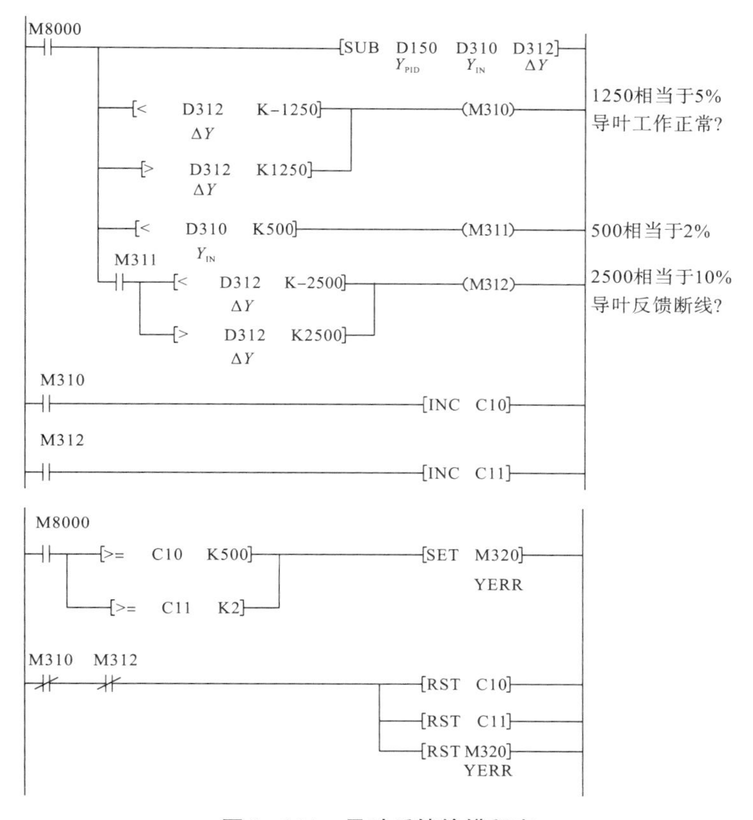

图 3－104　**导叶反馈检错程序**

复习思考题

1. 微机调速器有哪些优点？在电厂中担任什么任务？

2. 什么是工业控制机？工业控制系统的组成部分与特点是什么？

3. 微机调速器的基本结构包括哪些部分？

4. 常用微机调速器的控制策略有哪些？并画出其结构。

5. 新型微机调速器的电液随动装置的结构形式有哪几种？并结合图 3－11 说明数字阀型液压随动系统的工作原理。

6. 试说明微机调速器中哪些参数需要进行 A/D 转换，其基本原理是什么？

7. 开关量的输入、输出通道电路构成是怎样的？其基本原理是什么？

8. 微机测频有哪些方法？试说明齿盘测频、IPC 测频和 PLC 测频原理。

9. 试述 WDT 双微机调速器的主要结构和功能。

10. 结合图 3－41，试述微机调速器故障检测的切换原理。

11. 熟悉液压随动系统常用液压元件的作用、符号意义和基本工作原理。

12. 微机调速器的系统结构有哪几种形式？并画出各自的系统框图。

13. 参照图 3－44，试述直流伺服电机－位移转换器的工作原理。

14. 参照图 3－48，试述步进电机－位移转换器的工作原理。

15. 什么叫位置型 PID 控制算法？什么叫增量型 PID 控制算法？

16. 在位置型 PID 控制算法中，积分运算和微分运算的原理是什么？

17. 什么是实际微分算法？为什么要采用实际微分算法？

18. 什么是频率自动调节？什么是频率跟踪？

19. 机组并网前和并网后的控制有何区别？

20. 微机调速器的调节模式有哪些？各自的适用工况是什么？

21. 试述频率调节模式、开度调节模式、功率调节模式的特点。

22. 画出微机调速器各种调节模式相互转换原理图。

23. 画出微机调速器主程序流程图，并叙述其工作过程。

24. 微机调速器的功能子程序有哪些？画出开机、空载、发电、停机、甩负荷子程序流程图，并分析其工作原理。

25. 熟悉 PLC 微机调速器的组成、硬件和软件原理。

第 4 章　水轮机调节系统动态特性

水轮机调节系统在设计、调试或运行过程中，对其动态特性进行分析非常重要。水轮机调节系统由调速器和调节对象两大部分组成。本章首先介绍调速器的动态特性和调节对象（包括引水系统、水轮机、发电机、电网及负载）的动态特性，然后讨论水轮机调节系统的动态特性和计算机仿真分析。

第 1 节　调速器的数学模型

按系统结构对调速器进行分类，大致可分为辅助接力器型调速器、中间接力器型调速器和并联 PID 型调速器三大类型。

§4.1.1　辅助接力器型调速器数学模型

辅助接力器型调速器结构如图 4－1 所示。反馈环节的输入信号取自主接力器行程，该系统结构严格来说，应称为主接力器型，但习惯称为辅助接力器型。除软反馈外，还有加速度环节。机械液压型调速器均属于这种类型结构，大多数电气液压型调速器也具有这种系统结构。

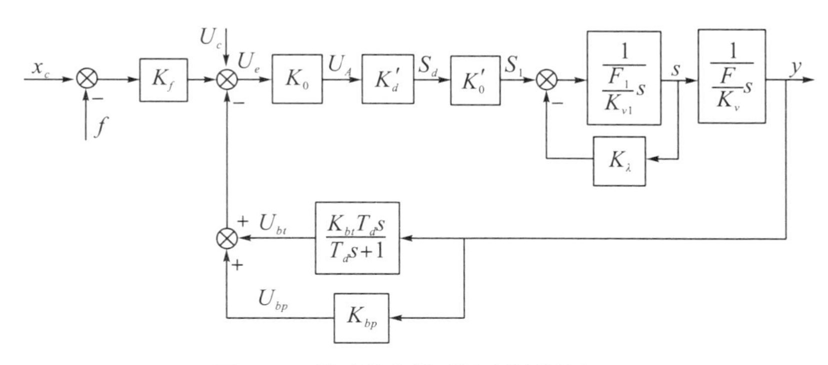

图 4－1　辅助接力器型调速器结构框图

建立调速器数学模型时，基准值的选取非常重要。一般频率基准值选用额定频率 f_r，电压基准值选用测频回路在频率变化 100％时的输出电压 U_b（不考虑限幅），接力器位移基准值选用最大行程 Y_{max}，配压阀位移基准值采用相对于频率变化 100％的配压阀位移值 S_b。

1. 测频回路

由前面章节可知，该环节近似为比例环节，设其增益为 K_f，则有：

$$\Delta U_f = K_f \Delta f \tag{4-1}$$

根据上述基准值，有$U_b=K_f f_r$。因此，对（4－1）式取相对值，进行拉普拉斯变换后，则有：

$$G_f(s)=\frac{U_f(s)}{X(s)}=1 \tag{4-2}$$

2．综合放大回路

综合放大回路是频率给定信号U_c、频率测量信号U_f、永态反馈信号U_{bp}和暂态反馈信号U_{bt}的综合。该环节近似为比例环节，设其增益为K_0，输出信号U_A，则有：

$$U_A=K_0(U_c-U_f-U_{bp}-U_{bt}) \tag{4-3}$$

因其均为电压量，取同一基准值，对（4－3）式取相对值，进行拉普拉斯变换后，则有：

$$G_A(s)=\frac{U_A(s)}{U_{\sum}(s)}=K_0 \tag{4-4}$$

其中，$U_{\sum}(s)=U_c(s)-U_f(s)-U_{bp}(s)-U_{bt}(s)$。

3．电液转换器

该环节近似为比例环节，设其增益为K'_d，输入为电压值，输出为位移值，则有：

$$\Delta S_d=K'_d\Delta U_A \tag{4-5}$$

对（4－5）式取相对值，并设初始值为零，进行拉普拉斯变换后，则有：

$$G_d(s)=\frac{S_d(s)}{U_A(s)}=K_d \tag{4-6}$$

其中，$K_d=K'_d\frac{U_b}{S_b}$。

4．调节杠杆

调节杠杆是将电液转换器输出位移传送至引导阀。该环节为比例环节，设其增益为K'_0，则有：

$$\Delta S_1=K'_0\Delta S_d \tag{4-7}$$

以S_b为基准值，对（4－7）式取相对值，进行拉普拉斯变换后，则有：

$$G_p(s)=\frac{S_d(s)}{S_1(s)}=K'_0 \tag{4-8}$$

5．引导阀和辅助接力器

该环节为积分环节，其方程为

$$\frac{\mathrm{d}\Delta Y_1}{\mathrm{d}t}=\frac{K_{v1}}{F_1}\Delta S_1 \tag{4-9}$$

对（4－9）式取相对值，并设初始值为零，进行拉普拉斯变换后，则有：

$$G_{y1}(s)=\frac{Y_1(s)}{S_1(s)}=\frac{1}{T_{y1}s} \tag{4-10}$$

其中，$T_{y1}=\frac{F_1}{K_{v1}}\times\frac{Y_{1\max}}{S_{1b}}$。

6．主配压阀和主接力器

该环节为积分环节，同理有：

$$G_y(s)=\frac{Y(s)}{S(s)}=\frac{1}{T_y s} \tag{4-11}$$

其中，$T_y=\dfrac{F}{K_v}\times\dfrac{Y_{max}}{S_b}$。

7. 局部反馈

该环节为比例环节，则有：

$$\Delta S_1 = K_\lambda \Delta Y_1 \tag{4-12}$$

取 S_b 为基准值，其传递函数为

$$G_\lambda(s) = b_\lambda \tag{4-13}$$

其中，$K_\lambda=b_\lambda$。

8. 永态反馈环节

该环节为比例环节，则有：

$$\Delta U_{bp} = K_{bp}\Delta Y \tag{4-14}$$

对（4－14）式取相对值，进行拉普拉斯变换后，则有：

$$G_{bp}(s) = b_p \tag{4-15}$$

其中，$b_p=K_{bp}\dfrac{Y_{max}}{U_b}$。

9. 暂态反馈环节

该环节为实际微分环节，其方程为

$$\Delta U_{bt} + T_d\frac{\mathrm{d}\Delta U_{bt}}{\mathrm{d}t} = K_{bt}T_d\frac{\mathrm{d}\Delta Y}{\mathrm{d}t} \tag{4-16}$$

对（4－16）式取相对值，并设初始值为零，进行拉普拉斯变换后，则有：

$$G_{bt}(s) = \frac{b_t T_d s}{1+T_d s} \tag{4-17}$$

其中，$b_t=K_{bt}\dfrac{Y_{max}}{U_b}$，$T_d=RC$。

根据调速器各环节的传递函数，可得到前向通道的传递函数为

$$G_{fr}(s) = K_0K_dK_0'\frac{1}{b_\lambda\left(\dfrac{T_{y1}}{b_\lambda}s+1\right)}\times\frac{1}{T_ys} \tag{4-18}$$

其中，设增益 $K=K_0K_dK_0'\dfrac{1}{b_\lambda}=K_0K_d'\dfrac{U_b}{S_b}\dfrac{1}{K_\lambda}K_0'$，由 U_b、S_b 的定义可知，$S_b=U_bK_0K_d'\dfrac{1}{K_\lambda}K_0'$，于是，增益 $K=1$。因此可得：

$$G_{fr}(s) = \frac{1}{\dfrac{T_{y1}}{b_\lambda}s+1}\times\frac{1}{T_ys} \tag{4-19}$$

由（4－19）式可见，虽然前向通道各环节的增益没有显式地进入调速器前向传递函数，但由于 $T_y=\dfrac{F}{K_v}\times\dfrac{Y_{max}}{S_b}$，而 $S_b=U_bK_0K_d'\dfrac{1}{K_\lambda}K_0'$，因此，各环节的增益是通过 S_b 而隐式地进入调速器传递函数。

反馈环节的传递函数为

$$H(s) = b_p + \frac{b_t T_d s}{1+T_d s} \tag{4-20}$$

已知前向通道传递函数和反馈传递函数，可求出调速器的传递函数为

$$G_r(s)=\frac{Y(s)}{X_c(s)}=\frac{G_{fr}(s)}{1+G_{fr}(s)H(s)}=\frac{\dfrac{1}{\dfrac{T_{y1}}{b_\lambda}s+1}\times\dfrac{1}{T_ys}}{1+\dfrac{1}{\dfrac{T_{y1}}{b_\lambda}s+1}\times\dfrac{1}{T_ys}\left(b_p+\dfrac{b_tT_ds}{1+T_ds}\right)} \tag{4-21}$$

整理后，得：

$$G_r(s)=\frac{T_ds+1}{\dfrac{T_{y1}T_yT_d}{b_\lambda}s^3+T_y\left(\dfrac{T_{y1}}{b_\lambda}+T_d\right)s^2+[T_y+(b_t+b_p)T_d]s+b_p} \tag{4-22}$$

通常辅助接力器时间常数 T_{y1} 比 T_y 和 T_d 小得多，为 0.1～0.011 s，如令 $T_{y1}\approx0$，则（4－22）式可简化为

$$G_r(s)=\frac{T_ds+1}{T_yT_ds^2+[T_y+(b_t+b_p)T_d]s+b_p} \tag{4-23}$$

（4－23）式即为辅助接力器型调速器常用的传递函数形式。

增设前向微分校正装置的辅助接力器型调速器的数学模型，前向微分校正装置对转速偏差取导数，故又称为加速度回路。其结构如图 4－2 所示。

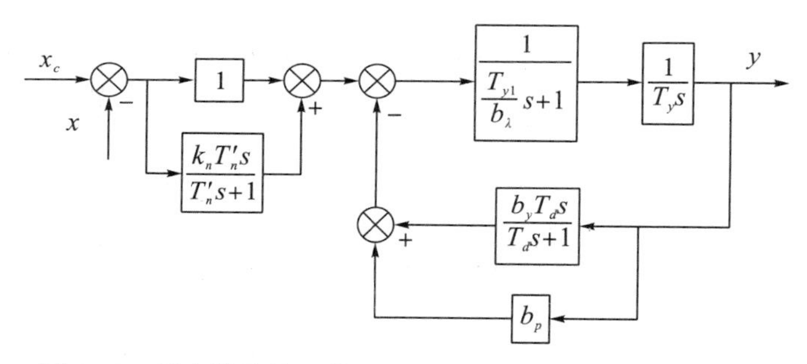

图 4－2　具有微分校正装置的辅助接力器型调速器结构框图

微分校正装置为实际微分环节，其输入信号和输出信号均为电压，因此，取 U_b 为基准值，其传递函数为

$$G'_n(s)=\frac{K_nT'_ns}{T'_ns+1} \tag{4-24}$$

它与测频环节 $G_f(s)=1$ 并联，于是可得：

$$G_n(s)=\frac{T_ns+1}{T'_ns+1} \tag{4-25}$$

其中，$T_n=K_nT'_n+T'_n=(K_n+1)T'_n$。

由图 4－2 可见，它与原调速器传递函数串联，因此，具有前向微分校正装置的辅助接力器型调速器的传递函数为

$$G_r(s)=\frac{T_ds+1}{T_yT_ds^2+[T_y+(b_t+b_p)T_d]s+b_p}\times\frac{T_ns+1}{T'_ns+1} \tag{4-26}$$

§4.1.2　中间接力器型调速器数学模型

中间接力器型调速器的主要环节与辅助接力器型调速器主要环节是一样的，它们的数学模型亦是一样的。只不过，这里主反馈信号取自中间接力器。因此，中间接力器行程基准值应采用中间接力器的最大行程 $Y_{1\max}$，而引导阀行程基准值应选用相应转速变化 100%的引导阀位移量 S_{1b}。中间接力器型调速器结构如图 4－3 所示。

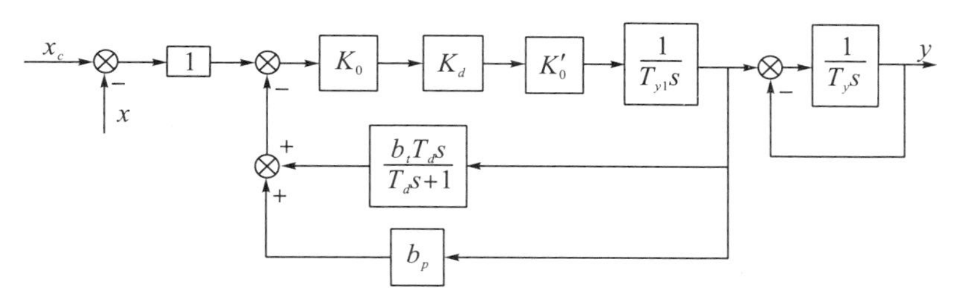

图 4－3　中间接力器型调速器结构框图

中间接力器时间常数为 $T_{y1}=\frac{F_1}{K_{v1}}\times\frac{Y_{1\max}}{S_{1b}}$，$S_{1b}=U_bK_0K_d'K_0'$。中间接力器型调速器实际可分为调节器和随动系统两部分，根据图 4－3，调节器部分传递函数为

$$G_{r1}(s)=\frac{T_ds+1}{T_{y1}T_ds^2+[T_{y1}+(b_t+b_p)T_d]s+b_p} \tag{4-27}$$

对机械液压随动部分，主配压阀位移基准值 S_b 应取为 $Y_{1\max}K_1$，其中 K_1 为中间接力器行程至主配压阀行程的传递系数。主接力器行程基准值取为 $Y_{\max}$，根据随动系统结构，有 $Y_{1\max}=Y_{\max}K_2$，其中 K_2 为反馈传递系数。

于是，随动系统前向传递函数为

$$G_1(s)=\frac{Y(s)}{S(s)}=\frac{1}{T_ys} \tag{4-28}$$

其中，$T_y=\frac{F}{K_v}\times\frac{Y_{\max}}{S_b}$。

反馈方程为

$$\Delta S=\Delta YK_1K_2 \tag{4-29}$$

又由于 $S_b=Y_{\max}K_1K_2$，故取相对值和进行拉普拉斯变换后，其反馈传递函数为

$$G_2(s)=1 \tag{4-30}$$

因此，随动系统传递函数为

$$G_{r2}(s)=\frac{1}{T_ys+1} \tag{4-31}$$

于是，中间接力器型调速器传递函数为

$$G_r(s)=G_{r1}(s)G_{r2}(s)=\frac{T_ds+1}{\{T_{y1}T_ds^2+[T_{y1}+(b_t+b_p)T_d]s+b_p\}(T_ys+1)} \tag{4-32}$$

通常中间接力器的行程较辅助接力器大得多，其时间常数也略大，但总的还是较 T_y 和 T_d 为小，若令 $T_{y1}\approx0$，则有：

$$G_r(s) = \frac{T_d s + 1}{(b_t + b_p)T_y T_d s^2 + [T_y b_p + (b_t + b_p)T_d]s + b_p} \tag{4-33}$$

可见，中间接力器型调速器的传递函数与辅助接力器型调速器的传递函数是相似的。

增加前向微分校正装置的中间接力器型调速器的数学模型，前向微分校正装置对转速偏差取导数，故又称为加速度回路。其结构如图 4－4 所示。由图可见，具有前向通道微分校正环节的中间接力器型调速器的传递函数为

$$G_r(s) = \frac{T_n s + 1}{T'_n s + 1} \frac{T_d s + 1}{(b_t + b_p)T_y T_d s^2 + [T_y b_p + (b_t + b_p)T_d]s + b_p} \tag{4-34}$$

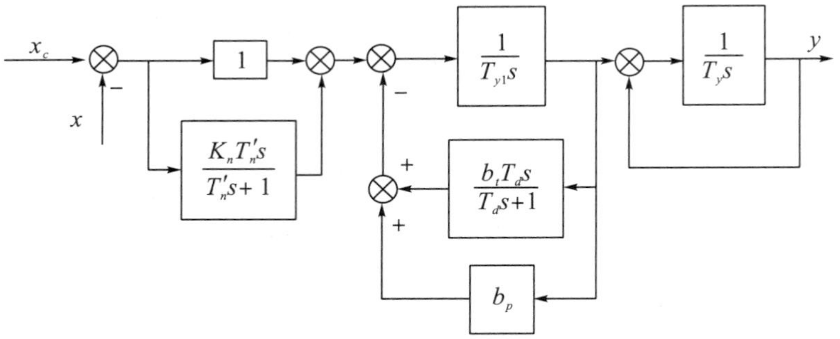

图 4－4　具有前向微分校正装置的中间接力器型调速器结构框图

§4.1.3　并联 PID 型调速器数学模型

并联 PID 型调速器结构如图 4－5 所示。

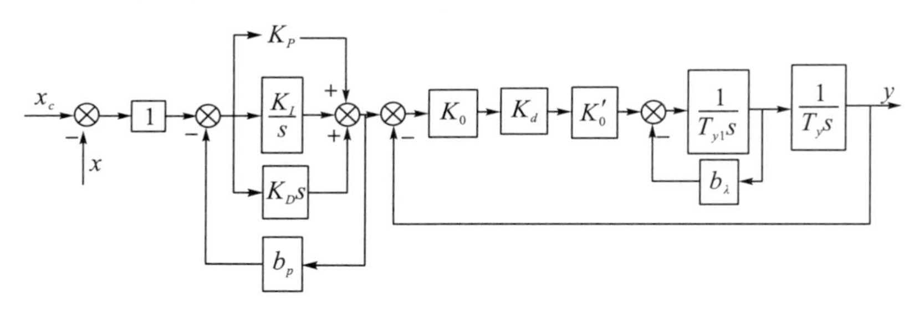

图 4－5　并联 PID 型调速器结构框图

在建立调速器数学模型时，正确选取基准值非常重要。该系统包含有电液随动系统，通常认为随动系统的反馈传递函数应为 1。因此，综合放大器输入电压的基准值 U_{Ab} 应选为相应主接力器最大行程 Y_{max} 的反馈电压值。其余量的基准值选取同前。

（1）测频部分传递函数为

$$G_f(s) = 1 \tag{4-35}$$

（2）比例回路的方程为

$$\Delta U_P = K'_P \Delta U_f \tag{4-36}$$

取其输入量基准值为 U_b，而输出量基准值为 U_{Ab}，故比例环节的传递函数为：

$$G_P(s) = K_P = K'_P \frac{U_b}{U_{Ab}} \tag{4-37}$$

（3）积分回路的传递函数为

$$G_I(s) = \frac{K_I}{s} = \frac{K'_I \dfrac{U_b}{U_{Ab}}}{s} \tag{4-38}$$

（4）微分回路的传递函数为

$$G_D(s) = \frac{K_D s}{T'_n s + 1} = \frac{K'_D \dfrac{U_b}{U_{Ab}} s}{T'_n s + 1} \tag{4-39}$$

（5）硬反馈的传递函数为

$$G_{bp}(s) = b_p = K_{bp} \frac{U_{Ab}}{U_b} \tag{4-40}$$

（6）综合放大回路的传递函数为

$$G_A(s) = K_0 \frac{U_{Ab}}{U_b} \tag{4-41}$$

其他环节传递函数同前。

（7）主接力器反馈方程为

$$\Delta U_y = K_2 \Delta Y \tag{4-42}$$

已知 $U_{Ab} = K_2 Y_{\max}$，取相对值后，主接力器反馈传递函数为

$$G_2(s) = 1 \tag{4-43}$$

综上所述，PID 调节器部分传递函数为

$$G_{r1}(s) = \frac{K_D s^2 + K_P s + K_I}{b_p \left[K_D s^2 + \left(K_P + \dfrac{1}{b_p}\right)s + K_I\right]} \tag{4-44}$$

对液压随动系统，当 T_{y1} 比 T_y 小很多时，可近似地认为：

$$G_{r2}(s) = \frac{1}{T_y s + 1} \tag{4-45}$$

故并联 PID 型调速器传递函数为

$$G_r(s) = \frac{K_D s^2 + K_P s + K_I}{b_p \left[K_D s^2 + \left(K_P + \dfrac{1}{b_p}\right)s + K_I\right](T_y s + 1)} \tag{4-46}$$

第 2 节　调速器的动态特性

§4.2.1　调速器的动态响应

1. 辅助接力器型调速器的动态响应

如前所述，辅助接力器型调速器的传递函数为

$$G_r(s) = \frac{T_d s + 1}{T_y T_d s^2 + [T_y + (b_t + b_p)T_d]s + b_p} \tag{4-47}$$

通常 $T_y \ll T_d$，且 $b_p \approx 0$，则（4-47）式可简化为

$$G_r(s)=\frac{1}{b_t}+\frac{1}{b_tT_ds} \tag{4-48}$$

由（4－48）式可见，传递函数由比例部分（P）和积分部分（I）组成，故该类调速器也称为 PI 型调速器。其单位阶跃动态响应可由下式求出：

$$Y(s)=G_r(s)\frac{1}{s}=\frac{1}{b_ts}+\frac{1}{b_tT_ds^2} \tag{4-49}$$

对（4－49）式进行拉普拉斯逆变换后，得：

$$y(t)=\frac{1}{b_t}+\frac{t}{b_tT_d} \tag{4-50}$$

PI 型调速器动态响应过程如图 4－6 所示。由图可见，在阶跃信号加入后，输出 y 有一跳变，其幅值为 $1/b_t$，随后随时间直线变化。$1/b_t$的大小表征了调速器的速动性。实际上，由于接力器有一定的时间常数，因此接力器位移不可能产生跳变，如图中虚线所示。（4－50）式只是近似地表达了辅助接力器型调速器的调节规律。

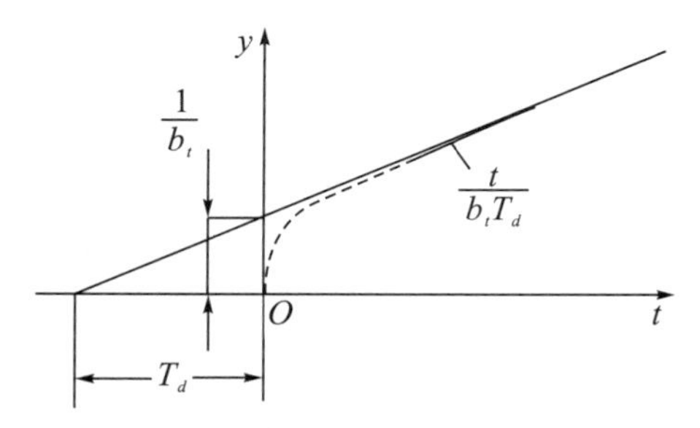

图 4－6　PI 型调速器动态响应过程

具有前向微分校正的辅助接力器型调速器的传递函数为

$$G_r(s)=\frac{T_ds+1}{T_yT_ds^2+[T_y+(b_t+b_p)T_d]s+b_p}\times\frac{T_ns+1}{T'_ns+1} \tag{4-51}$$

设 $T_y\approx0$，$T'_n\approx0$，$b_p\approx0$，则有：

$$G_r(s)=\frac{T_n+T_d}{b_tT_d}+\frac{1}{b_tT_ds}+\frac{T_n}{b_t}s \tag{4-52}$$

PID 型调速器动态响应过程如图 4－7 所示。理想微分环节对阶跃信号的响应为一脉冲信号，但实际上微分回路均有一定的时间常数，故其响应是近似三角形。图 4－7（b）表示了接力器时间常数 T_y对响应曲线影响，只有在 T_y很小时，阶跃响应才在起始时刻呈现明显的峰值，如曲线 3 所示。

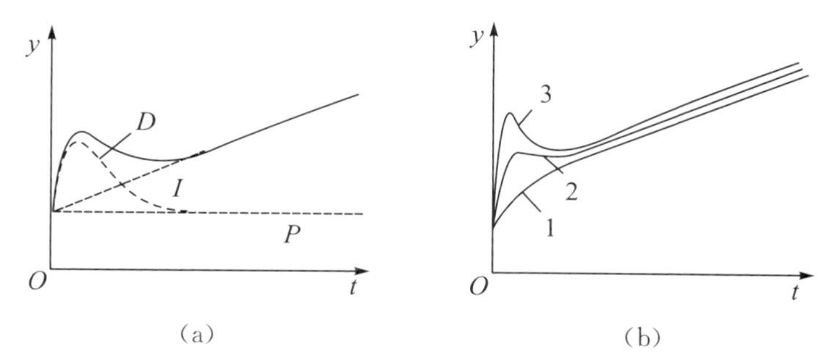

$b_p=0$，$b_t=0.5$，$T_d=4.0$ s；

1—$T_y=0.2$，$T_n=0.25$ s，$T_n'=0.025$ s；2—$T_y=0.2$，$T_n=0.5$ s，$T_n'=0.05$ s；

3—$T_y=0.05$，$T_n=0.25$ s，$T_n'=0.025$ s

图 4－7　PID 型调速器动态响应过程

2. 中间接力器型调速器的瞬态响应

由前述可知，中间接力器型调速器的传递函数为

$$G_r(s)=\frac{T_ds+1}{(b_t+b_p)T_yT_ds^2+[T_yb_p+(b_t+b_p)T_d]s+b_p} \tag{4-53}$$

通常 $T_y \ll T_d$，且 $b_p \approx 0$，则（4－51）式可简化为

$$G_r(s)=\frac{1}{b_t}+\frac{1}{b_tT_ds} \tag{4-54}$$

（4－54）式表明中间接力器型调速器也具有 PI 调节规律，其单位阶跃响应特性与辅助接力器型调速器相同。

具有前向通道微分校正的中间接力器型调速器的传递函数为

$$G_r(s)=\frac{T_n+T_d}{b_tT_d}+\frac{1}{b_tT_ds}+\frac{T_n}{b_t}s \tag{4-55}$$

（4－55）式表明其具有 PID 调节规律，其动态响应特性也与具有前向通道微分校正的辅助接力器型调速器相同。

3. 并联 PID 型调速器的瞬态响应

由前述可知，并联 PID 型调速器的传递函数为

$$G_r(s)=\frac{K_Ds^2+K_Ps+K_I}{b_p[K_Ds^2+(K_P+\frac{1}{b_p})s+K_I](T_ys+1)} \tag{4-56}$$

设 $b_p \approx 0$，$T_y \approx 0$ 时，（4－56）式可简化为

$$G_r(s)=K_P+\frac{K_I}{s}+K_Ds \tag{4-57}$$

可见，并联 PID 型调速器也具有 PID 调节规律，与前述两种带前向微分校正环节的调速器的动态特性相同。

比较 PI 型和 PID 型调速器的动态响应特性，PID 型在起始阶段有较大的输出，因此其速动性能较好，它们均具有积分作用，均可消除小的误差。

§4.2.2　调速器的频率响应

以辅助接力器型调速器为例，其传递函数为

$$G_r(s)=\frac{T_d s+1}{T_y T_d s^2+[T_y+(b_t+b_p)T_d]s+b_p} \tag{4-58}$$

因为 $T_y \ll (b_t+b_p)T_d$，故可认为

$$T_y+(b_t+b_p)T_d \approx \frac{T_y b_p}{b_t+b_p}+(b_t+b_p)T_d \tag{4-59}$$

令 $b_t^*=b_t+b_p$，则有：

$$G_r(s)=\frac{T_d s+1}{T_y T_d s^2+\left(\frac{T_y b_p}{b_t^*}+b_t^* T_d\right)s+b_p}=\frac{T_d s+1}{b_p\left(\frac{b_t^* T_d}{b_p}s+1\right)\left(\frac{T_y}{b_t^*}s+1\right)} \tag{4-60}$$

一般有$\frac{b_p}{b_t^* T_d}<\frac{1}{T_d}<\frac{b_t^*}{T_y}$，故其对数频率特性如图 4－8 所示。当 $\omega<\frac{b_t^*}{T_y}$时，相角滞后较小，有利于调节系统稳定。

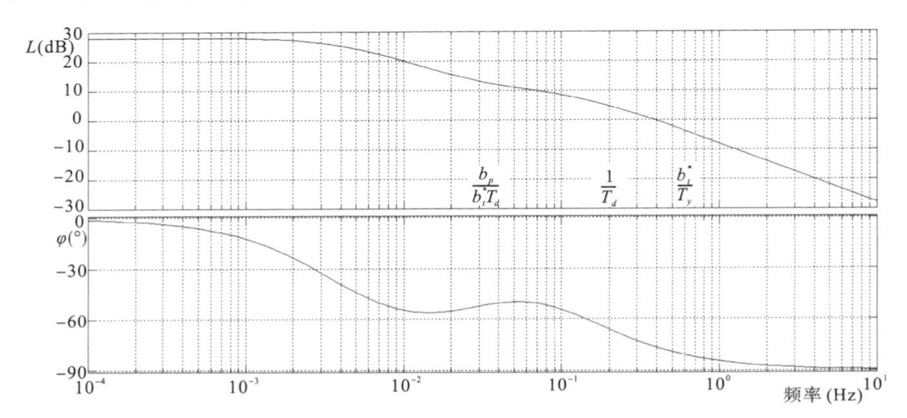

图 4－8　辅助接力器型调速器对数频率特性

具有前向微分校正的辅助接力器型调速器传递函数为

$$G_r(s)=\frac{(T_n s+1)(T_d s+1)}{b_p(T_n' s+1)\left(\frac{b_t^* T_d}{b_p}s+1\right)\left(\frac{T_y}{b_t^*}s+1\right)} \tag{4-61}$$

一般有$\frac{b_p}{b_t^* T_d}<\frac{1}{T_d}<\frac{1}{T_n}<\frac{b_t^*}{T_y}<\frac{1}{T_n'}$，故其对数频率特性如图 4－9 所示。在高频区相角有超前，有利于系统稳定；截止频率较高，调速器速动性较好；但同时也可能使高频干扰易于进入调节系统，影响稳定性。

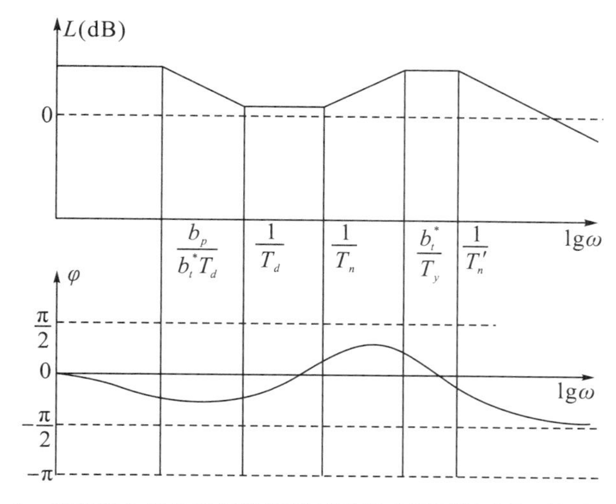

图 4－9　具有前向微分校正装置的辅助接力器型调速器对数频率特性

§4.2.3　指令信号实现时间

在水轮发电机组单机空载运行时，调节系统的稳定性是主要方面；在水轮发电机组并网带负荷运行时，频率由电网状态决定，由于单机容量比电网容量小得多，机组出力的变化对电网频率影响很小，此时，水轮机调节系统近似处于开环状态，调速器的速动性成为主要方面。通常，在机组并网后，希望其能迅速增加出力，这是通过调速器的功率给定来实现的。功率给定信号，也就是指令信号，该阶跃信号的实现时间就称为指令信号实现时间。

调速器的指令信号实现时间，既取决于调速器的系统结构，也取决于指令信号的加入点的位置。

1. 辅助接力器型调速器指令信号实现时间

辅助接力器型调速器结构如图 4－10 所示。它也称为软反馈型调速器，指令信号 C 加在永态环节 b_p 之前，因此 $C \rightarrow y$ 的前向传递函数为

$$G_0(s) = \frac{b_p(T_d s + 1)}{T_y T_d s^2 + (T_y + b_t T_d)s} \tag{4－62}$$

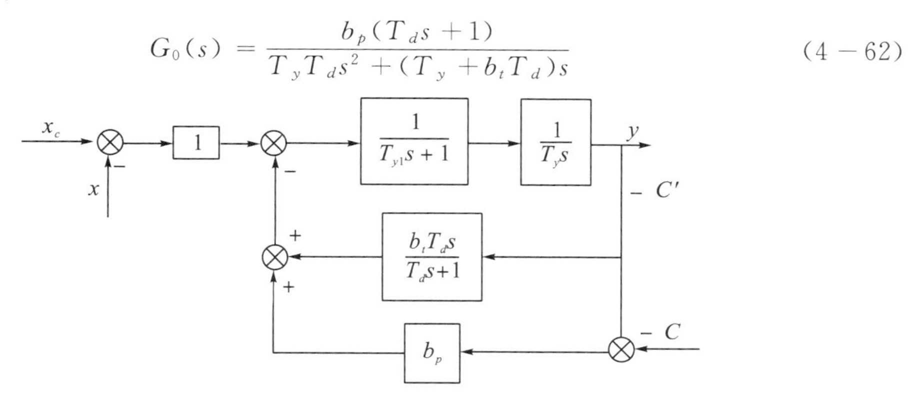

图 4－10　辅助接力器型调速器结构框图

反馈传递函数为 1，故闭环传递函数为

$$G_c(s)=\frac{y(s)}{C(s)}=\frac{b_p(T_d s+1)}{T_y T_d s^2+[T_y+(b_t+b_p)T_d]s+b_p} \tag{4-63}$$

整理后得：

$$G_c(s)=\frac{T_d s+1}{\left(\frac{T_d b_t^*}{b_p}s+1\right)\left(\frac{T_y}{b_t^*}s+1\right)} \tag{4-64}$$

令 $T_d^*=\frac{b_t^* T_d}{b_p}$，$T_y^*=\frac{T_y}{b_t^*}$，则在指令信号阶跃输入为 C_0 时，(4－64) 式可得阶跃响应函数为

$$y(t)=C_0\left(1-\frac{b_t}{b_p}\times\frac{T_d}{T_d^*-T_y^*}e^{-\frac{t}{T_d^*}}-\frac{T_d-T_y^*}{T_d^*-T_y^*}e^{-\frac{t}{T_y^*}}\right) \tag{4-65}$$

(4－65) 式表示了在阶跃指令信号 C_0 作用下，接力器行程的变化过程。当 $t=0$ 时，$y(t)=0$，而 $t\to\infty$，$y(\infty)=C_0$，其过渡过程为非周期过程。由于 $T_y^* \ll T_d^*$，所以 $\frac{T_d-T_y^*}{T_d^*-T_y^*}e^{-\frac{t}{T_y^*}}$ 衰减很快。因此，过渡过程后期主要决定于 $\frac{b_t}{b_p}\times\frac{T_d}{T_d^*-T_y^*}e^{-\frac{t}{T_d^*}}$ 项，由指数函数的特性可知，该项衰减至初始值的 5%，需历时 $3T_d^*$，这一时间近似地为指令信号实现 95% 的时间，称为指令信号实现时间 T_L。其计算公式为

$$T_L=3\frac{b_t^* T_d}{b_p} \tag{4-66}$$

同理，如图 4－11 所示的中间接力器型调速器也是软反馈型调速器，其指令信号也加在环节 b_p 之前，因此 $C\to y$ 的闭环传递函数为

$$G_c(s)=\frac{y(s)}{C(s)}=\frac{b_p(T_d s+1)}{T_{y1}T_d s^2+[T_{y1}+(b_t+b_p)T_d]s+b_p}\times\frac{1}{T_y s+1} \tag{4-67}$$

一般 $T_{y1}\ll T_d$，可设 $T_{y1}=0$，则有：

$$G_c(s)=\frac{T_d s+1}{\left(\frac{T_d b_t^*}{b_p}s+1\right)(T_y s+1)} \tag{4-68}$$

故其指令信号实现时间为

$$T_L=3\frac{b_t^* T_d}{b_p} \tag{4-69}$$

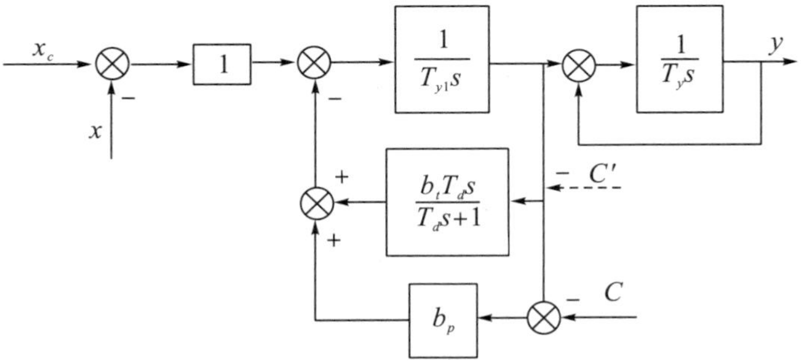

图 4－11　中间接力器型调速器结构框图

因为 b_p 较小，一般在 0.03～0.04，所以 T_L 值较大。例如 $b_t^*=0.36$，$T_d=5$ s，$b_p=$

0.04，则 $T_L=3\dfrac{b_t^* T_d}{b_p}=135$ s。因此，为了加快指令信号实现时间，提高调速器的速动性，通常在并网后，应适当减小 b_t 和 T_d 值。

此外，还可以通过改变指令信号加入点的办法来缩短其实现时间，如图 4－11 所示。将指令信号 C' 加在软反馈回路和调差回路之前，而不是仅加在调差回路之前。此时 $C'\rightarrow y$ 的闭环传递函数为

$$G_{c1}(s)=\frac{(b_p+b_t)T_d s+b_p}{[(b_p+b_t)T_d s+b_p](T_y s+1)}=\frac{1}{T_y s+1} \tag{4-70}$$

此时，C' 的信号实现时间为

$$T_L=3T_y \tag{4-71}$$

同理，对辅助接力器型调速器指令信号 C' 的信号实现时间为

$$T_L=3\frac{T_y}{b_t^*} \tag{4-72}$$

这样比原来的信号实现时间也大为减少。

2. 具有加速度环节的辅助调速器的指令信号实现时间

具有加速度环节的辅助调速器结构如图 4－12 所示。由图可见，$C\rightarrow y$ 的闭环传递函数与加速度环节无关。因此，其指令信号实现时间与辅助接力器型调速器完全一样。

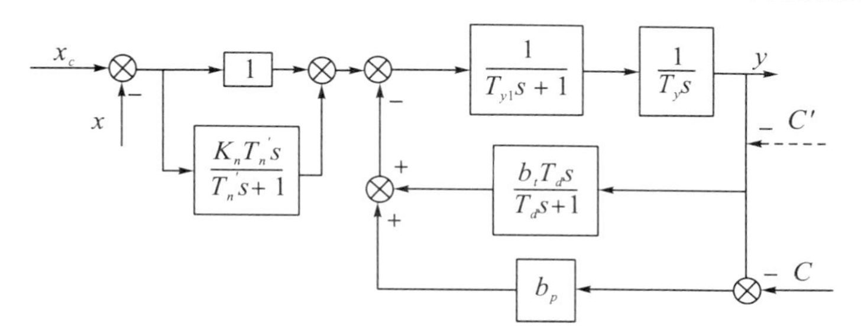

图 4－12　具有加速度环节的辅助接力器型调速器框图

3. 并联 PID 型调速器的指令信号实现时间

并联 PID 型调速器结构如图 4－13 所示。指令信号 C 仍然加在环节 b_p 之前。由于微分环节对阶跃响应过渡过程的初期形态有重要作用，对其后期形态没有影响，为方便起见，在讨论指令信号 C 实现时间时，可以略去微分环节，如图 4－14 所示。

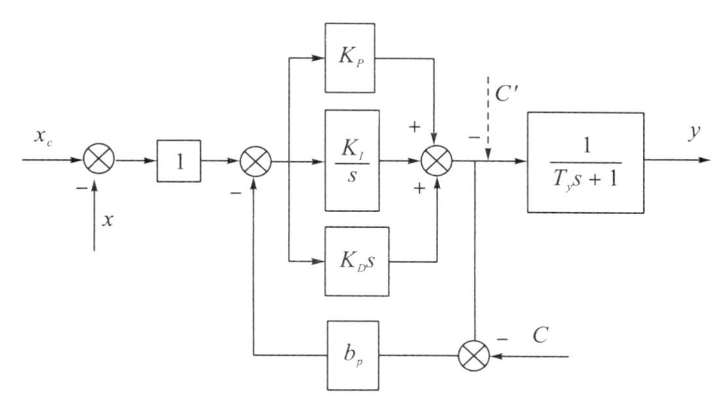

图 4－13　并联 PID 型调速器结构框图

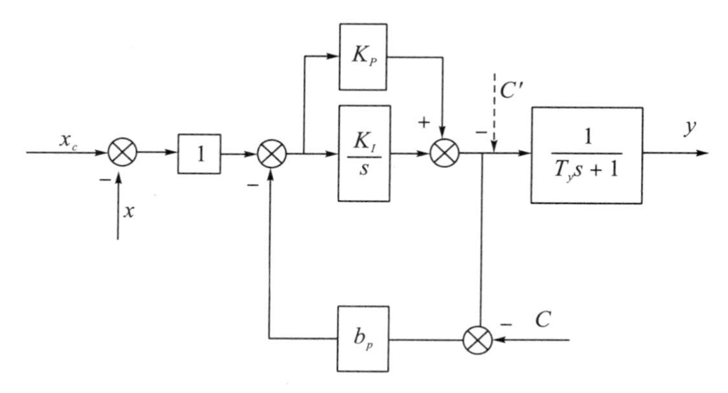

图 4－14 并联 PID 型调速器结构简化框图

由图 4－14 可知，$C \to y$ 的闭环传递函数为

$$G_c(s) = \frac{b_p(K_P s + K_I)}{[(b_p K_P + 1)s + b_p K_I](T_y s + 1)} = \frac{\frac{K_P}{K_I}s + 1}{\left(\frac{b_p K_P + 1}{b_p K_I}s + 1\right)(T_y s + 1)} \tag{4-73}$$

通常 $T_y \ll \frac{b_p K_P + 1}{b_p K_I}$，故指令信号实现时间为

$$T_L = 3\frac{b_p K_P + 1}{b_p K_I} \tag{4-74}$$

由于 $K_P = \frac{1}{b_t}$，$K_I = \frac{1}{b_t T_d}$，则有：

$$T_L = 3\frac{b_t^* T_d}{b_p} \tag{4-75}$$

由（4－74）式可见，机组并网之后，为了提高调速器的速动性，必须加大 K_I 值。如将指令信号移至电液随动系统前面，则 $C' \to y$ 传递函数为

$$G_{c1}(s) = \frac{1}{T_y s + 1} \tag{4-76}$$

此时，指令信号实现时间为 $3T_y$，其速动性大为提高。

第 3 节　调节对象的动态特性

水轮机调节系统的调节对象包括有压过水系统、水轮机、发电机及电网。本节对上述环节的数学模型和动态特性进行介绍。

§4.3.1　有压过水系统动态特性

在水轮机调节过程中，有压过水系统内的流速（流量）随之变化，由于水流惯性作用而产生水击。由水力学可知，发生水击时，应考虑水体和管壁的弹性，可以应用弹性水击模型进行描述。有压管道内非恒定流可以用下列偏微分方程组进行表示。

动量方程：

$$\frac{\partial H}{\partial x}+\frac{1}{gA}\times\frac{\partial Q}{\partial t}+\frac{fQ^2}{2gDA^2}=0 \tag{4-77}$$

连续方程：

$$\frac{\partial Q}{\partial x}+\frac{gA}{a^2}\times\frac{\partial H}{\partial t}=0 \tag{4-78}$$

式中：H 为压力；Q 为流量；x 为自上游端开始计算的长度；A 为管路截面；f 为摩擦损失系数；D 为管路直径；a 为水击波速。

将动量方程和连续方程化为相对量表示为

$$\begin{cases}\dfrac{\partial h}{\partial x}+\dfrac{Q_0}{gAH_0}\times\dfrac{\partial q}{\partial t}+\dfrac{fQ_0^2}{2gDA^2H_0}q^2=0\\[2ex]\dfrac{\partial q}{\partial x}+\dfrac{gAH_0}{a_0^2Q_0}\times\dfrac{\partial h}{\partial t}=0\end{cases} \tag{4-79}$$

令 $L=\dfrac{Q_0}{gAH_0}$，$R=\dfrac{fQ_0^2}{gDA^2H_0}$，$C=\dfrac{gAH_0}{a_0^2Q_0}$，则有：

$$\begin{cases}\dfrac{\partial h}{\partial x}+L\dfrac{\partial q}{\partial t}+\dfrac{R}{2}q^2=0\\[2ex]\dfrac{\partial q}{\partial x}+C\dfrac{\partial h}{\partial t}=0\end{cases} \tag{4-80}$$

图 4－15 为有压过水管路示意图，对（4－80）式进行拉普拉斯变换得：

$$\begin{cases}\dfrac{\mathrm{d}H(s,L)}{\mathrm{d}x(s,L)}+LsQ(s,L)+RQ(s,L)=0\\[2ex]\dfrac{\mathrm{d}Q(s,L)}{\mathrm{d}x(s,L)}+CsH(s,L)=0\end{cases} \tag{4-81}$$

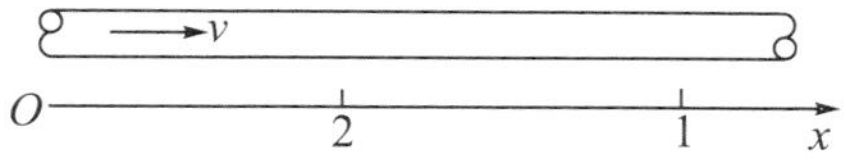

图 4－15　有压过水管路示意图

将（4－81）式中的第二式对 x 求导，并消去 H 得：

$$\frac{\mathrm{d}^2Q}{\mathrm{d}x^2}-(LCs^2+RCs)Q=0 \tag{4-82}$$

令 $r=\sqrt{LCs^2+RCs}$，则得：

$$\frac{\mathrm{d}^2Q}{\mathrm{d}x^2}-r^2Q=0 \tag{4-83}$$

求得（4－83）式的通解为

$$Q=A_1\cosh(r\Delta x)+A_2\sinh(r\Delta x) \tag{4-84}$$

将其代入（4－81）式中的第一式得：

$$H=-\frac{r}{Cs}[A_1\sinh(r\Delta x)-A_2\cosh(r\Delta x)] \tag{4-85}$$

令 $Z_c=\dfrac{r}{Cs}$，则有：

$$H=-Z_c[A_1\sinh(r\Delta x)-A_2\cosh(r\Delta x)] \tag{4-86}$$

设在管道进口 $x=0$ 处，如果 Q，H 分别为 Q_1，H_1，则积分常数为 $A_1=Q_1$，$A_2=\frac{H_1}{Z_c}$，则有：

$$\begin{cases} Q=Q_1\cosh(r\Delta x)+\frac{H_1}{Z_c}\sinh(r\Delta x) \\ H=-Z_cQ_1\sinh(r\Delta x)+H_1\cosh(r\Delta x) \end{cases} \tag{4-87}$$

在管道出口 $x=L$ 处，如果 Q，H 分别为 Q_2，H_2，则有：

$$\begin{cases} Q_2=Q_1\cosh(r\Delta x)+\frac{H_1}{Z_c}\sinh(r\Delta x) \\ H_2=-Z_cQ_1\sinh(r\Delta x)+H_1\cosh(r\Delta x) \end{cases} \tag{4-88}$$

以矩阵表示，可写出 1，2 两断面流量和压力之间的关系式：

$$\begin{bmatrix} H_2 \\ Q_2 \end{bmatrix}=\begin{bmatrix} \cosh(r\Delta x) & -Z_c\sinh(r\Delta x) \\ \frac{\sinh(r\Delta x)}{Z_c} & \cosh(r\Delta x) \end{bmatrix}\begin{bmatrix} H_1 \\ Q_1 \end{bmatrix} \tag{4-89}$$

其中，$r=\sqrt{LCs^2+RCs}$，当不考虑摩擦损失时，$r=\frac{1}{a}s$；$Z_c=2h_w$，$h_w=\frac{aQ_0}{2gAH_0}$为水管特征系数。

水轮发电机组有压过水系统如图 4－16 所示。为简单起见，设其有压引水管道较长，没有有压尾水管道，仅有尾水管，且可忽略不计。由（4－89）式可知，A，B 两断面可写出下列方程：

$$\begin{bmatrix} H_A(s) \\ Q_A(s) \end{bmatrix}=\begin{bmatrix} \cosh(r\Delta x) & -Z_c\sinh(r\Delta x) \\ \frac{\sinh(r\Delta x)}{Z_c} & \cosh(r\Delta x) \end{bmatrix}\begin{bmatrix} H_B(s) \\ Q_B(s) \end{bmatrix} \tag{4-90}$$

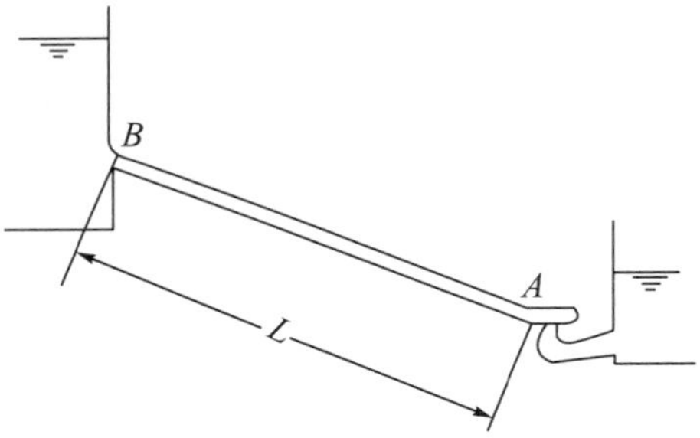

图 4－16 水轮发电机组有压过水系统

管道上游端接入水库中，水库水位在过渡过程中可认为是保持不变的，因此 $H_B(s)=0$。Δx 为 A，B 两点间距离，$\Delta x=L$，则有：

$$\frac{H_A(s)}{Q_A(s)}=-Z_c\frac{\sinh(rL)}{\cosh(rL)}=-Z_c\tanh(rL) \tag{4-91}$$

当不考虑水头损失时，A 点的水击传递函数为

$$G_h(s)=\frac{H_A(s)}{Q_A(s)}=-2h_w\tanh(0.5T_rs) \tag{4-92}$$

其中，$Z_c=2h_w$，$r=\frac{1}{a}s$，$T_r=\frac{2L}{a}$。

由（4－92）式可见，水击传递函数是一个双曲正切函数，它是非线性的，可用级数展开得：

$$\tanh(0.5T_r s) = \frac{\sum \frac{(0.5T_r s)^{2i+1}}{(2i+1)!}}{\sum \frac{(0.5T_r s)^{2i}}{(2i)!}} \tag{4-93}$$

为方便起见，通常使用两种模型，$i=0$，1 或 $i=0$，相应得：

$$G_h(s) = -2h_w \frac{\frac{1}{48}T_r^3 s^3 + \frac{1}{2}T_r s}{\frac{1}{8}T_r^2 s^2 + 1} \tag{4-94}$$

和

$$G_h(s) = -2h_w(0.5T_r s) = -T_w s \tag{4-95}$$

其中，$T_w = \dfrac{\frac{L}{A}Q_0}{gH_0}$为水流惯性时间常数。（4－94）式为一阶弹性水击模型，（4－95）式为刚性水击模型。

以上分析过程中，认为管道是等截面的，实际工程中不可能全是等截面的，因此参数计算时按（4－96）式进行计算：

$$L = \sum_{i=1}^{n} L_i,\ A = \frac{\sum_{i=1}^{n} L_i}{\sum_{i=1}^{n} \frac{L_i}{A_i}},\ h_w = \frac{aQ_0}{2gAH_0},\ T_r = \sum_{i=1}^{n} \frac{2L_i}{a_i},\ T_w = \frac{\sum_{i=1}^{n} \frac{L_i}{A_i}Q_0}{gH_0} \tag{4-96}$$

§4.3.2　水轮机动态特性

水轮机内水的流动是复杂的三维流动。虽然原则上可以用各种数值方法（如三维有限元等）来求解分析水轮机内水的流动，或者用某些几何参数定性地表示水轮机的过流量和力矩等，但实际工程上仍然是依靠模型试验的方法来求得水轮机特性的定量表示。水轮机模型综合特性和飞逸特性等是水轮机的稳定特性。原则上，在分析水轮机调节系统时，应该使用水轮机动态特性，但动态特性仍无法通过模型试验求得。因此，目前还只能用水轮机稳态特性来分析调节系统的动态过程。实践表明，在小波动情况下时，使用水轮机稳态特性得出的理论结果与实测结果的误差在允许范围内。

水轮机动态特性可分以下三部分考虑：

（1）混流式水轮机的稳态特性，可以表示为

$$\begin{cases} M_t = M_t(a, H, n) \\ Q = Q(a, H, n) \end{cases} \tag{4-97}$$

（2）水轮机流道内水流惯性。这部分可以归入到有压过水系统水流惯性的一部分。

（3）水轮机转子和水轮机转轮区水体的机械惯性。这部分归入到水轮发电机组机械惯性的一部分。

（4－97）式是非线性函数，在分析小波动问题时，可以采用近似的线性模型，为此，在稳态工况点，将（4－97）式展开为台劳级数，并略去含有二阶以上导数项，则有：

$$\begin{cases} M_t = M_0 + \Delta M_t = M_0 + \dfrac{\partial M_t}{\partial a}\Delta a + \dfrac{\partial M_t}{\partial n}\Delta n + \dfrac{\partial M_t}{\partial H}\Delta H \\ Q = Q_0 + \Delta Q_t = Q_0 + \dfrac{\partial Q_t}{\partial a}\Delta a + \dfrac{\partial Q_t}{\partial n}\Delta n + \dfrac{\partial Q_t}{\partial H}\Delta H \end{cases} \tag{4－98}$$

取额定工况下的力矩 M_r、转速 n_r、水头 H_r、流量 Q_r 作为基准值，最大开度 $a_{\max}$ 作为导叶开度基准值，对（4－98）式取相对值，则有：

$$\frac{\Delta M_t}{M_r} = \frac{\partial \dfrac{M_t}{M_r}}{\partial \dfrac{a}{a_{\max}}} \times \frac{\Delta a}{a_{\max}} + \frac{\partial \dfrac{M_t}{M_r}}{\partial \dfrac{n}{n_r}} \times \frac{\Delta n}{n_r} + \frac{\partial \dfrac{M_t}{M_r}}{\partial \dfrac{H}{H_r}} \times \frac{\Delta H}{H_r}$$

$$\frac{\Delta Q}{Q_r} = \frac{\partial \dfrac{Q}{Q_r}}{\partial \dfrac{a}{a_{\max}}} \times \frac{\Delta a}{a_{\max}} + \frac{\partial \dfrac{Q}{Q_r}}{\partial \dfrac{n}{n_r}} \times \frac{\Delta n}{n_r} + \frac{\partial \dfrac{Q}{Q_r}}{\partial \dfrac{H}{H_r}} \times \frac{\Delta H}{H_r}$$

令 $m_t = \dfrac{\Delta M_t}{M_r}$，$q = \dfrac{\Delta Q}{Q_r}$，$x = \dfrac{\Delta n}{n_r}$，$h = \dfrac{\Delta H}{H_r}$，$y = \dfrac{\Delta a}{a_{\max}}$，$e_y = \dfrac{\partial \frac{M_t}{M_r}}{\partial \frac{a}{a_{\max}}}$，$e_x = \dfrac{\partial \frac{M_t}{M_r}}{\partial \frac{n}{n_r}}$，$e_h = \dfrac{\partial \frac{M_t}{M_r}}{\partial \frac{H}{H_r}}$，$e_{qy} = \dfrac{\partial \frac{Q}{Q_r}}{\partial \frac{a}{a_{\max}}}$，$e_{qx} = \dfrac{\partial \frac{Q}{Q_r}}{\partial \frac{n}{n_r}}$，$e_{qh} = \dfrac{\partial \frac{Q}{Q_r}}{\partial \frac{H}{H_r}}$，则水轮机动态特性可表示为

$$\begin{cases} m_t = e_y y + e_x x + e_h h \\ q = e_{qy} y + e_{qx} x + e_{qh} h \end{cases} \tag{4－99}$$

式中：e_y 为水轮机力矩对导叶开度传递系数；e_x 为水轮机力矩对转速传递系数；e_h 为水轮机力矩对水头传递系数；e_{qy} 为水轮机流量对导叶开度传递系数；e_{qx} 为水轮机流量对转速传递系数；e_{qh} 为水轮机流量对水头传递系数。

水轮机动态方程中传递系数的计算需利用水轮机模型综合特性曲线，如图 4－17 所示。首先在图上确定运行工况点 O，然后在其周围取 1，2，3，4 点。其中，1，2 点在 n'_{10} 线上，而 3，4 点在等 a_0 线上，于是可以读出各点的 Q'_1，n'_1，a，η 等参数，并计算出各点对应的原型水轮机参数。

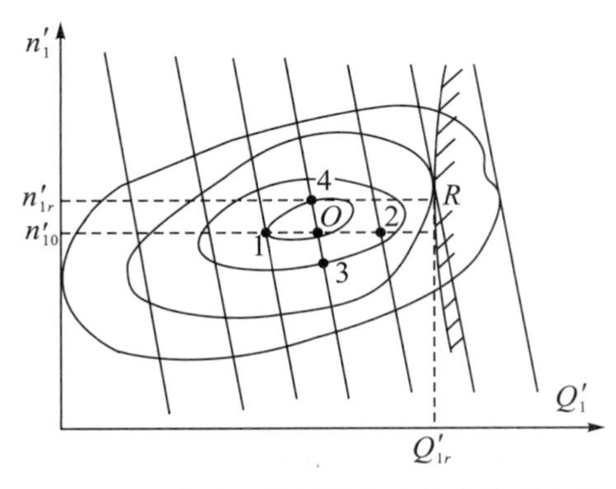

图 4－17　水轮机模型综合特性曲线示意图

对于 1，2 两点，单位转速和水头保持不变，则有：

$$M_i = 93740\frac{(Q'_1\eta)_i}{n'_{10}}D_1^2H_0$$

$$Q_i = (Q'_1)_iD_1^2\sqrt{H_0}$$

$$n_0 = \frac{n'_{10}\sqrt{H_0}}{D_1}$$

其中，$i=1$，2。

对于 3，4 两点，导叶开度和水头保持不变，则有：

$$M_i = 93740\left(\frac{Q'_1\eta}{n'_1}\right)_iD_1^2H_i$$

$$Q_i = (Q'_1)_iD_1^2\sqrt{H_i}$$

$$n_i = \frac{(n'_1)_i\sqrt{H_i}}{D_1}$$

$$H_i = \left(\frac{n_iD_1}{n'_{1i}}\right)^2$$

其中，$i=3$，4。

设计工况点，有：

$$M_r = 93740\frac{Q'_1\eta}{n'_{10}}D_1^2H_r$$

$$Q_r = (Q'_1)_rD_1^2\sqrt{H_r}$$

$$n_r = \frac{(n'_1)_r\sqrt{H_r}}{D_1}$$

e_y，e_{qy} 分别是当水头和转速不变时，水轮机力矩和流量对导叶开度的导数。水头和转速不变意味着 n'_1 不变，故可用通过稳态工况点的 n'_{10} 线上的数据来确定 e_y 和 e_{qy}，即用 1，2 两点上的参数来计算 e_y 和 e_{qy}。

$$e_y = \frac{\partial\dfrac{M_t}{M_r}}{\partial\dfrac{a}{a_{\max}}} = \frac{\dfrac{\Delta M_t}{M_r}}{\dfrac{\Delta a}{a_{\max}}} = \frac{\dfrac{M_2-M_1}{M_r}}{\dfrac{a_2-a_1}{a_{\max}}} \tag{4-100}$$

$$e_{qy} = \frac{\partial\dfrac{Q}{Q_r}}{\partial\dfrac{a}{a_{\max}}} = \frac{\dfrac{\Delta Q}{Qr}}{\dfrac{\Delta a}{a_{\max}}} = \frac{\dfrac{Q_2-Q_1}{Q_r}}{\dfrac{a_2-a_1}{a_{\max}}} \tag{4-101}$$

在综合特性上出力限制左侧区域内，$e_y>0$。在最高效率区右侧效率随开度增加而减小，故 $e_y<e_{y\max}$ 在处理限制线右侧某一区域开始 e_y 可能小于零。e_{qy} 总是大于零，一般在小开度时，流量增长较快，e_{qy} 较大，而在大开度时，流量增长较慢，e_{qy} 较小。

e_x，e_{qx} 分别是当水轮机导叶开度和水头不变时，水轮机力矩和流量对转速的导数，故可用等 a_0 线上 3，4 点参数来计算。

$$e_x = \frac{\partial\dfrac{M_t}{M_r}}{\partial\dfrac{n}{n_r}} = \frac{\dfrac{\Delta M_t}{M_r}}{\dfrac{\Delta n}{n_r}} = \frac{\dfrac{M_4-M_3}{M_r}}{\dfrac{n_4-n_3}{n_r}} \tag{4-102}$$

$$e_{qx}=\frac{\partial\dfrac{Q}{Q_r}}{\partial\dfrac{n}{n_r}}=\frac{\dfrac{\Delta Q}{Qr}}{\dfrac{\Delta n}{n_r}}=\frac{\dfrac{Q_4-Q_3}{Q_r}}{\dfrac{n_4-n_3}{n_r}} \tag{4-103}$$

$e_x<0$，若3，4两点的Q_1'和η均相同，那么e_x接近-1。这表明当水轮机转速（或频率）升高时，水轮机的主动力矩减少。转速升高通常是发生在负荷减少时，而此时水轮机力矩减少，有抑制转速升高的作用，因此e_x也称为水轮机自调节系数。

e_{qx}可能大于零也可能小于零，取决于等a线的形状，若随n_1'增加Q_1'减少，则$e_{qx}<0$；若随n_1'增加Q_1'也增加，则$e_{qx}>0$。一般来说，e_{qx}较小，有时就设它为零。

e_h，e_{qh}分别是当导叶开度和转速不变时，水轮机力矩和流量对水头的导数，故可用等a_0线上3，4点的参数来计算。

$$e_h=\frac{\partial\dfrac{M_t}{M_r}}{\partial\dfrac{H}{H_r}}=\frac{\dfrac{\Delta M_t}{M_r}}{\dfrac{\Delta H}{H_r}}=\frac{\dfrac{M_4-M_3}{M_r}}{\dfrac{H_4-H_3}{H_r}} \tag{4-104}$$

$$e_{qh}=\frac{\partial\dfrac{Q}{Q_r}}{\partial\dfrac{H}{H_r}}=\frac{\dfrac{\Delta Q}{Qr}}{\dfrac{\Delta H}{H_r}}=\frac{\dfrac{Q_4-Q_3}{Q_r}}{\dfrac{H_4-H_3}{H_r}} \tag{4-105}$$

$e_h>0$，若3，4点的Q_1'和η均相同，且O点与r点重合，则$e_h=1.5$。$e_{qh}>0$，若3，4点的Q_1'相同，且O点与r点重合，则$e_{qh}=0.5$。

同理，对轴流转桨式或斜流转桨式水轮机，还应增加桨叶角度，则有：

$$\begin{cases}M_t=M_t(a,\varphi,H,n)\\Q=Q(a,\varphi,H,n)\end{cases} \tag{4-106}$$

设$z=\dfrac{\Delta\varphi}{\varphi_{\max}}$，将（4－106）式线性化后有：

$$\begin{cases}m_t=e_y y+e_z z+e_x x+e_h h\\q=e_{qy}y+e_{qz}z+e_{qx}x+e_{qh}h\end{cases} \tag{4-107}$$

式中：$e_z=\dfrac{\partial m_t}{\partial z}$为水轮机力矩对转轮桨叶转角的传递系数；$e_{qz}=\dfrac{\partial q}{\partial z}$为水轮机流量对转轮桨叶转角的传递系数。

§4.3.3 水轮机组段动态特性

水轮机组段如图4－18所示，对混流式水轮机组段则有2个输入量：转速x和导叶接力器行程y；对转桨式水轮机组段输入量有3个：转速x、导叶接力器行程y和桨叶接力器行程z。输出为1个，即水轮机力矩m_t。

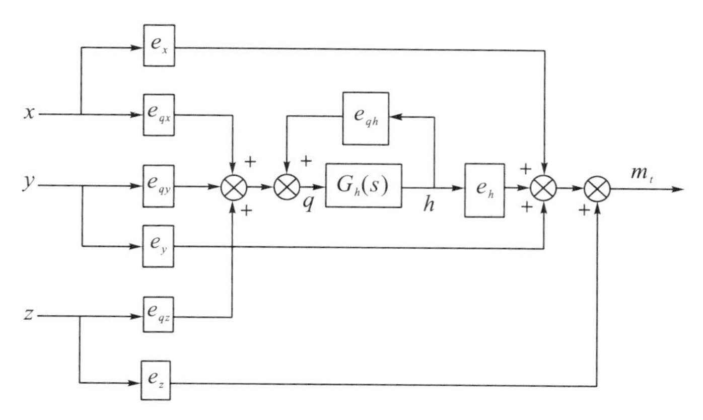

图 4－18　水轮机组段框图

为方便起见，先将 e_{qh} 内部反馈化简，则有：

$$G_h'(s)=\frac{G_h(s)}{1-e_{qh}G_h(s)} \tag{4-108}$$

式中：分母上的负号表示正反馈。

由叠加原理，可分别写出输入、输出之间的传递函数。以输入 y→输出 m_t 为例，其传递函数为

$$G_t(s)=e_{qy}\frac{G_h(s)e_h}{1-e_{qh}G_h(s)}+e_y=e_y\frac{1+\left(\frac{e_{qy}e_h}{e_y}-e_{qh}\right)G_h(s)}{1-e_{qh}G_h(s)} \tag{4-109}$$

令 $e=\frac{e_{qy}e_h}{e_y}-e_{qh}$，则有：

$$G_t(s)=e_y\frac{1+eG_h(s)}{1-e_{qh}G_h(s)} \tag{4-110}$$

同理，输入 x→输出 m_t 的传递函数为

$$G_t'(s)=\frac{e_x+(e_{qx}e_h-e_{qh}e_x)G_h(s)}{1-e_{qh}G_h(s)} \tag{4-111}$$

输入 z→输出 m_t 的传递函数为

$$G_t''(s)=\frac{e_z+(e_{qz}e_h-e_{qh}e_z)G_h(s)}{1-e_{qh}G_h(s)} \tag{4-112}$$

下面以输入 y→输出 m_t 的传递函数为例，考虑刚性水击来分析水轮机组段动态特性。将 $G_h(s)=-T_ws$ 代入（4－102）式，可得：

$$G_t(s)=e_y\frac{1-eT_ws}{1+e_{qh}T_ws} \tag{4-113}$$

其频率特性为

$$G_t(\mathrm{j}\omega)=e_y\frac{1-\mathrm{j}eT_w\omega}{1+\mathrm{j}e_{qh}T_w\omega} \tag{4-114}$$

当 $\omega=0$ 时，$G_t(\mathrm{j}\omega)=e_y$；当 $\omega\to\infty$ 时，$G_t(\mathrm{j}\omega)=-\frac{ee_y}{e_{qh}}$。频率特性形状是个半圆，其半径为 $R=0.5\left(e_y+\frac{ee_y}{e_{qh}}\right)$，圆心位置在（$b$，j0），其中 $b=0.5\left(e_y-\frac{ee_y}{e_{qh}}\right)$，如图 4－19（a）

所示。

图 4－19（b）为水轮机组段在不同工况时的频率特性。当 y 为 0.917 时，$e_y=0.57$，$e_h=1.4$，$e_{qy}=0.692$，$e_{qh}=0.51$，故 $e=1.19$，$R=0.95$，$b=-0.38$，其频率特性为曲线 1；当 y 为 0.417 时，$e_y=1.54$，$e_h=0.68$，$e_{qy}=1.113$，$e_{qh}=0.27$，故 $e=0.225$，$R=1.412$，$b=0.128$，其频率特性为曲线 2。可见，工况点对频率特性有明显影响。

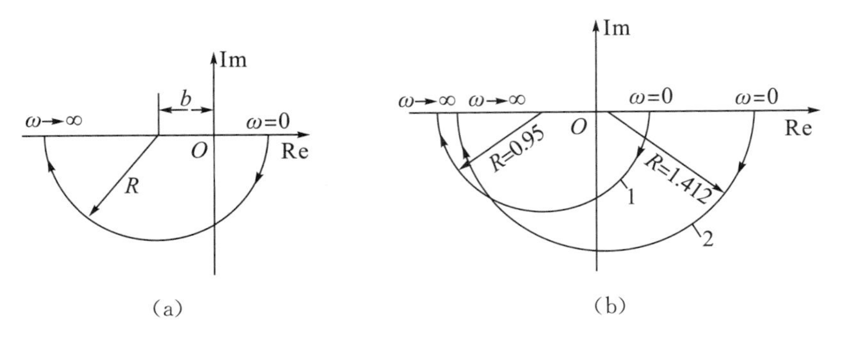

图 4－19　水轮机组段频率特性

水轮机组段对数频率特性如图 4－20 所示。由图可见，在 $\omega\to\infty$ 时，幅频特性为一水平线，而相频特性却趋向于 $-180°$。从控制原理知，这样的系统为非最小相位系统，其传递函数包含有正零点。这是水轮机组段动态特性中的最重要的特点。

图 4－21 为水轮机组段的阶跃响应。根据频率特性容易求出其阶跃响应。当 $\omega\to\infty$ 时，幅值 A 为 $-ee_y/e_{qh}$，故 $t=0$ 时，$y(0)=-ee_y/e_{qh}$；当 $\omega\to0$ 时，幅值 A 为 e_y，故 $t\to\infty$ 时，$y(\infty)=e_y$。传递函数为一阶环节，故过渡过程为指数曲线。由图 4－21 可见，其具有明显的反调现象。因此，水轮机组段的动态特性对水轮机调节系统动态特性不利。工程实践表明，T_w 越大，对水轮机调节系统动态特性越不利，因此具有较大 T_w 的水轮机调节系统稳定性和动态品质较差。从 T_w 表达式可见，在有压过水系统很长或水头很低时，T_w 就比较大，这样的机组对调速器的要求较高，调节系统的动态特性也较差。

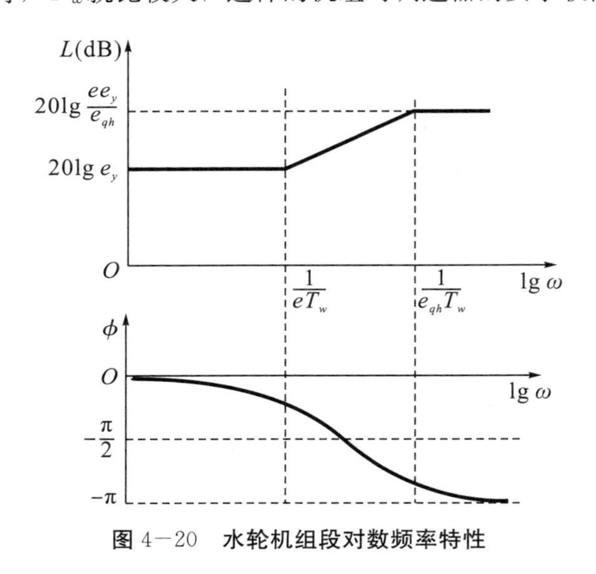

图 4－20　水轮机组段对数频率特性

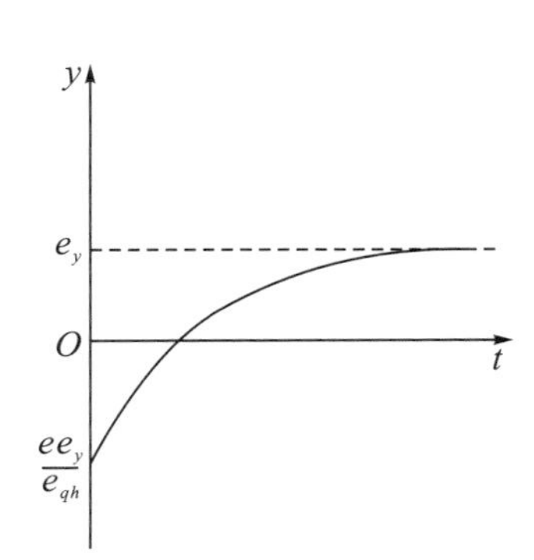

图 4－21　水轮机组段阶跃响应

§4.3.4　发电机及负荷动态特性

1. 发电机动态特性

发电机和电网作为调节对象的一部分，在实际工程中，这部分是复杂的非线性系统，大量的发电机组通过电网并列在一起运行。与此同时，电网存在各种各样的负荷，它们对水轮机调节系统的动态特性均有影响。在实际工程中，通常根据分析问题的不同要求，可以将发电简化成一阶模型、二阶模型、三阶模型和七阶模型。一阶模型最简单，仅考虑发电机转动惯量，其数学模型是一个机械旋转运动方程。二阶模型是在一阶模型基础，增加了发电机输出功率与功角的关系，并建立发电机功角与转速的关系，它是一阶微分方程，与旋转运动方程合在一起成为二阶模型。三阶模型除上述两个运动方程外，又增加了励磁系统运动方程，通常此时还需加入电压调节器运动方程。七阶模型除上述三个方程外，还考虑 d 轴绕阻、q 轴绕组、d 轴阻尼绕阻和 q 轴阻尼绕组的运动方程。对水轮机调节系统动态特性来说，最不利的工况是单机运行工况，为了简单起见，这里只考虑一阶模型。当需要研究几台机组或几个电站并列运行时的动态过程，则需使用二阶或三阶模型，甚至七阶模型。本节主要讨论发电机单机带负荷运行时的动态特性，负荷特性也进行相应简化。

机组旋转运动方程为

$$J\frac{\mathrm{d}\omega}{\mathrm{d}t}=M_t-M_g \tag{4-115}$$

式中：J 为机组转动部分的转动惯量 $J=\frac{GD^2}{4g}$；$\frac{\mathrm{d}\omega}{\mathrm{d}t}$ 为角加速度；M_t 为水轮机主动力矩；M_g 为阻力矩。

将水轮机主动力矩按台劳级数展开，保留一阶项得：

$$M_t=M_{t0}+\Delta M_t+\frac{\partial M_t}{\partial\omega}\Delta\omega \tag{4-116}$$

式中：M_{t0} 为稳态工况时水轮机力矩；ΔM_t 为由于水轮机导叶和水头变化引起的水轮机力矩变化；$\frac{\partial M_t}{\partial\omega}\Delta\omega$ 为由于转速变化引起的水轮机力矩变化。

同理，发电机阻力矩可分解为

$$M_g=M_{g0}+\Delta M_g+\frac{\partial M_g}{\partial\omega}\Delta\omega \tag{4-117}$$

式中：M_{g0} 为稳态工况时发电机阻力矩；ΔM_g 为由于负荷引起的发电机阻力矩变化；$\frac{\partial M_g}{\partial\omega}\Delta\omega$ 为由于转速变化引起的发电机阻力矩变化。

将 M_t 和 M_g 的表达式代入（4－107）式，并考虑到 $M_{t0}=M_{g0}$，则有：

$$J\frac{\mathrm{d}\omega}{\mathrm{d}t}=\Delta M_t+\frac{\partial M_t}{\partial\omega}\Delta\omega-\left(M_g+\frac{\partial M_g}{\partial\omega}\Delta\omega\right) \tag{4-118}$$

对（4－118）式取相对偏差，并令 $x=\frac{\Delta\omega}{\omega_r}$，$m_t=\frac{\Delta M_t}{M_r}$，$m_g=\frac{\Delta M_g}{M_r}$，$e_x=\frac{\partial(M_t/M_r)}{\partial(\omega/\omega_r)}$，$e_g=\frac{\partial(M_g/M_r)}{\partial(\omega/\omega_r)}$，$J=\frac{GD^2}{4g}$，则有：

$$T_a \frac{\mathrm{d}x}{\mathrm{d}t} = m_t + e_x x - (m_g + e_g x) \tag{4-119}$$

即

$$T_a \frac{\mathrm{d}x}{\mathrm{d}t} + e_n x = m_t - m_g \tag{4-120}$$

其中，$e_n = e_g - e_x$，e_x 为水轮机力矩对转速的偏导数，又称为水轮机自调节系数；e_g 为发电机（负荷）对转速的偏导数，又称为发电机自调节系数。

$$T_a = \frac{GD^2 n_r^2}{3580 P_r} \tag{4-121}$$

式中：T_a 为机组惯性时间常数；GD^2 为机组转动部分飞轮力矩；n_r 为机组额定转速；P_r 为机组额定出力。

（4－121）式中，T_a 不但应包括发电机转动部分机械惯性，而且应包括水轮机转动部分（包括大轴）机械惯性和水轮机转轮区水体的机械惯性，即

$$GD^2 = GD_g^2 + GD_t^2 + GD_w^2 \tag{4-122}$$

对中、高水头水轮发电机组，后两部分均很小，常可忽略不计；但对低水头轴流水轮发电机组，水轮机转动部分的机械惯性和转轮区水体的惯性所占比例较大，应仔细计入。水轮机转动部分的机械惯性数值由生产厂家提供。对于转轮区水体惯性，低水头机组液流惯性时间常数可按下式近似估算：

轴流式机组：

$$T_{a液} = (0.2 \sim 0.3) \frac{D_1^5 n_0^2}{P_0} \times 10^{-3} \tag{4-123}$$

贯流式机组：

$$T_a = \frac{GD^2 n_0^2}{3580 P_0} \left(1 + 0.09 \frac{D_1^5}{GD^2}\right) \tag{4-124}$$

水轮发电机组结构如图 4－22 所示。由图可见，e_x 和 e_g 都是转速到力矩的反馈增益，宜放在一起计入。m_g 是负荷组成或负荷大小的变化，这里主要是讨论水轮机调节系统的动态特性，即在 m_g 不变或按一定规律（如阶跃）变化的情况下，水轮机调节系统过渡过程，通常把 m_g 的变化看作是对水轮机调节系统的一种扰动，称为负荷扰动，记为 m_{g0}。

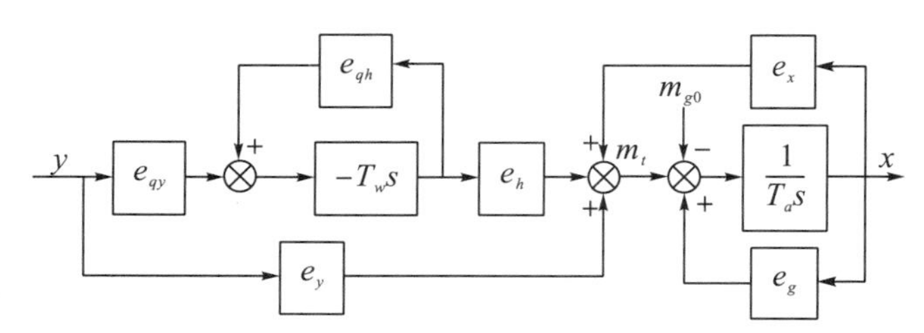

图 4－22　水轮发电机组结构框图

由图 4－22 可知，水轮机力矩 m_t 至发电机转速 x 的传递函数为

$$G_g(s) = \frac{1}{T_a s + e_n} \tag{4-125}$$

（4－125）式表明发电机是一阶惯性环节。

其频率特性为

$$G_g(\mathrm{j}\omega) = \frac{1}{\mathrm{j}T_a \omega + e_n} \tag{4-126}$$

当 $\omega=0$ 时，$G_g(\mathrm{j}0)=\dfrac{1}{e_n}$；当 $\omega\to\infty$时，$G_g\ (\mathrm{j}\infty)\ =0$。由此表明，频率特性是位于第四象限的半圆。其频率响应如图 4－23 所示。

由频率特性知，当 $t=0$ 时，$x(0)=0$；当 $t\to\infty$时，$x(\infty)=\dfrac{1}{e_n}$。其过程为一指数曲线，阶跃响应如图 4－24 所示。

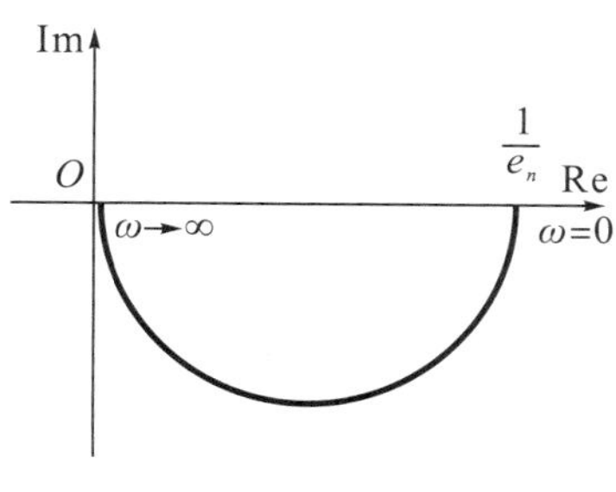

图 4－23　**发电机频率响应**

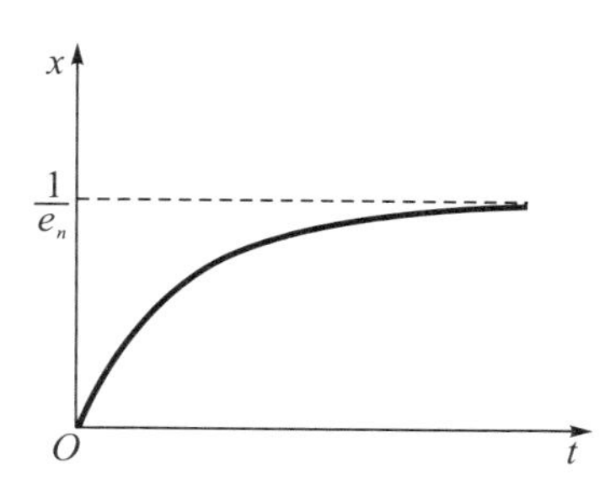

图 4－24　**发电机阶跃响应**

2. 负荷动态特性

电网中负荷的组成十分复杂，它们的特性各不相同。例如照明、电弧炉、电热炉、整流设备等，其功率与频率无关；而金属切削机床、纺织机械、往复式水泵和压气机等，其功率与频率成正比；而电网中的网损，其功率则与频率二次方成比例；而叶片式机械（水泵、风机），其功率则与频率三次方成正比；而静阻力压头很大的水泵等，其功率则与频率高次方成正比。在此，仅分析孤立运行机组的负荷动态特性，只以其自调整系数 e_g 和机械惯性时间常数 T_b 来表征其动态特性。

（4－120）式中，负荷阻力矩 m_g 一般可分为两部分：一部分是由于系统频率变化引起的负荷波动，它可以表示为$\dfrac{\partial m_g}{\partial x}\Delta x$；另一部分是由于系统用户投入或切除所引起的负荷变化，以 $m_{g0}(t)$表示，可以认为它与系统频率无关，在分析调节系统的动态特性时，它一般作为负荷扰动量。因此有：

$$m_g=m_{g0}+\frac{\partial m_g}{\partial x}\Delta x \tag{4－127}$$

令 $e_g=\dfrac{\partial m_g}{\partial x}$，上式改写为

$$m_g=m_{g0}+e_g\Delta x \tag{4－128}$$

$$e_g=\frac{P_0}{P_r}e_b \tag{4－129}$$

式中：e_g 为发电机负荷力矩对转速的传递系数，又称为发电机自调节系数；P_0 为负荷功率；P_r 为水轮机额定轴功率；e_b 为与电网特性有关的系数。试验表明，e_b 值在 0.6～2.4 之间，它不仅与电网负荷组成有关系，而且还与机组是否安装电压校正器有关。对于全部机组都安装了校正器的系统，e_b 值在 0.6～1.5 之间；对于全部机组都未安装了校正器的系统，e_b 值大大增加，达到 2.0 以上；当电网中电阻性负荷（如照明、阻抗电炉、电弧炉、整流器、冶炼等）比例较大时，e_b 取小值；反之，e_b 取大值。在水电站初步设计时，一般可取 $e_b=0$，计算结果偏于安全。

电网中具有转动部分的负荷也具有机械惯量（包括各种电动机及其所拖动机械的转动惯量），它们对调节过程起着与机组转动惯量相同的作用。因此，可以用负载的机械惯性时间常数来表示。当以发电机额定力矩为基准表示时，则有：

$$T_b = \frac{\sum (GD_i^2 n_{ri}) n_r}{3580 P_r} \tag{4-130}$$

式中：$\sum (GD_i^2 n_{ri})$ 代表电网中各种负荷的飞轮力矩与转速乘积之和。

T_b值的大小与负荷有关，计算很复杂，一般只能通过实验或经验估算。据国内外实验资料，通常 $T_b = (0.24 \sim 0.30) T_a$。

因此，当计入负载惯性时间常数之后，发电机运动方程可写为

$$(T_a + T_b) \frac{\mathrm{d}x}{\mathrm{d}t} + e_n x = m_t - m_g \tag{4-131}$$

传递函数为

$$G_g(s) = \frac{1}{(T_a + T_b)s + e_n} \tag{4-132}$$

可以看出，负荷惯量使系统的惯性增大，有利于降低频率的变化和波动，对调节系统的稳定是有利的。

第 4 节　水轮机调节系统的动态特性

§4.4.1　调节系统的数学模型

水轮机调节系统由调速器和调节对象组成，前面几节分别建立了它们的数学模型，并对其动态特性进行了分析。本节以具有加速度回路的软反馈型调速器的水轮机调节系统为例，其调节系统方框图如图 4－25 所示。它是一个定值调节系统，x_c和 c 是转速给定信号和功率给定信号，m_{g0}为负荷扰动信号。

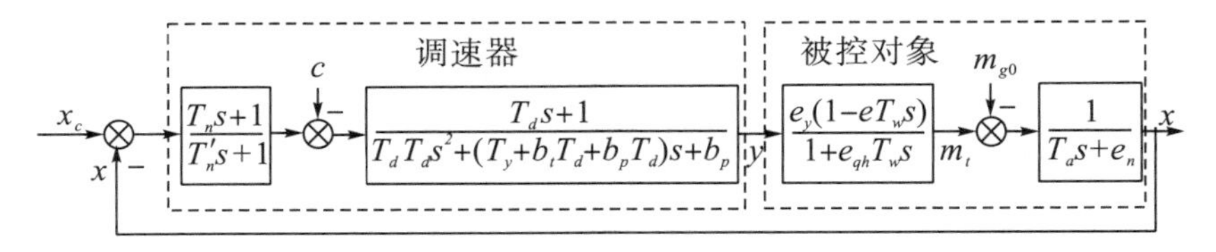

图 4－25　调速系统方框图

由前述可知，具有加速度回路的软反馈型调速器的传递函数为

$$G_r(s) = \frac{Y(s)}{x_c(s)} = \frac{T_d s + 1}{T_y T_d s^2 + [T_y + (b_t + b_p) T_d] s + b_p} \times \frac{T_n s + 1}{T_n' s + 1} \tag{4-133}$$

设 $b_p = 0$，$T_y = 0$，$T_n' = 0$，则有：

$$G_r(s) = \frac{Y(s)}{x_c(s)} \approx \frac{T_n + T_d}{b_t T_d} + \frac{1}{b_t T_d s} + \frac{T_n}{b_t} s \tag{4-134}$$

（4－134）式表明，具有 PID 型调节规律。

软反馈型调速器（无加速度回路）的传递函数为

$$G_r(s)=\frac{Y(s)}{x_c(s)}=\frac{T_ds+1}{T_yT_ds^2+[T_y+(b_t+b_p)T_d]s+b_p} \tag{4-135}$$

设 $b_p=0$，$T_y=0$，则有：

$$G_r(s)=\frac{Y(s)}{x_c(s)}\approx\frac{1}{b_t}+\frac{1}{b_tT_ds} \tag{4-136}$$

（4－136）式表明，具有 PI 型调节规律。

设有混有式水轮机，且令 $e_{qx}=0$，按刚性水击模型考虑引水系统水流惯性作用，则水轮机及有压引水系统的传递函数为

$$G_t(s)=\frac{M_t(s)}{Y(s)}=\frac{e_y-(e_{qy}e_h-e_ye_{qh})T_ws}{1+e_{qh}T_ws}=e_y\frac{1-eT_ws}{1+e_{qh}T_ws} \tag{4-137}$$

式中：$e=\frac{e_{qy}}{e_y}e_h-e_{qh}$。

发电机及负荷的传递函数为

$$G_g(s)=\frac{x(s)}{M_t(s)}=\frac{1}{T_as+e_n} \tag{4-138}$$

在使用有加速度回路的软反馈型调速器时，调节系统开环传递函数为

$$G_0(s)=\frac{x(s)}{x_c(s)}=\frac{e_y(T_ns+1)(-eT_ws+1)(T_ds+1)}{b_pe_n(T'_ns+1)(\frac{b_tT_d}{b_p}s+1)(\frac{T_y}{b_t}s+1)(e_{qh}T_ws+1)(\frac{T_a}{e_n}s+1)} \tag{4-139}$$

或

$$G_0(s)=\frac{K_n(s+\frac{1}{T_n})(-s+\frac{1}{eT_w})(s+\frac{1}{T_d})}{(s+\frac{1}{T'_n})(s+\frac{b_p}{b_tT_d})(s+\frac{b_t}{T_y})(s+\frac{1}{e_{qh}T_w})(s+\frac{e_n}{T_a})} \tag{4-140}$$

式中：$K_d=\frac{T_ne_ye}{T'_ne_{qh}T_aT_y}$。

在使用软反馈型调速器时，水轮机调节系统的开环传递函数为

$$G_0(s)=\frac{x(s)}{x_c(s)}=\frac{e_y(-eT_ws+1)(T_ds+1)}{b_pe_n(\frac{b_tT_d}{b_p}s+1)(\frac{T_y}{b_t}s+1)(e_{qh}T_ws+1)(\frac{T_a}{e_n}s+1)} \tag{4-141}$$

或

$$G_0(s)=\frac{K_d(-s+\frac{1}{eT_w})(s+\frac{1}{T_d})}{(s+\frac{b_p}{b_tT_d})(s+\frac{b_t}{T_y})(s+\frac{1}{e_{qh}T_w})(s+\frac{e_n}{T_a})} \tag{4-142}$$

式中：$K_d=\frac{e_ye}{e_{qh}T_aT_y}$。

对给定信号 x_c，调节系统的闭环传递函数为

$$G_c(s)=\frac{x(s)}{x_c(s)}=\frac{G_0(s)}{1+G_0(s)} \tag{4-143}$$

对负荷扰动信号 m_{g0}，调节系统的闭环传递函数为

$$G_c(s) = \frac{x(s)}{M_{g0}(s)} = -\frac{G_g(s)}{1+G_g(s)G_t(s)G_r(s)} = -\frac{G_g(s)}{1+G_0(s)} \qquad (4-144)$$

式中：分式前负号表示负荷力矩增加，相应转速减少。

§4.4.2 调节系统的动态特性

根据水轮机调节系统开环传递函数（4－141）式，可以求出其对数频率特性。该系统由7个基本环节组成，即比例环节：系统开环放大倍数$\frac{e_y}{b_p e_n}$；2个比例微分环节：$-eT_w s+1$和$T_d s+1$；4个惯性环节：$\frac{1}{\frac{b_t T_d}{b_p}s+1}$，$\frac{1}{\frac{T_y}{b_t}s+1}$，$\frac{1}{e_{qh}T_w s+1}$和$\frac{1}{\frac{T_a}{e_n}s+1}$。

对数幅频特性为

$$L(\omega) = L_0 + L_{w1} + L_d - L_p - L_y - L_{w2} - L_a \qquad (4-145)$$

式中：

$$L_0 = 20\lg\frac{e_y}{b_p e_n},\quad L_{w1} = 20\lg\sqrt{1+(eT_w\omega)^2},\quad L_d = 20\lg\sqrt{1+(T_d\omega)^2},$$

$$L_p = 20\lg\sqrt{1+(\frac{b_t T_d}{b_p}\omega)^2},\quad L_y = 20\lg\sqrt{1+(\frac{T_y}{b_t}\omega)^2},$$

$$L_{w2} = 20\lg\sqrt{1+(e_{qh}T_w\omega)^2},\quad L_a = 20\lg\sqrt{1+(\frac{T_a}{e_n}\omega)^2}$$

相频特性为

$$\varphi(\omega) = \varphi_d - \varphi_{w1} - \varphi_p - \varphi_y - \varphi_{w2} - \varphi_a \qquad (4-146)$$

式中：

$$\varphi_d = \arctan(T_d\omega),\quad \varphi_{w1} = \arctan(eT_w\omega),\quad \varphi_p = \arctan(\frac{b_t T_d}{b_p}\omega),$$

$$\varphi_y = \arctan(\frac{T_y}{b_t}\omega),\quad \varphi_{w2} = \arctan(e_{qh}T_w\omega),\quad \varphi_a = \arctan(\frac{T_a}{e_n}\omega)$$

在一般情况下，各环节交点频率间有下列关系：

$$\frac{b_p}{b_t T_d} < \frac{e_n}{T_a} < \frac{1}{T_d} < \frac{1}{eT_w} < \frac{1}{e_{qh}T_w} < \frac{b_t}{T_y} \qquad (4-147)$$

或

$$\frac{b_p}{b_t T_d} < \frac{1}{T_d} < \frac{e_n}{T_a} < \frac{1}{eT_w} < \frac{1}{e_{qh}T_w} < \frac{b_t}{T_y} \qquad (4-148)$$

在求出各交点频率后采用绘制对数频率特性的方法，可求出水轮机调节系统的频率特性。

例如，某使用软反馈型调速器的水轮机调节系统：$e_y=0.74$，$e_{qh}=0.49$，$e=1.07$，$T_w=1.62$ s，$e_n=1$，$T_a=6.67$ s，$b_p=0.04$，$b_t=0.446$，$T_d=5$ s，$T_y=0.1$ s。其对数频率特性如图4－26所示。

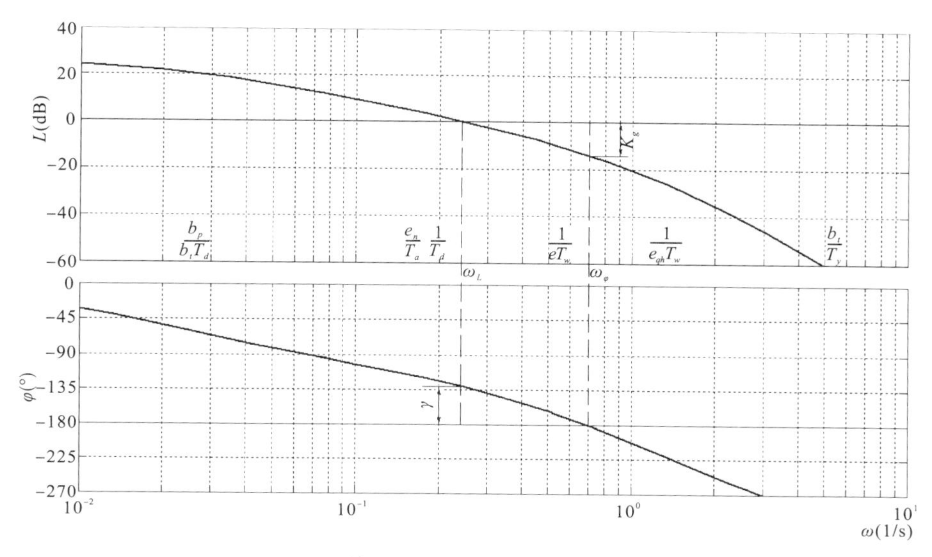

图4－26　辅助接力器型调速器对数频率特性

幅值 $L(\omega)=0$ 所对应的频率 ω_L 称为穿越频率，相应的相位与 $-180°$ 的差值为相位裕量 γ。而相频特性穿过 $-180°$ 线，即 $\varphi(\omega)=-180°$ 的频率 ω_φ，决定增益裕量 K_g。图4－26所示调节系统的相位裕量 $\gamma\approx52°$，增益裕量 $K_g\approx12$ dB。因此，该系统是稳定的。

由图4－26可知，暂态转差率 b_t 与缓冲时间常数 T_d 对调节系统的增益裕量 K_g 和相位裕量 γ 有明显影响：

（1）当 T_d 不变，b_t 减小时，交点频率 $\frac{b_p}{b_tT_d}$ 右移，增益裕量 K_g 和相位裕量 γ 都减小。但 b_t 过小，将使调节系统不稳定。

（2）当 b_t 不变，T_d 减小时，交点频率 $\frac{b_p}{b_tT_d}$ 和 $\frac{1}{T_d}$ 右移，穿越频率 ω_L 右移，相位裕量 γ 明显减小，增益裕量 K_g 也有减小。

（3）当 eT_w 增大时，交点频率 $\frac{1}{eT_w}$ 向左移动，若其他参数不变，则增益裕量 K_g 和相位裕量 γ 都减小。因此，水流惯性增大对调节系统稳定是不利的。

（4）水轮机在不同工况点时，e 值也是不同的，对调节系统稳定也有明显影响。

由图4－26可见，在 $\omega<\frac{b_p}{b_tT_d}$ 时，幅频特性趋向于平行横坐标的线，其幅值为 $L_0=20\lg\frac{e_y}{b_pe_n}$。由此可见，水轮机调节系统在阶跃扰动信号作用下将具有一定的稳态误差。

§4.4.3　调节系统的稳态误差

水轮机调节系统作为一个定值调节系统，在扰动作用下，经过一段过渡过程，调节系统能否回到扰动前的稳态转速，或达到新的平衡状态，新的稳定转速与原来转速之间的误差是多少，这就是稳态误差问题。本节只讨论在阶跃负荷扰动或阶跃转速给定作用下的稳态误差。

对阶跃负荷扰动，辅助接力器型水轮机调节系统闭环传递函数为

$$G_c(s)=\frac{x(s)}{M_{g0}(s)}=-\frac{G_g(s)}{1+G_g(s)G_t(s)G_r(s)} \tag{4-149}$$

其中，
$$G_r(s)=\frac{Y(s)}{x_c(s)}=\frac{T_d s+1}{T_y T_d s^2+[T_y+(b_t+b_p)T_d]s+b_p}$$

$$G_t(s)=\frac{M_t(s)}{Y(s)}=\frac{e_y-(e_{qy}e_h-e_y e_{qh})T_w s}{1+e_{qh}T_w s}=e_y\frac{1-eT_w s}{1+e_{qh}T_w s}$$

$$G_g(s)=\frac{x(s)}{M_t(s)}=\frac{1}{T_a s+e_n}$$

在阶跃负荷扰动 m_{g0} 作用下，其稳态误差可由下式求得：

$$x(\infty)=\lim_{s\to 0}sG_c(s)M_{g0}(s)=\lim_{s\to 0}sG_c(s)\frac{m_{g0}}{s}=\lim_{s\to 0}G_c(s)m_{g0} \tag{4-150}$$

整理后，得：

$$x(\infty)=-\frac{b_p}{e_n b_p+e_y}m_{g0} \tag{4-151}$$

式中：负号表明负荷增加会使转速下降。

令 $e_p=\dfrac{b_p}{e_n b_p+e_y}$，称为调节系统调差率。若永态转差系数 b_p 为零，则调节系统为无差调节，在阶跃负荷扰动作用下，稳态误差为零。

同理，在转速给定信号作用下，调节系统的误差为

$$e(t)=x_c(t)-x(t) \tag{4-152}$$

传递函数为

$$G_c(s)=\frac{E(s)}{x_c(s)}=\frac{1}{1+G_g(s)G_t(s)G_r(s)} \tag{4-153}$$

在阶跃转速给定信号 x_c 作用下，稳态误差为

$$e(\infty)=\lim_{s\to 0}sG_c(s)\frac{x_c}{s}=\lim_{s\to 0}G_c(s)x_c \tag{4-154}$$

故有：

$$e(\infty)=\frac{e_n b_p}{e_n b_p+e_y}x_c \tag{4-155}$$

因为 $e(\infty)=x_c-x(\infty)$，故有：

$$x(\infty)=\frac{e_y}{e_n b_p+e_y}x_c \tag{4-156}$$

若永态转差系数 b_p 为零，则 $e(\infty)=0$，即系统为无差调节，则 $x(\infty)=x_c$。

§4.4.4 水轮机调节系统动态品质

水轮机调节系统首先要求必须是稳定的，其次还要求动态品质良好。水轮机调节系统动态品质指标多采用时间域指标，即在阶跃扰动作用下，转速过渡过程的调节时间 T_p、最大相对转速偏差 X_{max} 和振荡次数等。一般希望振荡次数不超过一次，调节时间 T_p 和最大相对转速偏差 X_{max} 综合最小。有时综合最小难以兼顾，就要求调节时间 T_p 为最小。符合上述动态品质要求的就称为最佳过渡过程。

1. 负荷扰动的调节系统动态品质

由前述可知，对负荷扰动的辅助接力器型调节系统的闭环传递函数为

$$G_c(s)=\frac{x(s)}{M_{g0}(s)}=-\frac{G_g(s)}{1+G_g(s)G_t(s)G_r(s)}=-\frac{G_g(s)}{1+G_0(s)} \tag{4-157}$$

其中，$G_g(s)=\dfrac{x\ (s)}{M_t\ (s)}=\dfrac{1}{T_as+e_n}$

$$G_t(s)=\frac{M_t(s)}{Y(s)}=\frac{e_y-(e_{qh}e_h-e_ye_{qh})T_ws}{1+e_{qh}T_ws}=\frac{e_y(1-eT_ws)}{1+e_{qh}T_ws}$$

$$G_r(s)=\frac{Y(s)}{x_c(s)}\approx\frac{T_ds+1}{b_p\left(\frac{b_tT_d}{b_p}s+1\right)\left(\frac{T_y}{b_t}s+1\right)}$$

于是：

$$G_c(s)=-\frac{b_p\left(\frac{b_tT_d}{b_p}s+1\right)\left(\frac{T_y}{b_t}s+1\right)(e_{qh}T_ws+1)}{A_4s^4+A_3s^3+A_2s^2+A_1s+A_0} \tag{4-158}$$

其中，$A_0=b_pe_n+e_y$

$A_1=e_nT_y+b_pT_a+[e_n(b_p+b_t)+e_y]T_d+(b_pe_ne_{qh}-e_ye)T_w$

$A_2=e_nT_yT_d+e_ne_{qh}T_yT_w+T_yT_a+(b_p+b_t)T_aT_d+e_{qh}b_pT_wT_a+[(b_p+b_t)e_ne_{qh}-e_ye]T_wT_d$

$A_3=e_ne_{qh}T_yT_wT_d+T_yT_aT_d+e_{qh}T_yT_wT_a+(b_p+b_t)e_{qh}T_wT_aT_d$

$A_4=e_{qh}T_yT_wT_dT_a$

设特征方程的根为$-p_1$，$-p_2$，$-p_3$，$-p_4$，则有：

$$G_c(s)=-\frac{\frac{1}{T_a}\left(s+\frac{b_p}{b_tT_d}\right)\left(s+\frac{b_t}{T_y}\right)\left(s+\frac{1}{e_{qh}T_w}\right)}{(s+p_1)(s+p_2)(s+p_3)(s+p_4)} \tag{4-159}$$

在单位阶跃负荷扰动作用下，转速信号的拉普拉斯变换为

$$x(s)=G_c(s)M_{g0}(s)=G_c(s)\frac{1}{s}=-\frac{\frac{1}{T_a}\left(s+\frac{b_p}{b_tT_d}\right)\left(s+\frac{b_t}{T_y}\right)\left(s+\frac{1}{e_{qh}T_w}\right)}{s(s+p_1)(s+p_2)(s+p_3)(s+p_4)} \tag{4-160}$$

故转速信号的时间过程为

$$x(t)=C_0+C_1e^{-p_1t}+C_2e^{-p_2t}+C_3e^{-p_3t}+C_4e^{-p_4t} \tag{4-161}$$

例如，某水轮机调节系统框图如图 4－27 所示，其中 $e_y=0.74$，$e_{qh}=0.49$，$e=1.07$，$T_w=1.62$ s，$e_n=1$，$T_a=6.67$ s，$b_p=0.04$，$T_y=0.1$。

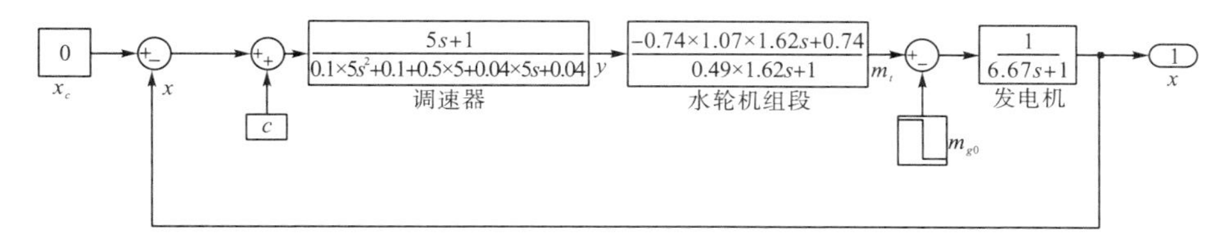

图 4—27　水轮机调节系统框图

当 $b_t=0.5$，T_d 整定不同的参数值时，其特征根见表 4－2。在阶跃负荷扰动下，其阶跃响应如图 4－28 所示。由图 4－28 可见，如果以幅值衰减到初值的 5%为标准，曲线 1 是一个振荡过程，振荡次数为 2.5 次，衰减较慢，调节时间较长。曲线 2 也是一个振荡过程，振荡次数为 1 次，衰减相对较快，调节时间较短。曲线 3 是一种较好的衰减过程，振荡次数为 0.5 次，调节时间最短。曲线 4 则是一种衰减较慢的非周期过程，虽然振荡次数也为 0.5 次，但调节时间较长。

表 4－2　不同阶跃响应过程的动态品质指标

编号	b_t	T_d(s)	T_p(s)	X_{max}	振荡次数	$-P_{1,2}(\alpha \pm \beta i)$	$-P_3$	$-P_4$
1	0.5	2	42	0.047	2.5	－0.0553±0.3669i	－0.8416	－6.3566
2	0.5	3.5	17	0.046	1	－0.1591±0.3013i	－0.5854	－6.193
3	0.5	5	13.5	0.046	0.5	－0.2853±0.2696i	－0.312	－6.129
4	0.5	8	29	0.046	0.5	－0.3772±0.3657i	－0.1099	－6.0692

从表 4－2 可见，四种阶跃响应过程相应不同的调速器参数整定。$T_d=2$ s 时，有振荡过程；$T_d=3.5$ s 时，也有振荡过程；$T_d=8$ s 时，有衰减慢的非周期过程；$T_d=5$ s 时，响应过程较好。可见，T_d 过大或过小，调节时间 T_p 均变长。

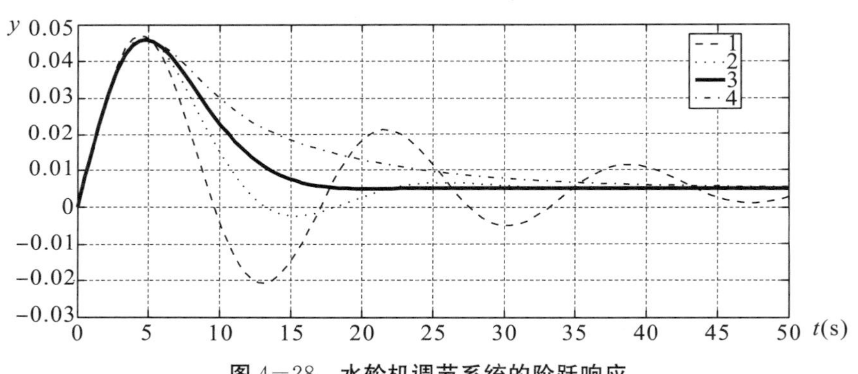

图 4－28　水轮机调节系统的阶跃响应

当 $T_d=5$ s，b_t 整定不同的参数值时，其特征根见表 4－3。在阶跃负荷扰动下，其阶跃响应如图 4－29 所示。由图 4－29 可见，曲线 1 是一个振荡过程，振荡次数为 4 次，衰减较慢，调节时间较长。曲线 2 也是一个振荡过程，振荡次数为 1.5 次，衰减相对较快，调节时间较短。曲线 3 是一种较好的衰减过程，振荡次数为 0.5 次，调节时间较短。曲线 4 则是一种衰减较慢的非周期过程，虽然振荡次数也为 0.5 次，但调节时间较长。

表 4－3　不同阶跃响应过程的动态品质指标

编号	b_t	T_d(s)	T_p(s)	X_{max}	振荡次数	$-P_{1,2}(\alpha \pm \beta i)$	$-P_3$	$-P_4$
1	0.2	5	45	0.047	4	－0.0439±0.606i	－0.2155	－3.7051
2	0.35	5	9	0.045	1.5	－0.2185±0.4558i	－0.2385	－4.8365
3	0.5	5	13	0.046	0.5	－0.2853±0.2696i	－0.312	－6.129
4	0.8	5	20	0.05	0.5	－0.1657±0.1281i	－0.7526	－8.9274

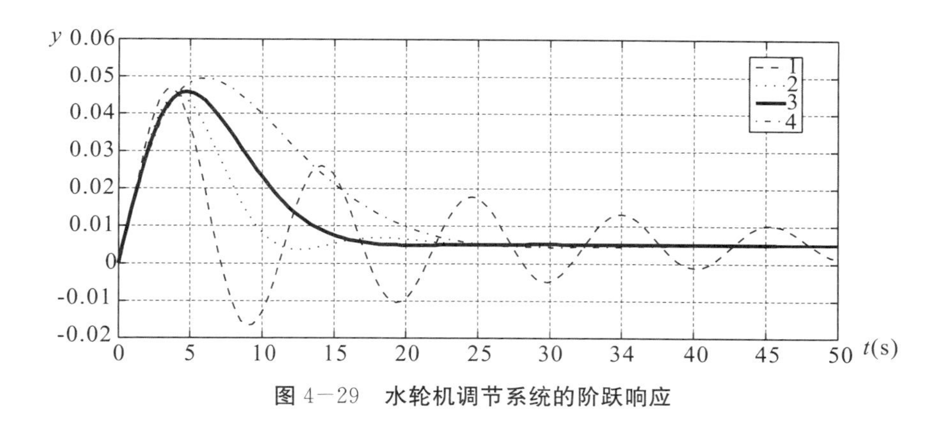

图 4－29　水轮机调节系统的阶跃响应

从表 4－3 可见，四种阶跃响应过程相应不同的调速器参数整定。$b_t=0.2$ 时，有振荡过程；$b_t=0.35$ 时，也有振荡过程；$b_t=0.8$ 时，有衰减慢的非周期过程；$b_t=0.5$ 时，响应过程较好。可见，b_t 过大或过小，调节时间 T_p 均变长。该系统 $b_t=0.5$ 时，综合动态品质最好。

由上述分析可见：

（1）阶跃响应过程与极点位置密切相关，$-p_4$ 远离虚轴，衰减较快，对响应形态影响较小。$-p_3$、$\alpha\pm\beta i$ 是决定调节系统过渡过程形态的主导极点。

（2）系统振荡次数取决于主导共轭复数极点的虚部与实部之比。对二阶系统来说，$\beta/\alpha=1.73$，阻尼系数 $\xi=0.5$ 的过渡过程衰减较快。β/α 太大，振荡加剧；β/α 太小，衰减较慢。对上述四阶系统，主导极点 β/α 也有类似的特点。

（3）调节时间 T_p 主要取决于主导极点的实部。衰减至初值的 5% 所需时间 $T_{0.05}=3/p_3$ 或 $3/\alpha$。

2. 转速扰动的调节系统动态品质

对转速给定信号，辅助接力器型水轮机调节系统闭环传递函数为

$$G_c(s)=\frac{G_0(s)}{1+G_0(s)}=\frac{e_y(T_d s+1)(-eT_w s+1)}{A_4 s^4+A_3 s^3+A_2 s^2+A_1 s+A_0} \tag{4-162}$$

比较（4－162）式与（4－158）式可见，二者分母是一样的，分子则不同。（4－162）式中有一个正零点。

图 4－30 和图 4－31 为上述例子的水轮机调节系统，当转速扰动时，不同整定参数情况下，阶跃信号响应过程曲线。图 4－30 为 $b_t=0.5$ 时，不同 T_d 的响应曲线。曲线 1 为 $T_d=2$ s 时的响应曲线，为振荡过程；曲线 2 为 $T_d=3.5$ s 时的响应曲线，也为振荡过程；曲线 3 为 $T_d=5$ s 时的响应曲线，为快速衰减过程；曲线 4 为 $T_d=8$ s 时的响应曲线，为非周期过程。图 4－31 为 $T_d=5$ s 时，不同 b_t 的响应曲线。曲线 1 为 $b_t=0.2$ 时的响应曲线，为振荡过程；曲线 2 为 $b_t=0.35$ 时的响应曲线，也为振荡过程；曲线 3 为 $b_t=0.5$ 时的响应曲线，为快速衰减过程；曲线 4 为 $b_t=0.8$ 时的响应曲线，为非周期过程。

由控制理论可知，正零点对过渡过程有劣化作用。由图 4－30 和图 4－31 可见，由于水轮机调节系统中有一正零点 $\frac{1}{eT_w}$，使得过渡过程初期有反调节现象，并使振荡加剧。

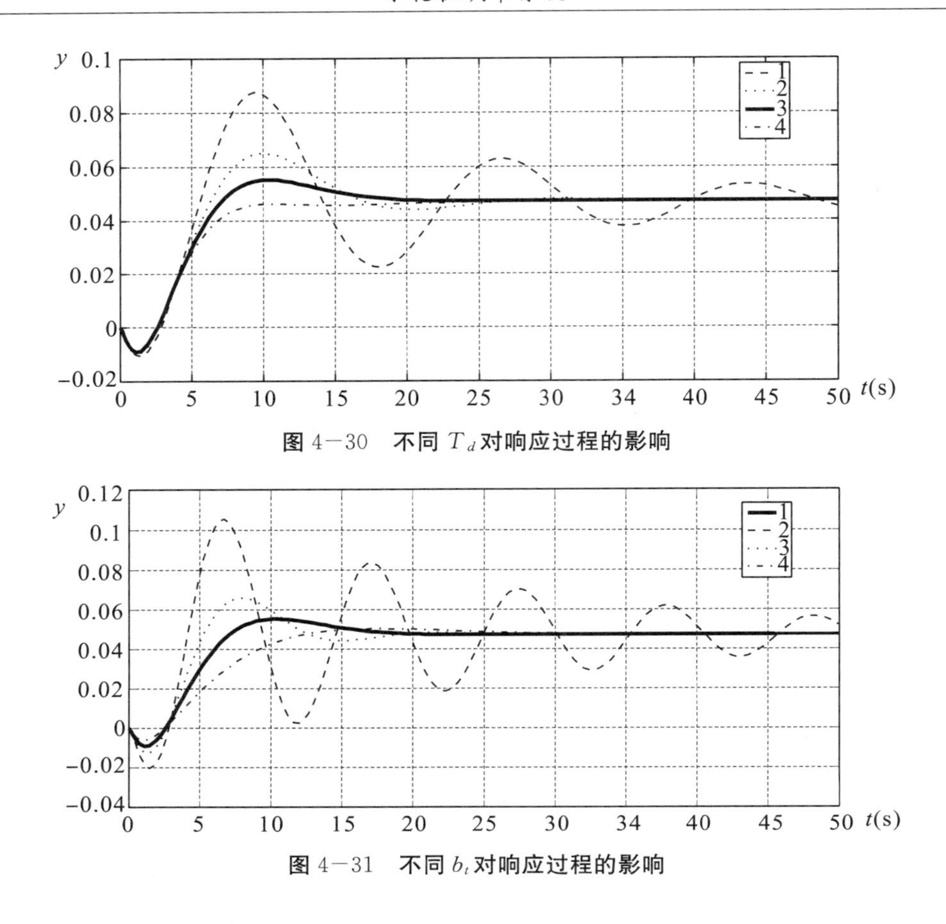

图 4－30　不同 T_d 对响应过程的影响

图 4－31　不同 b_t 对响应过程的影响

第 5 节　水轮机调节系统的稳定性

由于水轮机调节系统中有正零点存在，因此，它是一个条件稳定系统。在已知水轮机调节系统参数条件下，可用频率特性或根轨迹的方法判断闭环系统的稳定性，同时也可确定调速系统校正环节的参数。调节系统的稳定性还可以用代数判据——侯维智判据来分析，利用代数判据对简化的系统数学模型绘制稳定域，使用稳定域讨论系统的稳定性，有利于了解调节系统主要参数对稳定性的影响。

§4.5.1　水轮机调节系统稳定域

由上述分析可知，辅助接力器型调节系统闭环传递函数为

$$G_c(s)=\frac{x(s)}{M_{g0}(s)}=-\frac{G_g(s)}{1+G_g(s)G_t(s)G_r(s)}=-\frac{G_g(s)}{1+G_0(s)} \qquad (4-163)$$

则闭环系统的特征方程为

$$1+G_g(s)G_t(s)G_r(s)=0 \qquad (4-164)$$

将 $G_r(s)=\dfrac{Y(s)}{x_c(s)}=-\dfrac{T_d s+1}{T_y T_d s^2+(T_y+b_t T_d+b_p T_d)s+b_p}$，$G_g(s)=\dfrac{x(s)}{M_t(s)}=\dfrac{1}{T_a s+e_n}$，$G_t(s)=\dfrac{M_t(s)}{Y(s)}=\dfrac{e_y-(e_{qy}e_h-e_y e_{qh})T_w s}{1+e_{qh}T_w s}=\dfrac{e_y(1-eT_w s)}{1+e_{qh}T_w s}$代入（4－164）式，经

整理可得：

$$A_4 s^4 + A_3 s^3 + A_2 s^2 + A_1 s + A_0 \tag{4-165}$$

其中，$A_4 = e_{qh} T_y T_w T_d T_a$

$A_3 = e_n e_{qh} T_w T_d T_y + T_y T_a T_d + e_{qh} T_y T_w T_a + (b_p + b_t) e_{qh} T_w T_a T_d$

$A_2 = e_n T_d T_y + e_n e_{qh} T_y T_w + T_y T_a + (b_p + b_t) T_a T_d + e_{qh} b_p T_w T_a + [(b_p + b_t) e_n e_{qh} - e_y e] T_w T_d$

$A_1 = e_n T_y + b_p T_a + [e_n (b_p + b_t) + e_y] T_d + (b_p e_n e_{qh} - e e_y) T_w$

$A_0 = b_p e_n + e_y$

为方便起见，令 $b_p = 0$，$T_y = 0$，则可得到简化的闭环系统齐次微分方程：

$$A_3' \frac{d^3 x}{dt^3} + A_2' \frac{d^2 x}{dt^2} + A_1' \frac{dx}{dt} + A_0' x = 0 \tag{4-166}$$

其中，$A_3' = b_t e_{qh} T_w T_a T_d$

$A_2' = (b_t e_{qh} e_n - e e_y) T_w T_d + b_t T_a T_d$

$A_1' = (e_n b_t + e_y) T_d - e e_y T_w$

$A_0' = e_y$

令 $\tau = \frac{t}{T_w}$，$\theta_d = \frac{T_d}{T_w}$，$\theta_a = \frac{T_a}{T_w}$，则（4－166）式可变换为

$$A_3'' \frac{d^3 x}{d\tau^3} + A_2'' \frac{d^2 x}{d\tau^2} + A_1'' \frac{dx}{d\tau} + A_0'' x = 0 \tag{4-167}$$

其中，$A_3'' = b_t e_{qh} \theta_a \theta_d$

$A_2'' = b_t \theta_a \theta_d + (b_t e_n e_{qh} - e e_y) \theta_d$

$A_1'' = (e_n b_t + e_y) \theta_d - e e_y$

$A_0'' = e_y$

根据侯维智判据，由于 e_y，e_{qh}，b_t，θ_a，θ_d 大于零，故 $A_0'' > 0$，$A_3'' > 0$ 均能满足。

由 $A_2'' > 0$ 得：

$$b_t \theta_a > e_y e - b_t e_n e_{qh} \tag{4-168}$$

由 $A_1'' > 0$ 得：

$$\theta_d > \frac{e e_y}{e_n b_t + e_y} \tag{4-169}$$

由 $A_2'' A_1'' - A_0'' A_3'' > 0$ 得：

$$b_t \theta_a > \frac{(e e_y - b_t e_n e_{qh})[(b_t e_n + e_y)\theta_d - e e_y]}{(e_n b_t + e_y)\theta_d - e_{qy} e_h} \tag{4-170}$$

如果已知水轮机型号及工况，则可求出系数 e_y，e_{qh}，e_h，e_{qy}，e，以 $b_t e_n$ 为参数，在坐标系 θ_d 和 $b_t \theta_a$ 内可以绘制出水轮机调节系统的稳定域。能同时满足（4－168）式、(4－169)式和（4－170）式的区域为稳定区域，其他区域为不稳定区域。

例如，某混流式水轮机 HL220 的水轮机调节系统，已知水轮机在四个不同运行工况点运行时，各工况点上的水轮机传递系数见表 4－4。其中，①为系统处于最大水头下，额定出力点运行；②为系统处于设计水头下，额定出力点运行；③为系统处于设计水头下，部分出力点运行；④为系统处于最小水头下，在水轮机出力限制线上运行。计算时，均以设计水头下，额定出力时的参数为基准值。四个不同工况点运行时的稳定域如图 4－

32 所示。

表 4－4　各工况点上的水轮机传递系数

工况＼参数	e_y	e_h	e_{qy}	e_{qh}	e
①	1.510	1.211	1.101	0.456	0.432
②	0.741	1.462	0.787	0.492	1.065
③	1.291	0.923	1.063	0.347	0.412
④	0.326	1.411	0.592	0.578	2.011

图 4－32 中曲线右上方为稳定区域，各参数对调节系统的稳定性影响可归纳为如下：

（1）适当选取 b_t 和 T_d 可以使系统稳定。缓冲时间常数 T_d 和暂态转差系数 b_t 取值较大时，对调节系统稳定性有利。同时在 T_d 取较大值时，b_t 可取较小值，反之亦然。

（2）水流惯性是影响系统稳定性的主要因素。水流惯性时间常数 T_w 值越大，不利于系统稳定，需选取的 b_t 和 T_d 值也越大。

（3）机组惯性有利于系统稳定。机组惯性时间常数 T_a 越大，可取越小的 b_t 值。

（4）机组综合自调整系数 e_n 对系统稳定性有利，$b_t e_n$ 增大，稳定域向左下角扩展。在 e_n 为零时，系统的稳定性较差，需要整定较大的 $b_t\theta_a$ 和 θ_d 值，才能使系统稳定。

（5）水轮机传递系数对调节系统稳定域影响较大，特别是 e 值的影响较大。图 4－32（b）相应 $e=1.065$，图 4－32（d）相应 $e=2.011$，它们的稳定域相对较小；图 4－32（a）和（c）的 e 值分别为 0.432 和 0.412，稳定域相对较大。在随开度增加，在低效率区内，$e_y>e_{qy}$，故 e 可能较大；在随开度增加，在高效率区内，$e_y>e_{qy}$，则 e 可能较小。从图 4－32还可以看出，在 e_n 为 0 时，水轮机传递函数的影响显著；在 $b_t e_n>0.5$ 时，影响将会被削弱。

此外，在空载工况或小负荷工况时，水轮机尾水管中可能有水流不稳定现象，从而可能引起调节系统的不易稳定。此外，上述分析的是单机带负荷运行情况。当机组并网运行时，由于其他机组、负荷的惯性或其他调节系统的作用，机组稳定性大为提高，即使参数 b_t 和 T_d 整定值较小，调节系统仍然可以是稳定的。

在实际运行中，由于系统各环节的空程、死区、水轮机流道内水流不稳定、长输电线交换功率不稳定或其他系统也会引起调节系统不稳定。因此，解决水轮机调节系统的不稳定问题，不能仅仅只考虑改变调节系统参数，还需要从找到和消除不稳定的具体原因着手。

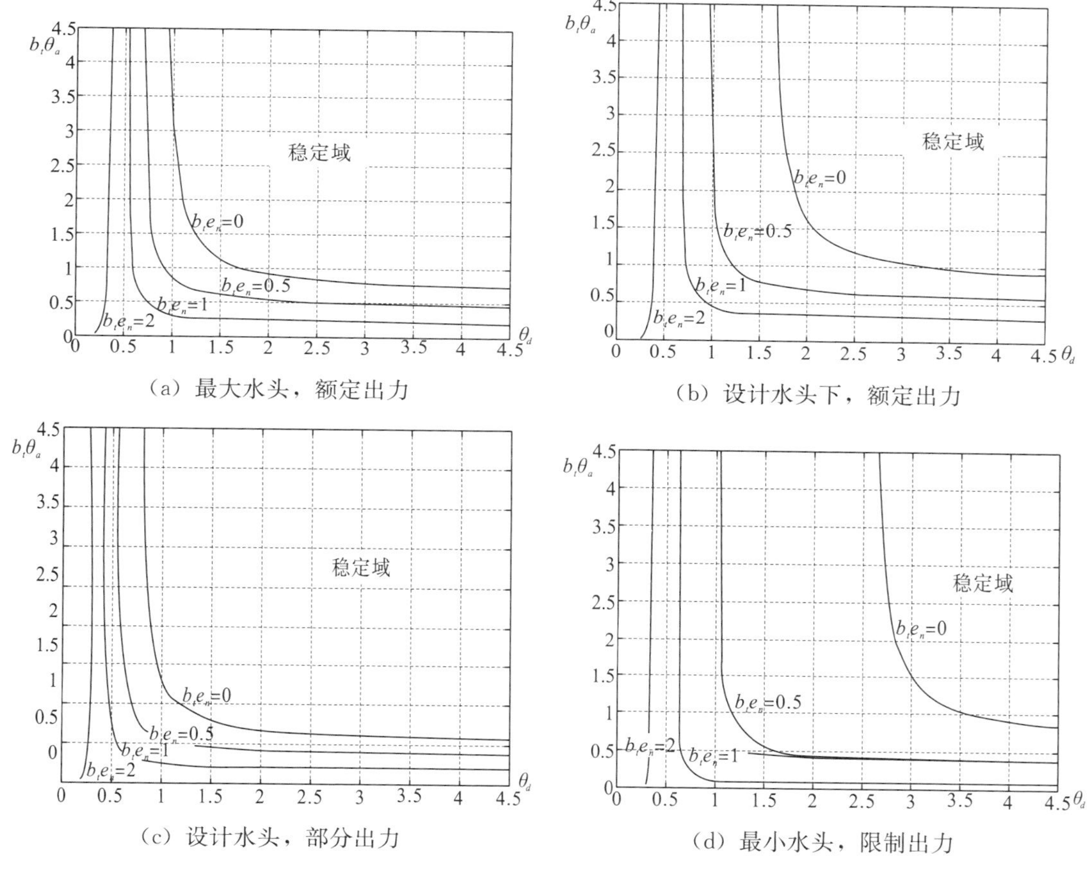

(a) 最大水头，额定出力　(b) 设计水头下，额定出力

(c) 设计水头，部分出力　(d) 最小水头，限制出力

图 4－32　水轮机调节系统稳定域

§4.5.2　水轮机调节系统稳定裕量

以上应用侯维智稳定判据对调节系统稳定性进行分析，其结果只能保证系统是稳定的，如果系统接近临界边界，受到扰动后，可能导致不稳定。从特征根在复平面上的分布来说，侯维智稳定判据只能保证系统特征方程的根位于复平面的左半平面。由于进行稳定性分析时，数学模型总有一定的近似和简化，参数存在误差，故在实际运行时，如特征根离虚轴很近，调节系统可能不稳定。实际生产过程中，往往要求系统不但是稳定的，而且还要有一定的稳定裕量。如果闭环系统的特征根全部位于通过（$-m$，0j）点垂线的左边，那么该系统在复平面上的稳定裕量为 m，m 必须为正值，如图 4－33 所示。

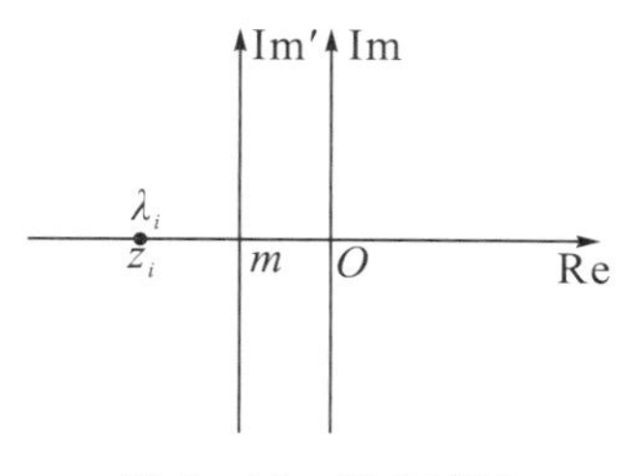

图 4－33　坐标变换

同样运用侯维智稳定判据可以分析水轮机调节系统稳定裕量域，并分析一些参数对调节系统稳定裕量的影响。

设原调节系统闭环特征方程为

$$C_3\lambda^3+C_2\lambda^2+C_1\lambda+C_0=0 \tag{4-171}$$

在新坐标系下，闭环系统的根为

$$z_i=\lambda_i+m \tag{4-172}$$

将（4－172）式代入（4－171）式，则有：

$$C_3(z-m)^3+C_2(z-m)^2+C_1(z-m)+C_0=0 \tag{4-173}$$

展开得：

$$D_3z^3+D_2z^2+D_1z+D_0=0 \tag{4-174}$$

其中，$D_3=C_3$

$D_2=-3mC_3+C_2$

$D_1=3m^2C_3-2mC_2+C_1$

$D_0=-m^3C_3+m^2C_2-mC_1+C_0$

应用侯维智稳定判据，即可求出满足稳定余量域为 m 的域。

例如对（4－166）式所表示的水轮机调节系统有：

$$A''_3\lambda^3+A''_2\lambda^2+A''_1\lambda+A''_0=0 \tag{4-175}$$

其中，$A''_3=b_te_{qh}\theta_a\theta_d$

$A''_2=b_t\theta_a\theta_d+(b_te_ne_{qh}-ee_y)\theta_d$

$A''_1=(e_nb_t+e_y)\theta_d-ee_y$

$A''_0=e_y$

设 $e_n=0$，求稳定余量域 m。

由新旧坐标系的关系，可得：

$$D_3z^3+D_2z^2+D_1z+D_0=0 \tag{4-176}$$

其中，$D_3=e_{qh}b_t\theta_a\theta_d$

$D_2=-3me_{qh}b_t\theta_a\theta_d+b_t\theta_a\theta_d-e_ye\theta_d$

$D_1=3m^2e_{qh}b_t\theta_a\theta_d-2m(b_t\theta_a\theta_d-e_ye\theta_d)+e_y\theta_d-ee_y$

$D_0=-m^3e_{qh}b_t\theta_a\theta_d+m^2(b_t\theta_a\theta_d-e_ye\theta_d)-m(e_y\theta_d-ee_y)+e_y$

应用稳定性判据，可得系统稳定条件如下：

由 $D_2>0$ 可得：

$$b_t\theta_a>\frac{ee_y}{1-3me_{qh}} \tag{4-177}$$

由 $D_1>0$ 可得：

$$\theta_d>\frac{ee_y}{e_y+2mee_y+b_t\theta_a(3m^2e_{qh}-2m)} \tag{4-178}$$

由 $D_0>0$ 可得：

$$\theta_d<\frac{e_y+mee_y}{me_y+m^2ee_y+b_t\theta_a(m^3e_{qh}-m^2)} \tag{4-179}$$

由 $D_2D_1 - D_0D_3 > 0$ 可得：

$$\theta_d > \frac{b_t\theta_a(e_{qh}e_y - 2me_{qh}e_ye + ee_y) - (ee_y)^2}{(b_t\theta_a)^2(-8m^3e_{qh}^2 + 8m^2e_{qh} - 2m) + b_t\theta_a(-8m^2e_{qh}ee_y - 2me_{qh}e_y + 4mee_y + e_y) - 2m(ee_y)^2 - ee_y^2} \tag{4-180}$$

假设某水轮机调节系统，在额定水头，发额定出力工况下的水轮机传递系数为：$e_y = 0.741$，$e_h = 1.462$，$e_{qh} = 0.492$，$e_{qy} = 0.787$，$e = 1.065$，根据（4－177）式～（4－180）式可在坐标系内绘制系统的稳定裕量域，如图 4－34 所示。

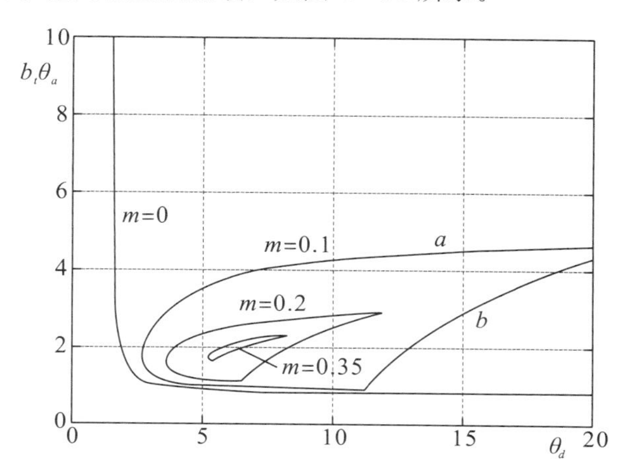

图 4－34　水轮机调节系统稳定裕量域

以图 4－34 中 $m = 0.1$ 为例，（4－180）式对应 a 线，（4－179）式对应 b 线，（4－178）式、（4－177）式不起限制作用。曲线 a，b 包围的区域即为满足稳定裕量 $m = 0.1$ 的区域。相应在图 4－34 上绘制了 $m = 0$，0.1，0.2，0.35 的稳定裕量域。由图 4－34 得到如下结论：

（1）稳定裕量域是一个封闭区域，θ_a 和 θ_d 过大或过小都不能获得必要的稳定裕量。这是因为一个三阶系统有三个闭环极点，通常有一对共轭复数极点和一个实数极点，在 T_d 过大时，会有一个实数极点比较靠近虚轴；而在 b_t 或 T_d 过大时，会有一对共轭复数极点比较靠近虚轴。

（2）对于给定的系统，稳定裕量有最大可能达到 m 值，此时共轭复数极点的实部与实数极点相同；适当选择 b_t 和 T_d 可以达到最大的稳定裕量。在图 4－34 中，由于 $e_n = 0$，最大稳定裕量 m 只能达到 0.35。如需取得最大稳定裕量域，在 $e_n = 0$ 时，θ_d 应取 5.2～7.0，$b_t\theta_a$ 应取 1.8～2.5。

（3）稳定裕量不仅是稳定的安全程度的度量，同时对系统过渡过程和动态品质有影响。

第 6 节　水轮机调节系统的参数整定

水轮机调节系统的稳定性和动态品质由调速器和调节对象的特性共同决定的。在水电站设计阶段就应该考虑调节系统的稳定性和动态品质。由于水流惯性时间常数 T_w 是动态品质恶化的主要因素，T_w 过大时，调节系统难以稳定，动态品质也会变差。因此，应正确设计有压过水系统，必要时应采取措施，使其不要太大。机械惯性时间常数 T_a 大一些对调节系统稳定性有利，但过大则会使过渡过程变慢。因此，在设计阶段就应考虑调速器的结构，设计符合工程需要的调节规律和校正装置。

在已经运行的电站上，上述因素已经确定。因此，主要是依靠调速器的参数整定来改善调节系统的稳定性和动态品质。寻找调速器参数的最佳组合使得水轮机调节系统过渡过程具有良好的动态品质，可以通过计算和实验两种方法来寻求调速器的参数整定。实验方法主要是在现场进行，下面主要介绍极点配置法进行参数整定，以及运用计算机来求取调速器参数整定的方法。

§4.6.1 水轮机调节系统运行工况

水轮机调节系统参数整定与运行工况密切有关。原则上，不同运行工况应对应不同的调速器参数组合。按并列机组工作机组台数，水轮机调节系统工况可分为单机运行和并列运行。按带负荷情况，可分为空载运行和带负荷运行。

1. 单机带负荷工况

在单机带负荷工况时，负荷容量小，有时有较大比例的纯电阻性负荷，所以发电机的自调整系数 e_g 较小，甚至可能是负数，负荷变动相对值较大。在带大负荷时，水轮机传递系数较大，水击作用影响大。因此，机组在次工况运行时，水轮机调节系统的稳定性较差。为了保证调节系统稳定，往往需要调速器参数较大，对于具有长压力引水管道或水头很低的电站，T_w 可能很大，稳定性就更差。

2. 空载工况

这是经常遇到的一种工况，水轮发电机组在并网前均处于空载运行工况。此时，水轮机传递系数较小，引水系统水流惯性作用小，但有效负荷为零，机械惯性时间和自调整系数完全决定于机组自身。相对来说，空载工况比单机带负荷工况易于稳定。但空载工况常遇到的问题是水轮机内部流态比较差，容易形成大幅度压力脉动、功率摆动等现象，这就使水轮机调速器不停地摆动，准同期困难。但实际生产中一般不会出现单机带负荷的情况。因此，把单机空载工况作为对稳定最不利的工况。调速器有一组参数按此工况整定，参数值相对较大。

3. 并列带负荷工况

机组都要并入电网并列工作。由于电力系统很大，它的惯性也很大，当一台机组出力变动时，系统的频率几乎不变。这时，本机调节系统的转速反馈几乎不起作用，似乎已被切除，调节系统处于开环状态运行。对处在这种状态下运行的调节系统来说，即使把调速器参数取得很小，甚至切除，也不会发生不稳定现象。因此，当机组并入大电网运行时，往往把调速器参数减小，甚至把校正装置切除。当然，从整个系统角度看，不能把所有机组上的校正装置均切除，若这样做，整个系统的稳定性就难以得到保证。

当单机工作时，参数优化既要保证调节系统稳定，又要能获得良好的动态品质。当电网并列工作时，主要考虑调速器的速动性。因此，对电液调速器一般按两组工况进行整定，一组为按单机空载工况进行整定，一组按并网运行工况进行整定。微机调速器则可以针对不同的工况均整定出一组最佳参数。

§4.6.2　水轮机调节系统参数整定

1. 最佳准则

设水轮机开环传递函数为

$$G_0(s)=\frac{K_d(-s+\frac{1}{eT_w})(s+\frac{1}{T_d})}{(s+\frac{b_p}{b_tT_d})(s+\frac{b_t}{T_y})(s+\frac{1}{e_{qh}T_w})(s+\frac{e_n}{T_a})} \tag{4-181}$$

式中：$K_d=\frac{e_ye}{e_{qh}T_aT_y}$，称为系统增益。

由（4－181）式可见，闭环系统有四个极点。一般情况下，有一个极点远离虚轴，对过渡过程形态影响很小。此外，还有一对共轭复数极点和一个实数极点为主导极点。为使水轮机调节系统阶跃响应过程为最佳，应满足以下最佳准则：

$$\begin{aligned}p_3&\approx\alpha\\ \beta&\approx 1.73\alpha\end{aligned} \tag{4-182}$$

式中：p_3为靠近虚轴的实数极点；α 为共轭复数极点的实部；β 为共轭复数极点的虚部。

2. 参数整定原理

由于开环零点$\frac{1}{eT_w}$位于复平面的右半平面。因此，水轮机调节系统为非最小相位系统。如果复平面上任意一点 s 是闭环系统的极点，则必须满足下列条件。

模条件：

$$|G_0(s)|=1 \tag{4-183}$$

角条件：

$$\mathrm{Arg}[G_0(s)]=2k\times 360^\circ\quad(k=0,1,2,\cdots) \tag{4-184}$$

即满足：

模条件：

$$K_d=\frac{\left|s+\frac{b_p}{b_tT_d}\right|\left|s+\frac{b_t}{T_y}\right|\left|s+\frac{1}{e_{qh}T_w}\right|\left|s+\frac{e_n}{T_a}\right|}{\left|-s+\frac{1}{eT_w}\right|\left|s+\frac{1}{T_d}\right|} \tag{4-185}$$

式中：$|s+s_i|$ 为 $s+s_i$ 的幅值，即闭环极点 s 到开环极点、零点 $-s_i$ 的距离，如图 4－35 所示。

角条件：

$$\begin{aligned}&\mathrm{Arg}\left(s-\frac{1}{eT_w}\right)+\mathrm{Arg}\left(s+\frac{1}{T_d}\right)\\&-\left[\mathrm{Arg}\left(s+\frac{b_p}{b_tT_d}\right)+\mathrm{Arg}\left(s+\frac{b_t}{T_y}\right)+\mathrm{Arg}\left(s+\frac{1}{e_{qh}T_w}\right)+\mathrm{Arg}\left(s+\frac{e_n}{T_a}\right)\right]=0^\circ\end{aligned} \tag{4-186}$$

式中：$\mathrm{Arg}(s+s_i)$为闭环极点 s 到开环极点、零点 $-s_i$的连线与正实轴之间的夹角，如图 4－35 所示。

（4－185）式和（4－186）式直接用于计算。一般需要对 b_t 和 T_d 进行整定，采用迭代法进行计算。

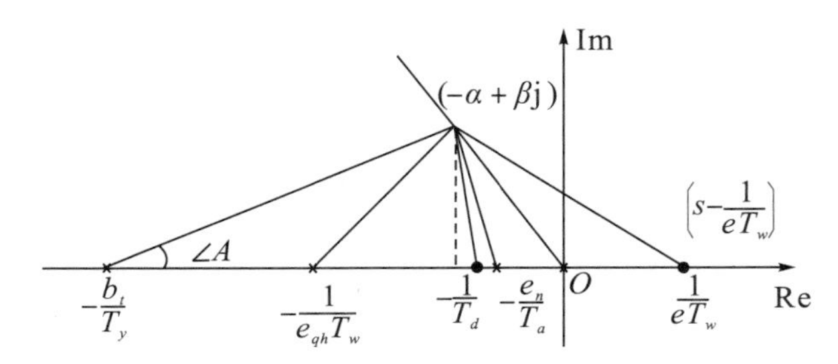

图 4－35　零、极点分布示意图

3. 整定步骤

第一步：由于与 b_t 和 T_d 有关的 $-\frac{b_p}{b_tT_d}$，$-\frac{1}{T_d}$，$-\frac{b_t}{T_y}$ 未知，可初步设定 $\frac{b_p}{b_tT_d}$ 位于原点，即 $\frac{b_p}{b_tT_d}=0$。由零、极点的关系，根据最佳准则初步设定一对共轭复根 $-\alpha\pm\beta i$，其中 α，β 可按 $\alpha=(0.25\sim0.35)\frac{1}{eT_w}$，$\beta=\sqrt{3}\alpha$ 计算，于是：

$$-\frac{1}{T_d}=-\alpha\pm(0.05\sim0.2)$$

第二步：已知 $-\frac{b_p}{b_tT_d}$，$-\frac{1}{T_d}$ 后，可以计算 $-\frac{b_t}{T_y}$。由角条件可得：

$$\angle A=\mathrm{Arg}\left(s+\frac{b_t}{T_y}\right)=\mathrm{Arg}\left(s-\frac{1}{eT_w}\right)+\mathrm{Arg}\left(s+\frac{1}{T_d}\right)-\left[\mathrm{Arg}\left(s+\frac{b_p}{b_tT_d}\right)+\mathrm{Arg}\left(s+\frac{1}{e_{qh}T_w}\right)+\mathrm{Arg}\left(s+\frac{e_n}{T_a}\right)\right]$$

另一方面，由图 4－35 中三角形原理可知：

$$\angle A=\mathrm{Arg}\left(s+\frac{b_t}{T_y}\right)=\arctan\left(\frac{\beta}{-\alpha+\frac{b_t}{T_y}}\right)$$

因此，

$$\frac{b_t}{T_y}=\frac{\beta}{\tan\angle A}+\alpha$$

即

$$b_t=T_y\left(\frac{\beta}{\tan\angle A}+\alpha\right)$$

第三步：将 T_d，b_t 代入（4－185）式，求出 K'_d。

第四步：由于 T_d，b_t 是估计值，因此 K'_d 不与真实值 $K_d=\frac{e_ye}{e_{qh}T_yT_a}$ 相等，因此，应重新调整 T_d，b_t 值进行计值，直到 K'_d 等于 K_d 为止。

第五步：按确定的 T_d，b_t 值求出闭环系统的根，并检验其根是否满足最佳准则。

实例：已知某水轮机调节系统，其传递系数为：$e_y=0.74$，$e_{qh}=0.49$，$e=1.07$，$T_w=1.62$ s，$e_n=1$，$T_a=6.67$ s，$b_p=0.04$。试求调速器参数最佳整定 T_d，b_t 的值。

解：(1) 由已知条件求出该系统的零、极点，以及理论 K_d 如下：

$$\frac{e_n}{T_a}=0.15,\quad \frac{1}{eT_w}=0.577,\quad \frac{1}{e_{qh}T_w}=1.26,\quad K_d=\frac{e_ye}{e_{qh}T_yT_a}=2.423$$

（2）初步假定：

$$\frac{b_p}{b_t T_d}=0，\alpha=(0.25\sim0.35)\frac{1}{eT_w}=0.23，\beta=\sqrt{3}\alpha=0.4$$

（3）假定：

$$\frac{1}{T_d}=\alpha\pm(0.05\sim0.2)=0.21$$

（4）计算 b_t。由角条件：

$$\operatorname{Arg}\left(s-\frac{1}{eT_w}\right)=153.6°,\quad \operatorname{Arg}\left(s+\frac{1}{T_d}\right)=92.9°,\quad \operatorname{Arg}(s)=120°,$$

$$\operatorname{Arg}\left(s+\frac{e_n}{T_a}\right)=101.3°,\quad \operatorname{Arg}\left(s+\frac{1}{e_{qh}T_w}\right)=21.2°$$

由三角形关系可得：

$$\angle A=\operatorname{Arg}\left(s+\frac{b_t}{T_y}\right)=4°$$

于是可求得：$b_t=0.597$。

（5）计算 K'_d：

$$K'_d=\frac{\left|s+\frac{b_p}{b_t T_d}\right|\left|s+\frac{b_t}{T_y}\right|\left|s+\frac{1}{e_{qh}T_w}\right|\left|s+\frac{e_n}{T_a}\right|}{\left|-s+\frac{1}{eT_w}\right|\left|s+\frac{1}{T_d}\right|}=\frac{0.461\times0.408\times1.1\times5.73}{0.4\times0.9}=3.29$$

（6）由于 K'_d 不等于 K_d，需要进行修正，令 $\frac{1}{T_d}=0.2$，重复以上步骤，重新进行计算，结果如下：$\angle A=5.4°$，$b_t=0.446$，$K'_d=2.44$，K'_d 近似等于 K_d。

（7）根据计算结果，求出实数极点 $-p_3=-0.26$。因与 $-\infty$ 相差很小，认为满足要求。

因此，该调节系统校正装置的最佳参数为：$T_d=5$ s，$b_t=0.446$。

§4.6.3　斯坦因和克里夫琴柯对调速器参数整定的建议

斯坦因根据 $T_{0.1}$ 来评判动态品质的优劣，如图 4－36 所示，是在负荷阶跃扰动后第一波峰（谷）开始至幅值降为 $0.1x_{max}$ 的那个波峰（谷）为止。斯坦因认为，在 $T_{0.1}$ 内允许有 4～5 个波峰（谷）。根据计算，斯坦因认为 $T_{0.1}$ 可以达到 $6T_w$，但此时参数整定值较大，于是他又提出在实际工作中可以允许 $T_{0.1}$ 达到 $10T_w$。斯坦因对调速器参数优化的推荐值见表 4－5。

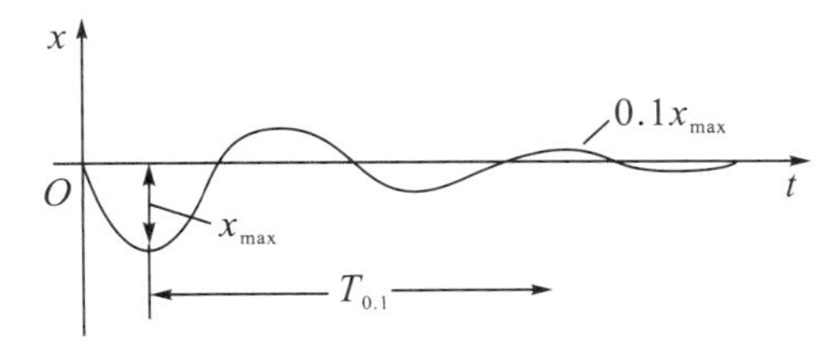

图 4－36　调节系统阶跃响应过程

表 4-5 调速器参数优化的推荐值

项目	最佳	实际最佳
衰减时间 $T_{0.1}$	$6T_w$	$6T_w$
b_p+b_t	$2.6T_w/T_a$	$1.8T_w/T_a$
T_d	$6T_w$	$4T_w$

对具有加速度回路的调速系统，斯坦因建议：

$$T_n=0.5T_w,\quad b_p+b_t=1.5T_w/T_a,\quad T_d=3T_w$$

斯坦因认为，在 T_r/T_w 比值较大时，即水头较高时，应考虑弹性水击作用，为此在计算参数时，先对 T_w 乘以修正系数 K。修正系数 K 可以从表 4-6 查得。

表 4-6 修正系数 K 值

T_r/T_w	0.5	1.0	1.5	2.0	2.5	3.0
K	1.01	1.05	1.125	1.2	1.275	1.35

由表 4-6 可见，只有在 $T_r/T_w>1.0$ 时，才需修正，这时相应电站水头在 200 m 以上。

克里夫琴柯根据水轮机调节系统在阶跃负荷扰动作用下，用过渡过程的调节时间 T_p 和最大超调量 δ_{max} 来评判动态品质。设机组处于单机带大负荷工况，且 $b_p=0$，$T_y=0$，$e_{qy}=1.0$，$e_y=1.25$，$e_n=1.5$，$e_{qh}=0.5$。在模拟计算机上进行仿真计算，综合比较后，得出如表 4-7 所示的推荐值。

表 4-7 参数推荐值

b_te_n	b_tT_a/T_w	T_d/T_w	T_p/T_w
0	3～4	4～5	8～10
1	2.5～3.5	2～3	5～7
2	2～2.5	0.75～1.2	4～5

在有加速度回路时，克里夫琴柯建议：

$$T_n=T_w,\quad b_tT_a=(2\sim2.5)T_w,\quad T_a=(1\sim1.5)T_w,\quad T_p=5T_w。$$

应该注意的是，上述推荐值均是根据特定的数学模型、特定的水轮机传递系数和特定的品质指标求出的，具有相当大的局限性。

第 7 节 水轮机调节系统计算机仿真

在分析水轮机调节系统时，除了应用频率特性、根轨迹等控制理论进行分析计算外，常常还希望直接求出调节系统的动态过渡过程，并通过对动态过渡过程的分析确定调速器参数的最佳整定。数学模型则是把原型系统的运动规律用数学形式表达出来，它们通常是一组微分方程。随后用计算机来求解这些方程，这个过程称为计算机仿真。本节介绍小波动过渡过程的计算机计算和调速器参数最佳整定。

§4.7.1　水轮机调节系统数学模型

以辅助接力器型调速器调节系统为例，其实际系统的数学模型如图 4－37 所示。在本章前部分已建立了水轮机调节系统的数学模型，为了使用控制原理，对系统作一些简化。根据图 4－37 的方框图可直接建立一阶微分方程组作为系统数学模型。

图 4－37 中共有六个一阶环节，可以建立六个一阶微分方程，选定如下六个量作为变量：辅助接力器行程相对偏差 y_1，主接力器行程相对偏差 y，暂态反馈输出相对偏差 z，转速相对偏差 x，测加速度回路输出相对偏差 n 和水轮机力矩相对偏差 m_t。这些变量有些是物理上可测的，有些是物理上不可测的，如 m_t 不包括水轮机转速对力矩的影响项 (e_x)，故实际无法测量。其他量均是实际可测的。确定变量之后，就可建立各个环节的微分方程。

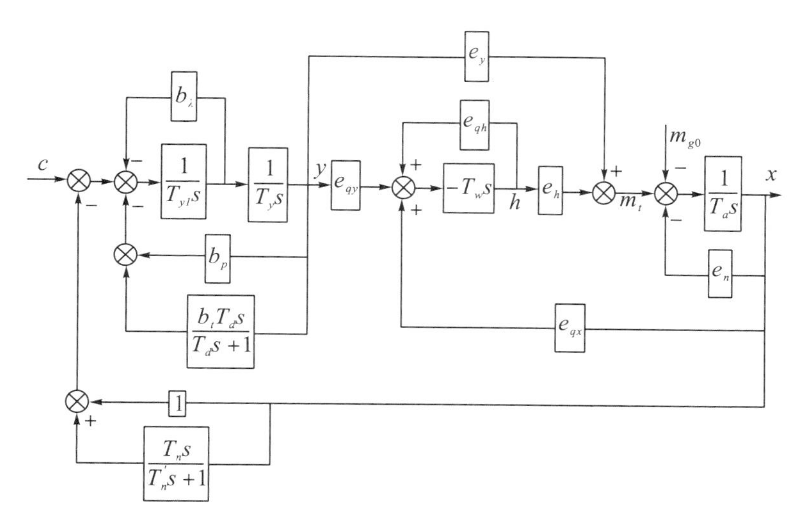

图 4－37　水轮机调节系统数学模型

(1) 发电机：

$$T_a \frac{\mathrm{d}x}{\mathrm{d}t} + e_n x = m_t - m_{g0} \tag{4-187}$$

(2) 加速度反馈回路：

$$T_n' \frac{\mathrm{d}n}{\mathrm{d}t} + n = k_n T_n' \frac{\mathrm{d}x}{\mathrm{d}t} \tag{4-188}$$

(3) 引导阀—辅助接力器：

$$T_{y1} \frac{\mathrm{d}y_1}{\mathrm{d}t} + b_\lambda y_1 = x_c - x - n - z - b_p y \tag{4-189}$$

(4) 主配压阀—主接力器：

$$T_y \frac{\mathrm{d}y}{\mathrm{d}t} = y_1 \tag{4-190}$$

(5) 暂态反馈：

$$T_d \frac{\mathrm{d}z}{\mathrm{d}t} + z = b_t T_d \frac{\mathrm{d}y}{\mathrm{d}t} \tag{4-191}$$

（6）水轮机及引水系统：

$$e_{qh}T_w\frac{dm_t}{dt}+m_t=e_yy-e_yeT_w\frac{dy}{dt}-e_{qx}e_hT_w\frac{dx}{dt} \tag{4-192}$$

（4－187）式～（4－192）式即为用微分方程描述的水轮机调节系统的数学模型。将进行其适当变换，使方程式左边只有变量的导数，且系数为1，右边则只包含变量。

$$\dot{x}=-\frac{e_n}{T_a}x+\frac{1}{T_a}m_t-\frac{1}{T_a}m_{g0} \tag{4-193}$$

$$\dot{n}=-\frac{k_ne_n}{T_a}x-\frac{1}{T_n'}n+\frac{k_n}{T_a}m_t-\frac{k_n}{T_a}m_{g0} \tag{4-194}$$

$$\dot{y}_1=-\frac{1}{T_{y1}}x-\frac{1}{T_{y1}}n-\frac{b_\lambda}{T_{y1}}y_1-\frac{b_p}{T_{y1}}y-\frac{1}{T_{y1}}z+\frac{1}{T_{y1}}x_c \tag{4-195}$$

$$\dot{y}=\frac{1}{T_y}y_1 \tag{4-196}$$

$$\dot{z}=\frac{b_t}{T_y}y_1-\frac{1}{T_d}z \tag{4-197}$$

$$\dot{m}_t=\frac{e_{qx}e_he_n}{e_{qh}T_a}x-\frac{e_ye}{e_{qh}T_y}y_1+\frac{e_y}{e_{qh}T_w}y-\left(\frac{1}{e_{qh}T_w}+\frac{e_{qx}e_h}{e_{qh}T_a}\right)m_t+\frac{e_{qx}e_h}{e_{qh}T_a}m_{g0} \tag{4-198}$$

为方便起见，将上述一阶微分方程组改写成矩阵形式，有：

$$\dot{\boldsymbol{X}}=\boldsymbol{AX}+\boldsymbol{BU} \tag{4-199}$$

式中：$\boldsymbol{X}$ 为 n 维状态向量，n 为系统的阶数；$\boldsymbol{U}$ 为 r 维输入向量；$\boldsymbol{A}$ 为 n 维状态方阵；$\boldsymbol{B}$ 为 $n\times r$ 维输入矩阵。即：

$$\boldsymbol{X}=[x\quad n\quad y_1\quad y\quad z\quad m_t]^{\mathrm{T}},\quad \boldsymbol{U}=[x_c\quad m_{g0}]^{\mathrm{T}}$$

$$\boldsymbol{A}=\begin{bmatrix} -\frac{e_n}{T_a} & 0 & 0 & 0 & 0 & \frac{1}{T_a} \\ -\frac{k_ne_n}{T_a} & -\frac{1}{T_n'} & 0 & 0 & 0 & \frac{k_n}{T_a} \\ -\frac{1}{T_{y1}} & -\frac{1}{T_{y1}} & -\frac{b_\lambda}{T_{y1}} & -\frac{b_p}{T_{y1}} & -\frac{1}{T_{y1}} & 0 \\ 0 & 0 & \frac{1}{T_y} & 0 & 0 & 0 \\ 0 & 0 & \frac{b_t}{T_y} & 0 & -\frac{1}{T_d} & 0 \\ \frac{e_{qx}e_he_n}{e_{qh}T_a} & -\frac{e_ye}{e_{qh}T_y} & \frac{e_y}{e_{qh}T_w} & 0 & -\left(\frac{1}{e_{qh}T_w}+\frac{e_{qx}e_h}{e_{qh}T_a}\right) & 0 \end{bmatrix}$$

$$B=\begin{bmatrix} 0 & -\frac{1}{T_a} \\ 0 & -\frac{k_n}{T_a} \\ \frac{1}{T_{y1}} & 0 \\ 0 & 0 \\ 0 & 0 \\ 0 & \frac{e_{qx}e_h}{e_{qh}T_a} \end{bmatrix}$$

(4－199）式又称为水轮机调节系统的状态方程。

系统的输出量为转速相对偏差 x，故可写为：

$$\boldsymbol{Y}=\boldsymbol{CX}+\boldsymbol{DU} \tag{4－200}$$

式中：$\boldsymbol{Y}$ 为 m 维输出向量；$\boldsymbol{C}$ 为 $m\times n$ 维输出矩阵，$\boldsymbol{C}=[1\quad 0\quad 0\quad 0\quad 0\quad 0]$；$\boldsymbol{D}$ 为 $m\times r$ 维前馈直通矩阵，本系统输出与输入没有直接连接，故 $\boldsymbol{D}=[0\quad 0]$。

已知系统的状态方程和输出方程，就可以进行计算机仿真。

§4.7.2　水轮机调节系统仿真计算

由上述分析可知，水轮机调节系统仿真计算在数学上就是求解微分方程组的初值问题。对于有输入信号的强制状态方程 $\dot{\boldsymbol{X}}=\boldsymbol{AX}+\boldsymbol{BU}$，初值条件 $x(0)=x_0$ 的问题，可采用 Matlab 软件很方便地建立求解模型。Matlab 软件提供了专门的状态－空间求解模块，只要输入相应的 $\boldsymbol{A}$，$\boldsymbol{B}$，$\boldsymbol{C}$，$\boldsymbol{D}$ 以及初始值，就可求解系统的阶跃响应过程。其计算模型如图 4－38 所示。

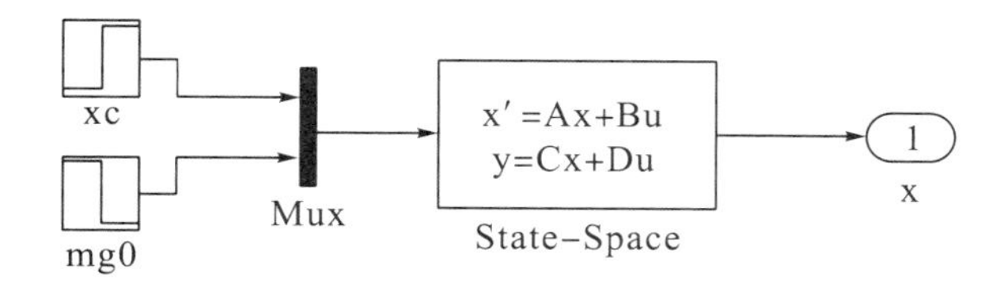

图 4－38　水轮机调节系统状态方程仿真计算模型

例如，对某水轮机调节系统，系统参数为：$T_a=6.67$ s，$e_n=1$，$T'_n=0.5$，$T_n=2$，$T_{y1}=0.02$ s，$b_\lambda=0.2$，$b_p=0.04$，$T_y=0.1$ s，$T_d=5$ s，$b_t=0.5$，$e_{qh}=0.5$，$T_w=1.62$ s，$e_y=0.74$，$e=1.07$，$e_{qx}=0.5$，$e_h=1.5$。

于是，可求得各系数矩阵：

$$\boldsymbol{A}=\begin{bmatrix} -0.15 & 0 & 0 & 0 & 0 & 0.15 \\ -0.6 & -2 & 0 & 0 & 0 & 0.6 \\ -50 & -50 & -10 & -2 & -50 & 0 \\ 0 & 0 & 10 & 0 & 0 & 0 \\ 0 & 0 & 5 & 0 & -0.2 & 0 \\ 0.225 & 0 & -15.84 & 0.9 & 0 & -1.455 \end{bmatrix},\ \boldsymbol{B}=\begin{bmatrix} 0 & -0.15 \\ 0 & -0.6 \\ 50 & 0 \\ 0 & 0 \\ 0 & 0 \\ 0 & 0.225 \end{bmatrix},$$

$$\boldsymbol{C}=[1\quad 0\quad 0\quad 0\quad 0\quad 0],\ \boldsymbol{D}=[0\quad 0]$$

设初值为0，将各系数输入如图4－38所示的计算模型，就可以求解系统阶跃扰动信号作用下的响应过程。其结果如图4－39所示。

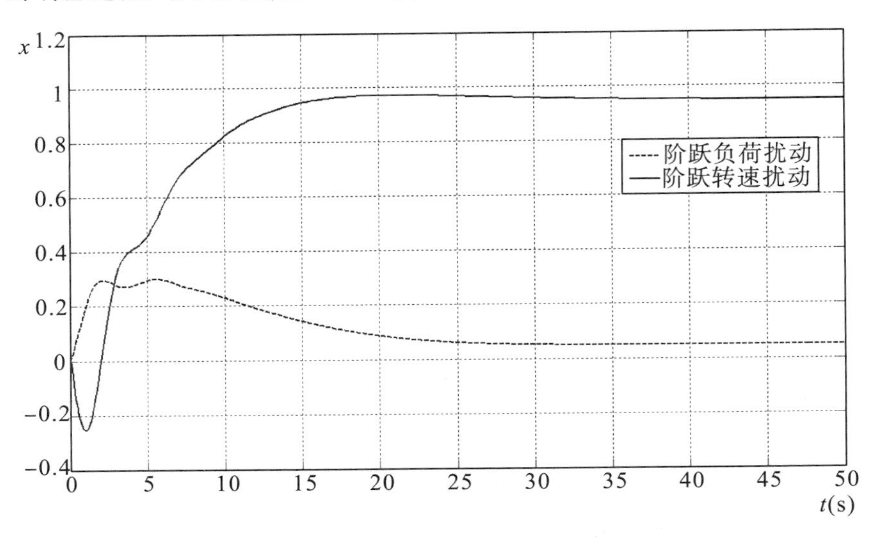

图4－39　水轮机调节系统计算机仿真计算结果

§4.7.2　水轮机调速器参数最佳整定

前面介绍了用极点配置法确定调速器参数最佳整定。这种方法只能用于模型比较简单、参数比较少的情况。本节所介绍的通过计算机仿真求解过渡过程，不仅可以分析水轮机调节系统的动态特性，也可以求取水轮机调速器参数最佳整定。

在实际工程中往往希望调节系统达到最优控制，也就是使状态向量的各分量迅速趋近于零，而不消耗很多能量。设系统的状态方程为

$$\begin{cases}\dot{\boldsymbol{X}}=\boldsymbol{AX}+\boldsymbol{BU}\\ \boldsymbol{X}(0)=x_0\end{cases}\tag{4-201}$$

式中：$\boldsymbol{X}$ 为 n 维状态向量；$\boldsymbol{U}$ 为 m 为控制向量。寻找一个最优控制 $\boldsymbol{U}^*$，使下面的目标函数为最小。

$$J=\frac{1}{2}\boldsymbol{X}_f^{\mathrm{T}}\boldsymbol{F}\boldsymbol{X}_f+\frac{1}{2}\int_{t_0}^{t_f}[\boldsymbol{X}^{\mathrm{T}}\boldsymbol{QX}+\boldsymbol{U}^{\mathrm{T}}\boldsymbol{RU}]\mathrm{d}t\tag{4-202}$$

式中：$\boldsymbol{Q}$ 为 $n\times n$ 对称半正定矩阵；$\boldsymbol{R}$ 为 $m\times m$ 对称正定矩阵；$\boldsymbol{F}$ 为 $n\times n$ 对称半正定矩阵。

（4－202）式中第一项 $\frac{1}{2}\boldsymbol{X}_f^{\mathrm{T}}\boldsymbol{F}\boldsymbol{X}_f$ 表示对响应稳态误差的限制；积分号内第一项 $\frac{1}{2}\int_{t_0}^{t_f}[\boldsymbol{X}^{\mathrm{T}}\boldsymbol{QX}]\mathrm{d}t$ 表示要求 $\boldsymbol{X}$ 的过渡过程为最快；积分号内第二项 $\frac{1}{2}\int_{t_0}^{t_f}[\boldsymbol{U}^{\mathrm{T}}\boldsymbol{RU}]\mathrm{d}t$ 表示对控制能量的限制。因此，（4－202）式的物理意义在于在整个时间区间 $[t_0,\ t_f]$ 内，特别是终值时刻 $t=t_f$ 上的状态量尽量接近于零而又不消耗过大的控制能量。

最优控制可由下式求得：

$$U^* = -R^{-1}B^{T}PX \tag{4-203}$$

其中，P 可由黎卡提（Riccati）方程求解：

$$\dot{P} + PA + A^{T}P - PBR^{-1}B^{T}P + Q = 0 \tag{4-204}$$

其边界条件为

$$P(t_f) = F \tag{4-205}$$

由于边界条件不是初值 $P(t_0)$，而是终值 $P(t_f)=F$，需要在时间上“倒算”才能求出 $P(t)$。由于黎卡提（Riccati）方程是非线性矩阵微分方程，通常不能求解出闭环形式的解，因此，需要借助计算机求解。现已有专门成熟的算法，可参考有关资料。

由（4－204）式可知，$P(t)$为一对称半正定矩阵，当 $P(t)$求出之后，就可以求得最佳控制 U^*。

对水轮机调节系统，将品质指标，如调节时间、最大转速偏差、振荡次数作为目标函数，在调速器参数空间内进行寻优计算，可求出相应目标函数为极小值的点，即可得到最佳参数整定值。

例如，某水轮机调节系统，其系统参数和结构如图 4－40 所示。采用微机调节器，需要对调节器的比例增益 K_p、积分增益 K_i和微分增益 K_d进行最佳参数整定，以达到最优控制。

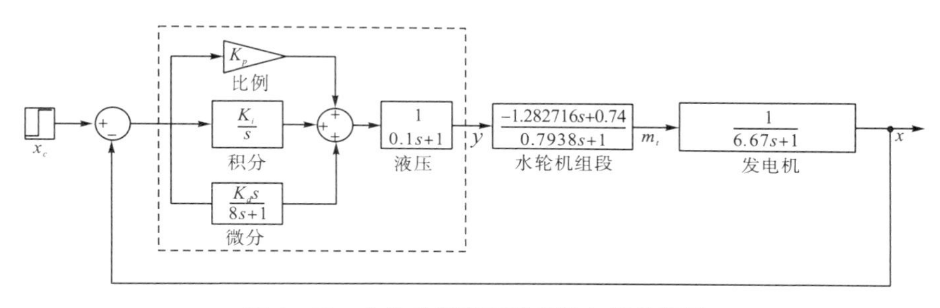

图 4－40　水轮机调节系统参数与结构框图

构建目标函数时，规定过渡过程品质指标：第一幅值不超过 10%，第二幅值不超过 5%，反调节不超过 10%，调节时间不超过 30 s，振荡次数不超过 1 次。

给定初始值 $K_p=0.8657$，$K_i=0.142$，$K_d=2.0792$，求得目标函数 $J^0=0.00014$，振荡次数为一次，调节时间为 32 s，第一振幅值超过 10%，如图 4－41 所示的虚线过程。经过寻优计算后，目标函数 $J=8.4\times10^{-5}$，振荡次数为 0.5 次，调节时间为 18 s，第一振幅值小于 5%，满足要求，如图 4－41 所示的实线过程。调节器最佳参数为：$K_p=0.8701$，$K_i=0.147$，$K_d=2.0788$。

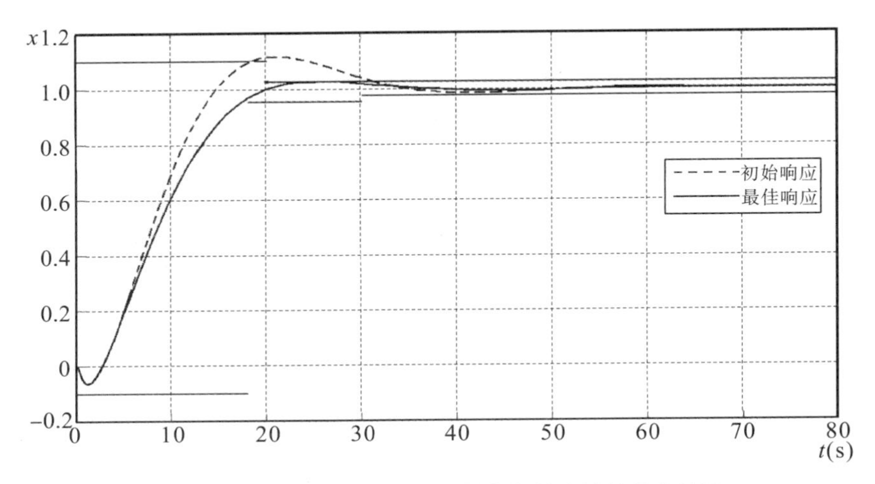

图 4—41 水轮机调节系统最佳参数整定计算仿真结果

复习思考题

1. 绘制辅助接力器型调速器结构框图，写出其基本调节规律。

2. 写出混流式水轮机六个传递系数，说明其定义，解释 T_w，T_a，T_r的定义及物理意义，并写出计算公式。

3. 对含有 PI 型调速器的调节系统，其闭环主导极点分布在什么情况下可获得较好的动态品质?

4. e_x，e_y，e_n各表示什么意义? 它们对调节过程有何影响?

5. T_a，T_w，b_t，T_d，b_p分别对调节有什么影响?

6. PI 辅助接力器型、PI 中间接力器型和并联 PID 调速器的结构框图、传递函数及基本调节规律?

7. 绘制水轮机组段结构框图，并导出其传递函数。

8. 水击模型有哪些类型? 试写出其传递函数。

9. 写出发电机一阶动态方程。不同类型机组的发电机惯性时间常数 T_a 该如何考虑?

10. 电网负荷特定对水轮机调节系统稳定性有何作用?

11. 什么是指令信号实现时间? 微机调速器参数 K_p，K_i，K_d对指令信号时间有何影响?

12. 分析 PI、PID 两种调速器对输入信号 x_c的阶跃响应的差别。

13. 分析水轮机几种典型工况对系统稳定性的影响。

14. 在调节系统参数整定时，极点配置法和开环频率特性法采取的最佳准则是什么?

15. 写出斯坦因和克里夫琴柯的推荐公式，并说明其应用条件。

第5章　调节保证计算

第1节　调节保证计算的任务与标准

§5.1.1　调节保证计算的任务

在电站运行过程中，常会遇到各种事故，如机组突然与系统解列，甩全部负荷的情况。该状态下机组转速上升，调节系统必须关闭导叶，经过一定时间以后，机组回复到空载转速。在此过渡过程中，除前面叙述的调节系统稳定性是个重要问题外，在调节过程中的最大转速升高值和压力上升值也是非常重要的问题，可能影响到机组的强度、寿命及引起机组振动。

在机组甩负荷时，由于导叶迅速关闭，水轮机的流量会急剧变化，在水轮机压力引水系统内会产生水击，此时产生的最大压力升高和最大压力下降低压力引水系统的强度是有重要影响的。工程实践中曾出现过因甩负荷压力上升太高而导致压力钢管爆破的灾难性事故。

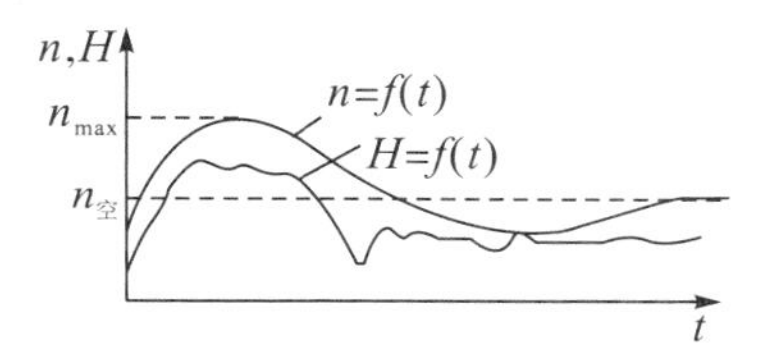

图5－1　甩负荷时机组压力和转速升高曲线

因此，在水电站的设计阶段就应计算出上述过渡过程中最大转速升高值及最大压力升高值。工程上把这种计算称为调节保证计算。

如图5－1所示，甩负荷过程中最大压力升高率为

$$\xi = \frac{H_{max} - H_0}{H_0} \times 100\% \tag{5-1}$$

式中：H_{max}为甩负荷过程中产生的最大压力，m；H_0为甩负荷前稳定运行时的水头，m。

转速升高率为

$$\beta = \frac{n_{max} - n_0}{n_0} \times 100\% \tag{5-2}$$

式中：n_{max}为甩负荷过程中产生的最大转速，r/min；n_0为甩负荷前稳定运行时的转速，r/min。

调节保证计算的实质就是研究机组突然改变较大负荷时调节系统过渡过程的特性，计算机组的转速变化和输水系统的压力变化，选定导水机构合理的调节时间和启闭规律，解决压力输水系统水流惯性、机组惯性力矩和调节特性三者之间的矛盾，使水工建筑物和机组既经济合理，又安全可靠。具体任务如下：

（1）根据电站输水系统特性和机组飞轮力矩，选定导水机构合理的调节时间和启闭规

律，保证在选定的调节时间内压力和转速变化不超过允许值。

（2）确定输水系统中最大压力变化值，核算输水系统是否需要采取适当措施。

（3）确定机组最大转速变化值，核算机组飞轮力矩。

（4）必要时进行导叶分段关闭计算。

§5.1.2 调节保证计算的标准

在调节保证计算过程中，压力升高和转速升高都不能超过允许值。此允许值就是进行调节保证计算的标准。

1. 压力升高计算标准

机组甩全负荷时，蜗壳允许最大压力升高率与水头有关，可按表5－1考虑。随着生产技术水平的提高，ξ_{max}有逐步提高的趋势。

表5－1 蜗壳允许最大压力升高率

电站设计水头 H_r（m）	小于40	40～100	大于100
蜗壳允许最大压力升高率 ξ_{max}（%）	50～70	30～50	小于30

尾水管真空度不大于8～9 m水柱。

开启阀门（或导叶），管道中不允许出现负压。

一般对设计水头和最大水头两个工况进行计算。即计算设计水头和最大水头甩全负荷时的压力升高和机组转速升高，取其大者。一般在前者发生最大转速升高，在后者发生最大压力升高。

2. 转速升高计算标准

当机组甩全负荷后，转速升高允许值按下列情况考虑：

（1）当机组容量占电力系统运行总容量的比重较大，且担负调频任务时，宜小于45%。

（2）当机组容量占电力系统运行总容量的比重不大或担负基荷时，宜小于55%。

（3）水斗式水轮机机组，宜小于30%。

（4）大于上述值时，应有论证。

此外，大、中型机组大部分投入电力系统工作，单机容量一般不超过系统总容量的10%。在此情况下，运行过程中不大会出现突增全部负荷，故突增负荷的调节保证计算可不进行。只有当机组不并入系统而单独运行并带有比重较大的集中负荷时，突增负荷的调节保证计算才是必要的。

第2节 水击压力计算

§5.2.1 刚性水击与弹性水击

当下游阀门或水轮机导叶突然关闭或开启时，管道内的流速（流量）急剧变化，由于水流的惯性在压力管道内引起压力升高（正水击）或降低（负水击），这种现象称为水击，又叫水锤。

1. 刚性水击

刚性水击就是把水流和管壁看作不可压缩的刚体。如图 5－2 所示的等截面均质管道，直径为 D，长度为 L，断面积为 S。管道 B 端接水库，A 端装有阀门或导叶。静水头为 H_0，流量为 Q，若 Δt 时段内阀门或导叶迅速关闭，导致 A 处流速变化 Δv。由于水流和管道看作是刚体，则流速的改变会瞬间传遍全管。根据动量定量，A 处所产生的压力变化可按下式计算：

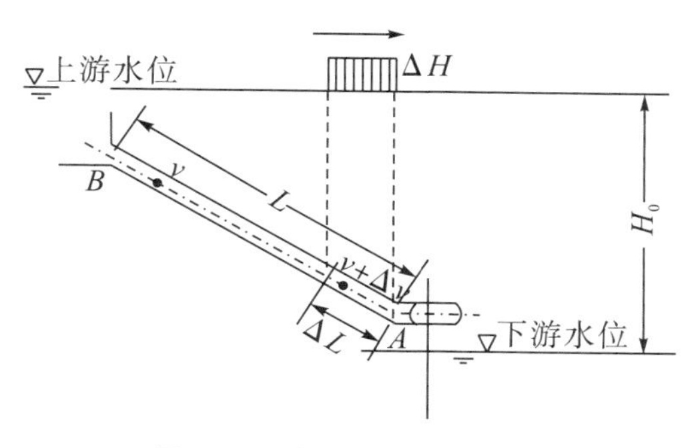

图 5－2　水击计算示意图

$$\Delta P \Delta t = m \Delta v \tag{5－3}$$

式中：m 为水管内全部水体的质量，$m = \dfrac{\gamma SL}{g}$，其中 γ 为水的重度。

于是：

$$\Delta P = \frac{\gamma SL}{g \Delta t} \Delta v \tag{5－4}$$

若用水柱表示，由于 $\Delta P = \gamma S \Delta H$，则有：

$$\Delta H = \frac{L}{g \Delta t} \Delta v \tag{5－5}$$

取稳定工况参数作为参考量，用相对值进行表示：

$$\frac{\Delta H}{H_0} = \frac{L v_0}{g H_0 \Delta t} \times \frac{\Delta v}{v_0} = \frac{L Q_0}{g S H_0 \Delta t} \times \frac{\Delta Q}{Q_0} \tag{5－6}$$

令 $\xi = \dfrac{\Delta H}{H_0}$，$\bar{v} = \dfrac{v}{v_0}$，$\bar{q} = \dfrac{Q}{Q_0}$，$T_w = \dfrac{L v_0}{g H_0} = \dfrac{L Q_0}{g S H_0}$，则有：

$$\xi = - T_w \frac{\mathrm{d}\bar{v}}{\mathrm{d}t} \quad 或 \quad \xi = - T_w \frac{\mathrm{d}\bar{q}}{\mathrm{d}t} \tag{5－7}$$

式中：ξ 为压力升高率；$\bar{v}$ 为相对流速；$\bar{q}$ 为相对流量；T_w 为水流惯性时间常数；g 为重力加速度；v_0 为管道内的初始流速；Q_0 为初始流量；v 为某时刻的流速；Q 为某时刻的流量。

（5－7）式只适用于管道很短或变化缓慢的情况。

2. 弹性水击

实际水和管壁具有弹性，阀门或导叶关闭时，在 Δt 时段内，首先是靠近 A 端的水流速度变化 Δv，产生压力升高，由于水和管壁是可压缩的，于是压力升高就以一定的速度 a 向 B 端传播。在不计摩擦损失时，压力变化过程可表示如下：

连续方程：

$$\frac{\partial H}{\partial t} + \frac{a^2}{g} \times \frac{\partial v}{\partial x} = 0 \tag{5－8}$$

动量方程：

$$\frac{\partial v}{\partial t} + g \frac{\partial H}{\partial x} = 0 \tag{5－9}$$

这是一个一维波动方程，由达朗倍尔（D'Alembert）公式可得其通解：

$$\Delta H = \varphi\left(t - \frac{x}{a}\right) + f\left(t + \frac{x}{a}\right) \tag{5-10}$$

$$\Delta v = -\frac{g}{a}\varphi\left(t - \frac{x}{a}\right) + \frac{g}{a}f\left(t + \frac{x}{a}\right) \tag{5-11}$$

式中：$\varphi\left(t - \frac{x}{a}\right)$为直接波函数，水击波自阀门处（$A$ 端）沿管道向 B 端传播；$f\left(t + \frac{x}{a}\right)$为反射波函数，水击波自 B 端沿管道向阀门端（A 端）传播；a 为水击波传播速度。若已知初始条件和边界条件，就可以求得具体问题的解。

均质管中水击压力波传播速度可按以下公式计算：

$$a = \frac{a_0}{\sqrt{1 + \frac{E_0 D}{E\delta}}} \tag{5-12}$$

式中：E_0为水的弹性系数，一般为 $2.1 \times 10^5\ \mathrm{N/cm^2}$；$E$ 为管壁材料的弹性系数，对钢 $E = 2.1 \times 10^7\ \mathrm{N/cm^2}$，对生铁 $E = 1.0 \times 10^7\ \mathrm{N/cm^2}$，对钢筋混凝土 $E = 2.1 \times 10^6\ \mathrm{N/cm^2}$；$D$ 为管道直径，cm；δ 为管壁厚度，cm；a_0为声波在水中的传播速度，在常温下为 1435 m/s。

由 A 端产生的水击波到达 B 端后，再从 B 端反射回 A 端所经历的时间称为水击的相，其相长 T_r为

$$T_r = \frac{2L}{a} \tag{5-13}$$

式中：L 为压力管道总长度，m；a 为水击波速，m/s。

§5.2.2　直接水击与间接水击

1. 直接水击

阀门或导叶的关闭或开启时间 $T'_s \leqslant \frac{2L}{a}$，则在水库传来的反射波还没到达时，阀门或导叶已经关闭或开启。因此，在阀门或导叶关闭或开启时刻，只受到直接波的影响。由（5－10）式和（5－11）式可导出直接水击的压力升高计算公式：

$$\Delta H = -\frac{a\Delta v}{g} \tag{5-14}$$

或

$$\xi = \frac{\Delta H}{H_0} = -\frac{a\Delta v}{gH_0} \tag{5-15}$$

直接水击的压力变化极值只与流速变化有关，与阀门或导叶的关闭时间、关闭规律以及管道长度无关。机组在甩全负荷时，若发生直接水击，将会产生很高的压力变化。因此，工程上应避免发生直接水击。

2. 间接水击

阀门或导叶的关闭或开启时间 $T'_s \geqslant \frac{2L}{a}$，则阀门或导叶关闭或开启前，反射波已经达到。因此，阀门或导叶处的压力取决于直接波和反射波的叠加。

若在断面 A 与 B 之间水击波经历的时间为 $t = \frac{L}{a}$。如已知断面 A 在时刻 t 的压力

H_t^A，流速 v_t^A，由通解（5－10）式和（5－11）式消去间接波函数 $f(t+x/a)$后得：

$$H_t^A - H_0 - \frac{a}{g}(v_t^A - v_0) = 2\varphi\left(t - \frac{x}{a}\right) \tag{5-16}$$

同理可写出 $t+\Delta t$ 时刻后 B 点的压力和流速关系：

$$H_{t+\Delta t}^B - H_0 - \frac{a}{g}(v_{t+\Delta t}^B - v_0) = 2\varphi\left[(t+\Delta t) - \frac{(x+L)}{a}\right] \tag{5-17}$$

又由于

$$\varphi\left[(t+\Delta t) - \frac{(x+L)}{a}\right] = \varphi\left(t - \frac{x}{a}\right) \tag{5-18}$$

故

$$H_t^A - H_{t+\Delta t}^B = \frac{a}{g}(v_t^A - v_{t+\Delta t}^B) \tag{5-19}$$

用相对值进行表示，则有：

$$\xi_t^A - \xi_{t+\Delta t}^B = \frac{av_0}{gH_0}(\bar{v}_t^A - \bar{v}_{t+\Delta t}^B) = 2h_w(\bar{v}_t^A - \bar{v}_{t+\Delta t}^B) \tag{5-20}$$

同理，若已知断面 B、时刻 t 的压力 H_t^B 和流速 v_t^B，可得：

$$H_t^B - H_{t+\Delta t}^A = -\frac{a}{g}(v_t^B - v_{t+\Delta t}^A) \tag{5-21}$$

用相对值进行表示，则有：

$$\xi_t^B - \xi_{t+\Delta t}^A = -\frac{av_0}{gH_0}(\bar{v}_t^B - \bar{v}_{t+\Delta t}^A) = -2h_w(\bar{v}_t^B - \bar{v}_{t+\Delta t}^A) \tag{5-22}$$

即

$$\begin{aligned} &\xi_0^A - \xi_t^B = 2h_w(\bar{v}_0^A - \bar{v}_t^B) \\ &\xi_t^A - \xi_{2t}^B = 2h_w(\bar{v}_t^A - \bar{v}_{2t}^B) \\ &\cdots\cdots \\ &\xi_{nt}^A - \xi_{(n+1)t}^B = 2h_w[\bar{v}_{nt}^A - \bar{v}_{(n+1)t}^B] \end{aligned} \tag{5-23}$$

$$\begin{aligned} &\xi_0^B - \xi_t^A = -2h_w(\bar{v}_0^B - \bar{v}_t^A) \\ &\cdots\cdots \\ &\xi_{nt}^B - \xi_{(n+1)t}^A = -2h_w[\bar{v}_{nt}^B - \bar{v}_{(n+1)t}^A] \end{aligned} \tag{5-24}$$

式中：$h_w = \dfrac{av_0}{2gH_0}$为管路特性常数。

（5－23）式和（5－24）式就是水击计算和分析的依据，对具体工程问题进行水击计算时，需要初始条件和边界条件。

对于水电站甩负荷之前，引水管道内为稳定流，因此初始条件是已知的。

对于边界条件，上游 B 端连接水库，由于水库容量很大，可以认为压力保持为常数，即 $\xi^B=0$。下游 A 端装有水轮机，分为冲击式和反击式两大类。

对冲击式水轮机，设喷嘴全开时的面积为 F_0，满足孔口出流规律，甩前流量为

$$Q_0 = \varphi_0 F_0 \sqrt{2gH_0} \tag{5-25}$$

当孔口关闭至 F 时，管中压力上升率为 $\xi^A = \dfrac{\Delta H^A}{H_0}$，此时孔口流量为

$$Q=\varphi F\sqrt{2gH_0(1+\xi^A)} \tag{5-26}$$

假定流量系数不变，即 $\varphi=\varphi_0$，（5－26）式除以（5－25）式得：

$$\overline{v}^A=\frac{Q}{Q_0}=\frac{\varphi F\sqrt{2gH_0(1+\xi^A)}}{\varphi_0 F_0\sqrt{2gH_0}}=\tau\sqrt{1+\xi^A} \tag{5-27}$$

式中：$\tau=\dfrac{F}{F_0}$为孔口的相对开度；$\overline{v}^A$ 为 A 端的相对流速。

（5－27）式为冲击式水轮机喷嘴的出流规律，即 A 点的边界条件。

由初始条件和边界条件可求得（5－23）式和（5－24）式的解。

1）第一相末的水击压力

从 A 到 B 的方程式为

$$\xi_0^A-\xi_t^B=2h_w(\overline{v}_0^A-\overline{v}_t^B) \tag{5-27}$$

在 $t=0$ 时，A 点没有变化，又由 B 点边界条件 $2h_w(\overline{v}_0^A-\overline{v}_t^B)=0$ 可得：

$$\overline{v}_0^A=\overline{v}_t^B=\tau_0 \tag{5-28}$$

从 B 到 A 的方程式为

$$\xi_t^B-\xi_{2t}^A=-2h_w(\overline{v}_t^B-\overline{v}_{2t}^A) \tag{5-29}$$

由边界条件 $-\xi_1^A=-2h_w(\tau_0-\tau_1\sqrt{1+\xi_1^A})$，则有：

$$\tau_1\sqrt{1+\xi_1^A}=\tau_0-\frac{\xi_1^A}{2h_w} \tag{5-30}$$

2）第二相末的水击压力

从 A 到 B 的方程式为

$$\xi_{2t}^A-\xi_{3t}^B=2h_w(\overline{v}_{2t}^A-\overline{v}_{3t}^B) \tag{5-31}$$

由 B 点边界条件：

$$\frac{\xi_{2t}^A}{2h_w}=(\tau_{2t}\sqrt{1+\xi_{2t}^A}-\overline{v}_{3t}^B) \tag{5-32}$$

可得：

$$\overline{v}_{3t}^B=\tau_{2t}\sqrt{1+\xi_{2t}^A}-\frac{\xi_{2t}^A}{2h_w} \tag{5-33}$$

从 B 到 A 的方程式为

$$\xi_{3t}^B-\xi_{4t}^A=-2h_w(\overline{v}_{3t}^B-\overline{v}_{4t}^A) \tag{5-34}$$

由边界条件：

$$-\xi_2^A=-2h_w\left(\tau_1\sqrt{1+\xi_1^A}-\frac{\xi_1^A}{2h_w}-\tau_2\sqrt{1+\xi_2^A}\right) \tag{5-35}$$

则有：

$$\tau_2\sqrt{1+\xi_2^A}=\tau_0-\frac{\xi_2^A}{2h_w}-\frac{\xi_1^A}{h_w} \tag{5-36}$$

依次类推，可得 A 端压力升高的方程组：

$$
\begin{aligned}
&\tau_1\sqrt{1+\xi_1^A}=\tau_0-\frac{\xi_1^A}{2h_w}\\
&\tau_2\sqrt{1+\xi_2^A}=\tau_0-\frac{\xi_2^A}{2h_w}-\frac{\xi_1^A}{h_w}\\
&\cdots\cdots\cdots\cdots\\
&\tau_n\sqrt{1+\xi_n^A}=\tau_0-\frac{\xi_n^A}{2h_w}-\frac{1}{h_w}\sum_{i=1}^{n-1}\xi_i^A
\end{aligned}
\tag{5-37}
$$

式中：τ_0 为初始相对开度；τ_1 为第一相末的相对开度；τ_n 为第 n 相末的相对开度；ξ_i^A 为第 i 相末压力升高率。

联立求解（5－30）式和（5－37）式，就可以求出每一相末 A 端的压力升高率。在实际计算中，一般只需要知道水击压力升高的最大值。根据水击情况，最大压力升高值可能发生在第一相末或第末相。发生在第一相末为第一相水击，一般来说，在甩全负荷的情况下，只有高水头电站才有可能出现第一相水击。发生在第末相为末相水击，低水头电站（低于 70～150 m）最大水击压力一般发生在第末相。计算时可根据水管特性 σ，h_w，τ_0（初始相对开度），τ_n（关闭终了相对开度）按图 5－3 确定水击性质，然后进行计算。

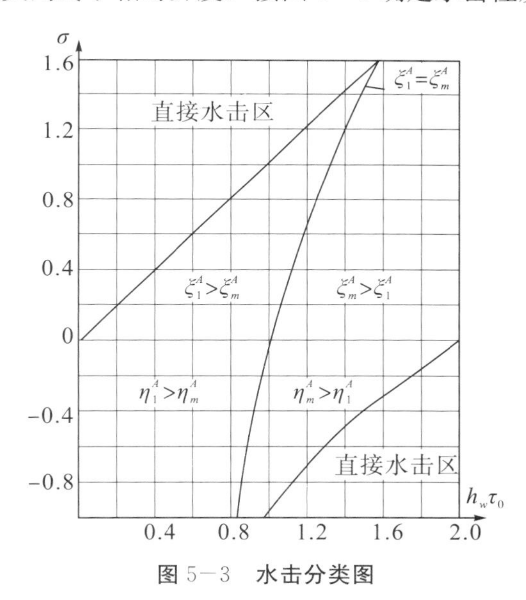

图 5－3　水击分类图

若属第一相水击，可直接用（5－38）式求解：

$$\tau_1\sqrt{1+\xi_1^A}=\tau_0-\frac{\xi_1^A}{2h_w}\tag{5-38}$$

若属末相水击，其最大压力上升值计算式根据（5－37）式推出，得：

$$\xi_m^A=\frac{\sigma}{2}\left(\sqrt{\sigma^2+4}+\sigma\right)\tag{5-39}$$

式中：$\sigma=\dfrac{Lv_0}{gH_0T_s'}$，为管道特性系数。

对阀门或导叶开启时，发生负水击，阀门或导叶处发生压力降低，与阀门或导叶关闭时的压力升高一样可分直接水击，第一相水击与末相水击，其计算公式与上述相似。

第一相水击：

$$\tau_1\sqrt{1+y_1^A}=\tau_0+\frac{y_1^A}{2h_w} \tag{5-40}$$

末相水击：

$$y_m^A=\frac{\sigma}{2}\left(\sigma-\sqrt{\sigma^2+4}\right) \tag{5-41}$$

式中：y_1^A，y_m^A 分别为第一相末和第末相的 A 处的水击压力降低值。

为了便于计算水击压力升高，根据上述公式已制成各种曲线。图 5－4 是由(5－39)式绘出的常用水击计算曲线。

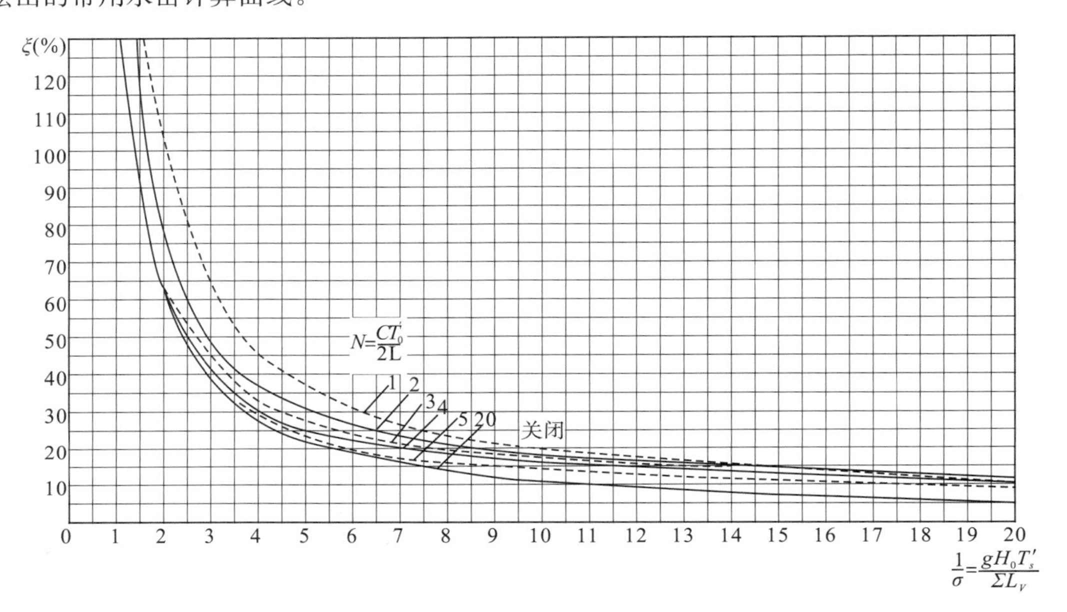

图 5－4　水击压力升高计算曲线

上述公式是以冲击式水轮机为条件推导出来的，即假定水轮机单位流量、导叶的开度与时间呈直线关系。这样直接用于反击式水轮机会产生误差。因此，利用上述公式或曲线求出的反击式水轮机水击压力升高值必须进行修正，即

$$\xi_{\max}=K\xi_m \tag{5-42}$$

式中：K 为机型修正系数，与反击式水轮机的比转速有关，根据试验确定，在初步设计时对混流式水轮机取 $K=1.2$，对轴流式水轮机取 $K=1.4$；ξ_m 为用上述公式和曲线求出的水击压力上升值。

§5.2.3　调节保证计算中的水击压力计算

调节保证计算中，按上述公式进行水击压力计算时，需要根据水轮机具体情况，对计算参数进行修正。

1. 压力计算

包括压力管道、蜗壳和尾水管的压力计算。压力管道不可能是等截面的，故在确定管道特性系数时采用下列公式计算：

$$\sigma = \frac{\sum L_i v_{0i}}{g H_0 T_s'} \tag{5-43}$$

$$h_w = \frac{a v_0}{2 g H_0} \tag{5-44}$$

$$v_0 = \frac{\sum L_i v_{0i}}{\sum L_i} \tag{5-45}$$

$$\sum L_i v_{0i} = \sum L_{Ti} v_{0Ti} + \sum L_{ci} v_{0ci} + \sum L_{Bi} v_{0Bi} \tag{5-46}$$

式中：L_{Ti}，v_{0Ti}分别为引水管道的长度和流速；L_{ci}，v_{0ci}分别为蜗壳的长度和流速；L_{Bi}，v_{0Bi}分别为尾水管的长度和流速。

这时各管段的压力升高如下：

压力水管末端的压力升高为

$$\xi_T = \frac{\sum L_{Ti} v_{0Ti}}{\sum L_i v_{0i}} \xi_{\max} \tag{5-47}$$

$$\Delta H_T = \xi_T H_0 \tag{5-48}$$

蜗壳末端的压力升高为

$$\xi_T = \frac{\sum L_{Ti} v_{0Ti} + \sum L_{ci} v_{0ci}}{\sum L_i v_{0i}} \xi_{\max} \tag{5-49}$$

$$\Delta H_C = \xi_C H_0 \tag{5-50}$$

尾水管的压力升高为

$$\eta_B = \frac{\sum L_{Bi} v_{0Bi}}{\sum L_i v_{0i}} \xi_{\max} \tag{5-51}$$

$$\Delta H_B = \eta_B H_0 \tag{5-52}$$

尾水管中最大真空度 H_B 为

$$H_B = H_s + \frac{v^2}{2g} + \Delta H_B \tag{5-53}$$

式中：H_s为吸出高度；v 为尾水管进口流速。

（5－53）式中的$\frac{v^2}{2g}$和 ΔH_B 应为同一时间内的最大总和，为方便起见，在近似计算时，可取$\frac{v^2}{2g}$为关闭初始时刻的尾水管进口速度头的一半，即$\frac{v_0^2}{4g}$，其中 v_0为尾水管进口初始流速。

当尾水管进口压力低于水的汽化压力时，水流出现汽化。如压力过低，甚至可能发生水流中断。水流离开转轮流向下游，然后又反冲回来，造成反水击，严重时可能出现抬机现象，引起机组破坏。因此，尾水管进口真空值应限制在 8～9 m 水柱内。

中高水头电站压力管道一般较长，蜗壳和尾水管的影响较小，可忽略不计。低水头电站必须考虑两者的影响。

2. 接力器关闭时间

接力器的行程变化情况取决于油压装置的工作容量、接力器的结构、工作特性及关闭

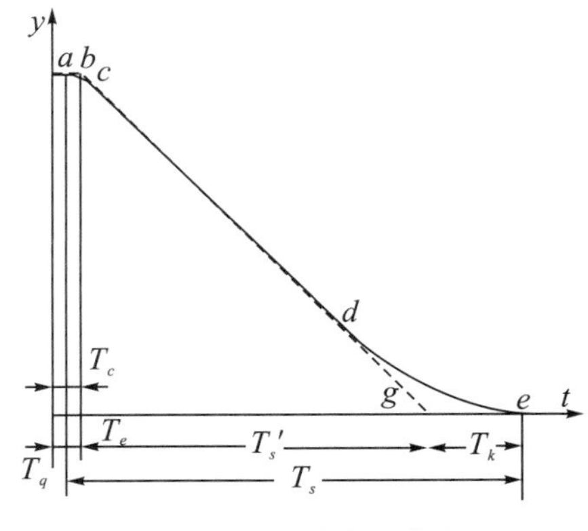

图 5—5　接力器关闭曲线

规律，它可能有各种形式。图 5－5 为常见接力器关闭曲线。

当机组甩全负荷时，调速器在 T_q（T_q 为调速器不动时间）之前不动。接力器关闭过程到 a 点才开始，并逐渐加速，到 c 点达最大速度，然后以等速度一直关闭到 d 点。d 点后，由于接力器末端有缓冲装置或软反馈信号较大，其速度逐渐减慢，直到 e 点走完全行程，导叶全关。由此，接力器实际关闭曲线 $abcde$ 两端是非线性的，其中直线 cd 段对压力升高和转速升高的最大值起决定作用。通常把直线 cd 向两侧延长成 bg 直线，相应的关闭时间 T_s' 称为直线关闭时间，据此可求得过渡过程中的最大压力升高值。

调速器不动时间 T_q 与调速器的性能和甩负荷的大小有关，一般为 0.05～0.2 s；T_e 为接力器开始动作至全速的时间，主要与接力器和配压阀的结构性能有关；$T_c=T_q+T_e$ 为调节延迟时间；T_k 为考虑接力器缓冲作用时间；接力器的调节时间为 T_q，T_s'，T_e 和 T_k 的总和。接力器的总关闭时间 T_s 为

$$T_s = T_s' + T_k + T_e \tag{5－54}$$

在实际计算时，可用 T_s' 代替 T_s 作为调节参数进行整定，一般为 5～10 s，对于大容量机组可达 15 s，有特殊要求的还可延长。水斗式水轮机折向器的关闭时间一般为 3～4 s，喷针全行程关闭时间一般为 20～25 s，开启时间一般为 10～15 s。

接力器的直线关闭时间 T_s' 通常是由设计水头下机组甩全负荷时的工况来确定的，对于最大水头下甩额定负荷时的关闭时间 T_{sH} 可按下式进行计算：

$$T_{sH} = T_s' \frac{a_{01}}{a_0} \tag{5－55}$$

式中：a_{01} 为最大水头下带额定负荷时的导叶开度；a_0 为设计水头下带额定负荷时的导叶开度。

第 3 节　转速升高计算

水轮机在甩负荷过程中，可能经历 3 个工况区：水轮机工况区、制动工况区和水泵工况区，如图 5－6 所示。当机组甩负荷时，由于水轮机主动力矩大于发电机阻力矩，机组转速升高，调速器关闭导叶。当导叶关闭至某一开度值时，机组转速上升到最大值（如图中的 A 点），此时水轮机力矩 $M_t=0$（出力 $N=0$），这是由水轮机工况向制动工况及水泵工况转化的分界点，随后进入制动及水泵工况。此后，导叶继续关闭，机组转速开始下降。图中 $n=f(t)$ 是转速随时间变化过

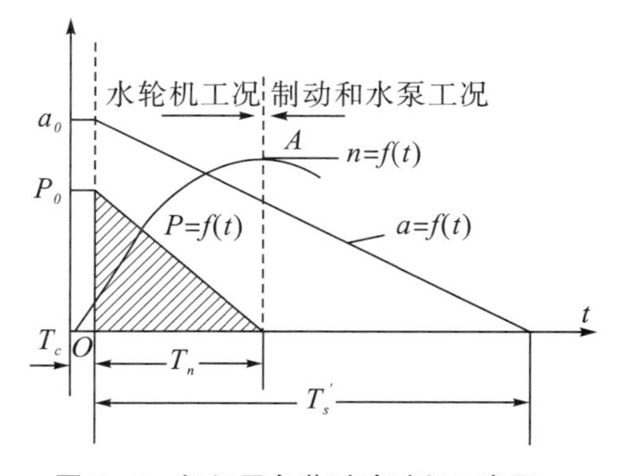

图 5—6　机组甩负荷过渡过程示意图

程线；$a=f(t)$为导叶开度随时间变化过程线；$P=f(t)$是水轮机出力随时间变化过程线；T_n为升速时间；T'_s 为直线关闭时间；T_c为调节系统的迟滞时间。

§5.3.1　转速升高计算公式

在初步设计阶段，目前各种估算甩负荷过渡过程中机组最大转速升高的公式均是以机组运动方程式为基础推导出来的，并都采用了符合实际边界条件的计算时间——升速时间 T_n，不同之处在于各自采用了不同的假定和修正系数。

机组运动方程为

$$J\frac{d\omega}{dt}=M_t-M_g=M \tag{5-56}$$

式中：J 为机组转动部分惯性力矩；ω 为角速度；M_t为水轮机动力矩；M_g为发电机阻力矩。

假定甩负荷后，导叶开始动作到最大转速时刻之间的水轮机力矩随时间呈直线减至零，则由（5－56）式可推导出该假定条件下的转速升高公式。

由（5－56）式可得：

$$d\omega=\frac{M}{J}dt$$

两边同时积分得：

$$\int_{\omega_0}^{\omega_{max}}d\omega=\frac{1}{J}\left(\int_0^{T_n}Mdt+T_cM_0\right)$$

即

$$\Delta\omega_{max}=\omega_{max}-\omega_0=\frac{1}{J}\int_0^{T_n}Mdt+\frac{T_cM_0}{J}$$

因为

$$\int_0^{T_n}Mdt=\frac{T_nM_0}{2}$$

所以

$$\Delta\omega_{max}=\frac{T_nM_0}{2J}+\frac{T_cM_0}{J}$$

又由于$\omega=\frac{\pi n}{30}$，$M_0=\frac{P_0}{\omega_0}$，$J=\frac{GD^2}{4g}$，并令$\beta=\frac{\Delta\omega_{max}}{\omega_0}=\frac{\Delta n_{max}}{n_0}$，则有：

$$\beta=\frac{2T_c+T_n}{2T_a} \tag{5-57}$$

式中：$T_a=\frac{GD^2n_0^2}{3580P_0}$，为机组惯性时间常数；$T_n$为升速时间，即自导叶接力器开始动作到机组转速达到最大值所经历的时间；T_c为调节系统的迟滞时间。

由于甩负荷过渡过程中影响转速升高的因素较多，如导叶的关闭规律、关闭时间、机组惯性时间常数 T_a、水流惯性时间常数 T_w、水轮机的特性和液流的惯性等。实际上，力矩随时间变化过程线并不是直线，所以需要对（5－57）式进行修正：

$$\beta=\frac{2T_c+T_nf}{2T_a} \tag{5-58}$$

式中：f 为水击修正系数。

§5.3.2 转速升高计算公式中各参数的确定

(5－58) 式是转速升高计算的近似公式，可以看出，转速升高率与升速时间 T_n、水击修正系数 f、机组惯性时间常数 T_a 以及迟滞时间 T_c 有关，需要正确确定这些参数，使计算结果尽可能接近实际情况。

1. 升速时间 T_n 的确定

1) 飞逸特性数解法

当具有水轮机飞逸特性曲线时，可以按飞逸特性曲线求取升速时间。由水轮机比转速可得：

$$\Delta n_1' = \frac{nD_1}{\sqrt{H}} - n_{10}' \tag{5-59}$$

将水轮机飞逸特性曲线与机组甩负荷过渡过程画在一起，如图 5－7 所示。图中曲线 1 为飞逸特性曲线，曲线 2 为甩负荷后转速升高曲线，最大转速必定落在飞逸曲线上，如图中的 B 点。要想确定 a_n，必须知道 B 点的 n_{1n}' 值，它可以用下式计算：

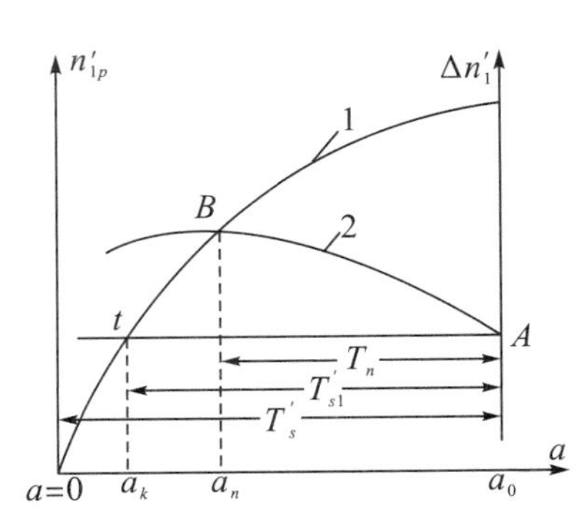

图 5－7 水轮机飞逸特性

$$n_{1n}' = n_{10}' \frac{1+\beta}{\sqrt{1+\xi}} \tag{5-60}$$

也就是说，要知道 B 点的 β 值与 ξ 值，而 β 值正是需要计算的。因此只能采用迭代的方法。

第一步，先假定一个 $\beta^{(1)}$，据此计算出 n_{1n}'，并根据飞逸特性查出 $a_n^{(1)}$，一般在调节保证计算时采用直线关闭规律，因此，根据 $T_n = \tau_n T_s'$ 算出 $T_n^{(1)}$。其中，$\tau_n = 1 - \dfrac{a_n}{a_0}$。

第二步，将 $T_n^{(1)}$ 代入转速上升率计算公式 (5－57) 式，可以得到 $\beta^{(2)}$。

第三步，比较 $\beta^{(1)}$ 与 $\beta^{(2)}$，一般 $\beta^{(1)}$ 不等于 $\beta^{(2)}$，求出 $\Delta\beta = \beta^{(1)} - \beta^{(2)}$。对 $\beta^{(1)}$ 进行修正，$\beta^{(2)} = \beta^{(1)} \pm \Delta\beta$，并求 $a_n^{(2)}$，$T_n^{(2)}$。

第四步，根据 $T_n^{(2)}$，求 $\beta^{(3)}$，并比较 $\beta^{(2)}$，$\beta^{(3)}$，若 $\Delta\beta = \beta^{(2)} - \beta^{(3)}$ 小于允许值，迭代结束。否则重复第 (2) 步，直到 $\Delta\beta = \beta^{(i)} - \beta^{(i+1)}$ 小于允许值为止。

2) 比转速统计法

在初步设计阶段，相对升速时间 $\tau_n = T_n / T_s'$ 也可按以下经验公式求得：

$$\tau_n = 0.9 - 0.00063 n_s \tag{5-61}$$

式中：$n_s = \dfrac{n_0\sqrt{P_0}}{H_0^{5/4}}$，为甩负荷初始工况的比转速，m・kW。

2. 水击修正系数 f 的确定

修正系数一般采用经验公式或经验曲线求取。假定出力在不考虑水击时按直线变化，则修正系数可按下式估算：

$$f = 1 + \frac{\xi_m}{2} \tag{5-62}$$

假定力矩在不考虑水击时按直线变化，则修正系数可按下式估算：

$$f = 1 + \frac{\xi_m}{3} \tag{5-63}$$

以上两式均是近似的。另外，也可由图 5－8，根据 σ 值查取 f 值。

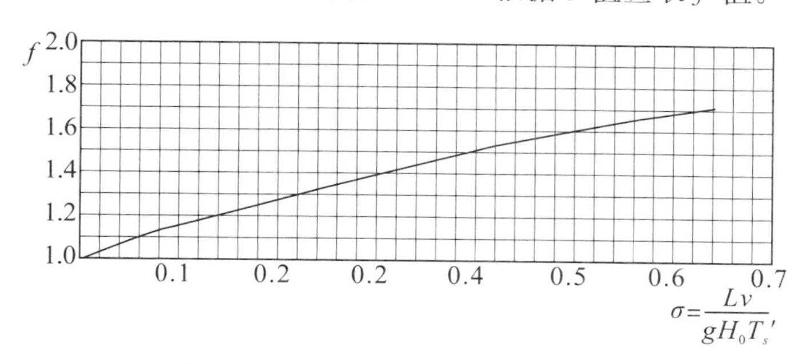

图 5－8　求取水击修正系数 f 的曲线

3. 机组惯性时间常数 T_a 的确定

甩负荷后机组在水轮机功力矩作用下加速。加速度大小取决于水轮机力矩和机组惯性。机组惯性不但应包括发电机转动部分机械惯性，而且应包括水轮机转动部分（包括大轴）机械惯性和水轮机转轮区水体的机械惯性，即 $T_a = T_{a机} + T_{a液}$。其中，$T_{a机}$ 应包括发电机转子、水轮机转轮在内的转动惯性。水轮机转轮区液流在过渡过程中也会加速，从而吸收一部分能量。其作用类似机械部分的惯性，故可用液流惯性时间常数 $T_{a液}$ 表示。实践表明，中、高水头水轮发电机组的 $T_{a液}$ 很小，常可忽略不计。但对低水头水轮发电机组，水轮机转轮区水体的惯性 $T_{a液}$ 所占比例较大，应仔细计入，可按下式近似估算：

轴流式机组：

$$T_{a液} = (0.2 \sim 0.3)\frac{D_1^5 n_0^2}{P_0} \times 10^{-3} \tag{5-64}$$

贯流式机组：

$$T_{a液} = 0.09 T_a \frac{D_1^5}{GD^2} \tag{5-65}$$

4. 迟滞时间 T_c 的确定

调节系统迟滞时间 T_c 包括接力器不动时间 T_q 和接力器运动速度增长时间 T_e 两部分。接力器不动时间 T_q 与机组转速死区有关，从甩负荷后机组转速开始升高，到机组转速超出转速死区之前，接力器是不会动作；不动时间还取决于机组转速升高的速度，即 T_a 与甩负荷大小有关，一般要求在甩 25％负荷后接力器不动时间不大于 0.2～0.3 s，甩全负荷时，机组转速升高较快，不动时间要短一些。因此，在计算甩全负荷时的转速升高时，T_q 可取 0.1～0.2 s。

接力器运动速度增长时间 T_e 一般可按下式估算：

$$T_e = \frac{1}{2} T_a b_p \tag{5-66}$$

式中：b_p 为永态转差系数，一般取 2％～6％。因此有：

$$T_c = T_q + T_e = (0.1 \sim 0.3) + \frac{1}{2} T_a b_p \tag{5-67}$$

由上述可知，转速升高近似公式是在各种假设条件下推导出来的，而公式中的各种系数往往又是采用经验或半经验公式或统计方法确定的。因此，计算结果也只能给出近似值，在初步设计或现场试验可以作为参考。

§5.3.2　经验公式

目前转速升高的计算公式较多，每个公式中的参数有不同的求法，使用时应特别注意。由于每个经验公式均是在不同的假定条件下得到的，因此，一般应将计算结果乘以1.1～1.15倍的安全系数，以此作为调节保证的最大速率升高值。

1. 公式一

在假定甩负荷过程中，水轮机功率随时间直线变化，导叶按直线规律关闭，考虑计入调速器、机组、引水系统影响的近似计算公式如下：

$$\beta=\sqrt{1+\frac{(2T_c+T_s'f)C}{T_a}}-1 \tag{5-68}$$

或

$$\beta=\frac{(2T_c+T_s'f)C}{2T_a(1+0.5\beta)} \tag{5-69}$$

式中：

$$T_c=T_q+T_e$$

$$T_a=\frac{GD^2n_0^2}{3580P_0}$$

$$f=1+\sigma,$$

$$C=\frac{1}{1+\dfrac{\beta_r}{n_e-1}}$$

其中

$$\sigma=\frac{\sum Lv}{gH_0T_s'}$$

$$\beta_r=\frac{2T_c+fT_s'}{2T_a\ (1+0.5\beta_r)}$$

$$n_e=\frac{n_{1p}'}{n_1'}$$

式中：T_c为调节迟滞时间；T_q为接力器不动时间，一般取0.1～0.3 s；T_e为考虑接力器活塞的增速时间，可近似按$\frac{1}{2}T_ab_p$ 计算；b_p为调速器的永态转差系数，一般取2%～6%；T_s' 为导叶直线关闭时间；f 为水击修正系数；σ 为管道特性系数；C 为水轮机飞逸特性影响机组升速时间系数；n_1' 为甩负荷前单位转速；n_{1p}'为单位飞逸转速。

单位飞逸转速可从飞逸特性曲线上查取，对混流和轴流定桨式水轮机取决于甩负荷时的导叶初始开度a_0；对于轴流转桨式水轮机，除导叶开度外，还取决于桨叶转角φ，这时桨叶转角φ可按下式近似计算：

$$\varphi=\varphi_0-\frac{T_s'}{T_y}\theta \tag{5-70}$$

式中：φ_0 为甩负荷前的初始桨叶转角；θ 为桨叶最大转角范围，即从初始转角至最小转角的范围；T_y 为桨叶关闭时间，一般为导叶关闭时间的 6～7 倍。

该经验公式适用于 $\sigma<0.5$、$\beta<0.5$ 的情况。

2. SMS 公式（美国库根·史密斯工厂推荐公式）

SMS 公式不仅考虑了水击的影响，同时还考虑了水轮机的飞逸转速特性的影响。随着机组转速的增高，水轮机中水流流态紊乱，能量损失加大，阻力也增加，最后水轮机内部的动力矩与阻力矩相平衡，达到飞逸转速。在关机时间为有限值时，水轮机这一特性也会减小最大速率上升值，这种影响就是飞逸特性的影响。

$$\beta = \frac{T_s}{2T_a} fC \tag{5-71}$$

式中

$$f = (1+\xi_{cp})^{\frac{3}{2}}$$

$$T_a = \frac{GD^2 n_0^2}{3580 P_0}$$

$$C = \frac{1}{1+\dfrac{T_s}{2T_a(n_p/n_0-1)}}$$

式中：T_a 为机组惯性时间常数；f 为水击修正系数；C 为考虑水轮机飞逸特性影响修正系数；n_p 为飞速转速；ξ_{cp} 为平均水击压力相对值，可由图 5-4 查出 σ 的倒数和水击的总相数 N，然后计算得到该值。

3. Λ. M. 3 公式（苏联彼得格勒金属工厂推荐公式）

丢弃负荷时：

$$\beta = \sqrt{1+\frac{T_{s1} f}{T_a}} - 1 \tag{5-72}$$

增加负荷时：

$$\beta = 1 - \sqrt{1-\frac{T_{s2} f}{T_a}} \tag{5-73}$$

式中：T_{s1} 为导叶由全开至空载开度的时间；T_{s2} 为导叶由空载开度至全开的时间；f 为水击修正系数，可按 $f=1+1.2\sigma$ 计算，当 $\sigma<0.6$ 及 $\beta<0.5$ 时，f 可从图 5-9 中查得。

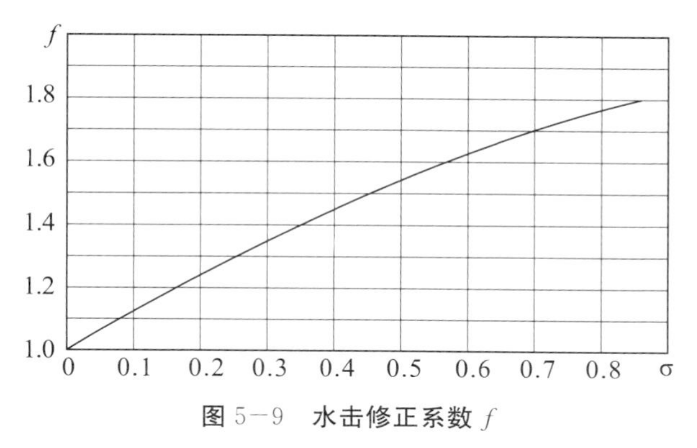

图 5-9　水击修正系数 f

对于混流式和冲击式水轮机，T_{s1} 和 T_{s2} 均采用 $(0.85\sim0.90)T_s$；对于轴流式水轮机，T_{s1}和T_{s2}均采用（0.65～0.70）T_s。

有时需要在给定β值（一般为容许值）的情况下，反求必需的GD^2（一般GD^2由制造厂家供给）。若反求出的值大于厂家供给的数据，则表示机组的转动惯性偏小，应采取必要的措施，如加大飞轮。

第4节　调节保证的计算步骤与举例

§5.4.1　计算步骤

（1）收集基本数据：枢组布置，压力引水管道长度、直径，水头，装机容量，机组台数、型号、特性及特性曲线，机组的基本工作参数，机组的飞逸转速、飞逸力矩、转动惯量，电气主接线形式和在电力系统中的地位作用，以及调速器型号等。

（2）确定同时计算的机组台数，简化压力管道，分别求出水轮机在设计水头和最大水头下发额定出力时，压力管道的$\sum L_i v_i$值。

（3）初选一个导叶直线关闭时间T_s'。

（4）进行水击压力最大升高率的计算。

（5）进行机组转速最大升高率的计算。

（6）对计算结果进行全面复核，直到满足要求为止。

§5.4.2　实例计算

1．基本参数

某水电站已拟定的引水系统如图5－10所示。设计水头H_p＝28 m，最大水头H_{max}＝37 m，最小水头H_{min}＝21 m；装机容量3×1250 kW；水轮机型号：HL230－LJ－100，额定转速n_r＝375 r/min，额定出力N_{sr}＝1355 kW，吸出高度H_s＝＋2 m；发电机型号：TS215/36－16，额定转速n_r＝375 r/min，飞逸转速n_f＝830 r/min，转动惯量GD^2＝12×9.81 kN·m²，额定功率N_{fr}＝1250 kW；调速器型号：YT－1000。电站电气主接线为3台机组共用一台主变压器，一回路出线，主变型号为SJL1－5000/35。并入某大电网运行，担任基荷。

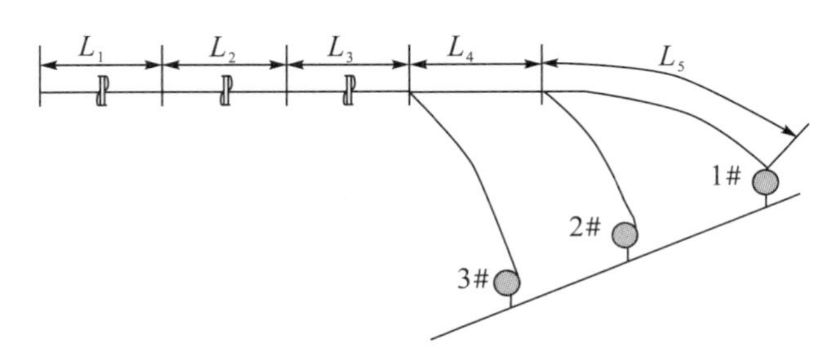

图5－10　电站引水系统示意图

压力引水系统中各段参数见表5－2。

表 5－2　压力引水系统参数

管段名称	各段长度 L_i（m）	各段管径 D_i（m）	各段管截面面积 A_i（m^2）	各段管流量	
				工况	Q_i（m^3/s）
进水口渐变段	$L_1=25$	矩形 8×9～圆形 $D_1=5$	36.00	H_p下	3×5.8＝17.4
				H_{max}下	3×4.5＝13.5
坝内混凝土管段	$L_2=130$	$D_2=5$	19.635	H_p下	17.4
				H_{max}下	13.5
露天混凝土管段	$L_3=50$	$D_3=4$	12.56	H_p下	17.4
				H_{max}下	13.5
压力钢管段	$L_4=11$	$D_4=2.5$	4.91	H_p下	2×5.8＝11.6
				H_{max}下	2×4.5＝9.0
压力钢管分支段	$L_5=15$	$D_5=1.5$	1.77	H_p下	5.8
				H_{max}下	4.5
金属蜗壳	$L_c=7$	1.5（平均）	1.77	H_p下	5.8
				H_{max}下	4.5
尾水管	$L_B=3.5$	1.5（平均）	1.77	H_p下	5.8
				H_{max}下	4.5
	$\sum L_i=241.5$				

2. 各管段流速 v_i 和 $\sum L_i v_i$

各管段流速 v_i 和 $\sum L_i v_i$ 计算结果见表 5－3。

表 5－3　流速 v_i 和 $\sum L_i v_i$ 计算结果

管段	流速（H_p/H_{max}）v_i（m/s）	$L_i v_i$（m^2/s）
L_1段	0.483/0.375	21.1/9.4
L_2段	0.886/0.687	115.2/89.2
L_3段	1.385/1.074	69.3/53.7
L_4段	2.362/1.833	26.0/20.2
L_5段	3.277/2.542	49.2/38.1
L_c段	3.277/2.542	22.9/17.8
L_B段	3.277/2.542	11.5/8.9
		$\sum L_i v_i=306.2/237.4$

3. 压力引水系统的水流惯性时间常数

设计水头 $H_p=28$ m 时，

$$T_w=\frac{306.2}{9.81\times28}=1.115\ \text{s}$$

最大水头 $H_{max}=37$ m 时，

$$T_w=\frac{237.4}{9.81\times37}=0.654\ \text{s}$$

4. 初选接力器直线关闭时间

$$T'_s=3\ \text{s}$$

5. 水击压力升高率的计算

1）压力引水系统平均水击波速的计算

坝内混凝土段 $c_1=1400$ m/s，露天混凝土段 $c_2=1300$ m/s，压力钢管段 $c_3=1000$ m/s，则压力引水系统平均水击波速为

$$c_p=\frac{\sum L_i}{\frac{L_{1\sim2}}{c_1}+\frac{L_3}{c_2}+\frac{L_{4\sim8}}{c_3}}=1300\ \text{m/s}$$

2）管道特征系数的确定

设计水头 $H_p=28$ m 时，

$$\sigma=\frac{\sum L_i v_i}{gH_pT'_s}=0.372$$

H_{max}时，若设 H_p时相应导叶开度相对值为$\tau_0=1$，那么，在 H_{max}时的导叶开度相对值τ_m可近似认为：

$$\tau_m=\frac{Q_m}{Q_p}\sqrt{\frac{H_p}{H_{max}}}=0.675$$

对应接力器直线关闭时间为

$$T'_s=3\times0.675=2.025\text{s}$$

故

$$\sigma=\frac{\sum L_i v_i}{gH_{max}T'_s}=0.323$$

3）水击类型判别

水击相长为：$T_r=\frac{2\sum L_i}{c_p}=0.37$ s，由水击类型判别可知，最大压力上升值发生在末相，属于末相水击。

4）水击压力上升率计算

由末相水击公式 $\xi_m=\frac{\sigma}{2}(\sigma+\sqrt{\sigma^2+4})$ 得：

设计水头 H_p 时：

$$\xi_m=\frac{0.372}{2}\times(0.372+\sqrt{0.372^2+4})=0.448$$

$$\xi_{max}=K\xi_m=1.2\times0.448=0.54$$

最大水头 H_{max}时：

$$\xi_m = \frac{0.323}{2} \times (0.323 + \sqrt{0.323^2 + 4}) = 0.379$$

$$\xi_{max} = K\xi_m = 1.2 \times 0.379 = 0.45$$

蜗壳内的水击压力上升率：

设计水头 H_p 时：

$$\xi_c = \frac{294.7}{306.2} \times 0.54 = 0.52$$

$$\Delta H_c = 28 \times 0.52 = 14.6\ mH_2O$$

最大水头 H_{max}时：

$$\xi_c = \frac{228.5}{237.4} \times 0.45 = 0.43$$

$$\Delta H_c = 37 \times 0.43 = 15.9\ mH_2O$$

蜗壳内所产生的最大水击压力：

$$H_{cmax} = H_{max} + \Delta H_c = 37 + 15.9 = 53.0\ mH_2O$$

尾水管内的最大真空值：

设计水头 H_p 时：

$$v_2 = \frac{4 \times 5.8}{\pi} = 7.4\ m/s$$

$$\eta_B = \frac{11.5}{306.2} \times 0.54 = 0.02$$

$$\Delta H_B = 0.02 \times 28 = 0.56\ mH_2O$$

$$H_B = 2 + \frac{7.4^2}{4g} + 0.56 = 4.0\ mH_2O$$

最大水头 H_{max}时：

$$v_2 = \frac{4 \times 4.5}{\pi} = 5.32\ m/s$$

$$\eta_B = \frac{8.9}{237.4} \times 0.45 = 0.017$$

$$\Delta H_B = 0.017 \times 37 = 0.63\ mH_2O$$

$$H_B = 2 + \frac{5.73^2}{4g} + 0.63 = 3.5\ mH_2O$$

6. 机组转速升高率的计算

根据公式：

$$\beta = \sqrt{1 + \frac{2T_c + fT_n}{T_a}} - 1$$

机组惯性时间常数：

$$T_a = \frac{GD^2 n_0^2}{3580N_r} = 3.4$$

机组升速时间：

$$T_n = T'_s \tau_n = 3 \times (0.9 - 0.00063 \times 230) = 2.27$$

小型机械液压型调速器导叶动作滞后时间：

$$T_c=0.4$$

水击修正系数：

$$f=1+\frac{\xi_m}{2}+\frac{\xi_m^2}{12}=1+\frac{0.448}{2}+\frac{0.448^2}{12}=1.24$$

则有：

$$\beta=\sqrt{1+\frac{2T_c+fT_n}{T_a}}-1=\sqrt{1+\frac{2\times0.4+1.24\times2.27}{3.4}}-1=0.436$$

$$\beta_{\max}=1.1\beta=0.48$$

7. 计算结论

该电站机组导叶接力器直线关闭时间 3 s。最大水头甩全负荷时，水轮机蜗壳内所产生的最大水压力为 52.9 mH_2O；设计水头甩全负荷时，尾水管最大真空度 4.0 mH_2O；设计水头甩全负荷时，最大转速上升率 48%，满足设计要求。

第 5 节　调速设备选型

调速设备一般包括调速柜、接力器和油压装置三大部分。在中小型调速器中，这三部分合成一体，而大型调速器中，这三部分是分开的。

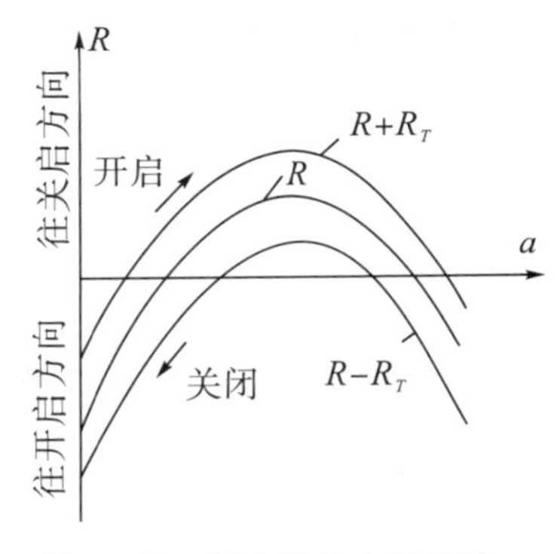

图 5—11　导水机构力矩特性

中小型调速器一般都做成组合式，主要根据水轮机有关参数确定所需调节功来选择相应容量的调速器，并以调节功的大小形成标准系列。

大型调速器要分别选择接力器、调速器和油压装置，并按主配压阀直径形成标准系列。进行选择时，首先应根据水轮机形式确定是单调或双调，再进行接力器及主配压阀直径的计算，然后才能确定调速器型号。

§5.5.1　中小型调节设备选择

接力器是调节系统的执行元件，它推动导叶时，首先需要克服作用在导叶上的水力矩和导水机构传动部分的摩擦力。如图 5－11 所示，水力矩只决定于导叶的形状和偏心矩，选择适当的偏心矩可以使开启和关闭时所需克服的最大力矩大致相等。这时所需接力器尺寸最小。其次干摩擦力 R_T 的大小与部件的加工、安装、调整有很大关系，在中小型机组上，干摩擦力往往占较大比例。此外，接力器的尺寸还决定于所需的储备压力的大小。

1. 中小型反击式水轮机调节功计算

中小型反击式水轮机调节功可以按下式估算：

$$A=(200\sim250)Q\sqrt{H_{\max}D_1} \qquad (5-74)$$

式中：A 为调节功，N·m；Q 为最大水头下发额定出力的流量，m^3/s；$H_{\max}$ 为最大水头，m；D_1 为转轮直径，m。

2. 冲击式水轮机调节功计算

冲击式水轮机调节功按下式估算：

$$A = 9.81Z_0\left(d_0 + \frac{d_0^3 H_{max}}{6000}\right) \qquad (5-75)$$

式中：Z_0为喷嘴数或折向器数；d_0为额定流量时的射流直径，cm。

§5.5.2　大型调节设备选择

1. 接力器计算

当油压装置采用额定油压为 2.5 MPa 时，采用标准导水机构并用 2 个单缸接力器操作时，每一个接力器直径按下式计算：

$$d_c = \lambda D_1\sqrt{\frac{b_0}{D_1}H_{max}} \qquad (5-76)$$

式中：D_1为转轮直径，m；b_0为导叶开度，m；λ 为计算系数，由表 5—4 查取。

表 5—4　λ 系数

导叶数 Z_0	16	24	32
标准正曲率导叶	0.031～0.034	0.029～0.032	
标准对称导叶	0.029～0.032	0.027～0.030	0.027～0.030

若油压装置额定油压为 4.0 MPa 时，则接力器直径按下式进行计算：

$$d_c' = d_c\sqrt{1.05 \times \frac{2.5}{4.0}} \qquad (5-77)$$

计算出接力器直径后，选取与表 5—5 中相接近且比计算值偏大的接力器系列直径。

表 5—5　导叶接力器系列

接力器直径（mm）	250	300	350	400	450	500	550	600
	650	700	750	800	850	900	950	1000

接力器最大行程可按经验公式计算：

$$S_{max} = (1.4 \sim 1.8)a_{0max} \qquad (5-78)$$

式中：a_{0max}为导叶最大开度，转轮直径小于 5 m 时，采用较小系数。

双直缸接力器的总容量为

$$V = \frac{\pi d_c^2}{2}S_{max} \qquad (5-79)$$

转轮接力器最大行程按下式计算：

$$S_{zmax} = (0.036 \sim 0.072)D_1 \qquad (5-80)$$

当 D_1大于 5 m 时，公式中采用较小的系数。

转轮接力器容积按下式计算：

$$V_z = \frac{\pi d_z^2}{4}S_{zmax} \qquad (5-81)$$

2. 主配压阀计算

大型调速器的分类是以主配尺寸为依据的，目前主配直径已形成系列，有 80 mm，100 mm，150 mm，200 mm，250 mm 等规格。主配压阀直径一般与油管的直径相同，但有些调速器的主配压阀直径较油管直径大一个等级。

初步选择主配压阀直径时，可按下式计算：

$$d = \sqrt{\frac{4V}{\pi v T_s}} \tag{5-82}$$

式中：V 为导水机构或折向器接力器的总容积；v 为管路中油的流速，当油压装置额定工作、压力为 2.5 MPa 时，一般 $v \leqslant 4 \sim 5$ m/s；T_s 为接力器直线关闭时间（由调节保证计算决定）。

按计算结果选取与系列直径相近且比计算值偏大的主配压阀直径。在选择转桨式水轮机调速器时，导水机构接力器主配直径与转轮叶片接力器主配直径应采取相同的尺寸。

表 5-6 为部分反击式水轮机调速器系列型谱。对中小型调速器，当计算出调节功之后，按调节功的大小选择相应容量的调速器。对大型调速器，按主配压阀直径选择相应的调速器。

表 5-6　反击式水轮机调速器系列型谱

调速器类型 \ 类型		分离式	组合式			分离式
		大型	中型	小型	特小型	特小型
单调节	机械液压型	T-100	YT-1800 YT-3000	YT-300 YT-600 YT-1000	YTT-35 YTT-75 YTT-150 YTT-300	TT-35 TT-75 TT-150 TT-300
	电气液压型	DT-80 DT-100 DT-150				
双调节	机械液压型	ST-80 ST-100 ST-150				
	电气液压型	DST-80 DST-100 DST-150 DST-200				

§5.5.3　油压装置的选择

目前国内生产的油压装置，其额定工作油压主要有 2.5 MPa 和 4.0 MPa，一般中小型机组选用 2.5 MPa，大型机组选用 4.0 MPa。在额定工作油压确定后，油压装置的选择实际上是确定压油槽的容积。

压油槽容积要保证调节系统在正常工作时和事故关闭时有足够的压油源。

如图 5-12 所示，压油槽的容积可分为两大部分：空气所占的部分，在额定压力时约占总容积的 2/3；余下部分为油所占的容积，占总容积的 1/3。根据压油槽的工作情况，油的容积可分为四部分：保证正常压力所需的容积（ΔV_l）、工作容积（ΔV_2）、事故关闭容积（ΔV_3）、储备容积（ΔV_4）。

正常工作时，压力油槽压力一般保持在2.3～2.5 MPa，此压力相应的容积为ΔV_l。

工作容积的确定，主要考虑：当压力降低至2.3 MPa时，正好系统发生事故，此时机组甩全负荷，接力器使导叶全关，以后稳定在空载开度，此时系统要求再投入机组并带上全负荷。在此过程中关闭所需工作容积为

$$V_g = (1.5 \sim 2.5)V_s + V_c - T_g(\sum Q - q) \tag{5-83}$$

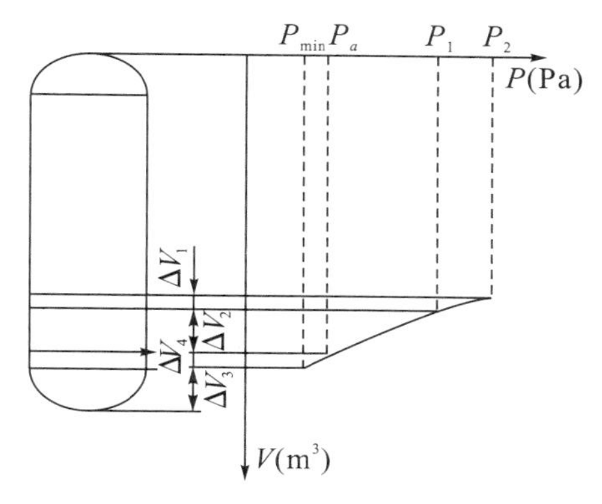

图5－12　压油槽容积关系曲线

式中：V_g为关闭所需容积；V_s为导叶接力器容积；V_c为桨叶接力器容积；$\sum Q$为油泵排量，取$\sum Q = 1.8Q_M$，Q_M为一台油泵排油量；q为液压系统漏油量，一般取$q = 0.5 \sim 1$ L/s；T_g为关闭过程时间（包括摆动时间）。

（5－84）式中第一项考虑接力器活塞可能有摆动，故乘以系数；第二项考虑桨叶接力器动作较慢，不致有太大摆动；第三项$T_g(\sum Q - q)$考虑由油泵在关闭时间内补充进来的油。

开启带全负荷所需容积为

$$V_k = V_s + V_c - T_k(\sum Q - q) \tag{5-84}$$

总工作容积为

$$\Delta V_2 = V_g + V_k \tag{5-85}$$

当油压装置发生故障，压油槽内压力大为降低到一定压力时，必须事故关闭导叶，否则会有不能关闭导叶的危险。因此，事故关闭还要有一定的容积。

$$\Delta V_3 = V_s + \frac{T_s}{T_c}V_c + T_s q \tag{5-86}$$

式中：T_s为导叶关闭时间；T_c为桨叶关闭时间。

（5－86）式中的第二项是考虑在事故时只要能全关闭导叶就行了。至于桨叶没有全关，可待以后恢复油压后再处理。第三项考虑此时油泵已因故障停止运行。至于混流式水轮机，只需把考虑桨叶那部分去掉就行了。

储备容积主要保证压力油槽中的压缩空气不带入调节系统。

综合各种因素，并考虑到控制调压阀和主阀的需要，压力油槽容积可以近似按下式计算：

$$V_y = (18 \sim 20)V_s + (4 \sim 5)V_c + (9 \sim 10)V_t + 3V_f \tag{5-87}$$

式中：V_s为导叶接力器容积；V_c为桨叶接力器容积；V_t为调压阀接力器容积；V_f为主阀接力器容积。

计算后，须选最近并较大的标准值。表5－7为部分油压装置系列型谱，可供计算时参考。

表 5-7　油压装置系列型谱

分离式	YZ-1，YZ-1.6，YZ-2.5，YZ-4，YZ-6，YZ-8，YZ-10，YZ-12.5，YZ-20，YZ-40-2/40
组合式	HYZ-0.3，HYZ-0.6，HYZ-1，HYZ-1.6，HYZ-2.5，HYZ-4

第 6 节　改善大波动过渡过程的措施

§5.6.1　增加机组的 GD^2

从速率上升计算公式可知，增加机组 GD^2，可以降低转速升高值。同时，加大 GD^2 意味着加大了机组惯性时间常数，这会有利于调节系统稳定性。

机组转动惯量 GD^2 一般以发电机转动部分为主，而水轮机转轮相对直径较小、重量较轻，通常其 GD^2 只占机组总 GD^2 值的 10%左右。一般情况下，大、中型反击式水轮机组按照常规设计的 GD^2 已基本满足调节保证计算的要求；如不能满足时，应与发电机制造商协商解决。中小型机组，特别是转速较高的小型机组，由于其本身的 GD^2 较小，常用加装飞轮的方法来增加 GD^2。

§5.6.2　设置调压室

由调节过程特性对调节过程的影响可知，从减小水击压力升高的角度出发，可以采用缩短管道长度 L 或增大管径的方法来减小 T_w。但是管道长度取决于地形地质条件，而增大管径会造成投资的增加，大多数情况下采用缩短管道长度 L 或增大管径的方法来减小 T_w 并不是可取的方法，为此可设置调压室。

调压室是一种修建在水电站压力引水隧洞（或其他形式的压力引水道）与压力管道之间的建筑物，调压室将连续的压力引水道分成上游引水道和下游引水道（即压力管道）两个部分，它能有效地减小压力管道中的水击压力上升值。

调压室是一具有自由水面和一定容积的调节性水工建筑物，如图 5-13 所示。当甩负荷时，水击压力波由导叶处开始，沿压力管道传播至调压室时，水击波被调压室反射。而引水隧洞中水流由于压力波的阻止，其动能被暂时以调压室水位升高形成的位能储存起来。随后，调压室中高于稳定水位的水体又迫使水流向上游流动，水位形成波动，由于水流在流动中因摩擦产生能量损失，最后调压室水位将稳定在新的平衡位置。在上述过程中，压力管道中的水击压力升高由两部分决定，即压力管道内水流惯性引起的调压室水位升高和引水隧洞中水流惯性引起的调压室水位升高。而当调压室断面越大时，后者影响越小。因此，要减小压力管道内的水击压力上升值，调压室的位置要尽量靠近厂房。

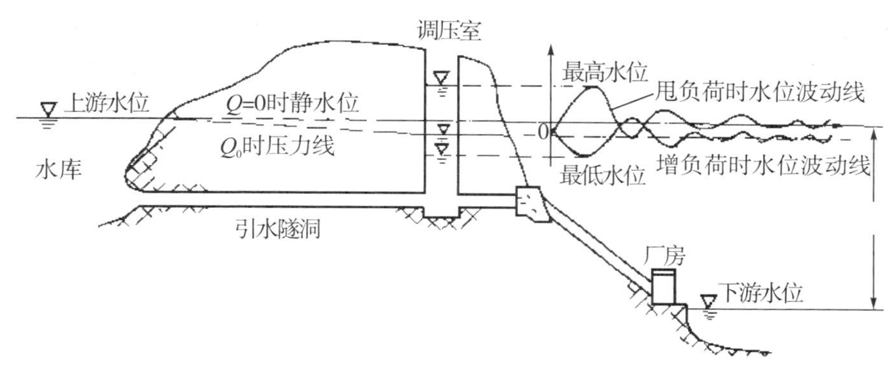

图 5－13　调压室布置及其内部水位波动

当水电站增加负荷时，水轮机引用水量加大，如果 T_w 较大而未设调压室，水流可能会出现断流，设置调压室则可暂时补充不足水量，以保证水流的连续性。此时，调压室中的水位将有所降低，则压力管道内由于增负荷引起的压力降低也会减小，这给保证管道结构的安全和调节系统的稳定性都会带来好处。

调压室有简单圆筒式、阻抗式、溢流式、双室式及差动式等多种形式，有的水电站还设置了调压室组、尾水调压室。

尽管调压室能够比较全面地解决有长压力引水管道水电站在调节保证计算中存在的问题，但建造调压室投资大、工期长，所以在实际中是否采用调压室，还应根据水电站在电网中的作用、机组运行条件、电站枢纽布置以及地形、地质条件等进行综合技术经济比较后确定。在初步分析时，是否设置调压室可用整个引水管道中的水流惯性时间常数 T_w 进行判断。当 $T_w > [T_w]$ 时，应设置上游调压室，允许值 $[T_w]$ 一般取 2～4 s，当水电站作孤立运行，或机组容量在电力系统中所占的比重超过 50%时，宜取小值；当比重小于 10%～20%时可取大值。设置下游调压室的条件是以尾水管内不产生液柱分离为前提。

§5.6.3　装设调压阀

由于受到地质、地形条件限制兴建调压室有困难的中小型水电站（$T_w \leqslant 12$ s），可考虑以调压阀代替调压室，一般其投资为建造调压室的 20%。

调压阀设置在由蜗壳或压力水管引出的排水管上。在甩负荷后导叶关闭的同时，调压阀打开。部分流量（一般为管道流量的 50%～80%）经调压阀泄出，使压力管道中的流量变化减缓，压力升高也减小。为了节省水量，在导叶关闭后，调压阀能自动慢慢关闭。采用调压阀装置，即使导叶以较快的速度关闭，由于压力管道中总流量变化不大，故水击压力增加不大。这样提高了导叶的关闭速度，也会相应地减少机组的速率上升值。增负荷时，调压阀无作用。

§5.6.4　改变导叶关闭规律

导叶关闭规律对水击压力和转速变化起着决定性的影响。图 5－14（a）是在相同时间内给出的三种导叶关闭规律，图 5－14（b）是对应三种关闭规律的水击压力变化曲线。从图中可以看出，关闭规律Ⅰ的关闭速度均匀，其水击压力有一稳定值；关闭规律Ⅱ的关闭速度先快后慢，其水击压力先升后降，有一极限值；关闭规律Ⅲ的关闭速度先慢后快，其水击压力先小后大，此种情况相当于缩短了关闭时间，所以这种规律对水击压力变化最不利。因此，确定合理的导叶关闭规律对降低水击压力和转速的上升有着重要的意义。

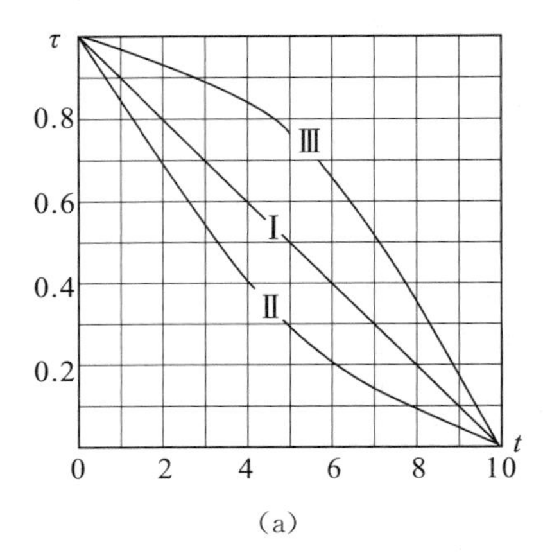

(a)

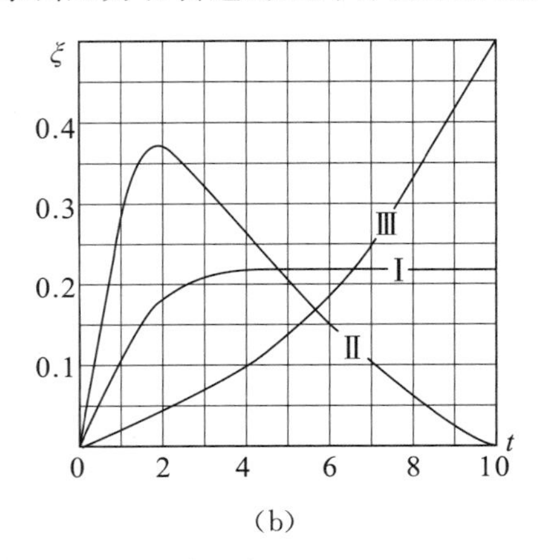

(b)

图 5－14　导叶关闭规律对水击压力的影响

比较规律Ⅰ、Ⅱ可知，规律Ⅱ有利于在开始阶段迅速减小水轮机动力矩，使最大转速上升减小。综上可知，导叶关闭采用先快后慢的关闭规律为佳，此种关闭规律可以有效地降低水击压力和转速上升值。目前常采用导叶的两段关闭规律，即在调速器中采取一定的措施，使接力器关闭速度先快后馒。

复习思考题

1. 什么是水击？水击有什么危害？产生水击的根本原因是什么？能否避免水击发生？
2. 什么是调节保证计算？有什么重要性？
3. 调节保证计算的计算标准是什么？
4. 水击分为哪些类型？如何判别水击的类型？
5. 什么是水击相长？写出其表达式。
6. 什么是直接水击？什么是间接水击？
7. 试推导刚性水击的数学模型？
8. 什么是水流惯性时间常数？写出其数学表达式。
9. 水电站压力管道中的水击波速如何计算？
10. 导叶的起始开度对水击有何影响？
11. 导叶的启闭规律对水击有何影响？
12. 如何考虑蜗壳、尾水管对水击压力的影响？
13. 写出第一相水击、末相水击压力计算公式。
14. 为什么要进行机组转速上升计算并限制其数值的大小？
15. 甩负荷时机组转速为什么会升高？
16. 推导转速上升的基本计算公式。
17. 中小型卧式机组为什么一般会带有一个较大的飞轮？

18. 当无法选择一个合理的导叶调节时间 T_s 是水击压力和转速变化在规范规定的范围内时，该怎么办?

19. 写出机组惯性时间常数 T_a 的计算公式，其物理意义是什么？不同形式的机组是如何考虑 T_a 的计算?

20. 调节保证计算：某坝后式水电站装机容量为 4×1600 kW。水轮机型号为 ZD510－LH－180，最大水头 $H_{max}=27$ m，设计水头 $H_r=21$ m，设计流量 $Q_r=12$ m^3/s，吸出高度 $H_s=-2$ m；发电机额定转速 $n_r=300$ r/min，飞逸转速 $n_f=720$ r/min，机组飞轮力矩 $GD^2=260$ kN·m^2；钢筋混凝土压力水管长 $L_T=33.86$ m，当量直径 $D_T=2.8$ m，蜗壳折算长度 $L_c=8.8$ m，当量面积 $A_c=6$ m^2，尾水管折算长度 $L_B=10.31$ m，当量面积 $A_B=5.7$ m^2；压力水管采用单独供水方式；水击波速取 $a=1220$ m/s。试选择一个合适的导叶直线关闭时间 T_s，并求出相应的最大压力上升率 ξ_{max} 和机组转速上升率 β_{max}。

21. 改善大波动过渡过程的措施有哪些？各有什么特点。

22. 调节设备由哪些部分组成？其类型有哪些?

23. 中小型和大型调速器选型的原则和方法分别是什么?

24. 油压装置中压力油和压缩空气各占多少比例？压力油槽容积分为哪几部分?

25. 解读调速器和油压装置型号：DST－100－6.3，WDT－150－4.0，HYZ－0.3 的含义。

第6章　调速器的调整试验

为了检查调速器的质量，保证机组在甩负荷时能满足调节保证计算的要求和所规定的动态品质指标，掌握机组在过渡过程中的状态和各调节参数的变化范围，以及参数变化时对机组过渡过程规律的影响，从而找到最佳参数，提高机组运行的可靠性及稳定性，保证机组安全运行等，除事先要求对水轮机调节系统进行理论分析、仿真计算外，还要求在调速器安装或检修后进行水轮机调节系统的静态和动态特性试验。它是在机组投入电网正常运行以前的一个很重要的试验项目，一般包括主要回路和元件的调整试验、调速器的整机调整和静特性试验、水轮机调节系统动态特性试验等。本章将以微机调速器为主介绍调整试验的一般内容和方法。

第1节　调节参数选择

对PID调节规律的调节装置的调节参数有 K_P，K_I，K_D，它们对水轮机调节系统的稳定性和调节品质有明显的影响，必须慎重整定。b_p 为调节装置静特性曲线的斜率，对带基荷的机组，b_p 值一般整定在6%左右；承担调频任务的机组，b_p 值一般整定在3%以下。b_p 值的大小通常对系统的稳定性和动态品质无明显影响。

进行试验前，需要对调节参数进行初步预选，然后由现场试验最终确定。

§6.1.1　空载工况下调节参数计算

（1）对缓冲式PI调节规律的电液调节装置，吴应文推荐如下公式：

$$T_d = 3.7\sqrt{T_a T_{y1}} \tag{6-1}$$

$$b_t = 1.3\sqrt{\frac{T_{y1}}{T_a}} \tag{6-2}$$

式中：T_a 为机组惯性时间常数；T_{y1} 为小波动时接力器反应时间。

上述公式的适用条件为

$$T_w = 2.6 T_{y1} T_a \tag{6-3}$$

式中：T_w 为过水系统水流惯性时间常数。

（2）对微机调速器，推荐计算公式如下：

$$K_P = 0.8\frac{T_a}{T_w} \tag{6-4}$$

$$K_I = 0.24\frac{T_a}{T_w^2} \tag{6-5}$$

$$K_D = 0.27 T_a \tag{6-6}$$

§6.1.2　单机带负荷工况下调节参数计算

（1）T. Stein 推荐公式如下：

对 PI 调节规律的调节系统：

$$T_d = 4T_w \tag{6-7}$$

$$b_t = 1.8\frac{T_w}{T_a} \tag{6-8}$$

对 PID 调节规律的调节系统：

$$T_n = 0.5T_w \tag{6-9}$$

$$T_d = 3T_w \tag{6-10}$$

$$b_t = 1.5\frac{T_w}{T_a} \tag{6-11}$$

对微机调速器，推荐计算公式如下：

$$K_P = 0.78\frac{T_a}{T_w} \tag{6-12}$$

$$K_I = 0.22\frac{T_a}{T_w^2} \tag{6-13}$$

$$K_D = 0.33T_a \tag{6-14}$$

当电站水头较高时，必须考虑到压力过水系统管壁和水体的弹性，需对 T_w 进行修正，即将上述公式中的 T_w 乘以修正系数 K。K 值可由表 6−1 查得。

表 6−1　修正系数 K

T_r/T_w	1.0	1.5	2.0	2.5	3.0
修正系数 K	1.050	1.125	1.200	1.275	1.350

注：T_r 为管道反射时间。

（2）L. M. Hovey 推荐公式如下：

$$T_d = 4T_w \tag{6-15}$$

$$b_t = \frac{T_w}{T_a}K_0 \tag{6-16}$$

$$K_0 = \frac{1}{1-a_0} \tag{6-17}$$

式中：K_0 为修正系数；a_0 为空载开度。

需要指出的是，T. Stein 公式是按照频率扰动时过渡过程最佳原则推导的；L. M. Hovey 公式则是按负荷扰动时过渡过程最佳原则推导的。

§6.1.3　并网运行工况下调节参数整定的一般原则

如果参数采用 b_t，T_d，T_n 的形式，为了保证并网机组负荷调节的速动性，并网运行时的 b_t，T_d 值通常要比空载运行或单机带负荷时小得多。但经验表明，为保证负荷调节的稳定性，b_t 值一般不宜调整为零，应根据机组和电网的具体情况，通过分析和试验确定。

对微机调速器，参数采用K_P，K_I，K_D的形式，初始参数可参考下式：

$$\begin{cases} 0.33\dfrac{T_a}{T_w} \leqslant K_P \leqslant 0.67\dfrac{T_a}{T_w} \\ 0.167\dfrac{K_P}{T_w} \leqslant K_I \leqslant 0.33\dfrac{K_P}{T_w} \\ 0.4T_wK_P \leqslant K_D \leqslant 0.6T_wK_P \end{cases} \tag{6-18}$$

微机调速器调节参数均有一定的整定范围，其中$K_P=0.5\sim20$，$K_I=0.05\sim10$（1/s），$K_D=0\sim5$（s）。具体整定时，可根据上式，先确定K_P，然后确定K_I，K_D。对混流式机组，应取较大的K_P，K_I，K_D值；对轴流式和贯流式机组则应取较小的K_P，K_I，K_D值。

第2节　试验装置与标准

试验采用电测法，如图6－1所示，设备为频率信号发生器、水轮机调速系统综合仿真测试仪、位移传感器、电涡流位移传感器、压力变送器以及专用信号屏蔽电缆线若干。试验过程中，机组频率、机组有功、主接力器行程、主配行程、PID输出、蜗壳进口水压、尾水出口水压、出口开关动作信号等由计算机自动采集。

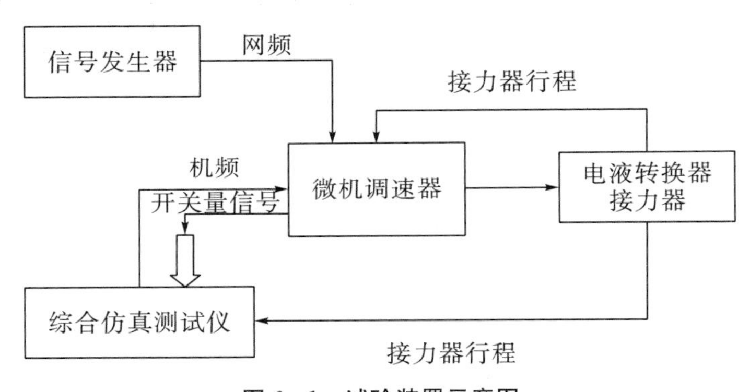

图6－1　试验装置示意图

试验依据的技术标准及技术资料如下：

《水轮机控制系统技术条件》（GB/T 9652.1－2007）

《水轮机控制系统试验》（GB/T 9652.2－2007）

《水轮机电液调节系统及装置调整试验导则》（DL/T 496－2001）

《水轮机电液调节系统及装置技术规程》（DL/T 563－2004）

《中国南方电网公司同步发电机原动机及调节系统参数测试与建模导则》（Q/CSG 11402－2009）

第3节　调速系统的调整试验

§6.3.1　测频回路的调整试验

由于测频回路的信号源不同，因而在试验时对频率信号发生器的要求也不一样，可根据功率和频率范围选择变频器、音频信号发生器和工频信号发生器等。当信号源的输出信号为设计频率时，调整测频回路的有关元件使其无信号输出。然后使信号频率在所有可能运行范围内变动，单方向逐次升高频率，待稳定后，用频率计测量频率（或周期），用数字交直流电压表测量测频回路的输出电压，其测点不应少于 10 点。同样，再单方向逐次降低频率也进行测量。两次测量结果应基本上重合，并绘制测频环节静态特性曲线。静态特性曲线应近似直线，线性范围为±5 Hz。在±1 Hz 范围内，测频环节传递系数的实测值与设计值相比，其误差不得超过设计规定值的 5%。在 15～85 Hz 范围内，测频环节静态特性曲线必须是单调的，如图 6－2 所示。

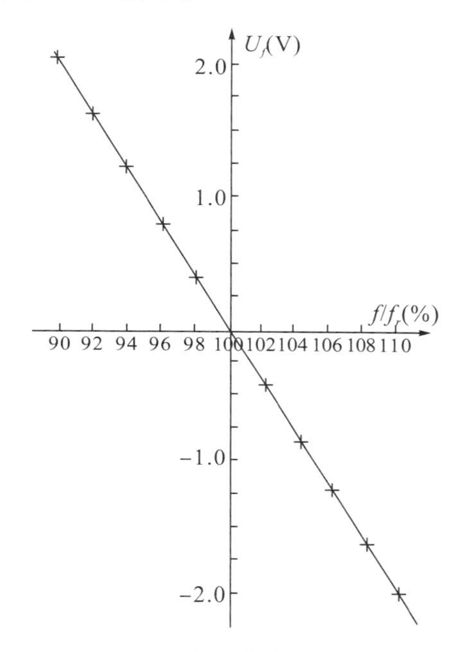

图 6－2　测频环节静态特性曲线

§6.3.2　数字调节器的调整试验

1. 静态特性试验与永态转差系数 b_p 校验

确认进水口工作闸门处于全关位置，工作闸门操作油源关闭，蜗壳无水压，机组处于停机状态。打开调速器操作油源，拔出接力器锁锭。

将调速器切为“自动”运行方式。根据规程要求，调速器调节参数设为：限制开度 100%，比例增益设为最大值，积分增益设为最大值，微分增益设为零。在调速器上短接机组主开关“闭合”信号线，并将主接力器开至 50%开度。分别设置 b_p=2.0%，4.0%，6.0%，8.0%，依据要求设置相应的频差与测试时间，由测试仪自动发出频率信号，沿连续上升和连续下降的顺序进行测试，把导叶开度信号接入仿真测试仪。根据试验规程要求，共进行了 2 次测试，记录实测结果，如图 6－3 所示。

测取接力器两个输出（Y_1，Y_2）及其对应的输入频率（f_1，f_2），按下式计算 b_p：

$$b_p = \frac{-(f_2 - f_1)/f_r}{(Y_2 - Y_1)/Y_{\max}} \times 100\% \tag{6－19}$$

式中：Y_{max}为接力器最大行程；f_r为额定频率。

频率（Hz）	49.57	49.63	49.70	49.77	49.83	49.90	49.97	50.03	50.10	50.17	50.23	50.30	50.37	50.43
关方向导叶主接力器行程（%）	93.62	87.11	80.48	73.63	67.07	60.26	53.64	46.94	40.26	33.58	27.08	20.27	13.58	7.00
开方向导叶主接力器行程（%）	93.11	86.69	79.92	73.23	66.69	59.89	53.32	46.65	39.91	33.17	26.71	19.92	13.32	6.67

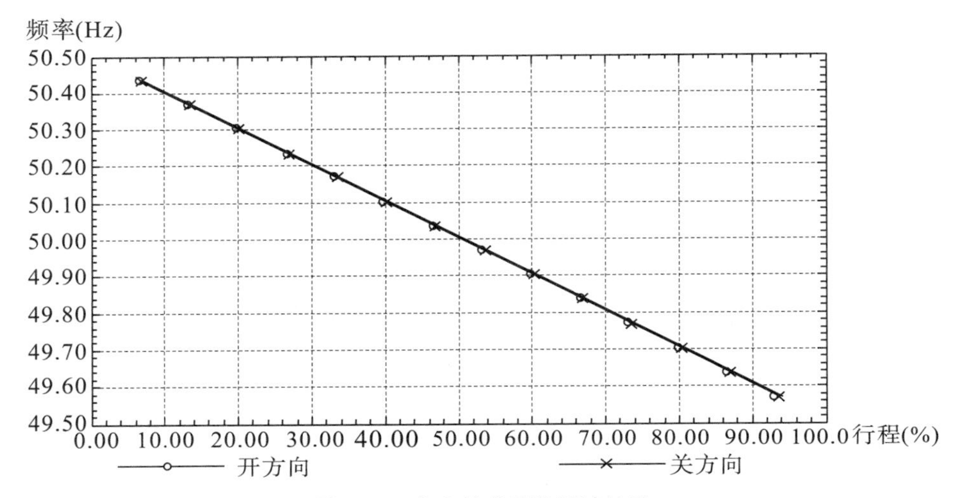

图 6－3　永态转差系数测试结果

2. 频率死区校验

确认进水口工作闸门处于全关位置，工作闸门操作油源关闭，蜗壳无水压，机组处于停机状态。确认调速器操作油源打开，接力器锁锭拔出。

将调速器切为“自动”运行方式。在调速器上短接机组主开关“闭合”信号线。根据规程要求，将调速器调节参数设置为：开度限制 100%，比例增益设为最大值，积分增益设为最大值，微分增益设为零，永态转差系数 $b_p=4.0\%$，人工死区设为 0.0 Hz。

先将主接力器开至 40%开度，分别向调速器测频回路发出 50.010 Hz，49.990 Hz 等不同的频率信号，测试主接力器的响应情况，以确定在 40%开度时调速系统的上、下固有频率死区 $\Delta f_X{}^1$和 $\Delta f_X{}^2$。同样，将主接力器开至 70%开度，分别向调速器测频回路发出 50.010 Hz，49.990 Hz 等不同的频率信号，测试主接力器的响应情况，以确定在 70%开度时调速系统的上、下固有频率死区 $\Delta f_X{}^3$和 $\Delta f_X{}^4$。

实验中，每次扰动应在前次扰动引起的接力器运动稳定之后进行，阶跃频率信号和接力器位移由计算机自动记录。

3. PID 模型参数 K_P，K_I检测

确认进水口工作闸门处于全关位置，工作闸门操作油源关闭，蜗壳无水压，机组处于停机状态。打开调速器操作油源，拔出接力器锁锭。在调速器上短接机组主开关“闭合”信号线。

将 $b_p=0\%$，$K_D=0\%$，K_P，K_I 置于待效验值，对调节器加一频率阶跃信号（0.25 Hz，0.5 Hz），记录频率改变后导叶接力器行程变化过程曲线、调节器输出信号、电液转换器输出信号。

试验中，K_P，K_I分别设置为不同调节参数组合值，通过不同工况下的不同频率阶跃扰动，对 K_P，K_I进行检测。

K_P的检测：

$$\Delta x=\frac{\Delta f}{50} \tag{6-20}$$

$$K_P=\frac{OD}{\Delta f} \tag{6-21}$$

K_I的检测：

将积分作用产生的变化曲线进行直线拟合（如图 6－4 所示），直线方程为 $y=kx-b$，计算积分增益 K_I：

$$K_I=\frac{k}{\Delta x} \tag{6-22}$$

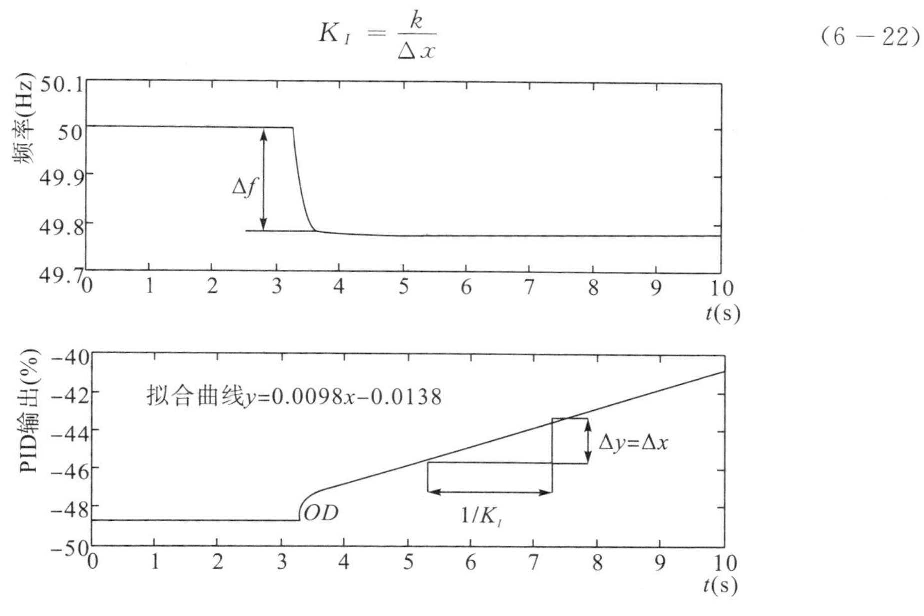

图 6－4　PID 输出频率阶跃响应波形图

4. PID 模型参数 K_D检测

确认进水口工作闸门处于全关位置，工作闸门操作油源关闭，蜗壳无水压，机组处于停机状态。打开调速器操作油源，拔出接力器锁锭。在调速器上短接机组主开关“闭合”信号线。

将调速器切为“自动”运行方式。根据规程要求，调速器调节参数设为：开度限制 $L=100\%$，永态转差系数 $b_p=0.0\%$，比例增益 K_P置于已校验值，积分增益 $K_I=0.0$ 1/s，微分增益 K_D设为待测值，设置人工频率死区为 0 Hz。改变调速器输入频率信号，并测量调节器输出电压的过渡过程曲线，如图 6－5 所示。

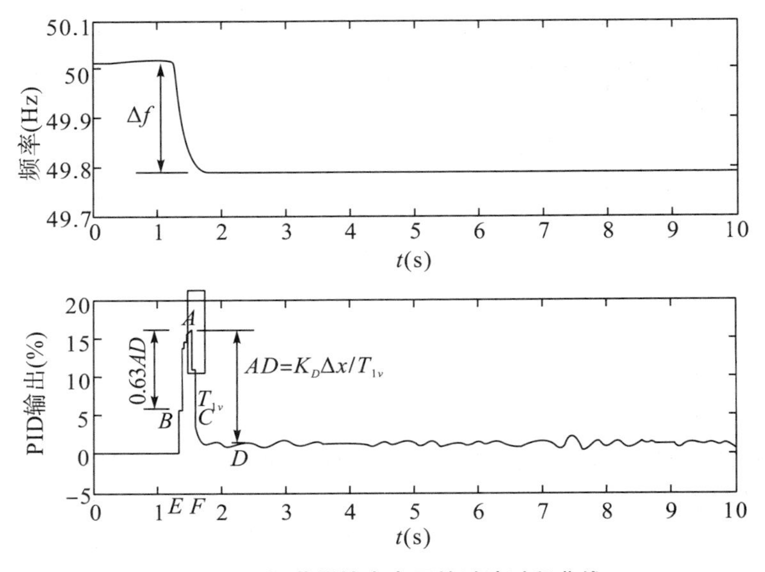

图 6—5　调节器输出电压的过渡过程曲线

微分环节为实际微分环节，其传递函数为 $K_D/(T_{1v}s+1)$，其中 T_{1v} 为微分衰减时间常数。峰值 A 点至曲线稳定后的距离为 $|AD|$，依据 $|AB|=0.63|AD|$ 求出 B 点，过 B 点作水平线交曲线为 C 点，过起始点作垂线交横轴于 E 点，过 C 点作垂线交横轴于 F 点，则 EF 可近似等于微分衰减时间常数 T_{1v}。

设 PID 数字调节器的采样周期为 τ，则有：

$$\Delta x = \frac{\Delta f}{50} \tag{6-23}$$

$$|AD| = \frac{K_D \Delta x}{\tau + T_{1v}} \tag{6-24}$$

或

$$|AD| = \frac{K_D \Delta x}{T_{1v}} (\text{忽略 } \tau \text{ 值}) \tag{6-25}$$

则 K_D 的近似值可按如下公式计算：

$$K_D = \frac{|AD|(\tau + T_{1v})}{\Delta x} \tag{6-26}$$

或

$$K_D = \frac{|AD| \times T_{1v}}{\Delta x} (\text{忽略 } \tau \text{ 值}) \tag{6-27}$$

§6.3.3　水轮机执行机构试验及参数辨识

1. 接力器开启及关闭时间检测

确认进水口工作闸门处于全关位置，工作闸门操作油源关闭，蜗壳无水压，机组处于停机状态。打开调速器操作油源，拔出接力器锁锭。将调速器切为“手动”运行方式，开度限制置于100%位置，手动操作调速器，使主接力器由全关动作到全开，测试主接力器的全开时间，测试结果详见图 6—6（a）所示。待导叶全开稳定后动作紧急停机电磁阀

(插上控制电缆)，记录导叶紧急关闭曲线。测试结果详见图 6－6（b）所示。记录接力器在 25%～75%行程之间移动所需时间，取其 2 倍作为接力器开启和关闭时间。

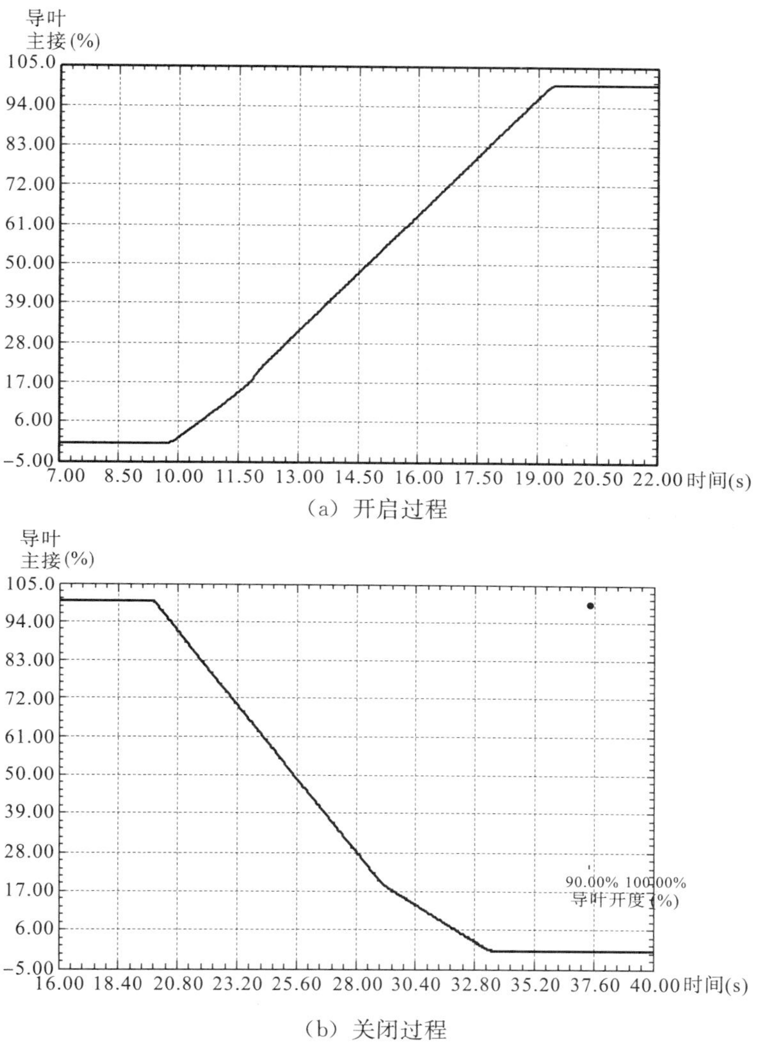

（a）开启过程

（b）关闭过程

图 6－6　接力器开启与关闭时间测试结果

2．接力器反应时间常数 T_y 检测

确认进水口工作闸门处于全关位置，工作闸门操作油源关闭，蜗壳无水压，机组处于停机状态。确认调速器操作油源打开，接力器锁锭拔出。

切除主接反馈信号，通过调速器对电液转换器（如步进电机）依次施加＋5%，＋10%，＋15%，＋20%，…的阶跃扰动量，测量调速器开方向的主配行程和主接力器行程。同理，依次施加－5%，－10%，－15%，…的阶跃扰动量，测量调速器关方向的主配行程和主接力器行程。计算试验过程中调速器主接力器相对速度 dy/dt，其中主接力器相对行程 $y=Y/Y_{max}$，主配压阀相对行程 $s=S/S_{max}$，其中 S 为主配阀实际行程，S_{max} 为主配压阀最大行程，以试验中得到数据 s 为横坐标，以 dy/dt 为纵坐标，绘制曲线，按图

6－7所示分别求出小波动和大波动时的反应时间 T_{y1} 和 T_{y2}：

$$T_{y1}=\frac{\Delta x_1}{\Delta(\mathrm{d}y/\mathrm{d}t)_1} \tag{6-28}$$

$$T_{y2}=\frac{\Delta x_2}{\Delta(\mathrm{d}y/\mathrm{d}t)_2} \tag{6-29}$$

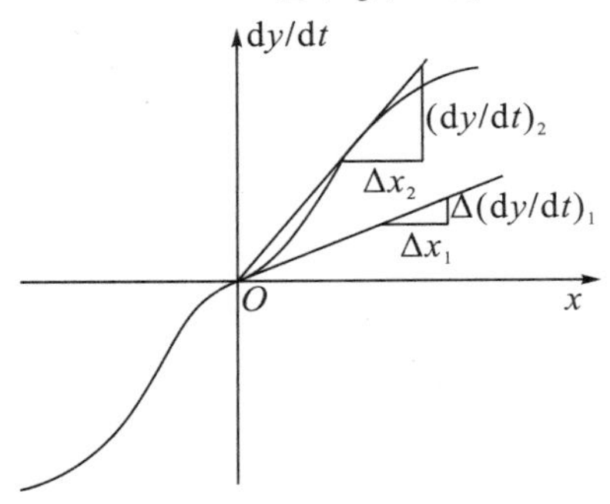

图 6－7　接力器速度与频率关系曲线

§6.3.4　调速器的整机调整试验

1. 转动惯量检测

机组转动惯量是采用机组甩负荷的方式进行实测与计算。机组并网带负荷，稳定运行，一次调频投入。检查调速器及液压操作系统的动作情况，由监控系统动作跳开发电机出口断路器，至少甩 50%额定负荷，记录甩负荷前后机组频率、接力器的不动时间、导叶接力器行程、机组转速上升率、蜗壳水压上升率及关机时间，如图 6－8 所示。计算得机组惯性时间常数 T_a：

$$T_a=\frac{2T_c+T_n}{2\beta} \tag{6-30}$$

式中：T_c 为接力器不动时间；T_n 为升速时间；β 为转速上升率，由实测波形求出。

$$GD^2=\frac{3580T_aP_0}{n_0} \tag{6-31}$$

式中：P_0 为甩负荷前机组所带负荷；n_0 为甩负荷前机组稳定转速。

2. 带负荷开度扰动

调速器切为“自动”运行方式。将主接力器开至 40%开度，将调速器调节参数 K_P，K_I，K_D 设置为带负荷参数，开度限制设为 $L=100\%$，永态转差系数 b_p 设为带负荷工况值。在正式实测之前，先做 40%→47%→40%开度的小幅负荷扰动，观察调速器的调节规律及调节量。在确认调节规律和调节量正常之后，再做 40%→55%→40%开度的负荷扰动，实测调速器的负荷扰动性能。然后将主接力器开至 70%开度，做 70%→85%→70%开度的负荷扰动，实测调速器的负荷扰动性能，如图 6－9 所示。

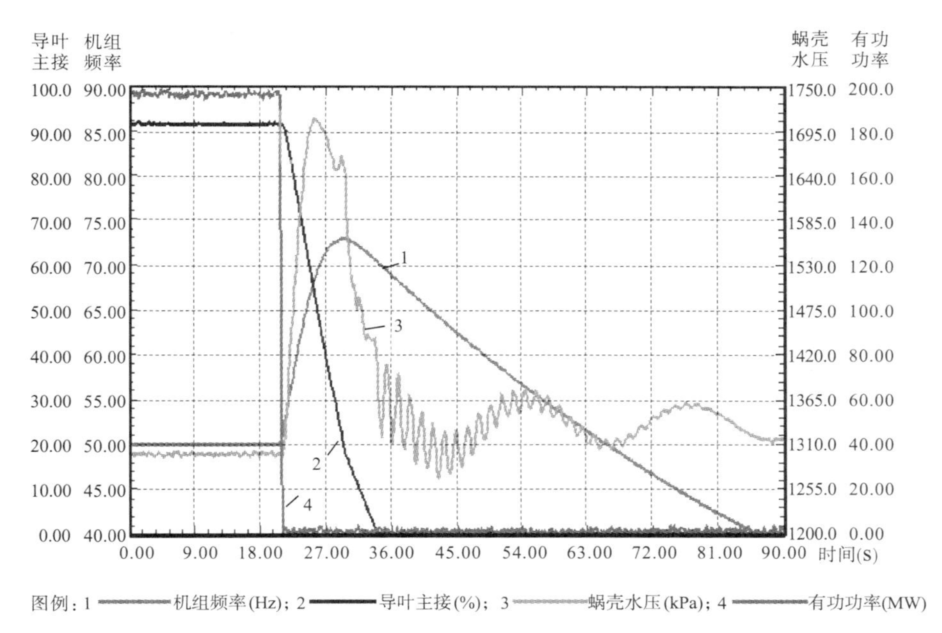

图 6－8　机组甩负荷过渡过程曲线

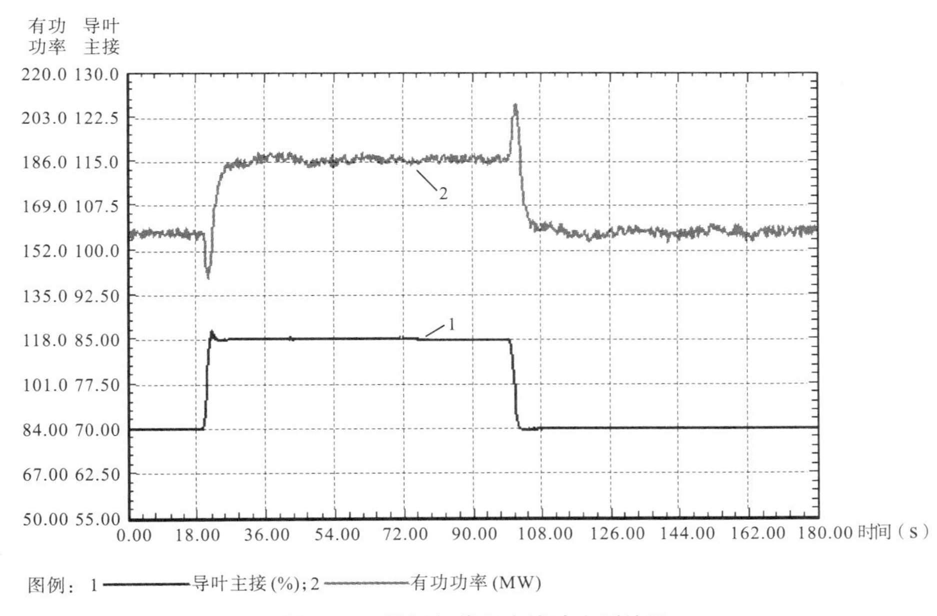

图 6－9　常规负载开度扰动实测结果

3．带负荷频率扰动

机组并网带负荷。将调速器切为“自动”运行方式，投入一次调频功能，一次调频参数设置为：永态转差系数 b_p 设为带负荷整定值（如 4.0％），比例系数 K_P、积分系数 K_I 设为最大值，微分系数 K_D 设为 0.0 s，人工频率死区设为 $\Delta f_r = 0.05$ Hz，一次调频开度限制解除。操作调速器，将主接力器开至 70％开度，避开机组振动区。待机组运行稳定后，向调速器测频回路发出 49.700 Hz，50.300 Hz 的频率信号，分别录取机组主接力器及有功负荷的变化曲线，实测机组主接力器及有功负荷的响应情况以及稳定情况。由实测情况看，对机组进行上下频率扰动时，在频率变化量相同的情况下，其导叶变化量基本相同，而功率变化值差别较大。造成这一差异的原因是因为该机组导叶开度—有功功率对应关系不是完全线性。实测结果如图 6-10 所示。

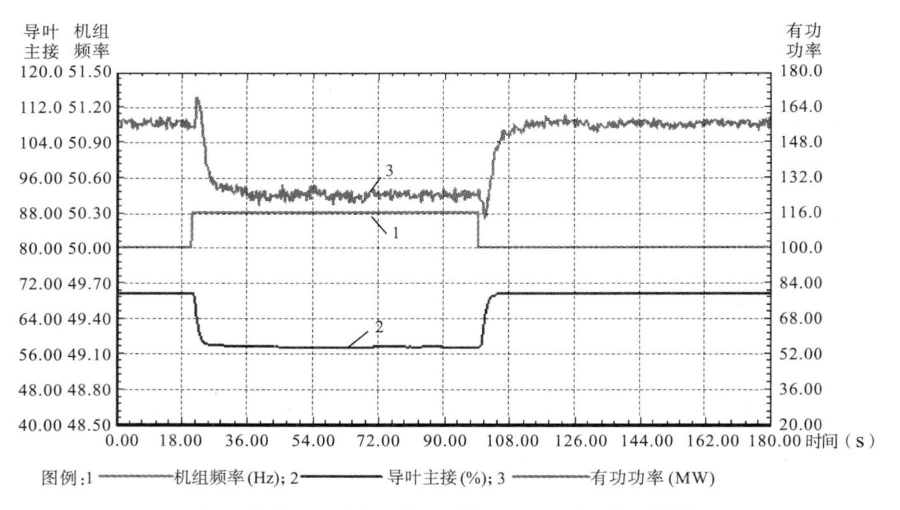

（a）频率 50.0 Hz→50.3 Hz→50.0 Hz 扰动结果

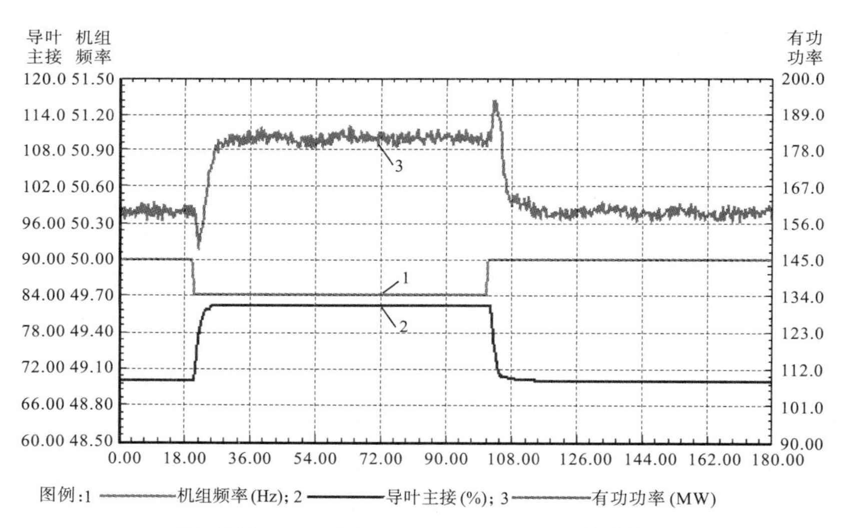

（b）频率 50.0 Hz→49.7 Hz→50.0 Hz 扰动结果

图 6-10　一次调频频率扰动实测结果

4. 导叶开度与有功功率关系

机组并网带负荷稳定运行，将调速器切为“自动”运行方式。将主接力器开至 20.0%开度，设置开度限制 $L=100\%$，通过调速器的开度给定功能依次调节导叶开度为 25%，30%，35%，…，直至最大负荷。等待发电机有功功率稳定后，记录当前导叶开度、有功功率。实测及计算的 $P=F(Y)$曲线如图 6-11 所示。

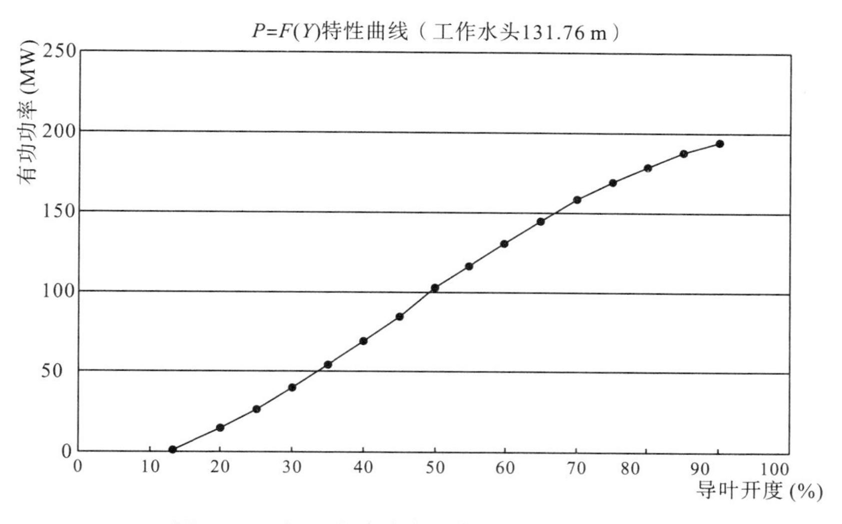

图 6—11　机组有功功率对应导叶开度实测结果

§6.3.5　水轮机调节系统动态特性试验

为了检查调速器的质量，保证机组在突变负荷时能满足调节保证计算的要求和所规定的动态指标，掌握机组在过渡过程中的状态和各调节参数的变化范围，以及参数变化时对机组过渡过程规律的影响，从而找出最佳参数，提高机组运行的可靠性及稳定性，检查机组设计及检修质量，保证机组安全运行等，除事先要求对水轮机调节系统进行理论分析，仿真计算外，还要求在调速器安装或检修后进行水轮机调节系统的动态特性试验。它是在机组投入电网正常运行以前一个很重要的试验项目，一般包括单机空载稳定性试验和甩负荷试验。

1. 空载稳定试验

目的是了解能使调节系统空载稳定运行的调节参数范围，并寻找较佳的空载调节参数。

机组在空载工况，调速器在自动位置，发电机加励磁，输入空载工况仿真参数，并仿真空载工况运行。发出频率扰动信号 52.0 Hz→48.0 Hz，录制导叶开度、机组频率、蜗壳进口水压的变化过程曲线，如图 6—12 所示。

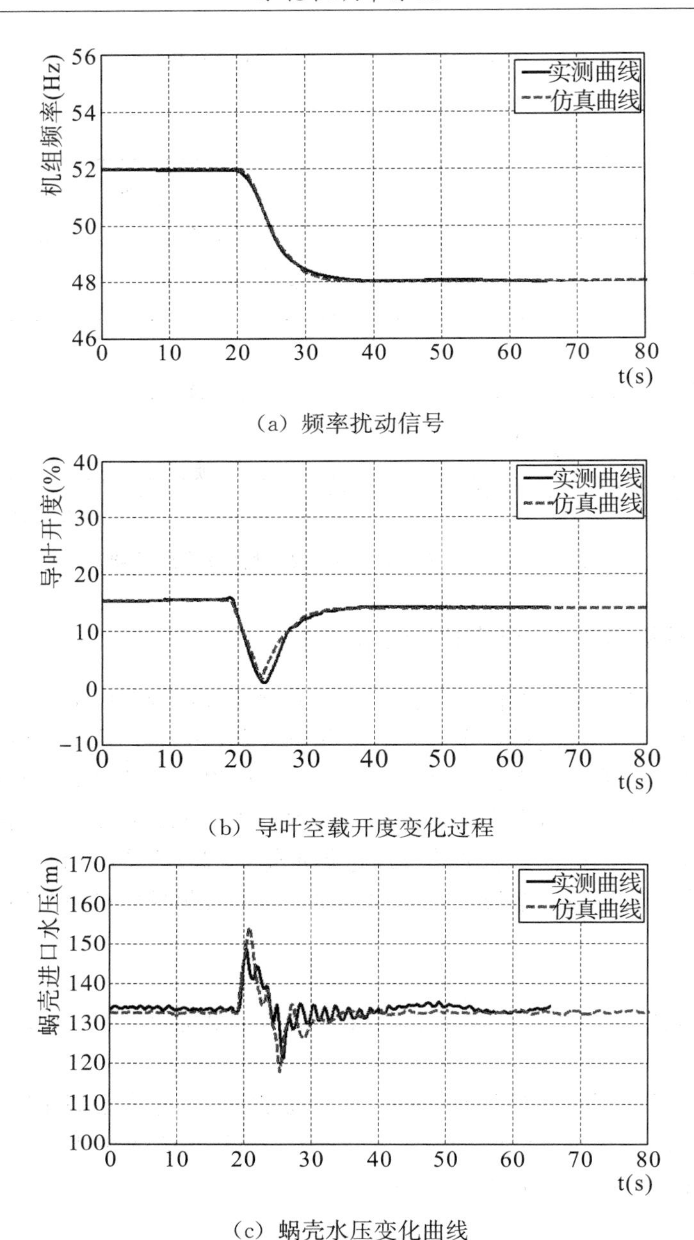

(a) 频率扰动信号

(b) 导叶空载开度变化过程

(c) 蜗壳水压变化曲线

图 6－12 空载频率扰动波形图

2. 甩负荷试验

甩负荷试验的目的是进一步验证机组在已选定的调速器调节参数下调节过程的速动性和稳定性，考查调节系统的动态调节质量。根据甩负荷时所测得的机组转速上升率、蜗壳水压上升率和尾管真空值来验证调节保证计算的正确性。检验水轮机导叶接力器关闭规律的正确性及确定接力器不动时间等。

根据规范要求，甩负荷时，对水轮机调节系统动态品质的要求如下：

(1) 甩 100％额定负荷后，在转速变化过程中，超过稳态转速 3％额定转速值以上的波峰不得超过两次。

（2）甩 100%额定负荷后，从接力器第一次向开启方向移动起，到机组转速摆动值不超过±0.5%为止所经历的时间，应不大于 40 s。

（3）甩 25%额定负荷后，要求自发电机定子电流消失到接力器开始运动为止的不动时间，对电调不大于 0.2 s，对机调不大于 0.3 s。

试验时，将空载及负载调节参数置于选定值，依次分别甩 25%，50%，75%，100%的额定负荷，用自动记录仪记录机组转速、导叶（桨叶）接力器行程、蜗壳水压及发电机定子电流等参数的过渡过程，甩负荷的实测波形图，如图 6－8 所示。

试验中应特别注意如下几点：

（1）甩负荷前，应正确选定并认真复核输入自动记录仪的各信号的率定值，以保证示波图的质量。

（2）甩负荷时，开度限制机构应不起限制作用，平衡表应在中间位置。

（3）甩负荷试验应特别注意采用安全措施，防止机组飞逸和水压过高。

限于篇幅，本章仅仅选择主要和基本的调整试验作简明介绍。具体试验项目、试验方法和要求可参见有关标准。

第 4 节　一元线性回归分析法

一元线性回归分析法是一种试验数据处理方法，用这个方法可对电液调节装置、随动装置以及其他环节和装置的静态特性试验结果进行数据处理，求出其死区和线性度误差。这种方法不需作图，且所求结果具有唯一性，是一种比较科学实用的方法。

本方法的基本原理是：根据静态特性试验数据，用一元线性回归分析法求出其回归直线方程，然后运用直线方程计算死区和线性度误差。具体方法简介如下。

§6.4.1　回归直线方程的参数计算

回归直线方程为

$$\hat{Y} = a + bX \tag{6-32}$$

$$a = \frac{1}{n}\sum_{i=1}^{n} Y_i - b\,\frac{1}{n}\sum_{i=1}^{n} X_i \tag{6-33}$$

$$b = \frac{\sum_{i=1}^{n} Y_i X_i - \frac{1}{n}\left(\sum_{i=1}^{n} X_i\right)\left(\sum_{i=1}^{n} Y_i\right)}{\sum_{i=1}^{n} X_i^2 - \frac{1}{n}\left(\sum_{i=1}^{n} X_i\right)^2} \tag{6-34}$$

式中：X_i，Y_i分别为第 i 个试验点测得的两个数据；n 为该组试验中试验点的个数。

§6.4.2　死区计算

为计算死区，在同一试验条件下必须进行正向和反向两组静态特性试验，然后用上述回归方程求出两条相应的回归直线方程，$\hat{Y}_1 = f_1(X)$和 $\hat{Y}_2 = f_2(X)$，然后求出同一 X_i值对应的 $\hat{Y}_1$ 和 $\hat{Y}_2$ 值，则两值之差的绝对值$|\hat{Y}_1 - \hat{Y}_2|$即为第 i 个试验处的死区。求出规定范围内回归直线两端点处的死区，则其中较大的死区即为该两组静态特性曲线的死区。

§6.4.3 线性度误差计算

第 i 个试验点与回归直线的相对偏差为

$$\delta_i = \frac{\hat{Y}_i - Y_i}{Y_{max} - Y_{min}} \tag{6-35}$$

式中：Y_i 为第 i 次试验数据；$\hat{Y}_i$ 为在回归直线上与 X_i 相对应的函数值；Y_{max}，Y_{min} 分别为试验数据 Y 的最大值和最小值。

求出所有试验点的相对偏差，则其中最大的正、负相对偏差的绝对值之和，即为该静态特性曲线的线性度误差 ε。

§6.4.4 应用注意事项

用本方法计算电液调节装置的转速死区 i_x 和其静态特性的线性度误差时，横坐标为接力器行程，纵坐标为输入频率（或转速）。试验应在 10%～90%的接力器行程范围内进行。将按上述方法求得的死区转化为频率（或转速）相对值，即得到电液调节装置的转速死区 i_x。如将横坐标与纵坐标所表示的物理量互换，即可求出随动装置的不准确度 i_a。

§6.4.5 应用举例

测得某电液调节装置的开机和关机两个方向的静态特性试验数据见表 6－2，其接力器最大行程为 80 mm，试用一元线性回归分析法求其转速死区 i_x 和线性误差 ε。

表 6－2 实测数据

	开机方向		关机方向	
序号 i	接力器位移 X_i	输入频率 Y_i	接力器位移 X_i	输入频率 Y_i
1	204.5	50.8	708.0	49.0
2	261.0	50.6	654.0	49.2
3	312.5	50.4	604.5	49.4
4	365.0	50.2	536.0	49.6
5	421.0	50.0	477.0	49.8
6	472.5	49.8	422.5	50.0
7	532.5	49.6	368.5	50.2
8	601.0	49.4	315.0	50.4
9	651.0	49.2	263.5	50.6
10	703.0	49.0	207.0	50.8

1．根据试验数据求回归直线方程

根据开机方向的试验数据计算得：

$$\sum_{i=1}^{n} X_i = 4524$$

$$\frac{1}{n}\sum_{i=1}^{n} X_i = 452.4$$

$$\sum_{i=1}^{n} X_i^2 = 2304087$$

$$\sum_{i=1}^{n} Y_i = 499$$

$$\frac{1}{n}\sum_{i=1}^{n} Y_i = 49.9$$

$$\sum_{i=1}^{n} X_i Y_i = 224826.3$$

将上述结果代入（6−33）式、（6−34）式，可求得：

$$b = -0.00357884, \quad a = 51.51907$$

于是，开机方向试验数据的回归直线方程为

$$\hat{Y} = 51.51907 - 0.00357884X$$

用同样方法可得关机方向试验数据的回归直线方程为

$$\hat{Y} = 51.52463 - 0.00356591X$$

2. 转速死区 i_x 的计算

用上述方法分别求出接力器行程为 10%和 90%时的死区。

当接力器行程为 10%时（即 X=80 mm），将 X 值代入所拟合的直线方程，得：

开机方向：

$$\hat{Y} = 51.232766 \text{ Hz}$$

关机方向：

$$\hat{Y} = 51.239358 \text{ Hz}$$

故该点死区为

$$|\hat{Y}_1 - \hat{Y}_2| = 0.006592 \text{ Hz}$$

同理求出当接力器行程为 90%时（即 X=720 mm）的死区为

$$|\hat{Y}_1 - \hat{Y}_2| = 0.014848 \text{ Hz}$$

取其中较大者（即 0.014848 Hz）化为频率相对值，即为该电液调节装置的转速死区：

$$i_x = \frac{0.014848}{50} \times 100\% \approx 0.03\%$$

3. 线性度误差 ε 的计算

以开机方向的试验数据为例，将各 X_i 值代入开机方向试验数据的回归直线方程，分别求出相应的 $\hat{Y}_i$ 值。另由试验数据可知：

$$Y_{\max} - Y_{\min} = 50.8 - 49.0 = 1.8 \text{ Hz}$$

将各 Y_i 及相应的 $\hat{Y}_i$ 代入误差公式，求出各试验点的 Y_i 与回归直线的相对值 δ_i。

在所有 δ_i 中找出最大的正值 $\delta_5 = 1.56038\%$ 及最大的负值 $\delta_8 = -1.76604\%$，从而求得该静态特性的线性度误差：

$$\varepsilon = |\delta_5| + |\delta_8| \approx 3.33\%$$

复习思考题

1. 什么是空载扰动试验？空载扰动试验各项指标应达到什么要求？简述试验的基本

过程和方法。

2. 突变负荷试验的目的是什么？简要说明突变负荷试验的基本方法。

3. 甩负荷试验的目的是什么？应考虑哪些指标？有何要求？

4. 微机调速器参数 K_P，K_I，K_D对水轮机调节系统的稳定性和调节品质有何影响？

5. K_P，K_I，K_D在空载、单机带负荷、并网带负荷工况下的整定原则是什么？

6. 不同的机组，b_p 如何取值？

7. 如何通过试验检测出 K_P，K_I，K_D值？

参考文献

［1］沈祖诒．水轮机调节［M］．3版．北京：中国水利水电出版社，1998．
［2］南海鹏．水轮发电机组PCC控制［M］．西安：西北工业大学出版社，2002．
［3］叶鲁卿．水力发电过程控制［M］．武汉：华中科技大学出版社，2002．
［4］魏守平．现代水轮机调节技术［M］．武汉：华中科技大学出版社，2002．
［5］魏守平．水轮机调节［M］．武汉：华中科技大学出版社，2009．
［6］魏守平．水轮机调节系统仿真［M］．武汉：华中科技大学出版社，2011．
［7］程远楚，张江滨．轮机自动调节［M］．北京：中国水利水电出版社，2010．
［8］刘维烈主编．电力系统调频与自动发电控制［M］．北京：中国电力出版社，2006．
［9］中华人民共和国国家标准．GB/T 9652.2—1997 水轮机调速器与油压装置试验验收规程［S］．北京：中国标准出版社，1997．
［10］中华人民共和国国家标准．GB/T 9652.1—1997 水轮机调速器与油压装置技术条件［S］．北京：中国标准出版社，1997．
［11］中华人民共和国国家标准．DL/T 563—2004 水轮机电液调节系统及装置技术规程［S］．北京：中国电力出版社，2005．
［12］全玲琴．水轮机及其辅助设备［M］．北京：中国水利水电出版社，2003．
［13］刘忠源．水电站自动化［M］．北京：中国水利水电出版社，2001．
［14］杨开林．电站与泵站中的水力瞬变及调节［M］．北京：中国水利水电出版社，2000．
［15］薛定宇，陈阳泉．基于Matlab/Simulink的系统仿真技术与应用［M］．北京：清华大学出版社，2006．
［16］张治滨，季奎，王筱生，等．水电站建筑物设计参考资料［M］．北京：中国水利水电出版社，1999．